U0142390

生態工程
Ecological Engineering

李錦育/編著

序

　　聯合國「地球高峰會—里約環境與發展宣言」及「世界高峰會—約翰尼斯堡永續發展宣言」，皆明白揭示永續發展「全球考量，在地行動」的國際共識。在廿世紀中期，面對國際能源與資材價格的大幅升漲與節能減碳的全球共識下，生態學因而被重新定位，而生態工程是應用生態系統中，物種共生與物質循環再生原理，結構與功能協調原則，配合系統分析的最優選化（Optimization）方法，充分發揮資源的生產潛力，防治（水、土）環境污染，積極投入相關研發與落實工作，結合多元學科（interdisiplines）—歷史文化、政治、社會經濟、自然科技等，頓時百家爭鳴、充滿活力，間接帶動營建產業與節能減碳之努力與成效，達到生態恢復與更新、以期創造環境、經濟與生態效益三贏之成效，為我們的地球共盡一份心力。

　　本書撰寫內容，共計九章，主要分為：

第一章　**概論**（定義、應用範圍、設計原理、設計原則）

第二章　**生態環境資源**（資源種類、人口與健康、能源問題、全球系統與循環、恢復退化的土地及臺灣的生物多樣性與保育現況）

第三章　**生態水文學**（方法介紹、如何研究河川、資料的可能來源、瞭解河川、集水區分析、如何擁有田野調查與收集有用的資料）

第四章　**河川防砂工程之生態治理對策**（基本計劃、分類與運用、對生態棲息地之影響、河川治理考慮方向、在河川生態上之應用）

第五章　**生態工程相關指標值之建立**（指標之定義與運用、層級分析指標、建立施工指標）

第六章　**生態工程水文分析**（臺灣區域性氣溫、降雨及乾旱特性、水文頻率分析、模糊理論探討降雨特性、運用灰關聯分析降雨特性、.Net 在生態工程設施之應用）

第七章　**土壤沖蝕指數（SEI）推估生態工程土壤沖蝕量**

第八章　生態工程之網頁資源應用與國內外案例綜合評述

第九章　**個案分析**（宜蘭柯林湧泉圳、小礁溪整治工程、仁澤防砂壩魚道整治；臺中市梅川河岸空間生態工程綠美化；臺南縣龍崎鄉牛埔埤仔溝溪應用生態工程之成效；屏東（建功社區親水公園、「田心生態教育園」的規劃設計、旭海溪集水區整體治理調查規劃）

　　在參考文獻中，羅列有關生態工程的中英文、日文與其他相關專書及研究論文（報告）；而於附錄中，並分別補充「永續公共工程－節能減碳政策白皮書」（草案）、臺灣地區之 R 值及土壤沖蝕指數（K）值、國內外生態工程相關網站；同時整理有關之專用名詞解釋與歷年臺灣有關生態工程方法之碩（博）士論文一覽表，以利讀者參考查詢。

　　本書編寫過程中，承蒙林穎明先生與尹念秦技師，分別提供「田心生態教育園」及「旭海溪集水區整體治理調查規劃」之原始圖檔及資料、研究生侯統昭、湯佳雯及大學部實務專題等同學協助繕打及校對工作；同時，非常感謝五南圖書公司願意出版此書，以饗同好，在此一併誌謝。

李錦育　謹識
於　國立屏東科技大學水土保持系集水區科學研究室

目　錄

CHAPTER 1

概　論

1-1　前　言

　　人類對於經濟活動所採取的工程施作，往往只考慮方便、經濟、實用，而未考慮到是否危害自然生態系的穩定平衡，以熱帶雨林為例，雨林一旦遭到大面積的砍伐，在未持續砍伐開墾的前提下，仍需要 200 年的時間才會回復原狀，但如果在回復期間持續開墾，則這座雨林將逐漸消失，且再也無法回復原本的樣貌。因此，在 1992 年，聯合國於瑞典斯德哥爾摩所召開第一次地球永續高峰會議中提出「人類正處於關懷永續發展的中心」，乃因人類對生態環境持續性的破壞，將造成環境系統的不永續，為避免留給後代子孫無可替代的選擇環境，我們有必要將未來人類生存所需要的資源保留下來，讓每一個人都能享有與大自然和諧共存及健康而富有生命力的環境。

　　在維持人類社會的同時，需要一些能保護並提高生態系功能的設計方式，以用於長遠保存生態系並持續提供人類所需的資源。事實上，許多在環境領域工作的科學家，實行工程時都會運用科學原理來解決特殊的問題；然而，只有少部分的科學家有工程方面的實際經驗，以至於根據應用生態系所發展出的有效工程設計方式並不多見。對自然系統有充分的認識，能降低設計上的問題，我們無法提出在工程中增加一點點生態性，或在生態系中多點工程構造物，我們寧願預估一種新的工程方法，包含了生態科學及其背景，這種應用在一般工程設計上，將形成新的範例。

1-2　生態工程的定義

　　生態工程的定義有數個重要的成分：

1. 施作措施應基於生態科學的基礎上。
2. 生態工程應有較廣的定義，以包含所有類型的生態系與潛在的人類及生態系間的相互作用。
3. 應包括工程設計的概念。

4. 應瞭解系統的基本價值。

第一點是大多數的基本原理，不同的工程依它的科學基礎、應用方式而有不同的定義；應用生態工程可能會延伸，並超過只使用在生態系的範圍，進而影響所有工程的措施。

第二點是關於運用，當生態工程可能扮演一新的設計範例時，大多數的工程運用，都會發生人類干擾生態系的情形。成功的工程設計要堅守一有效的方法論，如果傳統工程能解決生態工程問題時，一般工程設計將維持原狀；但傳統方式對環境退化的貢獻與方法論的爭議處，亦應予以考慮。

最後一點，考慮價值。由兩重要的結果而來：第一，不論工程方法的定義為何，都應包含價值方面的陳述；我們可以分開實行工程的動機，這動機應該非常明顯，並給予專業科學的一些規則來界定動機的層級。第二，如果我們決定要在定義中陳述價值時，什麼樣的價值是我們要表達的？這是一個足以爭論的重點，但有些基本概念如人類利益、永續性、生態完整與健全等，均常在相關文獻中被提及，在生態工程的定義中陳述價值觀念，大多是非常有效的。

在過去數十年，已有相關學者專家針對生態工程作出定義，而這些定義是依據不同的措施所決定。Seifert（1938）首先提出此概念，希望在整治河流時，是以接近自然、廉價的方式，且保持美麗的自然景觀；而最早提出「生態工程」一詞的，是美國的 H.T. Odum ，他主張對自然環境的變更，應採用最少的人工能量，以維護棲地系統自我更新的能力。Odum 所下的定義為「人類運用少數的補充的能量來控制系統並進行環境的改造，而這些能量主要仍來自於自然的資源」。Mitsch and Jorgensen（1989）定義措施為「符合人類社會與自然環境彼此利益的設計」；這定義稍微改為「設計永續的生態系整合人類社會與自然環境彼此利益」；Mitsch 並建議生態工程的目標為恢復人類干擾的生態系，並發展一含有人類與生態價值的永續性生態系。

自然系統的自我設計與自我組織特性，是生態工程不可或缺的必要條件；在一個建構中的生態系統，人類有責任提供初級的組成份子與系統架構，並考量生態系的連接，人類不需要增加質量或能量去維持一單獨的生態系。Mitsch（1989）更明確定義生態工法的觀念以及適用範疇，乃是運用生態系之自我設計（self-design）能力為基礎，注重人為環境與自然環境間的互動，達到人類與自然生態雙贏的目的，從此生態工法正式成為一門顯學。

　　而臺灣在 1989 年開始運用生態工法於環境政策分析，直到 2000 年才正式應用於 921 重建區大規模的土石流、崩塌地的整治，並逐漸推廣至對整體環境、生態與文化，在推動經濟與生態的發展上皆能兼顧，達到人與自然的永續和諧。

　　生態工程（Ecological Engineering Methods, EEM）係指人類基於對生態系統的深切認知，為落實生物多樣性保育及永續發展，採取以生態為基礎、安全為導向，減少對生態系統造成傷害的永續系統工程設計皆稱之。生態工程最早由 Odum（1960）提出，此類方法主要由人類提供少許能量，而由自然資源提供大部份能量，換言之，生態工程於生態設計中提供起使物種的選擇，而其它則由自然界負責。其主要以生物種群、生物群落、生態系統特徵為依據，所建立之生態系統是人們依照此特定之原理與方法來。

　　生態工程包含基礎科學與量化方法設計自然環境，其主要工具為自我設計（Self-Design）。生態工程與理論生態學、應用生態學之相關係如圖 1.1 所示。生態工程的目標如下（Mitsch, 2004）：

1. 復育長久被人類活動所干擾的生態系，例如環境污染、氣候變遷等。
2. 發展一新的永續生態系統，此系統具有人類與生態價值。
3. 界定生態系統支援價值，最終達到生態系統保持（自營性）。

　　而另一方面，生態技術（Eco-techology）可說是生態工程之同義字，其基於深度的生態瞭解使得成本與傷害最小化。生態技術主要依賴生態系統「自我設計」之能力，換言之，一生態系統設計、建造或復育，其本身必須透過自我設計與人類的謹慎介入而達到自我維持。如果在原始設計條件下，生態系統無法達到自我維持但其行為最終可被預測時，這並不表示生態系統失效，乃表示生態工程沒有促進一生態系統與環境界面之自然過程；因此，生態工程的設計原則，包含經營目的原則、適生與共生原則、最優組合原則、高效與穩定原則、循環利用原則、投資可行原則與最小風險原則。

　　以農業生態工程設計為例，其導源於農業系統工程和生態系統工程的理論及方法，並依據經營者的目的、要求與當地的自然地理條件與社會經濟背景以及經營對象的性質、功能、結構聯繫與物能流動等特點，且以系統工程整體的經濟、生態與社會效益為準則。

　　就短期而言，生態工程將被重視且重要，特別於設計與建造生態系統，並且被應用來解決環境問題；就長期而言，生態工程將增加經濟學領域，成為一新的

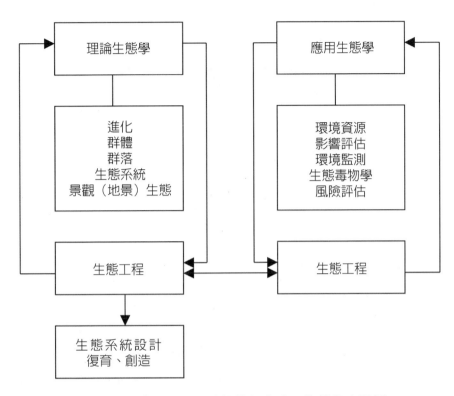

圖 1.1　生態工程、理論生態學與應用生態學之關係

領域來量化與格式化理想的自然生態系統，此系統並且包含人類直接與非直接價值。於建造一生態與永續景觀時，此新的領域能提供基礎與應用科學的結果，給予環境管理者參考，以控制某些型態之污染。

　　臺灣負責推動生態工程的公共工程委員會，於 2002 年組成生態工法諮詢小組，並共同研議定義如下：「生態工法（Eco-technology）係指人類基於對生態系統的深切認知，為落實生物多樣性保育及永續發展，採取以生態為基礎、安全為導向，減少對生態系統造成傷害的永續系統工程皆稱之」。然而，在推動生態工程的過程中，以往採用的「生態工法」一詞，常遭人誤以為是一種工法（即施工方法）而引發爭議，為了讓這項政策能持續順利地推動，並與國際專業用語 Eco-engineering 接軌，因此公共工程委員會自 2006 年 6 月 21 日起，便正式將「生態工法」更名為「生態工程」。

1-3　生態工程的應用範圍

我們將生態工程定義得較為廣泛，並在幾個問題區域提倡它的運用，而這些保護的運用應包括：

1. 生態系統的設計（生態技術），為了滿足多樣化的人類需求，而必須在人為／能量集中的方式作一取捨。
2. 毀壞的生態系復原，並減少發展的行為。
3. 經營、利用與保育自然資源。
4. 在建構的環境中維持社會與生態間的完整性。

生態工程是唯一能達到上述幾點的方法。生態恢復與緩和發展一般都屬於恢復生態學的範圍，生態工程能提供正確並架構設計方式，並用於增加這些功能，通常在應用生態學的部分缺少設計的過程，在生態恢復利用這些設計過程，將能增進學習並改善未來的問題。第三種運用方式為自然資源的經營，當支持系統完整與健全時，經營的目標應為維護生態系的利益。生態工程的目標，應維護社會的完整與供應環境間較佳的平衡；在某個區域發生密集的人類污染時，區域性的生態系可能會完全破壞，當設計包含生態與工程時，我們需增加所謂「綠」的都市環境，使建構的環境中能提供更多物種與自然間聯絡的管道。

一、應用生態工程成功之要件

1. 需做整體性的系統考量。
2. 對現有生態環境認知。
3. 減少營建工程對生態之衝擊到最小程度。
4. 研究可能造成安全問題之因子，從污染源點袪除因子。
5. 因地制宜，就地取材。
6. 減少資源之消耗。

二、推動生態工程的目的

1. 避免破壞生態環境。
2. 考量生命週期設計。
3. 使用最少資源。
4. 能量資源再生利用。
5. 廢棄物減量。
6. 維護生物多樣性。

三、生態工程規劃設計理念

1. 整體性系統環境整合。
2. 利用自然植生邊坡。
3. 保留河川蜿蜒多樣性。
4. 就地取材，運用當地資源。
5. 提高雨水截留、入滲，充份利用水資源。
6. 從集水區治理減緩流速。
7. 減少公路闢設、減車道。
8. 用最少的營建來滿足需求。

1-4　生態工程的設計原理

為了人類良好的生活品質，同時能保護天然環境的利用與貢獻，生態工程的出現是反映傳統工程實行過程的進步。人類是不可分割或獨立於自然系統之外的生命體，全球人口的成長與消耗資源，都會逐漸對全球生態系產生破壞的壓力。生態工程是設計永續性的系統，考量生態原理，並整合人類社會與自然環境間的共通利益。

有機物與其生存環境的關係，設計時複雜的變化與不確定的強制過程，將會對自然系統產生壓迫行為。成功的生態工程，需要與生態原理相調和的設計方法論。茲定義五個設計原理，來管理這些實行中的生態工程，這些原理包括：

1. 設計與生態原理相調和。
2. 設計的位置與空間環境。
3. 維持設計的操作條件各自獨立。
4. 能量與資料的設計效益。
5. 瞭解設計動機的價值與目的。

一、設計與生態原理相調和

當我們模仿自然的架構與過程設計時，應與自然如同夥伴而非干擾、征服或支配。透過生態系連續的過程，自我組織便非常明顯。Todd（1994）描述生態系如何變得成熟、組成份子間多樣化與複雜的連結，並利用簡單的結合與型態來說明現行的設計措施。設計非常容易產生騷動與失敗。Kangas and Adey（1996）提出生態系自我組織清楚的過程，且提供試驗單位用以決定生態工程與恢復生態學。

生態系的特徵為複雜與多樣化的自我組織，生態系統在時間與空間過程中，為一複雜的架構、多相與混雜、不均勻的出現與間斷的構造，生態系不只作用在單一穩定的平衡上。永續性生態系最大的作用空間，需要為接近一單獨平衡點的設計措施，Holling（1996）利用這種觀念提出「工程復原」與「生態復原」兩種名詞。「工程復原」表示在混亂後系統抵抗由平衡點移動與其能多快恢復的程度；而「生態復原」則反應生態系在它改變自身結構與功能前，所能吸收多大的騷動程度。

生態系現存的平衡狀況，應包含生態復原的範圍。兩種復原的差別是非常重要的，因為經營策略往往強迫生態系運用較多的工程復原，而導致生態復原的流失。系統經營是以產生調和與單一物種的高度利用，並減低作用力與架構生態復原的多樣性需求。多樣化系統是較具生態復原且會持續演進，多樣化能藉由物種的多寡、物種內的基因變異性與作用上的多樣性來清楚表示；在系統中一定數量的物種或過程能從事類似的功能，如果一個減少，則系統中的生態復原便會填滿其餘空缺的分佈。保護多樣性通常也提供抵抗不確定因素的風險，設計包含生態特性的系統應脫離一般工程措施，寧願設計得較為生態性，也不利用工程復原方法，並給予系統多樣性、複雜性、自我組織及充分發展與演替，使設計能類似生態系，並利用相同且合適的措施持續作用。

二、設計的位置與空間環境

　　自然系統複雜與多樣化，提供了較高程度的空間變異性；當生態特性作一般應用的討論時，每一個系統與所在區域都不同。第二種原理能用多種方法表示，但空間變異排除了標準設計，解釋上應以明確位置與小尺度為主；標準的設計應包含地景，但不考慮會耗費更多能量來維持的單一空間生態，對空間的概念能提供更完整的設計。

　　生態設計考慮上游與下游對決定的影響，在上游地區，我們考量到什麼是重要的資源？該如何適當的增加與維持？在下游，則需考慮設計環境的明確位置與其對空間所造成的衝擊。在增加設計的物理性條件方面，教育知識的背景是非常重要；當設計過程中，考慮到居住的人民時，設計應被當地社會所認可，並允許居民直接參與規劃環境。

三、維持設計的操作條件各自獨立

　　複雜的生態增加了設計過程中的不確定性，儘管考慮現實的狀況，但我們所有的一些資料仍顯得難以操控，我們希望的解決方法是容易且可操作。操作條件（Functional requirements, FRs）是一特別的功能，並希望在設計中能予以解釋；設計參數（Design parameters, DPs）是用於解決FRs的物理性組成份子。

　　最佳的計畫應包含獨立的 FRs 與一個 DP 來解決每一個 FR；當修正一 DP 時會影響不只一個 FR，此計畫便能連結。而這些作用聯合時，FRs 寬廣的容受力能使計畫實際上不連結，當輸出部分內部只剩下較小的範圍時，寬廣的容受力也能允許系統擁有一較大的操作範圍；這也是設計時採用生態復原，而非工程復原另一個重要的條件，因為工程復原在設計時，通常採用較為嚴苛的容受力。

　　生態系是由組成份子間複雜的互相連結而成，我們不能混淆生態系功能計畫的 FRs，生態系能單獨作用且提供社會所需，當我們維持 FRs 在解決過程中不互相連結，更有可能達成計畫。

四、能量與資料的設計效益

　　依循著生態系自我組織的優點，讓自然從事工程方法時，會使自然資源中流

通的最大能量進入設計系統中，主要是指陽光；相反地，我們希望在創造與維持系統中只有最小的能量消耗，在設計同時，來自當地的資源，如：石油、水力來源等，在利用這些流動能量時，都應考慮到輸出的干擾，確定在下游部分沒有能量的需求，並維持最小的負面衝擊。

類似能量的流動，第二個設計通則為：設計中應有最小的資料量，能運用最少的資料來描述原理與想法，或讓設計簡單且能成功。當我們與自然合作，並允許系統自我組織時，這需要最少的能量與資料來供給並維持計畫。寬廣的容受力只需較少的資料，在河川復原的例子中，輸入高能量用於控制系統架構與作用，是達不到生態復原的目標。舉例而言，人類輸入能量用於限定河川渠道形成一限制空間，但較大洪水發生時往往會造成失敗。一個較好的計畫，應該事前預知河川水流的變動，設計抵抗較大的水流變化，且仍然維持其生態與工程作用。

最小的資料量能鼓勵計畫呈現多樣與複雜性，而額外的資料需求，則能利用自我組織與較寬的容受力予以平衡。在先前我們主要考量多樣性用以增加效率，稍後透過降低能量需求以減少失敗的風險；增加生態復原的分佈，並提供多樣性以抵抗不可靠的保險。舉例而言，在最初的設計可能包含許多可利用物種，但自然淘汰的過程，只允許環境中選擇部分能適應的種類。

五、瞭解設計動機的價值與目的

生態工程的定義在先前曾予以說明，但大多數的工程慣例都以保護文明為主，我們明白應該放寬保護以包含供應生活所需的自然系統；不管怎樣特殊的型態，計畫執行應瞭解引發動機的價值與目的，這樣才能成功。就生態設計在價值上的變化而言，大多以風險與不確定性的反應為主，當討論自然環境時，許多工程由何者最佳所決定的結果，大多有「傲慢」的特性，因為傲慢不只包含過度自信，也可能產生報復的結果。Herman（1996）使用「報復」來描述為何企圖經營複雜的系統總會產生突然與未知的影響。

基於價值的考量，我們推薦採用生態工程的預警研究，預警研究能對未來發生不穩定的破壞扮演一較保險的預知。為避免發生失敗，設計應針對安全性進行追蹤，不及格的安全性可以瞭解是設計當初的操作條件未能符合，或是突然造成的結果；預警研究也能用於表示最小第一型錯誤（視假為真）到最小第二型錯誤（視真為假）的改變。當應用在環境經營時，我們承認此假說的同時，也需要大

量完整的標準來假設生態損壞是由工程活動所導致。

　　生態工法源自於生態工程，既為一種「工法」，必然應用發展於各類工程，所以除了工程本身考量外，同時必須以生態學為基礎，結合土木工程、水利工程及大地工程等知識，應用於人類的生存環境中。在此思維角度，許多的建設應兼顧發展與環境保護，在初期計畫評估階段，基地周遭環境的調查研究與環境影響評估必須經過嚴謹的調查分析作業，包含：棲地型態、物種的數量與生態、生物遷徙路徑、微棲地需求……等，甚至對於地景的顏色搭配都必須注意。

　　進入規劃設計階段時，應考量對生態環境的衝擊，採行生態補償制度（mitigation），此制度是現代環境影響評估中確立的制度，對於人類活動所產生的負面影響採取緩和及補償措施。一般分為迴避（avoid）、最小化（minimize）、補償（compensate）。

1. 迴避：檢討開發案本身對於開發地點之需要性，或是有無其他替代地可用。
2. 最小化：在開發案無以迴避時，檢討其是否縮小規模的步驟。
3. 補償：開發案無可避免地破壞環境時，採取替代的措施，乃是最後沒有選擇才選用最適化的補償替代方案。

　　計畫執行依循著規劃設計的原則，儘可能保持「生態區塊」（ecological patches）完整，避免因人為的干擾任意切割，產生更多的零碎棲地空間，造成生態系統運作不連續，破壞生態結構的完整。在確保生態區塊不因人為干擾產生過多的改變，必要時並可設置屏障以保護較重要的生態區塊，倘若在人為開發造成區塊切割更破碎時，就必須建立有效的生態廊道或是串連的「踏腳石」（stepping stone）區域，以確保生態系統的運作體系能夠有效連續運行。

1-5　生態工程的設計原則

Pastorok 等人（1997）曾提出，生態規劃程序的初始步驟如下：

1. 利用物理、化學及生物狀況量化以定義棲息地及現有的問題。
2. 發展復育的目的及目標，包括可到達目標的期限。
3. 發展生態系復育的觀念模式。

4. 發展復育的假說。

5. 使用觀念模式定義可被操作或監測的主要生態系參數與改善執行的準則。

6. 使用生態模式或相關地區的消息評估及改善復育假說。

7. 發展復育設計。

8. 執行的可行性、成本及影響分析。

9. 發展最終的復育計畫及執行計畫。

10.計畫執行。

11.執行監測及適當的管理包括維持等。

Mitsch（2004）更進一步就生態學的觀點說明，生態工程應具備下列十九項設計原則：

1. 生態系自行支配其結構與功能。

2. 維持生態系內的生物功能及化學組成之均衡。

3. 生態系統是開放且分散的系統。

4. 生態系為自我設計的系統。

5. 生態工程應提倡生物多樣性。

6. 維持生態系化學及生物組成多樣化。

7. 維持生態交會區、過渡區的緩衝功能。

8. 結合生態技術的應用與環境管理。

9. 生態系為複雜的網路關係。

10.考量生態系的歷史演變。

11.著重生態系邊緣的易破壞性。

12.生態系是一個層級系統。

13.生態工程儘可能設計脈動行為系統。

14.考量生態系的循環具有特殊的時間及空間尺度。

15.生態工程儘可能結合生態系統。

16.以環境管理減輕污染對於生態系統的影響。

17.於地理邊緣區域之生態系統與物種最為脆弱。

18.生態工程技術必須以整合方式來完成。

19.生態系統資訊儲存於結構中。

生態工程的理念係以生態系統之自我設計能力為基礎，尊重環境中生物的生存權利，並透過工程之方法以維護並復育當地之自然生態環境，使水資源能循環

再利用，以消除污染之目標。一般整治中，相關的構造物有擋土工、護岸工、固床工及邊坡整治工程等。

1-6 結 論

　　「生態工程」是一種明確的工程方法，在一全新的領域裡，複雜與何謂生態工程與其應用是非常混亂的危險，我們企圖提供一包括一切的寬廣定義，並建議保護方法，若能在工程設計融入生態觀念，將能擴大完整解決的成果。「生態工程」敘述生態與工程的結合，我們提出五點生態工程設計原則，每一原則需要透過進一步的研究、各學科間的互動與試驗才能完整地發展。一些推動的研究項目應該如下：

1. 瞭解重要的生態原理，以便在設計中仿效。
2. 滿足生態復原與工程復原。
3. 滿足操作條件、容受力、自我組織與連續性。
4. 探索能量、資料與複雜性之間的關係。
5. 估計不確定性的最佳處理方式。
6. 決定何種價值能促進設計。
7. 發展生態工程相關課程。
8. 制定專業指標。

　　仔細探究「生態工程」所強調的目標，除了促進產業及經濟發展外，更在創造優質永續的生活環境。因此，生態工程即在推動：所有的公共工程應融合生態系統與工程技術，從問題根源著手，兼顧環境的永續經營。而實際的作法是，除了考量原有的功能、安全之外，並且更要對環境、生態、景觀、甚至文化等進行考量，以促使硬體工程建設與整體環境相融合，並維護生物多樣性。

　　自 921 大地震之後，生態工程開始應用於災區的土石流、崩塌地的整治，並且逐漸推廣至河溪整治、道路工程等。更名後的生態工程，將工程考量範圍延伸擴展至整體環境、生態與文化，在推動經濟與生態的發展上皆能兼顧，達到人與自然的永續和諧。而於 2008 年 8 月 13 日，由行政院公共工程委員會所研擬的「永續公共工程－節能減碳政策白皮書（草案）」（參考附錄一）可知：為使大

眾擁有更優質的生活空間，使產業界擁有更好的國際競爭環境，使國家重大建設成果成為我們子子孫孫的文化資產；未來之政策目標，將如下所述：

1. 推動永續公共工程，落實節能減碳理念。
2. 建立節能減碳評估與決策體系，有效利用資源。
3. 發展以性能為導向之公共工程，鼓勵創新科技。
4. 建構既有公共設施維護管理制度，掌握國家資產。
5. 推動公共設施延壽計畫，提高效能與壽命。
6. 加強永續公共工程獎勵與宣導體系，形成推動力量。

在技術面以工程全生命週期的落實為核心，將永續發展及節能減碳的考量納入可行性評估、規劃、設計、施工、維護管理等每一個環節；而在法制面則透過公共工程審議制度再造、政府採購及促進民間參與公共建設相關法規的全面檢討，塑造節能減碳的制度環境，鼓勵機關與民間積極參與及落實；而在外在的推動力量上，將加強對工程界節能減碳觀念的宣導，評選並獎勵績優的永續公共工程案件，提供各機關正確的思維與模仿的對象。

CHAPTER 2

生態環境資源

2-1 生態環境資源種類

常見的資源可分為可更新（renewable）資源（或稱流動性資源）與不可更新（non-renewable）資源（或稱儲存性資源），前者如森林、土地、作物、動物等；後者則指化石燃料或非消耗性金屬等。詳言之，資源之概念為：自然產生的天然生成物；可為人類的需要與開發利用；除自然科學及經濟學之概念外，尚包含社會人文及其倫理價值。

環境資源管理問題和人類對環境的影響，已開始成為國際和許多國家關注的問題，世界環境與發展委員會發表「我們共同的未來」這篇報告，號召各國共同努力開始管理環境資源，以保證持續的人類進步與生存。諸如 30 個國家和歐洲共同體簽署了保護臭氧層公約的「蒙特利爾協議書」，要求至 1999 年前，將耗竭臭氧層的氟氯氫的生產量減少 50%。在 1979 年簽署的長距離跨國界空氣污染公約，要求締約國至 1993 年將硫的排放量或跨國界流量，比 1980 年的排放量減少30%。

各國的發展部門日益體認到環境與發展之間，具有密切的關係。如世界銀行總裁曾說：「良好的生態即是良好的經濟……持續的經濟增長，減輕貧困和加強環境保護的目標，往往是相互促進的。」但是，對於這些積極的行動提供動力的，則是世界環境的退化和破壞及其對人民影響的連續信號，例如：自 1980 年以來，發展中國家營養不良的人口已增加 30%；而每年世界人口增加 8,400 萬。1988 年，科學家發現了第一個強大的證據，臭氧層耗竭不僅在無人居住的南極上空發生，而且已經在北半球上空發生。支持生命的熱帶雨林每年正以 1,100 萬公頃的速度消失。世界上具有生產力的旱地（牧地、灌溉旱作地）中 60% 以上遭到生物生產力中等至嚴重程度的退化，導至沙化狀態。

一、人類的居住區

人類的居住區是貿易、公共服務和把原料轉換為成品的中心，通過集中物資的消耗和廢棄物的產生，人類的居住區改變了本地的環境，在大部分地區，城市

地區正在迅速擴大。世界各國的城市人口比農村人口更加迅速的增加，在發展中國家的差異特別明顯，其總人口也正在迅速增加。1970 年發達地區和發展中國家的城市人口大致相同；但至 2000 年，發展中地區的城市人口約為發達世界城市人口規模的兩倍，2000 年世界人口大約有一半生活在城市地區；而在 1950 年，世界人口僅 30% 生活在城市。

　　城市地區主宰著許多發展中國家的經濟命脈，在極端的情況之下，一個城市可以提供一個國家的經濟產出的大部分；而大都市也影響到農村地區資源利用的型式，農場經營者與糧食加工商也發現，對能滿足大城市市場需要的新作物和技術方面投資將有利可圖。城市提供無數的服務和經濟利益，而這些服務和利益，鄉村居民往往是無法獲得的。在 26 個非洲國家，城市居民比農村居民更有可能享有衛生服務，而城市也能提供大批的工人和消費者以支持各式各樣的工商業發展。

　　一個大城市經常是全國糧食銷售系統的中心，為本國提供分配服務，並為國際貿易提供門戶。同時城市也是大量廢棄物的產生地，但是許多發展中國家的城市處置迅速增加的污水、工業廢水和生活垃圾量的裝備不良；不適當處置固體廢棄物會給帶病的害蟲提供繁殖地，並會污染地表水和地下水，許多城市通過建設掩埋場、堆肥場和循環回收的辦法，試圖管理這些對環境產生危險的廢物。在發達國家和發展中國家，物資的循環使用正日益變得普遍。一些國家，如奧地利、比利時、中國大陸及埃及，目前由城市廢棄物中大量回收紙張、金屬和玻璃。有機物在堆放後經常被回收，以低價提供動物飼料和肥料。除廢棄物得以處置外，尚可提供許多利益，如就業機會，為工業提供廉價的原料和各種再生產品，可出售取得額外的收入。

　　許多政府體認到較大都市所產生的環境、社會和政治壓力，它們已採取措施，把一些城市的發展轉移到所謂的衛星城市，許多政策可以促進城市人口的疏散。首先，政府將較小的城鎮，確定為政府、教育、商業、工業、醫療和運輸的中心；此外，可對衛星城市提供稅收和其它財政刺激措施，可更新它們的設施，可以擴大其運輸網路，將衛星城市和大城市聯絡起來，並擴展到邊緣的鄉村地區。

二、糧食與農業

過去幾十年，在增加全球的糧食生產方面，已經取得鉅大的收益；但是，由於人口迅速增加和糧食分配不均，在整個發展中世界，饑餓仍然威脅著數百萬人。

㈠糧食生產

在過去的三十多年中，除了非洲撒哈拉南部外，各地區每人平均的糧食產量都有所提高；在非洲撒哈拉南部，由於人口迅速增加，加上不利的環境條件和效益差的農業政策，其糧食產量減少了 13%；相反的，在同一時期，亞洲整個地區每人平均的糧食產量均提高了 23%，中國大陸、印尼和馬來西亞則提高了 45% 以上。

儘管在提高全球糧食產量方面取得了成功，但饑民的數量仍與日俱增，根據目前估計，饑民數量達到 9.5 億人─ 約全世界人口的 1/5，貧困是根本的原因。雖然全世界生產的糧食足以滿足 60 億人口的需要；但是，土地和財富分配的不均，造成了普遍蔓延的饑餓，每人平均收入 400 或 400 美元以下的國家，約占營養不良的 80%，其中大多數在南極和非洲，在這些地區，高的人口成長率，將肯定未來其饑餓情形仍將繼續發展。

㈡立足於綠色革命

在反饑餓的鬥爭中，農業研究一直是一種武器。20 年前，綠色革命給發展中國家許多地區的農民帶來了高產量的農作物和新技術；特別是亞洲，新的投入和技術促進農業生產，它們是亞洲許多國家取得農業成就的原因。而這些成功不是沒有代價的。近年來，高產量品種的大量生產造成穀物過剩和跌價，若干環境問題也與綠色革命技術相聯繫。高產量品種單一經營，促進高產量和農業機械化；但是，這些品種往往需要大量使用化學肥料和農藥。例如，印尼 83% 稻作區種植高產量品種，在過去 10 年中，每公頃肥料的使用量增加了 2%；由於化學肥料投入增加，那些地區面臨了害蟲抗農藥的問題，還有土壤肥力下降和污染供給水等問題。一些農場恢復在同一土地上種植幾種作物，合理使用陽光和養分。這種制度具有若干優點：它生產製作堆肥的原料和製造飼料的食物，作物歉收的危險性比較低。

綠色革命的侷限性是它集中於灌溉農田，而忽視依賴雨水的旱作地，在那些

旱作地，居住著許多貧窮的農民。旱作地約 2.24 億公頃，支持著 8.5 億人民的生活。生產率低和土壤退化是長期存在的問題，需要最大限度地利用稀少的水資源和抗旱作物的技術。傳統的作法，諸如施用堆肥和開闢梯田，能大量增加土壤吸收的水量。研究人員目前正在試驗幾種有希望的作物，如在半乾旱地區生長茁壯的希蒙德木屬和莧屬植物。自從綠色革命以來，農業研究已改變了它的前景；雖然以生產為方向的研究仍屬先驅，但是一些研究人員目前愈來愈強調貧窮農民的需要和在生態上持續的農業。

三、森林與牧場

森林與牧場占世界陸地面積的 4/5 以上，包括了各種生態上和經濟上重要的生態系統。森林為人類消費提供木材、燃料、糧食和其它的產品。同樣重要的是森林的生態作用，它們為數以百萬計的物種提供生育地，防止土壤流失和幫助調節氣候。而牧場支持著生產肉類、牛奶、皮革和其它產品的畜牲，也支持著 2 億多以牧場維生的牧民。森林和牧場面臨人類活動日益增加的壓力，每年約有 1,100 萬公頃的熱帶雨林和林地消失─主要是由於毀林造田和砍伐薪炭材所造成。在北溫帶，根據估計，空氣污染造成的森林破壞，影響了歐洲 17 個國家木材總量的 15%。在多數地區，由於將牧場改為農田，永久性牧場的面積正逐漸縮小。

(一)森　林

溫帶森林約占世界鬱閉林總面積的 57%，隨著人工林的建立，其面積正在慢慢擴大；相反的，熱帶地區的鬱閉林正迅速遭受破壞。每年除了 730 萬公頃的熱帶地區鬱閉林被砍伐種植作物外，另有 440 萬公頃森林被選擇地砍伐 ─ 此種作法往往使森林生態系統退化，並會使森林隨之消失。

森林濫伐中最令人關注的是熱帶濕潤鬱閉林，這種關注主要在兩方面，一是熱帶濕潤林的損失率高，二是這些森林在森林多樣性、木材和其它產品的財富以及它們的環境作用方面的價值。據調查，生長在熱帶濕潤林中的動植物物種數量比生長在其它地區的物種總量還多。森林最重要的商業產品是木材，幾乎一大半木材用於手工業；另一半則用於燃料。儘管相對其體積而言，價值是低的，但是木材和木材產品在世界貿易中，僅次於石油和天然氣，是位居第三位的最有價值商品。根據預測，未來 50 年內，木材和木材產品的世界貿易會增加。但是，從最近對熱帶針葉樹木材貿易的預測知悉：這些木材資源將由於濫伐和砍伐而緩慢

的再生長最後耗竭，有限的高品質針葉樹人工林將不再能滿足需要，預計下世紀初，熱帶針葉樹木材的全球貿易將達到高峰，而後將大幅度下降。

為了扭轉熱帶森林下降的趨勢，「熱帶林業行動計劃」因而產生，此計劃目的是為了補救熱帶森林的破壞和促進世界上森林的持續作用，根據這個計劃，50個發展中國家正在進行國家森林評估，以估計森林砍伐的程度和確定採取補修行動的領域。而國際熱帶木材組織則是由消費和生產國組成的新組織，1987 年於日本成立總部，開始一系列活動，旨在改進植樹造林和森林管理技術。

臺灣地區由於人口密度高居世界第二位，且由於都市及農工業之快速發展，造成社會需要水量持續增加。因此，水資源的保育利用成為近年來日益重要的課題，而水資源的涵養，多以河川上游之森林集水區為主。一般相信，森林集水區除了有豐富之生態價值外，尚有保育水資源之功能；由此可見，一個經營良好的森林集水區，不但可適當地調節流量以供應下游農工業發展，同時亦可提供本身集水區生態環境維護之所需。

臺灣的森林佔全島 59.5% 以上面積，在空間上具有極重之比例；同時由於氣候溫濕、森林生長迅速、更新較容易，因此，臺灣河川上游的森林可作為維護或改進水資源之用。森林由樹種及林相等構成其環境條件，森林之狀態若任其放置而不予以處理，則會受自然變遷之影響，更何況立木之搬出、家畜之放牧、各種的開發及擾亂行為，其植群之地表狀況均受顯著影響，對於森林狀態具顯著差異之處；其所具備之水與土壤保育功能需確知其相關之變化，以掌握森林集水區內水土保育功能之指標。由於臺灣面積本已狹小，加上人口稠密，原有的平地面積早已面臨不敷利用的問題；因此，如何妥善利用山坡地等海拔較高的地區，便成為臺灣當前最重要的課題。尤其是在許多平地不斷工商業化的情形之下，許多的原有林地，成為人們在考慮糧食生產及居住問題時的利用重點，而這期間所考慮的結果，將成為原有林地是否能保留的依據。

森林資源和其它自然資源最大的不同之處，除了其再生特點之外，更因為本身對於其所在土地有著許多保護作用，甚至其存在也會影響當地的氣候條件。因此，在決定森林地的土地利用型態時，如果不事先將所有重要因子加以考量，將造成資源的損失浪費，或者連原有的土地開發目的也無法實現。在對林地開發的決策者不一定瞭解森林經營這課題的情況下，原本資源有限的臺灣，將會在未來面臨更嚴重的土地問題；因此，森林工作者必須肩負起資料提供及決策建議等責任，土地開發者也要有對國土長期保安負責任的胸襟，方為後代子孫之福。

(二)牧　場

　　牧場受到退化及因牧場變為農田而造成牧場土地面積喪失的威脅。從 80 年代初期所獲得資料知悉：在乾旱地區，60% 以上的牧場遭受中等至嚴重程度的沙化，非洲撒哈拉南部，80% 乾旱牧場沙化，在亞洲若干國家調查中，發現嚴重的過度放牧和其它退化的跡象。曾試圖轉移發達國家經營牧場和經濟制度中使用的牧場管理技術，在非洲撒哈拉南部提高牧場生產率的國際努力仍一無所獲。因此，在 70 年代後期和 80 年代初期，大多數多邊和雙邊援助機構減少或撤回支持牧場項目。從此以後，規劃者終於體認到管理牧場的傳統制度中，往往包含著對牧場利用的生態要求，並需增加人民參與計劃的制訂與實施。

四、野生動物與棲息地

(一)野生動物與棲息地的範圍及損失

　　現有動植物物種據估計約為 500 萬至 3,000 多萬種，但經科學家確定的只有140～170 萬種。由於野生動物棲息地大面積地遭受破壞，物種損失與日俱增，地球上許多生物物種在被鑑定之前可能已消失。生物多樣性的最大貯存庫是熱帶森林，儘管熱帶鬱閉林僅占世界土地表面積的 6%，但它們都擁有地球上物種的 50～90%。例如，在秘魯發現了一棵樹上的螞蟻種類，居然與整個英國發現的螞蟻種類一樣多。多種類型棲息地的喪失，是對維持物種多樣性最大的威脅，由研究知悉，棲息地的破壞已普遍嚴重；在東南亞，68% 原始的野生動物棲息地已消失，而在非洲撒哈拉南部消失的棲息地高達 65%。海島棲息地和物種特別容易受到人為干擾的損失，海島的孤立狀態，產生了脆弱而平衡的生態系統，它們的物種不能迅速地適應人類的居住和外來的物種，最近有大約 75% 的哺乳動物和鳥類滅絕，都是棲息在海島上的物種。

(二)非法交易

　　捕獵和誘殺動物進行交易也會危害個別物種，特別是珍稀和瀕危物種。據估計，野生動物及其產品的年貿易值至少為 125 億台幣。這種貿易額的 1/4～1/3（即12.5～16.7 億美元），被視為是非法的。「瀕危野生動植物物種國際貿易公約」（CITES）是對瀕危野生生物的國際貿易的初步控制，經 96 個國家批准，通過進出口和再出口許可制度，該公約禁止列為瀕危物種的貿易和限制處於瀕危邊緣

的物種貿易。雖然這是影響野生生物最成功的國際條約之一，但該公約的主要問題，包括非締約國的態度，某些地區不嚴格實施，以及在簽約時締約國對某些物種可以採取「保留」（異議）態度，因此，非法貿易繼續存在。自 1970 年以來，世界上 87% 的犀牛已經消失，而 1981 年，非洲大象數目下降了 36%，至 1987 年，由大約 120 萬頭減少到 76.4 萬頭。

(三)新方法

　　公園和保護區對於保護自然區域和物種一直是重要的工具。1988 年，儘管各國保護系統的效力不一，但是有 15 個國家將 10% 以上的國土劃為保護區；然而，人們正日益意識到，當保護與開發相矛盾時，保護經常失利，但如果開發繼續迅速地破壞發展中國家的自然基礎時，則經濟發展本身亦將受到破壞。為了提供與保護目標相協調的經濟利益，在保護區旁邊建立了一些促進持續發展的項目，一種方法是建立生物圈保護區，以保護獨特的生物地區，理想的方法是在生物圈保護區建立一個核心區，以保護野生動物、棲息地和生物多樣性以及各種多用途的緩衝區，以便為當地人民提供經濟利益。這種趨勢的另一具有創造性的例子是債務和自然交換；即發展中國家的部分債務轉變為保護土地，這種作法的第一協議是玻利維亞和國際自然保護組織簽定的，在安第斯山脈的丘陵地，建立了占地約 100 萬公頃的保護區。

2-2　人口與健康

一、人　口

　　世界人口受到發展中國家增長率高的影響，正在迅速的增加。1950～1987 年間，全球人口達到 50 億，聯合國預測，2025 年人口將超過 82 億，90% 的人口增長將發生在發展中國家。儘管十多年來，許多發展中國家人口增長率已有所下降，但這些國家的出生率仍較高，而且大部份人口處在生育高峰期。許多非洲國家人口正在加速增長，至 2025 年，預測非洲人口將大約等於歐洲、北美和南美人口的總和。

一些國家強調將降低生育率作為一項國策，而另一些國家卻無視這個問題或不把它作為優先考慮的問題。1985 年的研究發現，在國家社會經濟發展既定水準上，避孕和出生率的降低，與政府減少生育計劃是否強有力，具密切的關係。在中國大陸和斯里蘭卡，政府主張強有力的降低生育的計劃，兩國的避孕普及率超過 55%；一般而言，非洲的避孕普及率比其它國家低，部分原因是由於軟弱的降低生育計劃。

就全球規模而言，人口迅速增長和環境退化之間的聯繫是十分複雜的；但在國家和國家以下的規模，則較清楚。例如過度擁擠的爪哇，本世紀人口從 500 萬增加到 3,500 萬，因此迫使無地的人民砍伐高地的森林，開墾新的農田，在這些陡坡地上，產量低、土壤流失率高，100 多萬公頃的高地如此地退化，導致這些高地再也不能支持維持生活的農業。

二、健　康

在過去的 30 多年，全世界健康狀況有所改善；但是，發達國家和發展中國家之間，仍然存在很大的差異。產婦死亡（婦女每年因懷孕造成的死亡人數為 50 萬人，其中發展中國家占 99%）和兒童死亡（全世界 5 歲以下的兒童每年死亡 1,500 萬人）在發展中國家更多。嬰兒出生重量輕和兒童營養不良的悲慘狀況正在蔓延。在發展中國家，儘管有成功的藥物治療和大眾健康措施，但是，與水有關的疾病（霍亂、瘧疾、痢疾等）仍很嚴重，在預防與水有關的疾病中，提供安全飲用水和衛生設施是有效的方法。儘管 1980 年宣布了「國際飲用水供應和衛生十年」，但是服務率僅僅略有提高。

至 2008 年，全世界 50% 的兒童接種了預防 6 種主要致命的兒童傳染病疫苗，10 年前僅為 5%。自 1981 年第一次發現得到後天免疫缺乏症候群（AIDS）以來，它已迅速蔓延。至 2008 年底，全世界已報導超過十萬多病例；而數據顯示，將有 500～1,000 萬人帶有造成 AIDS 的病毒，雖然此病是嚴重的，但比起其他許多致命的疾病來說，AIDS 算是只影響少數人；例如，每年死於腹瀉的兒童多達 500 萬人。

人類急性暴露於農藥（諸如暴露於農藥而沒有受到保護的農場工人）經常是致命的；每年死於農藥中毒的人數為 3,000～20,000 人，另有 100 萬人遭受不很嚴重的急性農藥中毒症狀。經由污染的食品、水、土壤和空氣，慢性暴露會引起神

經破壞、癌症和生殖問題。農藥使用已經迅速增加，1980 年的銷售額從 1970 年的 27 億美元增加到 116 億美元，至 1990 年達 185 億美元。為了減少農藥對人體健康破壞的危險，各國政府需要對農藥的使用進行立法，而且要比已立法的國家更加謹慎。例如應該實行毒性較低的控制蟲害辦法，如蟲害綜合防治法，在提供適量保護農作物的農藥時，蟲害綜合防治法可以減少農藥需要量的一半或一半以上。

2-3　能源問題

從歷史上來看，經濟成長一直與能源利用的增長相關聯，這意味著將來需要大量增加能源的消耗，特別是在發展中世界。但能源綜合利用中能效的提高，說明在取得經濟成長的同時，存在著少增加或不增加能耗的潛力，若干發達國家已經開始開發這種潛力，少數幾個發展中國家正調查此種途徑。

一、能源利用

認識能源利用型式，對提高能源效率和減輕與能源有關的環境問題，是相當重要的。石油占全球商業能源產量的 43%，固體燃料占 31%，天然氣占 21%，一級電力占 5%；但是，世界人口有一半依靠非商業薪炭材作為唯一能源，許多發展中國家薪炭材缺乏是最重要的與能源有關的問題。

二、能源效率

提高能源效率能實現政治、經濟和環境效益，減少依賴能源進口和減少 CO_2 和其他污染物的排放，一個國家能夠根據其經濟的能源密集程度來衡量能效，即 GNP（國民生產總值）需要的能源量，能源量與 GNP 比率下降，說明能源效率的提高並向能源密集下降的經濟結構變化。在 1970～1986 年間，14 個歐洲國家、美國、加拿大和日本的 GNP 提高了，而能源密集程度下降了，出現上述兩種趨勢。

在過去的 30 多年，高能源價格和技術進步推動了發達國家和一些進口石油的發展中國家提高能源效率；另一方面，有著豐富能源供應的尼日、印尼、委內瑞拉和其它發展中國家能源密集程度提高了。提高能源效率的策略必須滿足使用者

的需要，1973～1983 年間，汽車和商業車量能效的提高，為每個乘客能源消耗量減少 20% 的主要原因。

在工業部門─多數中等至高收入國家中，商業能源的主要消耗者─新生產技術，較好的設計和回收加工過的材料均節約能源；如以壓鑄的零件為例，由回收金屬較初級金屬鑄造所需的能源減少 95%。在多數國家，居民和商業使用的能源占商品能源消耗量的 20～50%，許多簡單的技術，如螢光燈泡、改進的建築設計和絕緣技術能使家庭大量節約能源，以新的電冰箱為例，它比 30 年前的老式冰箱節約 30～70% 的能源。超導──一種容許某種材料導電又不損失能源的現象，可使能源效率大大提高，雖然在商業上尚不可行，但超導體能大量的減少電力損失，使得使用替代電源和遙遠的電源更加切實可行，並提供良好的電力貯存。

三、蘇聯和東歐的能源

由於有世界上最大的能源貯藏，蘇聯成為世界上石油和天然氣的最大生產國。這些商品對蘇聯經濟是相當重要的，能源占總出口利潤的 52%，僅石油一項就占通貨收入的 60%，蘇聯希望透過提高產量和向東歐國家以外擴大石油出口，來增加其能源收入。

大多數東歐國家缺乏石油和天然氣的供應，而依靠本國的煤和蘇聯的石油與天然氣；但蘇聯的高價格石油和環境問題日益增多，使得若干東歐國家重新考慮其能源選擇。能源效率和環境考慮目前正日益得到重視，公眾反對燃煤電廠所造成的空氣污染和需要國內能源，這使若干東歐國家正研究將核電作為一種替代能源。而車諾比事件並未減緩蘇聯和東歐的核電計劃。

四、淡　水

淡水對人類生存和發展是必要的，然而，全球供水不平均，許多國家面臨缺水，隨著人口成長和需求增加，各國愈來愈認識到需要管理和保護水資源。

㈠水的供應量

各國水資源差異很大，在潮濕和人口稀少國家，如加拿大、愛爾蘭，理論上每人擁有十多萬噸淡水；相反的，在北非和中東大多數乾旱國家，水量不到此數的 1%。但各國內部和每年的情況也大異其趣，甚至豐水的國家可能面臨短期或局

部地區的缺水，雖然淡水供應對農業（最大的用戶）和其他的活動是關鍵的，但是各國有關淡水資源的數據難以比較，乃因各國處理其他國家來的地下水和河川流量的方法不同。以埃及為例，尼羅河供應比國內雨水多 50 多倍的水，當一個上游國家引水或污染其河水，則此河流就變成了不能依靠的水源。

㈡水管理

由於大多數國家全國或局部地區面臨短期缺水，所以他們正日益加強管理其水資源。建築水庫貯蓄洪水和鑽井引地下水是增加水供應的傳統工程手段，這些技術的應用仍十分普遍，特別是在發展中世界。許多國家的決策者，也正在轉向提高灌溉效率，水的再利用與水的重新分配，以擴大供水。

提高灌溉效率（占全球用水量的 70%），不但節約大量的水，而且會防止排水差的土地鹽鹼化和水澇。例如，巴基斯坦的印度河地區，如果灌溉水流失僅減少 10%，則可以多灌溉 200 萬公頃的土地。取消額外的灌溉補貼和鼓勵水的再利用也會提高效率。1986 年，以色列再利用廢水的 35%，大多用於灌溉，至 2009年，以色列預期再利用 80%，擴大可再生水供應 25%。

㈢水污染

供水會因污染而耗竭。20 年前，許多發達國家的河水水質相當差，以至不能用於農工業和娛樂活動，從此以後，若干國家安裝了污水處理廠並規定工廠排放標準。分散的污染源污染——非點源污染更難以控制，農業和城市逕流將農藥、硝酸鹽、磷酸鹽和其他污染物沖入水源，這是整個發達國家的問題；在發展中國家許多工業廢物和污水仍未處理，這是個緊迫的環境問題；隨著都市化、工業化和農業上化學品的使用，致使非點源污染可能更加惡化。

㈣小水壩

小水壩的建造為一古老的技術，目前作為一種發展工具因此又復活了。全世界利用水庫供水、灌溉、控制供水和發電。小水壩是吸引人的，因為它們比大水庫造成的環境問題之可能性要小；它們可在許多地點運轉，可用當地的材料和勞動力建造，可以給邊緣鄉村地區發電和實現其他的效益。1950～1980 年間，中國大陸建造了 600 萬座小型水壩。

㈤臺灣水資源特性

「水」雖為天然資源，但如未適切加以開發截流或導引，仍無法充分利用。

水的開發截流，受限於水文、地形條件，並非完全可以蓄儲引用。所以水並非取之不盡用之不竭，它是有價的、是有限的，如何開發與調配使用，是全民的共同權利，如何節約用水也是全民的共同責任。臺灣為一海島，四面環海，屬亞熱帶季風的氣候，氣候溫暖潮溼，年平均雨量達 2,510 mm，為臺灣水資源的主要來源。臺灣雨量雖然豐沛，約為世界平均值的 2.6 倍，但因地狹人稠，每人每年所分配雨量僅是世界平均值之 1/7，水資源的珍貴可見一斑。

1. 水庫陸續興建

為了經濟發展，臺灣從日治時期就已經開始興建水庫，以便在山谷間蓄水灌溉並發電防洪。日治時期所建的水庫有日月潭、烏山頭珊瑚潭等，光復後則又陸續興建了石門水庫、德基水庫、曾文水庫、翡翠水庫等，充分供應農工民生用水，對近 30 年臺灣經濟的成就，有長足的貢獻。

興建水庫是臺灣地區最主要的水資源開發方式之一，它可以有效地調節降雨分布不均的問題，也可以有效的提升供水量。不但有利於地方的經濟發展和民生用水的需求，水庫也對人口不斷增加的都會區，提供了生活安心的保障，是最穩定的水資源的來源之一。

目前，臺灣的主要水庫共有 37 座，其中北部有 7 座，中部有 9 座，南部有 21 座。密度相當高，因為庫容均不大，水庫總容量約 $22.43 \times 10^8 \, m^3$，有效容量為 $20.51 \times 10^8 \, m^3$。位於臺北地區的翡翠水庫，便讓臺北地區大大地減少了缺水的威脅。翡翠水庫位於臺北縣新店市北勢溪上，於 1987 年 6 月完工，是臺灣的第二大水庫，主要以供應自來水為主，是一座多目標的水庫，具備了給水與發電兩項功能。

2. 水患和土石流方面的災害

近年來，臺灣經常會有水患和土石流方面的災害，這已經告訴我們，臺灣的水資源環境正面臨許多問題。臺灣森林覆地率面積已高達 59.5%，但地質屬於新生代，較為脆弱，山坡陡峭、雨水集中，所以水土流失的問題很嚴重；再加上 1961 年後，許多山坡地超限利用，對水資源環境造成破壞。到了 1981 年代普遍種高山茶，1991 年代滿山的檳榔樹、砂石濫採也造成水土破壞，最嚴重的還有河川上游地區山坡地的違法濫墾、濫伐的問題等等。

因地質環境複雜加上不當土地利用，每遇颱風豪雨常有崩塌、土石流等大規模土砂災害發生。如在 1996 年 7 月 31 日到 8 月 1 日的賀伯颱風襲擊臺灣中部阿

里山地區，帶來豪雨，兩天最大降雨量達 1,994 mm，引發新中橫公路大量崩塌及土石流災害，使生命及財產受到莫大的損失。所以防治土石流成為刻不容緩的工作。水和土的災害是臺灣經常發生的兩大天然災害，如崩塌、地滑、洪水、土石流等。不但常使民眾生命財產遭受重大的損失，各項公共建設往往也受到嚴重的破壞，影響國家經濟發展甚鉅。

目前農業、民生與工業用水等各種標的用水已呈不敷調配，政府為提高臺灣人民生活品質、發展經濟建設，已著手就如何開發水資源、如何節水、如何合理調配水資源進行研究。過去政府在幾條重要河流上興建水庫，使水利資源能夠獲得調節。臺灣光復時農田水利設施因受戰爭破壞而荒廢，但是現在一年四季都有穩定灌溉的水源，臺灣從貧困到繁榮，農田水利的建設扮演功不可沒的角色。目前全臺灣可用水量中，近八成以上為農田水利會及自來水事業單位所登記使用，而我國加入 WTO 之後，農業將面臨尖銳的衝擊，農業用水也需要相對地因應潮流配合及支援，使其可調撥為提升生活品質的生活與保育用水、及營造國家競爭力所需要的工業用水。

3. 水資源的永續經營

水資源不僅攸關民生福祉，同時也關聯到國土規劃、水土保持及環境保護等各項問題，在國家整體經濟建設發展中居重要的一環。近年來，臺灣地區經濟發展快速，水利工作環境已大幅改變，民眾對水資源之需求日高，質與量均佳的水資源，不僅是提升國民生活品質的基本條件，也是國家社會邁向高度經濟發展的關鍵磐石。

水資源的規畫、開發與管理已不再只是考量單純的民生需求問題，未來的水也將成為戰略物資、重要商品及永續利用的寶貴資源。對於水資源的永續經營，不僅需要結合當地自然環境、文化特性和景觀的需求，也要考慮當地的環境生態，以降低對當地環境與生態所造成的影響。為了水源的穩定供應，我們應該加強開源節流，一方面加強集水區的管理和水資源的保育，一方面加強水資源的運用，整合水利設施和水的回收再利用系統。

4. 水資源有效利用措施

近年來大家已經了解到水資源取得的困難，在需水量與日俱增的情況下，亟欲利用替代水源，以紓解水源不足的問題。以臺北市木柵動物園為例，動物園有感於水資源的珍貴和龐大的用水量及水費，加上動物園也負有社會教育的責任，因此園方積極爭取經濟部水利署的協助，由節水服務團技術指導，進行全

國第一個水資源有效利用示範計畫。為了讓遊客了解雨水貯蓄利用的原理，並推廣雨水利用的觀念，園區共設置了 15 座的小型雨水利用設施—雨撲滿，利用園區內廁所屋頂、休憩涼亭、屋頂等小型集水面積，將雨水收集至雨撲滿內做為澆灌的用途。並在雨撲滿表面張貼雨水利用的原理圖示，希望藉由雨撲滿的展示將雨水利用的觀念宣導推廣，而動物園雨撲滿的設置點亦印製於動物園遊園地圖中供遊客參觀索閱。

動物園推動水資源有效利用措施，整體節水成效已達 10% 以上，未來希望整體節水效益可達 30%，執行至今不但節水成果顯著，更引起日本雨水利用相關單位的重視，已將動物園水資源有效利用的措施列入日本 2000 年的雨曆內容。經濟部水利署希望動物園成為國內最佳的水資源有效利用示範地區，也是最佳的水資源有效利用展示場所，包括省水器材、雨水利用等，後續的措施及相關研究仍繼續進行，希望鼓勵機關學校團體或民眾，一起加入節水愛水的工作行列。

5. 未來水資源工作的重點

產業革命之後，科技逐漸發達，各種生產技術進步，物資充裕，導致人口大量增加，人們的生活和工業生產所需的水資源需求更是與日俱增。目前臺灣地區水資源的供應面臨不足的問題，因此，應該如何經營管理水資源來滿足社會的需求，實在是當前重要課題。

目前世界各國的水資源經營趨勢，已經逐漸走向水源的聯合運用。包括地表水與地下水的聯合運用、川流水源和水庫水源的聯合運用以及廢水處理再利用和地下水聯合運用等方法解決水資源的供應問題，使水資源開發的成本可以降到最低。今後如何強化水資源的管理以及統籌調配的機能，建立生態保育和環境整合的利用機制，配合國際水資源開發利用的趨勢，將是未來水資源工作的重點。

五、海洋與海岸

(一)海流與漁業

海流與垂直循環影響海洋的生物生產率及其與陸地和大氣的相互作用；海面暖流可調節本來不宜生物生長的地區氣候，如海灣暖流對北歐的影響。上湧水，

如祕魯海面的上湧水，將營養豐富的海底水帶到海面上，它們對海洋漁業特別重要，因為它們支持海洋食物鏈基礎的海洋浮游生物。上湧水和海面水流的變化會影響魚的數量，一些漁業管理人員在制訂管理計劃時，已開始考慮此種變化。

(二)海洋保護區

沿海和海洋保護區的建立，促進了對海洋資源的持續管理，這些地區保護自然生態系統，並為在各地收獲的海洋生物提供一個安全可靠的繁殖區。日本建造了 57 個小型海洋公園，主要供旅遊之用；澳洲大堡礁海洋公園為世界上最大公園，面積為 35 萬平方公里，可供多種用途；例如，某些地區限定為科學研究，某些地區允許捕魚，其他一些地區可以航行。

加勒比海海洋保護區海說明此種管理策略在發展中國家的希望和問題。若干研究顯示，加勒比海海洋保護區是最好的投資區，因為他們從旅遊業取得收入，並支持手工作業的漁業，雖然加勒比海各國政府劃定了 112 個海洋保護區，但僅有 25% 的海洋保護區有管理預算和船員，許多保護區受到工業及農業發展、沉澱物、旅遊破壞和過度捕撈的威脅；而要管理這些地區，資金是主要的障礙。

(三)東亞區海域

東亞的海域支持大量的經濟和生態活動，海運、石油生產、近海採礦、商業捕魚、旅遊和多種海洋生物區的棲息地。在一些地區，海洋污染，特別是石油污染很嚴重。聯合國環境規劃署支持的 5 個沿海國家制定了區域行動計劃，希望這個計劃促進該地區海洋資源的持續發展，但計劃的執行進展很慢，部分原因是資金問題。

(四)海洋哺乳動物

若干種哺乳動物─鯨魚、海豚、海豹、海象等，部分或全部依靠海洋提供食物、棲息地和繁殖區。過去兩個世紀，海洋哺乳動物的捕獵已使一些物種面臨滅絕。自 1946 年以來，國際捕鯨委員會對大鯨魚的捕獵制定了法規，最近該委員會宣布暫時禁止商業性捕鯨。日本、挪威、愛爾蘭和南韓以「研究」為名繼續捕鯨，海洋哺乳動物也受到污染、棲息地破壞、捕魚時的偶然捕撈和已廢棄魚具障礙物的威脅。各國分散的法規，保護了一些海洋哺乳動物，聯合國環境署正試圖建立全球海洋哺乳動物行動計劃，以鼓勵研究和保護海洋哺乳動物。

㈤海洋污染

對於開擴水面，沉積物和海洋有機物的污染監測指出了局部的污染趨勢，但監測並不是全球性的；關於海洋傾倒、漏油、土地逕流和海洋的大氣沉降數據已略有好轉；例如 50 年來，漏油的次數和數量均有下降。

2-4　全球系統與循環

儘管我們對氮的生物地球化學循環和全球水循環的認識尚不完整，但人類對這些循環的干預可能已達到全球規模；這些干預的影響通常無法精密的預測，但對地球歷史的研究，可以幫助我們把自然變化和人類影響加以區別，並幫助我們進一步認識全球生命支持系統。

一、大氣與氣候

由地方、區域或全球來看，人類對大氣的破壞正日趨惡化。污染對城市不健康的空氣產生影響，並損壞農作物和破壞自然生態系統，礦物燃料的燃燒和熱帶森林的砍伐，正在改變全球的氣候，並經由區域氣候變化、海平面上升和不可預見的全球氣候暖化現象，有可能造成嚴重的損害；在南極上空已出現臭氧層破洞，可能危害人體健康和脆弱的自然系統。

㈠空氣污染

空氣污染耗去大量的健康費用和環境費用，一種普遍污染物 SO_2，造成呼吸系統疾病，也是酸雨的前兆。歸納而言，在過去的 30 年內，許多發達國家城市空氣品質有了改善，例如歐洲八個國家和北美，城市的 SO_2 含量已下降 19～64%，除米蘭外，現在世界上污染最嚴重的城市是在發展中國家。發展中國家有一半的監測站報導的 SO_2 濃度是世界衛生組織認為的不安全濃度，全世界有 6.25 億的人生活在空氣不衛生的地區。

近年來，也許空氣污染控制最成功的案例是空氣中鉛含量的迅速下降；鉛對人體是有毒的，它會破壞神經系統和引起腎臟病，由於對鉛汽油的限制，美國、加拿大、法國和英國的監測站均報告指出，1975～1986 年間鉛濃度下降了 50% 以

上。

　　在下層大氣中的臭氧，破壞肝和呼吸組織，根據調查顯示，它使美國的作物產量減產 5～10%，每年損失達 10～20 億美元；而酸雨和氧化物，使歐洲和北美的森林遭到破壞；在 1986 年，六個歐洲國家報告指出，它們的森林 1/3 以上遭到明顯破壞。

(二)全球暖化

　　CO_2、N_2O、CH_4 和其他溫室氣體濃度上升，預期會造成史無前例的全球暖化；儘管國家和區域的這種暖化影響仍不肯定，但科學家們認為，變暖的氣候將改變氣溫和降雨型式，對農業和自然生態系統將帶來嚴重的影響。預期上升的氣溫將提高海平面，因為變暖，海水膨脹，而冰帽亦將可能溶化，而預期氣溫會上升 1.5～4.5 ℃，將使海平面上升 50 cm，這將淹沒許多低窪地區，例如埃及人口將有 16% 必須遷移。

(三)臭氧耗竭

　　在每年春季南極上空平流層臭氧損失的推動下，為進一步防止臭氧耗竭，在 1987 年，30 個國家和歐洲共同體簽署了「蒙特利爾議定書」。該議定書的目的是至 2000 年將耗竭臭氧的氟氯氫物質減少 1/2。平流層臭氧阻止有害的紫外線輻射到地球，耗竭的臭氧層將會使更多的紫外線輻射到地球表面。暴露於紫外線會增加皮膚癌和白內障的發病率；紫外線輻射也被認為能抑制人體免疫系統和增加一些傳染病的發生，而紫外線輻射增加會危害一些植物物種，包括主要的農作物和供大多數魚類食用的水生植物。

(四)污染物的相互作用

　　大氣中污染物的相互作用，產生了一系列十分複雜的直接和間接影響，而且控制一種污染物可能會對另一種污染物產生無意識的影響。例如，發電廠 SO_2 的排放，可以利用安裝洗滌器來減少；但是這些裝置會降低工廠生產效率，增加 CO_2 和溫室效應。要解決這種複雜的空氣污染問題，必須瞭解污染物的相互作用並將能源政策與污染控制互相結合。

二、全球氮循環

在所有的生物中，氮是一種不可缺少的元素，地球的氮約 98% 貯存於生物圈以外的岩石中，其餘的 2% 則在大氣中。大氣中穩定的氮氣（N_2）占總量的 78%，因為 N_2 幾乎不能被所有的動植物利用，在自然氮循環中，一種重要的過程是固氮作用，在少數藻類和細菌的作用下，固氮作用把 N_2 轉換成植物能利用的型態。大氣中氮的工業轉換每年固定 9,000 萬噸，其中 80% 用於肥料，對於提高農業生產是關鍵的，但同時也增加水和空氣的污染。歐洲和北美地表水和地下水氮化物含量正在上升，1970～1980 年，荷蘭、西班牙及英國幾乎所有的河川的氮污染均不斷持續增加，而發展中國家農業逕流造成的氮污染也正在增加，飲用水和食物中的硝酸鹽對人體健康是個威脅，特別是對嬰兒，地表水中的氮含量引起優氧化。

在高溫下，燃料的燃燒會產生各種污染城市空氣的氮化合物，幫助形成酸雨，增加溫室效應。NO 的年大氣排放量現已達到 2,000 多萬噸，大體上等於這種化合物的天然形成量，NO 對城市煙霧和酸雨產生影響。N_2O 是產生溫室效應的一種重要成份，它也在燃料燃燒以及氮肥的使用過程中被釋放出來。控制氮化合物對空氣和水污染的技術往往十分昂貴，減少氮的水污染要有先進的污水處理及更有效的使用肥料，以最大程度地減少營養成分的流失；控制 NO 和 N_2O 的排放要求對汽車和電廠進行技術改進，以及制定和實施排放法規的政治決心。

三、全球水循環

生命依賴水，人類在局部或區域範圍內經常干預水循環，而且可能很快在全球規模上影響水的循環，維持陸地生命的地表淡水佔地球上水的微小部分，它首當其衝受到人類影響，我們最大的影響是抽水，而且最大利用者是農業，其他的干擾包括為控制洪水和增加水的供應而進行的水庫建設，改變自然逕流和改變蒸發的森林破壞和濕地乾枯以及全球氣候變化，而氣候變化必定影響水循環的各個方面。人類活動也影響到水與土地、水與生物群之間的聯繫。一些主要影響包括建造水壩（阻擋泥沙，改變河流泥沙量）和森林砍伐（增加土壤流失和泥沙運移），同樣的情況，變更自然植被改變蒸發、地表逕流和地下水補注之間的平衡，而植被的喪失增加土地的乾旱並促進沙漠化。

四、環境史

環境史對瞭解地球系統如何工作是個關鍵的問題，它能夠使我們知道世界是如何演變的，將目前的趨勢置於歷史的角度來認識，並看到人類對自然系統和全球環境影響的程度。有若干方法可用來閱讀地球自然的記錄，同位素分析使科學家能夠確定樣品的年代，追蹤物質在環境中的運動，和獲得關於過去環境狀況的線索；其它一些方法可用以研究形成有規則的層次物質——例如沉積物、極冰泥煤沉積和樹的年輪等。對海床和湖底沉積物進行分析可以得到有關過去水溫、酸度和鹽度、物種多樣性和污染物濃度的資料，冰芯是氣溫趨勢和大氣成分的記錄；而年輪反映了污染和其他的環境因素。

環境史敘述自然的變化範圍，是度量人類影響的基準；利用 16 萬年前的北極冰芯，研究人員建立了一直到上次冰河期以前的氣溫和大氣 CO_2 濃度的連續記錄。它顯示 CO_2 濃度和氣溫之間存在著密切關係，儘管 CO_2 是造成溫度上升還是隨溫度上升而上升，目前尚未有定論。而在兩次冰河期之間，大氣中 CO_2 的最高濃度為 260～280 ppm，目前由於礦物燃料燃燒和森林砍伐的結果，CO_2 含量接近 350 ppm。

五、政策與機構

政府政策對確定如何開發自然資源和環境保護的程度相當重要。發展中國家的經濟政策往往透過改變對生產者的刺激措施來促進農業生產、木材砍伐或其他依賴於自然資源的發展，這些政策會導致無效及不能持續利用自然資源並導致環境破壞。

(一)農　業

發展中國家對農業的投入—農藥、肥料及灌溉水的價格進行補貼，以及鼓勵農民試用新技術；許多國家會補貼農民因政府控制產品價格所造成的收入減少，而補貼和壓低產品價格，對環境造成破壞，花掉公眾數百萬美元。埃及、塞內加爾和印尼政府的補貼，占了農藥全部零售價的 80% 以上，對國家財政是個鉅大的負擔，而過度使用農藥，會使人體健康和環境付出昂貴的代價，每年有成千上萬的人死於急性農藥中毒，另有一百多萬人遭受非致命的農藥中毒；此外，四百多種害蟲產生了抗藥性，往往促使農民使用新的及更具毒效的農藥。

(二)森林和牲畜

政府往往低估森林及其產品的持久價值（前者如水域保護和棲息地，後者如木材、堅果、藤杖和藥品），而高估短期開發和轉變成農田的價值。例如，印尼企圖利用其巨大的森林作為經濟發展的燃料，而在非競爭的基礎上，以很低的價格，向伐木特許權擁有者租貸大片的林區。這些特許權擁有者可能得到高額的利潤，加上租貸期很短，促使他們迅速砍伐最有價值的林木，政府由租貸費取得的低收入不能負擔森林持續利用而需要的長期管理費用，結果就是森林的迅速破壞（在砍伐和運輸過程中破壞保留下來的林木）和濫伐（定居者遷移到破壞過的地區開墾農田）。

60 年代中期，巴西採取了促進開發亞馬遜河流域的政策，鼓勵將森林轉變為其他用途，特別是畜牧；刺激措施包括投資稅捐信用貸款，聯邦所得稅免除和補貼貸款。1965～1983 年間，在亞馬遜河流域建立了 469 個牧場，平均面積為 2.3 萬公頃，這些牧場是亞馬遜 30% 的森林迅速遭到砍伐的主要原因。而巴西為補貼這些牧場，在稅捐信用貸款上耗資 6 億美元；由於體認到這些政策在環境和經濟上的代價，一些發展中國家開始減少補貼和重新審查其他的經濟政策，這些政策明顯的造成環境和財政的損失。

(三)京都議定書

1997 年由世界各國達成目標為遏止全球氣候暖化的京都議定書，於 2005 年 2 月 16 日正式生效。京都議定書要點如下：

1. **廢氣排放控制**

控制以下 6 種廢氣的排放量：二氧化碳、甲烷、一氧化二氮（笑氣）、氫碳氟化合物、全氟化碳、六氟化硫。

2. **目　標**

以 1990 年數字為基準，對 35 個工業國家指定數據目標與廢氣排放限制，要求限期達成。

3. **交　易**

允許 35 個工業國家的廢氣排放量「交易」，擁有廢氣排放「餘額」的工廠，得以餘額和超過排放限制的工廠進行交易。

4. **聯合作業**

允許各國在 35 個工業國中的其他國家協助發展減少廢氣排放計劃，提供協助國

家將可得到「優惠」。

5. 環境淨化發展機制

以相同的作法，對向開發中國家、其他參與京都議定書國家提供降低廢氣排放協助者給予優惠。

京都議定書目標是設定在 2008～2012 年間，將已開發國家的二氧化碳、甲烷、氧化亞氮、氫氟氯碳化物、全氟碳化物及六氟化硫等 6 種溫室氣體排放量，在 1990 年的基礎上平均削減 5.2%。雖然目前多達 120 多個國家批准「京都議定書」，但溫室氣體排放量與議定書要求仍有一大段距離。

據京都議定書規定，如果簽約國本國不能完成削減溫室氣體排放量，可以無償援助其他國家改善設備，以減少溫室氣體排放，此時援助國可以購買被援助國減少的排放量，即是通稱的購買溫室氣體排放權（或稱配額）。據臺灣經濟研究院分析，這項公約生效將啟動溫室氣體排放的國際交易市場，以俄羅斯為例，自從 1990 年以後，俄羅斯的經濟一度萎縮，目前溫室氣體排放量較 1990 年減少達 32%，因此可以把多餘的排放量配額出售給需要達到溫室氣體排放標準的國家，據推估，在 2012 年前，出售溫室氣體排放權即可獲利 200 億美元，對俄羅斯國家財政收入有很大貢獻。

各國必須為減少 CO_2 的排放盡最大的努力，中央研究院環境變遷研究中心指出，CO_2 存在大氣中至少 100 年，因此全球暖化的效應不會就此停止，只是過去百年來全球均溫只上升 0.6 ℃，這拜深海調節所賜，否則至少還會再上升 1.4 ℃。溫室氣體中光是 CO_2 就佔了 70%，其餘才是甲烷、一氧化二氮（笑氣）、四氟化碳、六氟化硫、六氟化二碳等氣體。CO_2 進入大氣中根本無法回收，而且至少有效停留一百年左右，根據地球科學家的估算，在人類工業化之前全球 CO_2 的濃度為 280 ppm，但是到了 2005 年，濃度已經上升到 380 ppm。

地球花了幾千萬年到上億年的時間才將一些動植物、化石等物質埋入地下化解成煤和石油等，但是人類卻在百年內不斷開發石油、煤，把那些原本埋藏在地底的二氧化碳全數釋放回大氣，使得過去 100 年來全球平均溫度上升 0.6 ℃，到達 15.6 ℃，而且還在升高中。按照 CO_2 的濃度等因素計算，全球平均溫度應該至少到 17 ℃，這之間的差異全因為深海吸納調節所致，所以深海可說是地球溫度的大儲藏室；換言之，地球的平均溫度還未到達平衡點。

地球暖化的趨勢如同煞不住的車，就算各國從此不燒石油和煤，不再產生

CO_2，也得要 100 年後才能逐步看到 CO_2 減少對地球環境的傷害，由此可知政府所擬訂的新能源、產業和經濟政策是非常重要的。防止全球氣溫進一步暖化的《京都議定書》尋求在 2012 年前，把工業國家整體的溫室氣體排放量減少 5.2%，各國的減少排放量目標，則根據該國的污染程度而定。共有 141 個國家及地區簽署確認條約，簽署國要達到指標並不容易。以日本為例，到 2013 年條約進入第二階段，若日本不能達到減少排放 6% 廢氣的指標，它將在原來的 6% 外，被罰多削減 30% 排放量。

行政院已經成立一個因應小組，由行政院長擔任召集人，未來將透過立法的方式，將國際的規範放到國內。強化再生能源的比重、提高能源的使用效率以及改變高排碳的產業結構，才能減少溫室氣體的排放。臺灣目前進口的能源佔了 97%，未來應該強化再生能源的比重，希望在 2012 年以前，把再生能源的比率提高到 10%；另外能源的使用效率如果可以提高一倍以上，能源的需求就會大幅降低，溫室氣體的排放也會減少。政府因應京都議定書的新能源政策應該考量今後 50 年到 100 年的趨勢和環境變化，而不是只單純地減少 CO_2 的排放而已，況且以臺灣的能源科技，結合官方和民間的研發力量，不但可以向世人證明臺灣對減緩全球暖化效應所做的努力，還能技術輸出分享市場商機。

2-5　恢復退化的土地

雖然透過完善的管理對於防止土地的退化是最理想的，但有時幾千年或是幾個世紀的錯誤利用，已留下累累傷痕，如果要使土地再度變成具有生產力，對這些傷痕必須加以修補。預計到 2025 年，人口將再增加 30 億，土地將比任何時候都更加迫切需要用於糧食和能源生產。土地退化不是一個新現象，在古老的美索不達米亞，不當的灌溉使大片的土地鹽鹼化；不久以前，人們很少考慮恢復已退化的土地，人口密度小，使人們只要繼續前進即可。此外，人們往往缺乏技術來恢復已造成的破壞，這種狀況正在改變。全球人口增長和現代技術的迅速發展正在加速土地退化，隨著對土地需求日益增加，許多發展中國家為了滿足其人民日益增長的需要，將很快被迫要面對退化土地的問題。

恢復被破壞的土地有幾種方法，傳統的方法是讓這些土地休耕，使其自然恢

復，但隨著人口密度的增加，休耕期縮短了，以往能自然恢復的土地不再能自然恢復了。人類修復已退化的土地採取兩種方式：即復原與恢復。復原是將一片土地恢復到其自然狀態，恢復人類破壞之前存在的所有物種。恢復則更加實際，其目標是使土地有生產力，可供人類利用，採用最有效的物種和技術，而不管這些物種和技術是不是本地的。在發展中世界，由於日益增加的人口需要，恢復可能比復原將更能發揮作用。

一、山　地

在世界各地，許多不同類型的土地處於日益增加的壓力之下，但山區面臨著特別的問題；面對嚴重的問題，山區居民必須找出辦法來保護植被和土壤，當植被和土壤退化，農業生產會迅速下降；而附近的低窪地，則會增加洪水的威脅。建造水壩和梯田等工程方法，可帶給陡坡地某種穩定性，但這需要大量勞力並需要保養。播種地面植被可保護土壤，並為草食動物提供飼料；必須使當地人民看到採納更加持久的耕作方式的直接利益，在他們能夠由恢復的土地上獲得利益之前，他們可能需要另闢收入的途徑。

二、旱　地

沙漠化－用以描述旱地的退化，是許多發展中國家日益增多的問題。發展中國家乾旱地面積占全部土地面積的 18%，維持著三億多人民的生活。採集薪材、過度放牧和耕種不適合農業的土地，威脅著這些地區的許多地方。恢復這些土地的技術，包括禁止農業和放牧，重新播種和種植防護林帶；此外，提高爐灶效率以及使用替代能源，對於減少薪材的需要，都是必要的。

三、灌溉農田

鹽鹼化和水澇使許多國家失去灌溉農田，造成鉅大的經濟損失。印度、印尼、智利和秘魯等國糧食總產量的一半以上來自灌溉的土地，中國大陸則為70%。灌溉土地的退化，通常是由於水管理不善所造成。一種解決方法是給土壤排澇，但費用往往十分昂貴。在一些地區，一種成本低而效率高的辦法是種植能耐鹼和水澇的作物，如水稻，這種能為耐力差的作物改良土壤。

恢復退化的土地是政治問題也是經濟問題，生活在已退化土地的人民，往往是貧窮的，而且無處可去。在改良土地方面，當地人民必須有利害關係，如果要求他們作出犧牲，例如減少放牧，他們必須在經濟上能夠生存下來。如果要使項目發揮作用，就必須使當地人民參與項目的規劃與實施。小規模的項目往往更能成功，因為它們能滿足這些要求和更容易適合當地的需要。除此之外，只要有可能，應該利用當地材料、勞動力和技術，這種方法不僅減少費用，而且能夠使居民更充分地參與和更好的維持項目。

四、亞洲的重點

亞洲由地中海延伸至太平洋，許多國家各方面差異極大，從自然資源貯藏量到經濟發展水準及政治文化背景各有不同。以經濟發展為例，日本和西亞（中東）一些產油國國民生產總值（GNP）達一萬美元以上，但許多亞洲國家卻列為世界上最貧窮的國家。中國大陸、印度、孟加拉和巴基斯坦—占亞洲人口的 71% 及世界人口的 42%，其 GNP 僅為 350 美元（或以下）。亞洲經濟發達國家面臨空氣和水污染及其他來自工業發展的環境問題，而不發達的國家往往更關心由於人口增長和發展需要造成的對自然資源基礎（如土地、森林和水）的壓力。

歸納而言，過去三十多年亞洲的發展是顯著的，然而面對眾多且日益增長的人口，仍然有大量尚未解決的問題。事實上，人口增長影響自然資源管理和經濟發展的所有問題，與其他地區相比較，亞洲更需要開發尚未發展的自然資源。在未來，亞洲國家必須繼續尋找增加其自然資源生產率的方法，以滿足其日益增長的人口之需要，這種努力將要求持續的管理土地、水、森林和其他的自然資源，實質的經濟發展，並且在教育、衛生醫療和其他人類服務方面繼續進步，亞洲在對付這些挑戰的成功，可能為世界其他地區提供有價值的教訓。

(一)人口趨勢

亞洲是世界上最擁擠的大陸；26 億人口為 50 年前的兩倍多，在尋找糧食、水和能源方面爭奪有限的土地和自然資源。然而，自 1965 年以來，每人糧食平均生產已將近提高 25%，一般而言，該地區的人口增長率正在下降，但每年增加的絕對數字意味著亞洲問題尚未解決。據估計，每兩分鐘全球人口增加 5 人，其中 3 人是亞洲人。自 60 年代後期以來，增長率已逐漸下降，儘管如此，亞洲每年給全球人口增加的數量繼續超過其他大陸增加的人口之總和。自 60 年代後期，婦女

平均生產 6 個小孩，目前為 3 個多一點。而亞洲出生率下降最大的國家是中國大陸，在過去 40 年中，中國大陸每個婦女的總生產率由 6 個降為 2.1 個。

雖然亞洲人口減少是各大陸最引人注意的，但在人口停止增長前，出生率需要進一步大幅度下降。而出生率降低的成功，是由於保健醫療、教育和避孕方面的進展。在過去 40 多年，整個亞洲的嬰兒死亡率下降了 33%；壽命從 53.3 歲延長到 61.1 歲；許多亞洲國家還實施了有效的生育計劃。在對 100 個發展中國家的生育計劃進行排序時，在 10 個實施「強有力」計劃的國家中，有 7 個是在亞洲。中國大陸排列榜首，在控制世界上最大人口增長方面有相當顯著的進展。其他採取強有力方案的亞洲國家和地區是南韓、臺灣、香港、新加坡、印尼和斯里蘭卡；另一方面，若干亞洲國家，如伊拉克及柬埔寨，其生育計劃方案實行不力或甚至沒有方案。由於 1/3 的亞洲人口不滿 15 歲，即使出生率持續下降，但育齡婦女的數量將使人口繼續成長。到 2025 年，估計這種人口成長趨勢將使亞洲人口增加到 45 億，並增加對稀少自然資源的需求。

(二)對糧食、土地和自然資源的需求

人口迅速增長最直接的影響是需要更多的糧食，這種需要在中國大陸境內有兩種方法可以獲得滿足，亦即擴大農業土地和更好的利用耕地。從歷史上來看，過度擁擠和生產率低，可採取讓人民遷移到人口少且更肥沃的土地上去居住的辦法來解決。今天，大多數可耕地已被充分耕種，而在一些國家，管理差和環境狀況遭受破壞，已正在減少具有生產率的農田之數量。

自十九世紀中葉以來，亞洲耕地增加了 2.5 倍，其中 4/5 是在森林和林地內，在印度北部，過去的 40 多年，人口幾乎增加了一倍。以犧牲其他土地用途為代價，農業土地擴大了 50% 以上，從此以後，1/3 的森林已消失，草原和濕地也被人類侵占，同樣的情形也在巴基斯坦發生，由於人口增長一倍以上，300 萬公頃的密林和疏林已被砍伐，自 1950 年起，只有 2/3 的林分被保留下來。但是，自 1960 年代中期以來，耕地的擴大已放慢速度，在過去的 40 多年，亞洲的糧食總生產量增加了 85%，而這是在耕地僅僅增加 4.2% 的情況下實現的。在這期間，每人平均糧食生產量提高了 22% 一比全球平均多了兩倍多。

自 1975 年以來，亞洲每年施用肥料量增加了一倍多，灌溉的土地占亞洲可耕地的 30%，是全球平均的 2 倍，使用高產量作物品種也繼續在增加，改良的小麥品種占孟加拉、印度、尼泊爾、阿曼和巴基斯坦種植的小麥大半部分。同樣的，

改良的水稻和玉米品種在亞洲 1/3 的國家內種植。

　　無知的使用肥料、農藥和灌溉導致人體健康危害和土地退化，過分依賴化學品而不採用有機肥料、輪作和擴大休耕期，會降低土壤肥力和蓄水能力，因此造成的水土流失把泥沙和危險的化學藥品帶入江河和含水層，造成污染和人體健康問題。過度的灌溉和不充分的排水會造成水澇，提高鹽含量和降低生產率。例如在印度和巴基斯坦，由於水澇，已失去 1,700 萬公頃的可耕地。

　　綠色革命的另一個問題是廣泛推廣單一作物制度，它包含著環境和經濟方面的利弊和風險，季復一季的僅種植一種作物，會逐漸耗竭土壤營養成分，而後需要增加使用化學肥料，由於單一作物，病蟲害蔓延，特別是那些對普遍採用的農藥有抗藥性的病蟲害，單作制更為嚴重，造成更大的經濟和生態破壞。在全國範圍內，多作制對波動的農業市場在經濟上是個緩衝。如 80 年代世界大米市場價格猛跌，泰國大米種植面積占耕種面積的 80% 以上，是主要出口大米的國家，泰國正在尋找途徑進行多種經營。而在農場方面，多作制能持續地提高產量，有助於控制植物病蟲害，提高土壤肥力和減少水土流失。

(三)恢復退化的土地

　　如同世界其他地區一樣，濫用和管理疏忽已經導致了亞洲大片土地的退化，亞洲很少有大量土地的地區，當人們耗竭了先前具有生產率的土地後，可以隨意遷移，雖然亞洲缺乏充分的關於土地退化的數據；但有限的資料說明，它分布廣泛，有三種土地特別值得注意，即山地、旱地及灌溉的土地。

　　有關山區的一些情況說明了大問題，在喜馬拉雅山脈可進入的山區，大多數森林已遭破壞，優良品質的森林目前只占該地區的 4.4%。森林的損失經常造成嚴重的水土流失，山區的生產率降低，低窪地泥砂淤積增加。在爪哇島上，山區人口稠密導致無法持續耕作，造成 100 多萬公頃坡地農田嚴重沖蝕。

　　乾旱地本來就有點脆弱，在過度耕作和放牧的壓力下，很快就退化。80 年代初期，有限的數據說明，亞洲 75% 以上具有生產率的乾旱地，由於作物地或灌溉農業已中等或嚴重程度的沙化；亦即，生產率遭到中等或嚴重程度的破壞，導致類似沙漠的狀態。乾旱地沙漠化在西亞（中東）是最普遍的，對亞洲牧場的一項定性評估說明，它們已過度放牧和退化，並正面臨著來自人類和牲畜兩方面不斷的壓力。

　　灌溉乾旱地雖然比其他旱地面積小，但由於它們生產率高及對它們投資水準

而特別引人注意。在 80 年代初期，根據估計，在亞洲這種土地中有 35% 已到中等嚴重程度的沙化。

　　山區植被的損失使水任意沖蝕土壤，恢復的關鍵是通過再植被和工程，加上採用減少對土地超負荷壓力的土地利用措施來控制水，同時，對那些依靠土地的人們，提供短期和長期的利益。在尼泊爾 Phewatal 湖周圍內過度放牧和植被與土壤的破壞，造成周圍水域嚴重沖蝕，建造小型水壩截水，在溝渠種植牧草對減少沖蝕、恢復土地和提高生產率是有效的。牧草不僅可減少水的流失，而且有收益，可出售給鄰近地區作為飼料。廄養牲畜減少了放牧對土地的壓力，並使婦女飼養牲畜以及收集糞便，用作肥料和燃料更加容易和有效。約旦用生產性的水果 —— 橄欖、桃、杏仁和石榴代替山區的穀類作物，有助於穩定土壤和減少流失；在中國大陸開展一場勞力密集的工程，建設防風林帶，以恢復已沙化的乾旱地，供農業生產和人類居住。

　　具有生產力的灌溉地因水澇和鹽漬化而失去，並因而帶來鉅大的經濟和社會損失，灌溉的投資高，許多亞洲國家依靠灌溉的土地以保證糧食供應。印度和印尼生產的糧食，有一半是在灌溉的土地上生長的，中國大陸灌溉的土地上，生產的糧食占 70%。恢復退化的土地過程中，一個必要的步驟是改善過量用水的情況；還需要對水澇地抽水和排水以及清除積聚的鹽鹼。這些步驟可能耗資昂貴，在印度，一個小規模被採用的方法是種植耐鹽的樹，這些樹通常根部和樹葉吸收水分，從而降低水位，在印度哈里那邦、旁遮普邦和北方邦，科學家和村民則利用打井與施綠肥來扭轉過度灌溉造成的鹽鹼化。

㈣森林、野生動物和棲息地

　　對多高山的臺灣而言，森林經營為土地利用的一大課題，幾十年的經驗對政府及民眾而言似乎仍不足以達到「理想」的境界，其間發生過許多因土地利用不當而引起的災害。

1. 高山茶問題

因特殊的飲食習慣，茶葉一直是國人主要消費飲料。濁水溪上游的主要茶區是鹿谷、名間，近年來因高海拔地所產茶葉口感較甘醇，高山茶遂成新寵，受市場因素刺激，茶農紛紛前往高山尋求新的栽植地；實驗林轄區或鄰近區新闢的茶區有竹山的杉林溪茶區、信義鄉草坪頭、沙里仙之玉山烏龍茶區，其中的杉林溪茶區因政府「一大三社」（指臺大，瑞竹、大鞍、頂林林業生產合作社）

的林地放領政策影響，土地經營方式不再受國有林班地租地造林條約的限制，原本被覆著竹林的林地整個開闢為茶園，茶園面積迅速擴展，估計已達 400 ha 以上，茶農噴灑農藥及施肥等集約經營方式，造成水質優養化，已有梨山地區前例可循，因此公有地及國有林班地是否適宜放領承租，實應三思而後行。

2. 檳榔問題

在日據時代，日本人曾勸禁食用檳榔，一度採行嚴厲手段強制砍樹，以戒除不良習慣，故栽植數量及產量逐漸減少，根據廖日京教授之統計，栽植數以 1944 年之 29×10^4 株為最低。臺灣光復後，檳榔種植的面積和數量已逐年增加，截至 1996 年為止，培植面積已將近 5.66×10^4 ha，年產量達 160,118 ton，紅唇族約 350×10^4 人，檳榔攤則約有 55×10^4 處。

據研究分析，檳榔的收益為其他農作之冠，故又被戲稱為「綠色黃金」或「綠色鑽石」。雖然種植檳榔有豐厚利潤，但就國人衛生保健及水土資源保育角度來看，因區域內契約林地多達 6,000 ha，林農為省工及操作方便，再加上近年開路設備及技術進步，往往短期內即開闢一條新路，造成生態環境與水土保持的另一隱憂！

3. 山葵問題

山葵原本僅是阿里山地區一帶特殊作物，原先僅為林下空地間作，且面積均甚小，由於山葵收益高加上新中橫全線通車，使得附近的居民違規侵佔阿里山公路兩側國有林地、水源區種植，並將林木修枝、整地、伐除地被植物，造成禿頂林木，致使水土保持不良，林地蓄水能力喪失，造成水庫水源枯竭。按林地更改為農牧生產在土地條件下有其限制，也就是土地可利用限度，應考慮到長期性的土地資源保育，因此在利用之前必須經過調查、規劃和評估，以避免日後產生水土保持問題（土壤生產力降低、無機物及有機物污染、洪水氾濫、森林火災、水庫優養化、水庫之淤積、道路開闢與觀光遊憩、遊樂區品質降低）。

4. 當前坡地保育問題

(1)農地開發利用之逕流與泥沙問題：坡地開發為農牧用地後，會明顯造成水土流失。

(2)陡坡地超限利用地問題：臺灣山坡地的作物有一半種植在坡度 30% 以上之陡坡地上，更有約 5.8×10^5 ha 的超限利用地，造林之投資報酬率不高，造林意願低落，導致高山茶、高冷蔬菜、檳榔、山葵等超限利用普遍，欲期使違規

使用人實施造林，由於面積大且有許多已成為果園，執行認定均有其困難。現行的「山坡地土地可利用限度分類標準」，宜牧地之最大坡度為 55%，已是世界上最陡的坡度之一，因陡坡地經長期的耕墾後，肥沃的表土會被沖蝕流失，地表只剩下大量碎石或母岩裸露，易引發局部性土壤崩潰及崩落現象。

(3)坡地營農環境改善問題：農民實施水土保持意願低落，推廣困難，已完成水土保持處理之維護以及成木果園改善等問題，均是當前面對的課題。

(4)山坡地非農業使用大量增加：諸如建築、採砂石、墳墓、遊憩用地等，日益增加，尤以都市周邊的土地最為嚴重，由於該範圍周邊土地具有保護都市周邊環境功能，卻因非農業使用的侵入，造成水文環境的變化，導致坡地災害頻傳。

森林砍伐主要是把森林轉為其他用途而造成的；儘管亞洲的森林砍伐率不像非洲和拉丁美洲那樣高，但持續下去會是很高的。在印尼，大規模的森林砍伐正在發生，每年約損失 60 萬公頃；尼泊爾、斯里蘭卡和泰國森林砍伐率最高；在亞洲，植樹造林正在增加，但在大多數國家，這卻跟不上森林砍伐的速度。中國大陸有世界上最大的植樹造林計劃，每年以 450 萬公頃的速率種植新的林木，超過了所有發展中國家。

亞洲木材生產居世界之冠，每年有 900 多萬立方公尺；亞洲壟斷了世界上熱帶闊葉樹的出口，但最近的預測顯示，亞洲占世界熱帶闊葉樹木材市場的比例，將從 80% 降到 10%，此種變化是由於木材儲備的枯竭和國內消費的增加所造成的。

目前的伐木方式是低效率的，它們破壞殘存的樹木，當人們跟隨伐木者進入林區砍伐殘存的森林而從事農業生產時，這種情況經常導致進一步的森林砍伐。亞洲熱帶森林的喪失也使野生動物失去了廣大的棲息地，最近一項關於東南亞棲息地的研究報告顯示，60% 原始的野生動物棲息地已經失去；孟加拉除了 6% 外，所有的野生動物棲息地均已損失。

(五)海洋

亞洲比其他任何地區都更依賴於海洋漁業，日本捕魚量居世界第一，達到 1,100 多萬噸，自 1970 年以來，亞洲區域漁業的捕魚量繼續上升，正在接近或甚至超過 FAO 估計的最高產量。而對於海洋污染，特別是油污染的環境破壞，5 個

國家已正式聯合通過了東亞海洋行動計劃，作為聯合國環境署區域海洋方案的一部分。印尼、馬來西亞、泰國、新加坡和菲律賓一致同意評估海洋環境、管理沿海活動和協調國家計劃。具體而言，該計劃尋求研究污染對海洋生物的影響，主要來自石油鑽井污染，也來自岸上和海上活動所產生的金屬、污水、沉積物和化學廢物的污染。

㈥空氣污染

在亞洲多數國家中，空氣品質的監測仍舊是有限的。一般而言，除日本外，亞洲的空氣品質隨著工業化和缺乏有效的污染控制而惡化。根據世界衛生組織制定的標準，有關懸浮顆粒物，亞洲沒有一個全球環境監測系統空氣品質監測站達到標準，自 1979～1985 年，只有一半的監測站達到 SO_2 的標準，與發達國家相比較，亞洲在控制大多數污染物方面遠遠落後。從 1974～1984 年，香港和德黑蘭大氣中 SO_2 濃度明顯上升；在同一時期，加爾各達和馬尼拉顆粒含量增加了 20% 以上。

2-6 臺灣的生物多樣性與保育現況

在長達數億萬年的漫長歲月中，地球上的生命為了適應各種不同的環境，透過基因的變異（genetic variation）與天擇（nature selection）的作用，逐漸演化出適應於各種生態體系的各式物種（species）。豐富的生命，構成了生物多樣性的基礎。一般而言，生物多樣性從微觀到巨觀，可分成三個層面來思考。

第一個就是基因多樣性，生存在地球上的所有生命的遺傳基因，可以共同構成一個巨大的基因庫。其次則為物種多樣性，由所有不同的物種所共同組成的種源庫。此外，各式各樣的物種與其所生存的外在環境，也共同組成不同的生態體系。為什麼我們要努力維持生物多樣性？它的重要性以及意義又是什麼？這是因為，在自然的狀況之下，一個生態系中的生物種類越多，組成越複雜，整個生態系統就不會因為少數幾個物種的變動而產生重大改變。

生物多樣性可說是穩定自然環境的基礎之一。但是，目前因人類對環境的過度干擾，造成生物快速且大量滅絕。長久下去，整個地球生態系將會因為生物多樣性的減少，在物種單一化的情況下，很容易因為單一的環境變遷或個別的自然

災難，引發更大規模的生物滅絕。生物多樣性是人類賴以生存的環境基礎，也是人類生存與福祉的保障，它對人類的貢獻如下：

1. 維持生態系穩定。
2. 具有直接的經濟及醫藥利益。
3. 具有社會福祉的價值，可以改善生活品質，給予社會安定生活的保障，使人類活得更舒適、更有尊嚴。
4. 維持人類親近自然、持續演化進程與適應環境能力的「親生命性」的最大保證。
5. 具有美學及精神上的價值。

一、生物多樣性保育的興起

伴隨著人類文明的發展，大量的交易與遠距離的運輸，許多物種也因此被挾帶到超越其自身能力所能到達的新環境，在這個新的環境中，成為所謂的外來種。對於當地的生物而言，外來的物種雖然經常因為無法適應新環境而終致消失，如過去在石門水庫中曾發現食人魚，但是，一旦能夠適應當地的環境，在缺乏天敵的情況下，再加上本身具有大量繁殖的能力，反而成為當地最優勢的物種，往往威脅甚至取代本土物種的生存機會。福壽螺、吳郭魚、大肚魚、巴西龜、牛蛙……等等，都是著名的例子。

過去，人們為了食用、藥用、玩樂，甚至是無目的地大量獵捕或採集各種生物，已經造成大量的物種面臨滅絕的悲慘命運。而人類對環境的種種開發及污染，則是更廣泛且徹底地破壞了許多特殊的生態系，例如沼澤、濕地、潟湖、海岸、雨林……等。失去了棲所的生物，連復育的機會都不再有。而今，由於基因工程的發展，人類甚至能夠製造新的物種，當這些人工物種在有意或無意的狀況下，進入到自然界的生態系時，對於生態系的影響將完全無法預料，也是生物多樣性目前所面臨的最新威脅。

暫且不論存在地球上的每一個生命都應享有生存以及延續其族群的權利。所有的物種，都是經過億萬年演化後的結果，任一物種的滅絕，都意味著自然界無法回復的重大損失。就人類現實的觀點而言，在醫學、藥學、科技、美學……等各個領域，人類都受惠於自然界中各種物種的基因。保護生物多樣性，不僅是在保存許多目前未知的物種，未來人類極可能也需要從中尋找新的藥物，或取得

抗病蟲害的基因……等。因此，保護在地球上的每個生命，亦攸關你我未來的福祉。

傳統的物種以保育瀕危物種為主，而對千百萬種的其他物種或生態系的維持缺乏關心與保護，致使目前世界上每天有一百萬以上的物種滅絕，滅種的速率是自然滅絕速率的一萬倍以上。倘若此種惡化的趨勢再不改善，到了 2050 年，世界上將有 1/4 的物種消失，我們的子孫將難以生存。廿一世紀到底是什麼樣的世界？人類追求的是什麼？如果一味地延續過去的老思維，人類能倖存及永續嗎？許多的問題值得我們深思，值得認真去改革。尤其是人與自然間關係的和諧及共處上，必須優先加以重視。

在可預期的將來，人類將為基因的爭奪引發戰爭。為追求人類永續發展，生物多樣性所牽涉的生物安全、生物倫理及生物法律就不可等閒視之。其次，世人常誤解永續發展的定義。永續發展是建立在「本世代的發展需求與欲望不能傷害到下一代的生存發展」的觀念上，其英文原意為：「*Sustainable Development: Development which meets the needs and aspirations of current generations without compromising those of further generations.*」。換言之，本世代對資源及環境的利用開發，不可以傷及下一代的開發；本世代享受的權利不可以影響下一代子孫們的權益。人類各世代在開發的過程中不能遺忘資源的有限性，只圖這世代的利益而遺忘下一代的權益，如此的發展必然無法永續。因此，人類對未來的永續發展必須建構在環境資源的載荷量（Carrying capacity）的觀念上。

二、生物多樣性的定義

所謂「生物多樣性」（Biodiversity）是在生命世界中存在的差異，生命世界中由最小的 DNA（遺傳物質）、基因、細胞、組織、器官、個體、族群，乃至生態系到地景等各種層次的生命型式，都存在著差異。

生物多樣性的內涵廣博而複雜，不過基本上可以分為：(1)遺傳多樣性（Genetic diversity）：是指存在物種或物種間的基因多樣性，相同種類的不同個體，由於遺傳基因之變異，會呈現不同之大小、色澤、形狀、品味……；(2)物種多樣性（Species diversity）：不同物種，其形狀、色澤、味道都不一樣；地球上的維管束植物約有 30 萬種，動物約有 165 萬種，物種的遺傳多樣性變異越大，它對環境變動的適應能力就越強，它是農、林、漁、牧品種改良的基礎，也是遺傳工

程的素材；和(3)生態系多樣性（Ecosystem diversity）：生態系提供養分、空間及能量以供養多種生物存活所必需的資源，因此生態系多樣性是維持物種多樣性的基礎。多樣化的生態環境呈現不同的風貌，並提供各種不同動植物之個別需要。

由以上可知，所謂生物多樣性的意義涵蓋了生物在基因、個體、族群、物種、群聚、生態系到地景（Landscape）等各層次所表現的變異性。亦即，陸地、海洋和其他水生生態系等所有生態系中活生物體，包括植物、動物及微生物和它們所擁有的基因以及由這些生物和環境所構成生態系。地球上的任何生物都扮演著不同的角色：生產者、消費者、清除者或分解者，每個角色都非常重要且不可或缺。如果缺了其中一環，則生態系會不穩定，導致生命的滅亡。因此，生命世界的每一分子都有其生存的意義及價值，不是人類可以刻意忽視及摒棄的。

聯合國在 1992 年 6 月 5 日於巴西里約熱內盧協商成立的「生物多樣性公約」，內有一段文字描述生物多樣化的好處。文中指出：「意識到保護和持久使用生物多樣性，對滿足世界日益增加的人口的糧食、健康和其他需求至為重要，而為此目的取得和分享遺傳資源和遺傳技術是必不可少的」。由此可見，生物多樣性的維持和保育，是人類追求永續發展的基礎。近年來，先進的科學大國對種源、基因及物種多樣性的研究與保存不餘遺力，其目的就是要使地球上所有生物都能存活下來，以進一步提供人類的福祉。

生物的多樣化也提供生命及自然界複雜的交互作用；譬如，相生、相剋、競爭、共生、寄生及附生等。越複雜的交互作用，使生態系更趨穩定，人類依賴此穩定的生態系才得永續。環境保護及自然保育就是為保障「生物多樣性」所必要的措施。因此，在人類社會的各行各業都必須重視及落實「生物多樣性」的觀念。從事生物學的研究者更應該努力去研究地球上的生物及其結構與功能。

三、生物多樣性的價值

生物多樣性是生態系中生物群體的變異性及內涵的生命力。全球生物多樣性之危機與保育，為當今世界環保論壇的跨世紀議題；生物多樣性，已成為生態系功能與生命維生系統的重要指標，也在環境教育中扮演重要角色。

生物多樣性是指各式各樣的生命和它們複雜、多變的生活環境。生命的奧秘及複雜超越我們的想像，可是近百年來人類的科技發展，卻大幅降低了千變萬化、生生不息的生物多樣性。

　　根據「生物多樣性公約」，生物多樣性包括了遺傳、物種和生態系的多樣性。我們知道，生物多樣性蘊藏了豐富的財寶（例如五穀雜糧、蔬菜、水果），生物多樣性也為我們服務（例如淨化水質），增進人類的福祉，此外，生物多樣性還有許多其他的價值，值得我們加以保育。不過，由於棲息地的切割、劣化和消失，資源的過度利用，土壤、水和大氣的污染以及外來種的引進等因素，使生物多樣性正面臨前所未有的威脅：基因流失、物種滅絕、生態系劣化甚或消失。

　　今天，全世界公認社會與經濟永續發展的先決條件，就是永續使用生物資源。要想生物多樣性源源不斷地為人類提供財富與服務，我們必須保存、使用並研究生物多樣性。依照「生物多樣性公約」的規定，每一個國家一方面對其國內的生物資源擁有主權，另一方面則有責任保育本國境內的生物多樣性，並以永續的方式利用其生物資源。

　　生物多樣性不單是生態環境維持穩定的基礎，更是人類賴以生存的環境基礎。生物多樣性對人類的貢獻可從三方面來看：

1. 維生體系的基礎

複雜的生物物種與自然環境間之互動關係，提供了人類賴以生存的生命維持系統，其功能如保護土壤、穩定水文、調節氣候。

2. 健康與經濟

生物之多樣性為人類提供食物、醫藥、生物科技與工業原料等經濟資源。

3. 啓智與娛樂

包括科學、教育、美學、社會文化、休閒娛樂、心靈創意等各方面都扮演重要角色。

四、生物多樣性消失的原因

　　據估計，地球上每天滅絕的物種超過一百種，滅絕的速率是自然滅絕速率的一萬倍以上。此種惡化的情況趨勢若再不改善，約在 2050 年時地球上將會有 1/4 以上的物種消失（IUCN 植物中心，66～186 萬種），人類將難以生存。生物多樣性消失的原因包括：

1. 棲息地喪失、切割及劣化

人口和資源消耗大幅增加，使未受干擾的生態系面積越來越小。以淡水生態系

而言，水壩破壞了大部分的河川及溪流棲地。海岸的開發摧毀了珊瑚礁及沿岸的海洋生態系。公路的開發則往往將原本完整的生態環境切割成塊，造成生態環境變得不穩定。

2. 資源的過度利用

由於人類對自然資源森林、野生動物的取用過度，已有不少物種因此而滅絕。而未滅絕的物種也往往因族群數量減少，導致許多基因流失。

3. 土壤、水和大氣的污染

污染物會破壞生態系統，例如重金屬會順著食物鏈不斷的產生危害，使物種減少或滅絕。

4. 全球氣候變化

人類過度使用石化燃料，使大氣溫度增加，可能在下個世紀全球溫度會上升 1～3 ℃，同時海平面也將抬升 1～2 公尺。物種的適應可能會跟不上氣候變化的速度，最後可能會造成多種物種滅絕。

5. 工業化的農業和林業

現代化的育種程序及提高生產力的作業方式，使得農場上的作物多樣性迅速減少。

6. 引進外來種

外來種常因沒有天敵的抑制，使得繁衍速度常高於原生物種或帶來病源，影響物種生存。

五、生物多樣性的保育措施

傳統的保育理念與措施是以建立保護區、從事瀕危物種的絕對保護與復育為主。然而這樣的保育已不足以挽救世界上的物種滅絕、基因的消失以及生態系的破壞。現在的生物多樣性保育更注意整個生態系，並認為土壤的細菌和昆蟲通常比顯眼的物種更有重要的生態作用。而生物多樣性之保育則以所有物種為保育對象（包含瀕危物種），並特別重視棲息地的維護、復育與生物資源的永續利用。

過去自然保育的措施是以保育少數物種為主，現今的保育則以維護人類切身相關的生態環境、人類對生物多樣性的管理與利用為重點。它包括了野生物種的保育、生物資源的永續利用、生態系的復育與自然環境的改善、生物資源的有效保護和管理。而要維護生態環境就必須維持自然界多樣的生態系、物種與基因。不僅能確保生物的生存，也能維持其被利用的潛能，而達到永續發展的目標。

生物多樣性的保育措施基本上包括就地保育（in situ）與移地（ex situ）保育。就地保育的措施包括對瀕危物種（endangered species）的合法保護、擬定並執行管理計畫或救援計畫、建立特定的保護區、保護特殊物種或獨特的遺傳資源。移地保育措施可以提供給繁殖計畫所需的遺傳材料，以改良及維護馴化的動植物。大多數的移地保育措施的實施地點為植物園、動物園及水族館，這些地點還能夠教育民眾生物多樣性的意識，並提供繁殖生物學、遺傳學及系統分類學等學門的研究材料。在措施作為上，重要的研究項目包括：

1. 物種、棲息地、生態系、遺傳多樣性的調查及編目。
2. 人類活動對生物多樣性的影響。
3. 生物多樣性在維持生態系結構與功能的作用研究。
4. 生物多樣性的長期動態監測。
5. 物種瀕危機制及保護對策的研究。
6. 物種多樣性持續利用研究。
7. 生態系統片斷化對生物多樣性的影響。
8. 生物多樣性保護（復育）方法研究。
9. 主要農作物、果樹等經濟作物、經濟動物及其野生親緣種的物種資源及遺傳多樣性研究。
10.族群生物學研究。

為了挽救基因消失、物種滅絕、生態體系劣化，1992 年 6 月巴西里約熱內盧舉行的聯合國環境與開發大會期間，全世界一百餘國的政治領袖簽署了一份生物多樣性公約；此公約在 1993 年 12 月 29 日生效，是全球最大的保育公約，在人類未來的發展上扮演舉足輕重的角色。因此，人人可行的保育行動可分述如下：

1. 不要購買或飼養野生動物當寵物。
2. 若已經飼養了野生動物，千萬不要隨意釋放至野外或放流到河中，以免產生二次危害。
3. 不要購買象牙及珍稀野生動物的皮毛、標本當服飾或裝飾品。
4. 不要盲從購買野生動物放生，以免放生不成反成殺生。
5. 不要使用犀牛角、虎骨、熊膽、海狗等各種野生動物產製品做藥物。
6. 不要吃食山產店非法獵取的野生鳥獸或河川魚蝦。
7. 赴國外旅遊時，不要購買或吃食野生動物，也不要貿然攜帶國外的野生動物返國，以免損害國際形象及影響本地種野生動植物的生存。

8. 發現有人非法狩獵、宰殺、買賣野生動物及電、毒、炸魚時，請通知警察局、分駐所、派出所或縣市政府處理取締。

9. 積極參與自然生態保育的各種活動。

10. 知法守法，絕不從事違反野生動物保育法的虐待、買賣、獵捕、進口野生動物等情事。

六、臺灣本土的生物資源及生物多樣性的保育現況

臺灣生物約 46,658 種，1/4 以上是特有種植物。臺灣四周的海洋生物種類幾佔世界的 1/10。臺灣高山林立、四面環海，塑造出各式各樣的生態系，具有極高的生態系多樣性。特殊的地理位置以及近 4,000 公尺的垂直落差，使臺灣同時具備了熱、暖、溫、寒各種氣候類型，這種地理特性也反映在森林植群上，從高海拔的裸岩地、箭竹、杜鵑與刺柏等低矮冠叢，到針葉林、混交林、闊葉林等原本應該跨越數十個緯度、數千公里的林相變化，以垂直立體的分布型式，濃縮在臺灣此彈丸之地，形成了極其豐富多樣的棲地環境；加上島嶼生態效應的因素，孕育了多樣的生物種類與高比例的特有種生物多樣性，物種多樣性及遺傳多樣性極高。

臺灣已知的原生維管束植物約有 4,000 多種，動物方面，哺乳類約 98 種、鳥類約 500 種、兩棲類約 35 種、爬蟲類約 98 種、淡水魚類約 163 種、已命名的昆蟲約 17,000 種，而新紀錄種仍不斷地被發現中。因此，野生動植物資源之調查與監測實在是認識臺灣、瞭解臺灣最重要的第一件事。

然而臺灣也是一個人口密度高、經濟活動旺盛、資源耗用量大的地區。人口從廿世紀中葉的 800 萬到廿世紀末的近 2,300 萬，增加將近兩倍。國民所得在同時期內亦從 1951 年的 137 美元增加到 1999 年的 12,135 美元。資源耗用量若以發電量（單位：10 億度，TWH）為指標，在最近 15 年內由 1985 年的 56（TWH）到 1998 年的 148（TWH），增加將近三倍。經濟活動與土地利用面積增加、集約度加深，造成空氣、水、土壤的污染，地景系統的破碎化及棲地的劣質化，凡此皆構成生物多樣性空前的壓力。這些壓力，除了作用於陸域生物多樣性外，同時也污染了沿近海水域之水質，而沿岸之開發與利用行為，則造成卵、稚魚生命搖籃之河口、潟湖、紅樹林及珊瑚礁等棲地的破壞，加上非法捕魚（電、毒、炸魚）及全球海域環境變遷等加速作用，使得臺灣周邊海域生態系遭受空前威脅，連帶嚴重影響整體島嶼上的生物多樣性。臺灣自然環境過度開發，海域的珊瑚礁可能

在 20 年內消失 50%，已知 15% 的淡水魚已經絕種、沿岸漁業枯竭、5% 的哺乳類將絕種。

　　臺灣在生物多樣性保育與永續利用方面，雖然已陸續成立多處保護區，對脊椎動物與維管束植物的科學性研究與記錄也有相當進展，各類種源庫與基因庫也在陸續建立中，生物科技的發展亦相當快速。然而，面對現今國際間所強調的各項生物多樣性議題，臺灣在推動相關工作之法規、制度、組織、能力、人才培訓、研究、財務機制等方面仍有相當多需要加強與改善之處。

　　近年來，中南美洲熱帶雨林保護與亞太地區 1998 國際海洋年等環境主題活動，已獲得世人環保的共識與行動。而臺灣地區，生物多樣性及其生態環境保育，在國人多年來的努力下，已針對森林溪流淡水魚、森林生態、海岸溼地生態系等議題辦理多項研討。此外，行政院國家科學委員會、農業委員會、環境保護署、內政部營建署國家公園管理處、經濟部水資源局等政府單位，也訂定相關保育計畫，並委託中央研究院、臺灣省農林廳所屬研究機構及大學相關系所之專家學者主持相關生態研究及保育策略之研擬。

　　聯合國環境保護總署最近的環境狀況調查表明，地球上「生物多樣性」正面臨著森林砍伐、濕地開發、野生動植物生存空間急劇縮小和環境汙染等威脅，各國政府正採取一系列措施保護生態環境。臺灣目前雖非生物多樣性公約組織締約國，然而生物多樣性的保育與永續利用已是國際主流趨勢，因此正由行政院農業委員會負責國家報告的撰寫，除可宣示生物資源主權外，並可研擬出具體可行的步驟，實現國家永續發展的理想。

1. 規劃保育地區—臺灣目前共設立了 7 個國家公園、19 個自然保留區、17 個野生動物保護區、33 個野生動物重要棲息環境及 35 個國有林自然保護區，以上各類型的保育地區，約佔全島 20% 以上的面積。
2. 制定保育法規—目前現有的保育相關法規，計有「森林法」、「水土保持法」、「水土保持技術規範」、「礦業法」、「國家公園法」、「野生動物保育法」、「區域計畫法」、「都市計畫法」、「水利法」、「漁業法」、「環境影響評估法」、「空氣污染防治法」及「水污染防治法」、「文化資產保護法」。
3. 設立研究中心—目前已設立【特有生物研究保育中心】，從事生物資源的普查及重要動植物之保育研究工作。
4. 學術參與—國內各大專院校、中央研究院、林業試驗所的生物科學家均積

極參與國內生物資源的保育研究工作。

　　根據前述之整體目標及相關實施步驟，可勾勒出臺灣生物多樣性未來之實施策略為：健全推動生物多樣性工作之機制、強化生物多樣性之管理、加強生物多樣性之研究與永續利用、加強生物多樣性之教育、訓練與落實全民參與、促進生物多樣性之夥伴關係。

2-7 結 論

　　地球環境經過悠久漫長的變遷過程，生命可透過「基因突變」與「物競天擇」的交互運作，跟改變的環境重作新的調適，生物與環境之間的互動關係，不僅生物為了生存會去適應環境，環境也會因生物的活動而改變。當逆境來臨時，基因突變出新的物種以適應不同的環境，因此某些生物依然可以適應存活下來。科學家漸漸發現多樣的生物資源對人類的經濟和社會發展至關重要，唯有維護生物多樣性才是人類永續發展的基本條件。

　　生物多樣性即生命的多樣性，包括遺傳多樣性、物種多樣性與生態系多樣性，不同物種之間更可以互相牽制，相生相剋，達成共生互利，彼此互相消長以維持族群之平衡，所謂「一枝草，一點露」就是這個道理。生物族群的強勢與弱勢之間，並非永恆不變的，現在的強勢者不可能永遠保持不變；相對目前的弱勢者，也不會是永遠的處於弱勢。生態之間會達到一個自然性的平衡，生物之間也必然存在共生共榮的趨勢，而不可自認為本身是強勢者，便試著去改變或消滅其他的弱勢者。

　　雖然，自然界中弱肉強食的現象是生物為求生存不變的法則，然而不可否認的是，倘若我們將時間與空間延伸，回顧一下地球的歷史便可發現，過度強大的生物族群雖然控制整個地球的資源，最終必然走向滅絕之途，早期的恐龍就是最佳的例子。反觀之，少數不屬於超強的族群，乍看之下似乎不怎麼起眼，可是其適應環境的能力卻是源遠流長、無遠弗屆的，如老鼠、蟑螂、螞蟻……等。

　　從生物多樣性、人口構造的多樣性、文化內涵的多樣性，在在都證明，多樣性構成的有機體或社會，才有可能展現各取所需共存共榮的最高經濟效益。人類的未來應考慮與自然環境的永續共存，「人定勝天、征服自然」心態已經落伍，

唯有愛好自然、順應自然、並進而融入自然，尊重生命、保護環境的精神，才能達到天人合一、永續發展的成效。

自然界萬事萬物皆有其存在的理由，至於有用與無用之間，端賴個人的眼光與認定標準，如莊子所說：「不能作為高級木材的大樹，可以提供人們乘涼的樹蔭；不能當水瓢的葫蘆，卻可以拿來當浮標，載人漂浮於水上。」相同的道理，巨大高聳的樹木，遭遇強風可能折斷甚至連根拔起，而柔軟的小草卻可以在狂風之中仆倒後又再次挺立。以往保育觀念大多著重在保育瀕臨滅絕物種為主，而生物多樣性之保育則以所有的物種為保育對象，尤其特別重視棲息地的維護、復育、與物種之永續發展。

總而言之，臺灣已邁向廿一世紀，在這塊寶島上的臺灣人民，都要認同這塊土地；唯這塊土地具有乾淨的空氣、清淨的水、衛生的食物、美麗的環境、進步的科技及和諧的族群，臺灣才能永續。為達成這個理想，全國上下必須重視生物多樣性，為自然保育與永續發展克盡每一個人應盡之責任與義務。

CHAPTER 3

生態水文學

3-1　概　論

一、水是種液體

　　水佔了生物體大約 70～90%，覆蓋了地表大約 71% 的面積，在地球的總體水分裡，有大約 97% 是存在於大海裡，只有少於 0.003% 的水是在溪流裡流動。在不同溫度下，水存在的方式可能是液體、氣體或固體，廣泛的流體包含氣體和液體，其並沒有一個固定的型態，且容易裝於容器內；而固體是一種物質，有著固定的體積和外形。

二、液體的物理性

　　描述液體特性與運動有四個基本數量：質量、長度、時間和溫度。在 SI 制中有既定的基礎或基本單位：質量一公斤（kg）；長度一公尺（m）；時間一秒（sec）；溫度一K（°C 或 °F）。

　　其他的物理性尚包括：

1. 流速：用於表示速度的趨勢。
2. 流量：單位時間內通過某斷面的水體積。
3. 加速度：某時間內速度的變化率。
4. 作用力：改變物體運動的趨勢所施加的外力。
5. 壓力：單位面積上承受的力。
6. 剪應力與剪力：剪應力是單位面積上承受的作用力，作用方向與作用面平行。剪力則是當土壤受外力之作用而產生之應力，若作用之剪力超過土內某一滑動面之剪力抵抗而引起滑動現象，稱為「剪力破壞」。

三、水的物理特性

1. 密 度

質量除以單位體積。在大部分水密度的應用中，壓力是假設只有微量的影響。

2. 黏滯性

測量移動時所增加的阻力。當水流流過一個靜止的物體時，接觸固體表面的流速為零，此時並沒有任何的運動過程在這個接觸面上，稱為無滑動（no-slip）狀態。

3. 表面張力

水的表面張力是與空氣接觸下的結果，主要是水分子互相吸引而成，水滴或是水中的氣泡，都是水和空氣接觸面的例子，大部分都是完整的球形，因為球面是單位體積中擁有最少的表面積。液體與固體的接觸面角度不僅僅影響水分子的凝聚狀況，也影響液體與固體間的膠著狀態，當接觸面角度小於 90°時，液體便被稱為潮濕（wet），若角度大於 90°時，就稱為不潮濕（non-wetting）。另一個表面張力重要的特性就是，水滴在空氣中所承受的壓力與氣泡在水中所承受的壓力，會高於過程中的其他地方，由下式可計算出。

$$\Delta P = 2\sigma/\gamma$$

毛細現象也是由於表面張力所造成的，若液體是潮濕的，就會產生上升，若液體是不潮濕的，則會下降。在水表面或土壤孔隙中通常簡化計算角度為零，在土壤中，有機物質或某種無機物都會增加接觸面的角度，而影響上升高度的計算。舉例來說，在發生大火後，地表土壤變得不吸水，因此而影響到水的滲透。

影響水的特性中最重要的是溫度，在潔淨的純水中，0℃ 會產生結冰，而在 100℃ 時會沸騰，但若在溶液中加入不同比例的鹽，那麼水的沸騰和凍結溫度便會因為不同濃度而產生變化，一些有機物也同樣會造成溫度的變動。比熱（specific heat）是指每單位質量的水上升 1℃ 時所需要的熱量。

溶氧是一種水的化學特性，但是它會間接影響水的物理特性。氧是藉由氣泡和河川表面中液體與氣體的接觸面而溶入的，也有因為水生植物光合作用所生產的。當溫度在 20℃ 時，水中大約有 2% 的氣體，當溫度上升時，水的吸收空氣能力便會降低，在某個特定的溫度裡所能溶入最多的氧氣便稱為飽和溶氧量。河川中的有機物質在需氧過程中也順道吸收了細菌，造成了有機物質的增加，對水棲生物會產生不利的影響。

3-2　如何研究河川

一、注重物理性上的劃分

1. 水中生物棲息地的描述和分類以及它們的環境特性，利用實驗室的水槽模擬水流動的環境。
2. 監測在自然環境下水的變化及環境變動下水的流動趨勢及復舊狀況。
3. 比較兩個不同時間和空間下的狀況，瞭解不同經營或不同實驗處理下的影響以及在同個空間或不同空間與不同時間的關係。
4. 變數間的相關性研究，並建立模式，像流速河水中生物，或是集水區面積與河道寬度之間的關係。

　　一些變化因素控制著物種的豐富度，像空間的競爭、掠奪、水質的化學性、養分供給，或者某些地形因素，例如瀑布與水壩、流速等，都會影響水中生物的分佈與河川的生產力。所以研究河川應該包括量測與分析生物、化學與物理特性，尤其物理性的因子形成了所有生物棲地的架構，而且通常比化學因子與生物因子都較易於預測、較少變數與容易測定。能夠普遍及一般地描述河川的參數，如下所述：

(一)流　量

　　流量在地形學上是個重要的因子，例如流量增加則下游的河道斷面也會變大。流量也與生態有所關係，流量的型態影響著有機物，像魚的社會型態傾向被容易變動的河川所影響，但大部分還是因為在穩定的水流中，一些生物因子像是競爭、掠奪及食物的來源所造成的影響。

　　洪水與乾旱也是影響物種的重要因素，經常沖刷的河岸與氾濫的洪水平原能調節植物的生長與供給養分，洪水的型態在河川與河岸的邊緣地帶造成植物物種的重新分配。在低流量的時候，溫度與鹽分會上升，在河道上生長的植物會增加，河道乾枯或由數個分散的淺灘相連時，也會限制了物種的移動，而增加彼此間因為養分和殘存的空間不足所造成的掠奪及競爭。

(二)水深與河道寬度

　　水深影響著溫度，如淺水中的溫度上升與下降都較快速；也影響著光的貫穿，對水中植物行光合作用的能量也有影響，水壓力也隨著水的深度而增加。對陸地的動物而言，河川深度與寬度也影響著牠們的遷徙行為。

(三)底床質

　　通常解釋成河床上的顆粒，包含有機質與無機質。無機質的顆粒一般在下游都會較小，在一個大範圍裡面，大的顆粒（礫石、卵石）會隨著較快速的水流移動，而小顆粒（砂、黏土、沉泥）會隨著較慢的水流移動。一般而言，顆粒小底床便不穩定，但有時也是靠著混和的顆粒大小或形狀所決定。研究底床質的組合時，應該考慮粒徑的大小與分佈範圍、聚集和埋入的程度、單獨顆粒的形狀與圓滑度。

(四)水　溫

　　越下游的地方水溫會增加，在某一點與氣溫達到平衡，在低海拔的河川溫度，季節性的變動會趨向極端，而小型或是高山上的河川，每日溫度變化較大，尤其當地又沒有植生覆蓋或敷蓋。水溫也影響一些水的特性，如黏滯性、泥沙承載量、養分的集中與溶氧量。

(五)植　生

　　植生在遮蔽與改變河道結構的情況下，影響河川的物理性棲地。柔軟的植物能吸收來自水流、冰川與土石流直接碰撞河岸的沖蝕力，突出的植物能讓水溫在季節變化時較不明顯。

二、計劃過程

(一)一般性

　　一個恰當的研究計劃能收集到最（多）有效的資料，並且減少多餘和無用的數據，花費 20% 的研究時間在計劃的過程裡，不考慮其合理性及花費時間，且在計劃的過程中，所有的研究應該透過它的目的與提出的結果來考慮，過程應遵循科學方法，簡要說明其步驟如下：

1. 單獨的問題或一系列問題的定義。
2. 選擇回答問題的方法。
3. 收集適當的資料。
4. 分析所得的資料。
5. 回答問題。

　　步驟之間是彼此相通的，這過程本身在統計學上、測量方面的技術、大自然的不可預測和考慮時間、金錢、儀器與個人間是個敏感的平衡。

(二)問題是什麼

　　首先該問的第一個問題是【目標是什麼？】，是對高流量或低流量有興趣？研究現場或樣本是否在一個較大的區域裡？研究結果會不會被使用或是一個假設有關於不同處理下的影響？目標在計劃的最初架構裡就應該被確定，包括一些研究的限制。目標應該明確規定，而且在時間和預算的界線裡是可以做到的。研究的問題對目標而言是個很自然的結果，設定明確形成的問題基礎並能清楚的指向答案。一個初期的冒險工作能幫助我們去對準目標的設計與範圍。

(三)選擇試驗方法

　　方法包含蒐集資料的技術及統計分析的模式：量測什麼、什麼時候和如何去量測並且瞭解如何分析結果。首先針對環境變數的可能數據進行量測，這樣有可能呈現出研究的有趣性或危機。然而這變數應該很謹慎的選出，如此對資料蒐集會產生影響的變因能在一開始就被剔除。資料應該被限制在即將要研究的河川、研究目標和預算裡。長期的研究或取樣應該在研究目標的基礎裡，監測研究有可能超過一個預算年，一個試驗的起始應該是資料的蒐集，測量與分類的單位與尺度應該事前確認與選擇。

(四)分析和推論結果

　　在研究的過程中，從結果來描述結論的方法應該被剔除，這是一個好的時機去考慮運用統計軟體。設計一個好的研究是需要一點技巧的：根據專業的經驗與判斷。這需要一些有關於研究項目的知識、得到資訊的方法和統計的設計與分析。在大範圍、長時間的研究中，專業判斷的看法、經驗和知識是非常需要的。

㈤基本的取樣設計

1. 簡單取樣

當我們從全體母群體中抽樣時，每個個體每次都有公平或已知的機會被抽到。

2. 分層取樣

如果個體在母群體中的分佈不均勻，我們可以先把性質類似的個體歸類在一起，稱為「層」，然後再在每一層中依簡單隨機取樣法抽出需要的樣本數。主要目的在增加樣本的代表性，在母群體分配不均或樣本數不大時，此法可避免簡單隨機取樣的樣本有時會發生過分集中某種特性或缺乏某種特性的現象。在母群體分層時，必須注意到分層的原則是將類似的個體分在一起成為同一層，力求層內分子的齊一性，故層內的差異要小，而層與層間的差異要大。

3. 集群取樣

將母群體按某種標準分成若干集群，然後在所有的各集群中隨機抽出數個集群，並對抽到的集群作全面性的調查。集群抽樣在分群時注重群內分子的差異性，也就是要使得各群中均能包括母群體中各性質的個體，使各群成為母群體的縮影，而群與群間則力求齊一性。

4. 系統取樣

規則地從母群體中每隔一定的距離抽取一個樣本，可使抽樣的手續簡化。

㈥樣本大小

1. 取許多的小樣區比一個大樣區要來得好。
2. 有較多的變數或較大尺寸的樣本時，應該運用分層取樣法。
3. 花較少的錢有較多重要的樣區。
4. 取樣與花費上應取得平衡。

三、河川的選擇

開始選擇河川測量的地點，取決於無顯著特點的範圍裡，觀察並研究決定的現場，選擇河川基於地形學、地質學、坡度、流量和生物特性上是很容易產生分歧的，這些分組的部分稱作分層，它討論了更深一層的流動區域。

㈠確認與消除異常的區域

橋或壩、道路橫越、大瀑布或其他不尋常的特徵，應該在研究區域內降到最

少。

(二)切割河川的斷面

河川的斷面是水流與地形學上完全不變的區域。斷面的界限應該是流量平均變化超過 10%，像一些主要的支流等。

(三)分割河川的斷面成更小的斷面

一些較長的斷面就應該再細分，如果從頭到尾這個斷面是均勻的或緩慢的變化，那再細分的斷面界限可以限制在相同的基礎裡。

(四)橫斷面、量測現場的樣點與樣區

一個區域可能全部測量或是設置某一範圍的樣區來量測底床物質的大小、縱橫剖面及水中的生物數目。

四、限制條件

影響研究結果的一些困惑因素包括：制度、政治、生物、統計上和一些與儀器或個人有關聯的問題，但更多是來自天氣、水流狀況與易受影響的現場。尤其是一些遙遠的現場，當你要求調查員要仔細照顧樣區時，他們一定會筋疲力盡。即使時常面對河川的精密測量，也無法概略說明在河川工作會遭遇何種困難：在高流量的狀況下測量河川是昂貴、危險和不舒服的，並且需要一些有經驗與專注的人員。而縮減資金的狀況下，造成在高流量下測量缺乏較安全的設備、人員士氣的低落。

3-3　資料的可能來源

一、資料類型

一個針對河川與物種的研究進行可以提供有價值的背景資料，它能明示資料的發生與來源並預防造成的資料誤差。在資訊爆炸的時代，透過電腦來進行文獻

搜尋的工作能得到無限的幫助，然而蒐集資料可能需要一些事前的瞭解，針對大多數使用者的需求，一些地圖或資料摘要通常都會發表在相關的文獻上。資料的質、量與可用性通常因為時間與空間的不同所造成，主要是收集資料與預算及重點。

物理性的資料形式包括時間序列與空間資料。時間序列的資料收集是有規律或一段間隔，也有可能是瞬間的數值、累積或量測一段時間週期的平均數值，水文與水力、沉澱物、水質和氣候資料大都包含在物理性的種類。空間資料則是像透過線、區域和範圍的觀察，包含地形圖、航照圖或其他一些遙感探測的影像。當時間與空間資料代表在相同變數下，即能針對樣區分析構成強而有力的數據。

二、物理性資料的來源與格式、品質

自然的資料集中是主要的資料來源，且應針對重點作資料的收集，一些資料可能的來源包括：環保署、水利署、當地的管理單位（農業或土地利用部門）、水力發電部門、資源中心和大學，而鐵路局、公路局或顧問公司也可能為了一些特定計劃像設計橋樑、箱涵或排水系統而收集資料。資料會逐漸轉為一些以商業行為作為起點的私人公司所提供。在一些發表的報告中，會提供一些有用的正確與簡要的數據。

收集資料的過程中有一個缺點，即收集與截止的時間過長（一般最少都是 2 年），未處理的資料或許是能用的，但是通常含有一些錯誤，需要由使用者進行修正，而且用合適的方式來表示。

(一)水文與水力數據

流量的資料一般來自於天然的斷面或估計的結構面，典型的水位記錄藉由高度與流量間的關係，可用於流量的描述稱為率定曲線。數據通常以一天作為基準，流量通常以一天總體積或一天的平均流量來表現，瞬間的尖峰流量和一天的最大量與最小量通常也是有用的數據。

(二)河道特徵

河道特徵的資料大都來自詳細的水面剖面線、切割、水流的流速與方向，或河道的轉變，橋、堤防、水壩附近的特性、底床的粒徑分佈、河岸的材料等可能都是有用的數據。在較高的流量過後，水利單位會收集底床的粗糙度、沖蝕的程

度、河道形式的改變等數據。

(三)氣候資料

氣候資料大多著重於降水與溫度。研究人員在進行環境調查時，可能會要收集水蒸氣、風、太陽輻射、露點、溼度和其他氣候的變化因子。降水資料通常是由雨量計規則地讀取每日水深，然後每月或每年摘要性地公佈。溫度通常記錄每日的最高與最低溫度。

(四)水　質

水質資料通常來自於天然土地利用、自來水、污水處理設備和河流旁的工廠。在美國與英國，一些水質取樣站大多設站於主要河川且已經記錄多年，但大多是非常短又不連續的記錄。因為針對合理的成本與數目參數進行測量，資料類型可能會產生很大的矛盾。水質資料包含電導度（EC）、pH 值和重金屬或離子的濃度、有機質（如殺蟲劑等）、溶氧。如果樣區設有自動監測器，每日便能記錄濁度、含鹽量和溫度，但比較常見的取樣方式是間隔固定時間的人工取樣。

(五)泥　砂

泥砂的數據提供了有用的資料去分析它流入與流出的狀況，確認潛在的泥砂來源，和評估水庫、河道、排水設施的泥砂沉澱問題，決定土地資源的經營方式。泥砂的資料通常能在工程報告、洪水控制和其他水資源的研究報告中被採用。

(六)資料品質

記錄的資料通常來自母群體數據中的一個樣本值，而期望能代表全母群體。

(七)測量誤差

測量品質依靠精確及正確的使用儀器、樣區特性及較謹慎的觀察員。在一個高品質的監測研究中，個人維持測量的方法與運用改正數據來調整研究成果，檢查數據的記錄與過程是現場觀察員所要特別注意的，尤其要樂於去知道錯誤的原因，發覺並解決它。

(八)樣　本

很難去斷定記錄能代表母群體的程度，自從有地質學開始，相關性的記錄只被收集了一段相當短的時間。古水文學的記錄能代表資料的長期趨勢，因為大都是主觀的解釋與說明，應該小心謹慎使用。資料應該有一段代表性的數據範圍，

而不是異常潮濕或乾旱期間所得的數據，除非是因為有特別目的而收集的。

㈨同質性

同質性的記錄是來自相同的母群體或統計分配中。在水文上，非同質性要歸咎於水文環境的改變，有可能是因為不同人為或自然活動所造成緩慢或迅速的改變，有可能直接改變儀器的位置與型態。導致水流的非同質性的記錄包括：

1. 儀器的移動。
2. 觀測者換人。
3. 改變資料的記錄模式。
4. 記錄樣區河道型態的改變。
5. 設置水壩、灌溉工程、貫穿流域的調節工程、堤防，或在樣區上游大量地抽取地下水。
6. 因為急驟的天然災害與土地利用的改變，而導致水文參數突然改變。

當兩個樣區計劃互相對照時，並無法去決定哪個樣區是有矛盾的。建議平均樣區周遭的記錄，才能減低對任何樣區所造成的影響，這個數據會成為一個單獨的樣區資料，以用來與其他獨立樣區做比較。流量不應該一直依賴著降雨來計量，它們之間很難呈現線性的關係，藉由推論彼此之間的關係來估計流量。

㈩如何填寫流量記錄

在水文上遺失記錄是非常普遍的問題。發生洪水時，儀器可能損壞、電力可能不足、記錄筆可能用完、連接儀器的管路可能被泥砂阻塞或觀測員可能漏失讀值等，有幾種方法能用於彌補遺失的數據，也可用一些統計方法來延伸記錄時間，理論上中斷的數據能由收集資料的動作來確認與估計。

三、地圖（如表 3.1 所示）

當在河川中進行研究時，位置的鳥瞰圖能提供關於河川與周圍環境的資訊，地圖是用二維型態來描述一個區域，包括它的道路、土壤、土地利用、植生、地形與地質等，也提供了距離、方向、坡度、位置和相對大小，並給予一致的尺度和投影方法。在水文上，地圖能用於評估影響逕流型態與沖蝕速率的地表特徵，當資料未知時也是一種可以用來預測這些變數的工具。田野調查時，地圖能幫助我們去確定洪水平原的範圍、河川的河道位置、水力發電或自來水、污水的排放

表 3.1　地圖的種類與特性

地圖種類	特　性
地形圖	描繪地表的起伏，水的特徵與聚落、道路與鐵軌。
正視圖	在地形圖上運用略圖表示出重點，好處在於這些略圖能提高地圖的精確，運用在水文上的機會很高。
地質圖	指出地質的特徵，如地層年齡、岩石構造與分佈和冰河或河川的沉積。橫斷面圖能顯示地下的成分和組合物，地下水的型態與移動均能表示。地質是影響河川組成的主要因子，地質圖對水文學者而言是很重要的，藉由地質圖能了解河道型態的進化和河流的特性。
型態圖	表現地表坡面開墾的狀況、凸坡或凹坡的範圍，能表現出地表的險峻，可用於確定在過陡坡面從事農業的情形。這些特別型態的位置如河川、冰川、風蝕作用等。
土壤圖	有助於判斷地表的潛在沖蝕位置。
植生圖	通常描述可能或理論上的天然植生，即使在廣大的面積裡，天然植生也會進行移動或演替。
氣象圖	有益於對溫度、降雨、蒸發和其他相關變數型態的估計。
逕流圖	常用於顯示某一地區的年平均逕流量，且容易去取得一些對逕流有影響的地理性變數。
風俗圖	針對一些特定的項目所製成。

位置，也有益於計算河道坡度和其他有關河道地形的測量。

　　地圖有兩種類型：地形圖與主題圖。地形圖描述一個區域水平與垂直位置間的關係，可以利用人力走到的路線與小徑。主題圖則是顯示一個特別的主題，如人口分佈、天然資源或經濟情況。主題圖通常根據地形圖而來，它的分類通常是用些簡單概念，舉例來說，某一種土壤與林相在某一區域裡是很常見的，這區域用優勢物種來分類，但地形圖很難準確地分開兩種物種。在任何地圖類型上，大面積的地表利用通常用概括方式。

　　附圖：能提供大多數的地圖的距離建立在一個可靠的標準之上。通常標準在平均海平面或天然海拔基準，重要高山的海拔與水準點或其他地理特徵通常被使用在小範圍的圖上。在地形圖上，附圖運用等高線來表示，等高線間距或垂直距離因應地形不同而改變，這些間距通常會明確的表現在地圖的邊緣，當航空測量發展後，等高線間距便會產生些許錯誤，尤其當地表植生不甚明確時。

四、相片及遙感探測

相較於地圖，相片能更清晰的表達。針對一個熟悉的區域，相片能在野外調查前先行使用，來選取適當的研究區或確認主要的地表形式與流域範圍。當地表特徵沒有在地圖上註明時，航照圖能針對需要瞭解的細部範圍情況提供初步的方法，像河川上游的型態便能明確的表現在航照圖上。航空照相主要受限於經費和品質。如果能使用立體的方式，則水平與垂直測量便能適合於航照圖上，兩張相片在同一範圍裡間隔微小的角度是可行的。

遙感探測（Remote sensing）：分為兩部分，即主動的模式（接收天然輻射，運用 Landsat，多光譜掃描器（MSS）或反射光擷取管（RBV）），與被動的模式（運用電磁波發射與反射訊號，運用 SLAR），主要用於繪製地表利用狀況和監視地表特徵的改變。

地理資訊系統（Geographic information system, GIS）：提供一種更新的工具來進行分類。運用電腦將主題圖、地形圖及影像進行數位重疊空間資訊，像氣候、地形和土壤資訊就能組合而產生一全新的地圖，來進行區域中沖蝕可能的描述。對 GIS 所產生的數位地形圖能獲得另外的幫助，便是藉由不同角度與陰影所產生的三維外觀圖。

3-4　瞭解河川

一、一般性的描述

包含研究河川時的最初構想，這些構想大都來自於第一眼景象，或其它的來源如地圖、航照和水文、氣象上的記錄。大多數的水文學一開始都會有一張水文循環的示意圖。事實上水文描述大都是關於水在地表的上升與下降等移動狀況。在研究一條河川時，它的生物性質也是非常重要的。舉例來說，有溶雪流入的河川與乾旱地區的暫時溪流相比，它們就擁有不同的水文與生物特性。在河川水流中只有一小部分是由降雨直接落入的，大部分的水來自於高山地區的溶雪或降雨

所形成的地表與地表下逕流。而水流到河川裡的範圍，被稱為集水面積或流域；流域的邊界稱為分水嶺，水由此最高點分流入兩個流域裡。

一條河川的水文、地質、地形和植生狀況是非常重要的。氣候是控制流量型態、地表外貌、植生分布的重要因子，地質影響流域型態的坡度、底床顆粒和水的化學性質。集水區的土壤是岩石風化後的產物，它影響上游地區的沖蝕潛能、水的入滲速率與植生型態。而植生是生物產物的來源，它影響河岸的穩固性、上坡面抵抗沖蝕的能力和透過土壤水蒸發的水流失速率與逕流狀況。

從其他生物與水文觀點而言，從上游到河口會逐漸改變的溫度、河寬、河深、河道型態、流速、沉積質和河裡的生物等；因此，河川的特徵視在下游的沉澱物、養分與有機物的殘骸移動而定。

Amoros 等（1987）發展一套研究方法用於判斷河川與生態系相互之間的關係，有下列幾點：

1. 由上游到下游的級數。
2. 主、支流、洪水平原與沼澤之間的關係。
3. 河道底床到表面的垂直改變狀況。
4. 由於時間所造成的河川動態與生態系的改變。

首先評定一條河川的型態：天然和人工構築河川或高灘地會對河川狀態產生極大的影響。當嘗試去「治療」一條有問題的河川時，河川的水流狀況和它的生態應該先被弄清楚，然後再來考慮它的「健康」。下列問題是較常被問到的：

1. 常流溪、間歇溪與暫時溪（表 3.2）
2. 源頭、中間級序、下游河川（表 3.3）

表 3.2　常流溪、間歇溪與暫時溪的定義

常流溪（Perennial）	間歇溪（Intermittent）	暫時溪（Ephemeral）
河川永遠有流量，僅有多少之分別而無斷流者。	河川流量在久旱之後方始枯竭，在平時有間歇流量之河川稱之。	河溪流量小之河流，在非雨季節河川乾枯，非降雨則無流量之河川稱之。

表 3.3　源頭、中間級序、下游河川的特性

源頭範圍	中間級序	下游河川
代表上游，河川年輕期的範圍，成 V 型山谷，陡峭的坡度和短支流。河床底層顆粒大多由粗礫石、卵石和岩石露頭組成。水溫較冷且穩定。由於河寬較窄，兩岸植生能遮蔽大部分的河道。因為較低的溫度範圍和養分，因此棲地多樣性也相對降低。	河川坡度減小，屬於成熟期範圍。運送上游供給與河岸沖蝕所產生的沉積物。有較高變動的物理特性。洪水平原開始發展，且兩岸侵蝕代替向下侵蝕。河道較寬，水中植物貢獻有機物養分與溶氧。因為不同的河道形式而有不同的粗礫底層、不同養分來源、變動的流量，形成物種的集中。	老年期。底床顆粒大多由細粒沉積組成。流量較為穩定。因為水體積較大，使溫度變動較為和緩。河谷較寬廣。沉澱物淤積在沖積平原或河口的三角洲上。

3. 人工或自然

壩和節制渠道可以輕易地從地圖、航照圖和地表調查中看出，但它們的影響是很難估計的。

4. 渠道化或非渠道

清理與整頓河川來增加河川的輸送能力，稱為渠道化，通常是增加河道坡度來達到流速增加與輸送沉積物的能力。渠道化斷面的尖峰流量會發生在下游坡度減緩處。植生遮蔽通常會減少，造成溫度增加，且提供給生物體的有機養分會較少。渠道化的範圍裡，水面通常也會受到影響。

5. 上游集水區的情況（如表 3.4 所示）

集水區的情況也影響水流和生態，河川和集水區應該被視為一體，當系統中一部分受到影響時，也會間接牽動到其他因子。河川流量的改變與沉積物的輸送受集水區的限制條件影響，而河川坡度和河川型態也反映在植生覆蓋率上。視覺上的估計大多遵循下列幾點：

(1)河道特性：溪谷形式、洪水平原特徵、河道型態和範圍、沖積河岸、水深與流速、水中生物的棲息地等。

(2)河岸特性：坡度、土壤種類、位置、植生與裸露地表、河岸損害與穩定度。

(3)底層與灘地的特性：水中的植生狀況、在乾枯底層與灘地的植生與覆蓋、粒徑分布、有機質的型態與殘骸、底床顆粒與風化沉積等。

(4)河川界限的特性、河岸上的植生退化與周圍土地利用狀況。

(5)底床或河岸利用情形。

表 3.4　估計集水區自然狀況的標準

原始 （Pristine）	輕微 （Slightly）	適度 （Moderately）	重度 （Heavily）	激烈 （Severely）
完整的集水區系統，代表未改變的生態系統。	集水區大都原封不動。水流有小部分改變。只有沉積物造成的污染。對水中生物沒有任何阻礙。	集水區、水文與河川生物有顯著改變，且沉積物的流入可能改變底床結構。沒有其他有毒物質的流入。	集水區，河岸與水中生物大致上都改變。水流被高度利用。生物刺激物異常升高。有毒物質可能呈現在特定的水層裡。	河川主要改變的地方，首先是河岸與水中生物。重金屬污染或被混凝土所包圍的渠道。

二、河川型態

集水區的描述可以透過鳥瞰或地圖上所得到的河川渠道型態來表示，所有流域的型態為樹枝狀；但是支流有著不同但相似的類型，所有河川有其獨自的特徵、地形與地質。河川型態偶然在相同土壤中發展，或是脆弱的基礎地質，一些流域的型態如表 3.5 所示：

三、河川級序（如表 3.6 所示）

河川級序通常應用於河川分類，提供一個主要比較河川和流域大小關係的方法，在大部分河川級序推算方法中，較小的支流相對於主支流或主流會給一較小的級序，集水區也可以藉由級序分類。Horton 發展級序觀念，Strahler 針對 Horton 的分類給予較小的解釋，針對級序給予較寬的承認，且較為客觀。一般使用在河川生物學，在這方式裡所有小的、外部的河川都被定義為一級級序，兩條一級級序接合形成二級級序，依此類推。這種分類方法針對全部河系與流量體積提出更多的說明。

河川級序雖然能迅速且簡單的分類，但仍有許多主要的缺點，包括繪製標準的變異性，解決的方式在於固定地圖的尺度，且一致定義第一級序的河川。地圖的精度與範圍限制，或利用等高線分割河川上游及延伸河川型態來解釋第一級河川。在漁業研究上，Platts 定義一級河川為「在 1：31,680 的地圖中被首先認出的流域」，然而 Lotspeich 給予一級河川一個生物定義：「在所有季節裡有足夠的連續流量來支撐水中生物的存活」。

表 3.5 基本河川型態

樹枝狀（Dendritic）	相關或均勻的地質結構
格子狀（Trellis）	通常是柔軟或堅硬的岩層交替
羽狀（Pinnate）	非常細粒的表面型態
矩形（Rectangular）	適當角度的斷層或節理如花崗岩等
放射狀（Radial）	水系的外貌來自於一個圓形或是火山圓錐口
向心（Centripetal）	流域結構所造成，河川向中心集中
環狀（Annular）	發展順著圓形的流域，團粒集中且軟石露出表面
平行（Parallel）	發生在流域裡某些特定位置

表 3.6 集水區參數特性分析

名　稱	公　式	解　釋
分歧比	$Rb =$ 河川級序數目 / 河川高一級的級序數目	
流域密度	$R_D = \sum L \big/ A$	流域密度是流域中河川被分割成較短的長度或較陡坡度的特性。較低的流域密度表示河川含有較鬆散的結構、長度較長且較為分散。流域密度的單位是 1/L，但大多數表示單位為長度/單位面積。
起伏比	$Rr = h / L$	L 為流域最大長度，h 為河口到流域最高點的高程差。
河川平均坡度	$S_c =$ （源頭高程－河口高程）/ 河川長度	河川平均坡度是控制流速的因子之一。
集水區平均坡度	$S_b =$ （0.85 L 處的高程－0.10 L 處的高程）/ 0.75 L	L 是流域內的最大長度，並量測這條線得到靠近集水區下游的 0.10 高程與接近上游源頭 0.85 的高程。
形狀比	$R_f = A / L^2$	流域形狀很難去清楚表示，不同的學者提出一個數量來描述形狀。Horton 首先提出形狀比來描述流域形狀，A 是集水區面積，L 是流域長度。
細長比	$R_e = D_c / L$	Schumm 提出和水文學有很高相關性的細長比。L 為流域最大長度，D_c 是與流域相同圓面積的直徑。

四、長度縱剖面

　　河川的長度縱剖面是描述河川高程變化與距離之間的關係，X 軸代表沿著河川的距離，是由河流匯集處、湖泊或海洋等出口量起。對某些河川而言，長度縱剖面能表示凹陷形狀的特徵，這形狀呈現在下游範圍內流量的增加與沉積物粒徑的增加。半乾燥河川的平均流量，因為蒸發與輸送流失而在下游範圍裡確實的減少，而這些河川的長度縱剖面的外型大都是凸的。

五、面積高程曲線

　　面積高程曲線（hypsometric curve）乃是以二維的面積高程曲線架構來描述地表三維的體積殘存率；由集水區的相對高程比（h／H）為縱軸及相對面積比（a／A）為橫軸所構成之曲線，而面積高程曲線下方的面積，即為面積高程積分（Hypsometric integral, HI）。Strahler 以 Davis 的地形侵蝕循環為依據，將地形演化幼年期、壯年期、和老年期階段，以面積高程曲線 HI ≥ 0.6、0.4 < HI < 0.6、HI ≤ 0.4 區分。故 HI 值代表該集水區的原始地形面在受到風化、侵蝕作用後，所殘留在地表的土地體積比例，而從面積高程曲線的形態亦可以瞭解該集水區的地形演化的情形，其簡易計算方程式如下所示：

$$E = \left(\frac{H_{mean} - H_{min}}{H_{max} - H_{min}} \right) = HI$$

　　E：流域高程起伏率（elevation-relief ratio），為 HI 快速計算值
　H_{mean}：集水區平均高程
　H_{max}：集水區最大高程
　H_{min}：集水區最低高程

　　HI 指標為集水區的相對高程比及相對面積比所構成，因此不同集水區分析單元尺度的 HI 指標，呈現不同的地形演化特性，如大尺度集水區（1,000 km^2）HI 指標受構造活動影響較顯著；而較小尺度集水區（100 km^2）則受到岩性影響。此外，HI 指標計算原理為比例特性，原有的量度特性會轉為比值，可能造成集水區面積或起伏量差異極大，但最終算出相同的 HI 指標，亦即 HI 指標不適合直接用於區域間的比較。若要以 HI 指標針對不同地形演化的區位進行比較，則需考慮集

水區面積、起伏量、區位及地質之影響。

3-5 集水區分析

集水區面積用於描述流域範圍，它影響水的產量與河川數目及大小。包含上游土地和從河川特定點排出的水表面範圍，我們可以說集水區面積是一個完整的河川系統，或是河川上單獨的一點（量水堰或研究樣區）。面積的界定是由地形學上的分割，即假設沿著河川系統或附近區域最高點所形成的一單位區域。

一、集水區分析之意義

集水區分析（Watershed analysis）是解析集水區內人文、水生、濱岸及陸域之特性、狀況、過程及相互關係，提供系統分析方法以瞭解並組織生態系內訊息，增強人們能力以預測經營活動對集水區直接、間接及累積之影響，並導引至適切的經營活動方式、位置及程序。由於每一集水區均界定明確的土地面積、獨特的地貌、反覆進行的過程及相互依賴的動植物組合，故集水區分析通常以完整的集水區為分析範圍。

集水區分析可視為以集水區為範圍之生態系分析，透過集水區分析所得到的認知，有助於永續維護自然資源的健康與生產力，也唯有健康的生態功能，才能維持並創造現在及未來社會與經濟之利基。集水區分析應由許多專家組成團隊，依據準則進行分析，分析項目並不是要鑑定生態系中的每件事，而是要集中於與集水區有關之特殊問題，這些問題可能在分析前已被得知，也有可能是在分析過程中才被發現。分析團隊應詳細描述生態過程，確立這些過程如何運作，判定在不同經營活動下之可能狀況，以及這些經營活動該不該實施；此外，從調查、監測或其他分析中所得到的新訊息，應能隨時加入。

集水區分析不在制定決策，而在建立背景資料提供決策參考。集水區分析結果可應用於輔助生產淨水、木材、遊憩及其他用途之生態永續計畫，亦可應用於鑑定或排列社會、經濟及生態上所需的計畫及經費之優先次序；此外，集水區分析結果有助於經營活動及現有計畫持續性之評估，並建立基本資料提供制定或執

行環境法規（如瀕臨滅絕生物及水質等）之參考。

二、集水區分析考慮要素

進行集水區分析時應考慮二要素：過程要素及技術要素。

(一)過程要素

1. 參與者

⑴組織一有效率、跨單位及跨學門之團隊，以利協調及分析。

⑵讓原住民參與，協商共識，並吸取原住民經驗與知識。

⑶儘早與中央及地方政府聯繫，洽商合作機會。

⑷讓公眾參與以提供現有及以往歷史資料，並促進公私有地主合作。

2. 分析深度與優先次序

⑴在有限的人員與經費下，需詳細考慮分析之問題數目與深度。

⑵配合當時機會及社會需要，再選定優先分析之集水區。

3. 分析結果應導引新設計或新資源管理計畫之發展。

4. 應藉助其他分析結果，加速完成集水區分析。

5. 新資料應持續不斷地加入之前分析中。

6. 每人所完成之報告應由其他隊員再審閱，以提高正確性及可利用性。

(二)技術要素

1. 集水區範圍與大小

⑴集水區係指溪流一定地點以上天然排水所匯集地區。

⑵流域 > 次流域 > 集水區 > 次集水區 > 排水區域。

⑶分析之集水區大小應能符合制訂決策所需，不宜過大而使分析結果無助於經營者，但亦不宜過小而不足以代表整個生態系。

2. 分析後所得知之生態特性及過程應加以整合。

3. 分析報告應條理清楚，有邏輯、有系統的詳細描述。

4. 分析團隊應按照分析步驟進行分析。

5. 分析時可能無法得到足夠訊息與資料，故報告中應敘述需要何種資料，並建議收集資料之優先次序，或者以何種方法推估資料。

三、分析項目與步驟

　　集水區分析項目主要有：沖蝕、水文、植生、河道、水質、物種及棲息地、人類利用等七大項。另外，Montgomery 等（1995）則指出，崩塌沖蝕、水文、河道、陸域植生、河濱植生、陸域動物、水生動物、道路等八大項應為集水區分析主要項目。此二者分析項目頗為接近，較大差別在於前者考慮人類利用因素，而後者則無。進行集水區分析時應遵循下列六大步驟，每一步驟再針對各個分析項目逐一探討：

　㈠分析集水區

　　回顧以往計畫、研究及相關分析，以鑑定集水區內主要的物理、生物及人為過程或特性，及其對生態系功能及狀況之影響，並建立生態系各組成與集水區環境之關係。此外，以製圖或描述方式，探討最重要的土地分配、計畫目的及相關法令限制對集水區內資源管理之影響。此步驟所得資料可初步鑑定集水區內生態系組成，至於較詳細之訊息則有待進一步分析。

　㈡確立關鍵問題

　　經由初步解析集水區特性後，應集中探討生態系內與經營管理、人類價值及資源狀況等有關之重要組成，決定是否增加分析項目，並確立各分析項目中之關鍵問題。由於集水區分析乃在收集、組織、解釋及展示未來資源經營管理決策所需之訊息，故此步驟除在確立關鍵問題外，尚須決定問題的優先次序及重要性，並依據這些問題提出更深入的問題或相關的分析項目。

　㈢描述目前狀況

　　依據步驟㈡所確立之關鍵問題，分析與其相關之生態系組成的現有狀況，其內容應比步驟㈠更為深入解析與詳細描述，包含各分析項目中的目前範圍、分佈、過程及狀況等。此外，各分析項目中之未來趨勢亦應一併探討。

　㈣描述過去狀況

　　說明過去人為影響及自然干擾對生態系狀況在時間及空間上之改變，有助於確立經營管理計畫目標，並提供生態系演化功能與過程之線索。內容應可與目前現有狀況做一比對，包含各分析項目中之範圍、分佈、過程及狀況等。

㈤綜合說明

透過疊圖法、統計分析、分類系統、條件評比或模式模擬等方法，比較重要生態系組成之現有及過去狀況，說明彼此間之差異、相似、未來趨勢及造成原因，並評估集水區生態系能否達成經營計畫目標，及其主要影響因子。此步驟應力求完整回答步驟㈡所確立之關鍵問題。

㈥建　議

透過步驟㈠、㈢及㈣對生態系目前與過去狀況之瞭解，並以邏輯方式結合步驟㈡之關鍵問題及步驟㈤之說明，從中整理出結論及經營建議。建議必須含有效方法，以達成經營目的，例如復舊方式、河濱範圍的調整或土地分配的改變等，以解決經營目的與資源承受能力間之矛盾。分析團隊必須針對關鍵問題確立監測及研究計畫，探討集水區過程、趨勢及資料不足處；此外，亦應敘述復舊方式的有效性及其相對風險，並說明建議優先順序的考慮因素。集水區內土地應依其達成經營目標之重要性排定順序，鑑定經營方式是否恢復、維持、加強或妨礙生態系功能。

四、分析架構及流程

集水區分析首先考慮集水區問題或需求，並訂定經營目標，例如以生產木材、維持優良水質、供應穩定水量、降低下游土砂災害為經營目標。接著再依照集水區分析步驟逐一探討各個分析項目，如沖蝕、水文、植生、河道、水質、物種及棲息地、人類利用等，並參考相關研究及監測資料以利於分析工作之進行。透過集水區分析後，可得知集水區過去及現在之狀況，與生態系組成之基本資料，並據此著手經營規劃。進行規劃時除借重集水區分析結果外，尚須參酌社會風俗、經濟條件及相關法令限制，如山坡地保育利用條例及水土保持法等。

為達成上述生產木材、維持優良水質、供應穩定水量、降低下游土砂災害之經營目標，可規劃伐木作業方式（如疏伐）、河濱保護帶（如河道兩旁水平距離 30 m）、制訂伐木面積上限（如 15%）、設立林道緩衝帶（如 $10 + 0.03 \times S^2$ m）等，並將這些規劃付諸實施且持續監測。監測項目應與經營目標有關，以利日後評估之用，例如設立水文觀測站，監測水質及水量之變化；設立氣象站，收集降雨、日輻射及氣溫等氣象資料。監測工作亦可利用指標物如魚類或水生昆蟲等來反應。MacDonald *et al.*（1991）曾指出監測指標物應具備下列要件：

1. 對經營活動敏感且有反應。
2. 具有較低之空間及時間變異性。
3. 能簡易精準地測得。
4. 直接有助於集水區使用。
5. 較早警示。
6. 能代表寬廣或複雜的生態過程。

監測工作需持續進行外，相關研究亦不可或缺。以上述經營目標為例，應研究疏伐對樹冠截留、地表沖蝕及土壤水份之影響；此外，水文模式模擬及輸砂研究等亦值得探討。監測與研究可輔助集水區分析，亦可做經營管理之參考，分析過程中資料若有所欠缺時，則可另定監測或研究計畫，以補資料不足。

五、結　論

透過集水區分析後再經營規劃集水區土地利用方式，具有下列優點：

1. 在規劃過程之前先整合科學資料，避免制訂決策時造成誤判。
2. 結合科學訊息及理論，降低經營活動與資源保育、相關法令等之衝突。
3. 綜合集水區過去與現在狀況後，有利於集中探討集水區經營政策及措施。
4. 結合不同專家、單位及土地所有者之意見，避免生態系劣化（Ecosystem deterioration）。
5. 提供公開明確之評估方式。

集水區分析是基於生態系經營理念下，所發展出之分析方法，從事土地利用規劃及管理，它從以往著重於物種或立地分析之層次，提高為整個生態系分析經營管理之層次。集水區分析有系統地綜合歸納複雜的生態系訊息，不僅有助於制訂決策，更促進生態學之研究與發展。

3-6　如何擁有田野調查與收集有用的資料

一、冒險的田野調查

流速、水深、底床質、流量、沉積物沉澱與河道構造，對以河為家的有機物而言，在水文與水力環境下是互相影響的。本節的重點在於如何在田間測量這些變數。有很多可行的方向來收集物理性的棲地資料與用一些普通的方法來表示。在第一次面對田野調查時，應該決定要用何種步驟來測量變動因子，這能幫助我們去選擇儀器與方法，判斷需要多少人來完成工作，並針對田間資料分類。

儀器在使用前應該檢查與校正，在田野調查前應先更換電池，觀察員應該事前就知道觀察的重點在哪裡？為何要觀察？資料的記錄與田野調查的步驟等，並事先告知如何小心使用、依賴工具來完成工作。

二、測量的扼要介紹

所有測量的目的在於確定任意點的高程與水平位置，這些位置影響了地圖上的座標與海拔高度，並構成了河道橫斷面與瀑布的高程之基本資料，從地圖和航照上的測量能滿足研究較大的範圍或較小的細部區域資料。

1. 水平距離：水平距離的測量可以運用步測、捲尺、測距儀等方法。
2. 垂直距離：運用捲尺、箱尺或水準儀等。
3. 坡度或傾斜度：傾斜儀或平板儀。
4. 電子測距儀（EDM）：測量由位置到目標的距離，運用時間或傳送及反射輻射的狀態，像是微波、可見光、雷射或紅外線等，目標一般都是反射點或一些物體反射的表面，使用上在讀取刻度時要特別小心。

三、測量河川

　　為了描述河川範圍裡的一些物理特性，一些基本的測量包含：河道坡度、數個橫斷面的剖面，代表了河川的形狀，針對底床物質的描述，和區域的草圖等。範圍的選擇應該足夠去包含一些曲折、深潭或淺灘，一般長度是 12～15 倍的河道滿水位寬。在所選擇的範圍內應該測量 3～5 個橫斷面，而很少在規則的區域裡，大多在複雜的河道上。樣區可隨機設置，空間的一致性和選擇範圍內較小的區域來代表，舉例來說，選擇兩個設置在深潭與兩個設置在淺灘的樣區，每個樣區都能反映寬度、深度和底床地形等平均狀況，橫斷面的數目與位置對統計取樣與實驗設計是一個問題。河岸坡度與河岸突出物等都需要記錄，這些都代表河岸的穩定狀況，河岸突出物對魚類的遮蔽範圍而言是特別重要的，河岸坡度是運用標竿與傾斜儀的基本測量。

　　河川範圍內的地圖能提供一些河川地質改變等有用的資訊，這些能證明或表現棲地型態穩固的變異性，細部的測量資料能有助於繪製一些特殊的棲地型態，像較大的卵石或卵礫石，地圖可以藉由手繪的素描或平板來描述田間的特性，或者在電腦或繪圖機等室內作業下運用測量數據，手繪草圖則能提供河川範圍或周遭環境的狀況，而在繪製過程中能讓觀察員更加瞭解田間調查的重點或更多的項目。

四、河川水位的測量

　　橫斷面的測量能瞭解水流的表面與河岸頂部的界限情況，水位測量需要一段時間的週期來描述水文環境，而監看的範圍能延伸至河道的外貌或內在條件，包含測量地表水位。主要可分為以下幾種方式：

(一)水位標尺

　　垂直設置於穩固的河床上，或橋腳、河岸邊，設置位置的湍流與波浪作用較低，且能保護標尺免受一些外力破壞，如船隻、野生動物或洪水挾帶之碎屑等。此種標尺刻有高度尺度，一般以公分為單位，可由觀測員直接讀出其水位，量測時間多於每日 6 時、12 時、18 時各觀測一次，並將其平均值作為日平均水位，而在洪水時於每正時觀測一次。

(二)高水位記錄器

此種儀器當水位上升時即隨之浮起，但水位下降時因其構造關係而不起變化，目的在於測定一定期間內之最高河川水位，尤其對洪峰流量時之最高水位測定最為合適。

(三)自記式水位計

通常於河川重要地點與感潮地帶設置，有必要連續記錄水位之變化，此種水位計大多利用機械或電機裝置，一般採用浮筒式或壓力式水位計。壓力式水位計多屬氣泡式水位計，係藉河底之浮筒所受水壓之大小來測定當時的水位，由記錄筆自動記錄水位於隨時鐘轉動之記錄紙上，構造簡單且易操作，但因設置於河床，易受河床泥沙及堆積物所堵塞。浮筒式水位計為利用浮筒隨水面升降，再傳達至記錄筆上，自記式水位計必須安裝於井塔內，使安置之水位計與引進之河水保持平衡，此種水位計所得之數據較為準確，但水位變化較大處易受波浪影響，應盡量減小導水管斷面並於入口加裝濾網設備以防雜物進入。

五、流量測量：選擇控制斷面

提供一個最好的流量測量，謹慎考慮水位計是非常重要的。如果一個標尺或記錄水位計被設置來監測時間流量，理論上，橫斷面的底床或河岸是堅固的，且能保證維持水深與流量的關係，這是有可能成真的。這個樣區應該也能提供好的靈敏度並反映在流量的變化上。選擇樣區需要確認河道斷面的物理性特徵，稱為斷面控制，能調整和穩固水流使流量維持一定。橫斷面的斷面控制和河道的寬窄有關，這發生在坡面的上部或下部，斷面控制包含了河道摩擦與水位流量關係。河川水文站之設置條件應符合：

1. 河床穩定，沖刷變化少之河段。
2. 設站之河段須為直線，直線長度至少為河寬 3 倍以上。
3. 設站河段內須無建築物或寬窄不均之處。
4. 設站之河段下游 1 Km 內無支流納入，河段內亦同。
5. 設站一河段內不受迴水影響。
6. 交通便利，觀測容易。

六、直接測量流量

直接測量流量一般包含以下四種方式：

(一)體積測量

在測量很小流量時為最精確之方式，運用已知體積容器承接水流，記錄經過時間，再換算成某時間內之平均流量。

(二)使用一些平均河川流速和控制斷面積測量

測定河川某一斷面流量之方法，通常以鉛直線將斷面分成若干面積，作成流速測定斷面圖，再於通過這些區分橫斷面重心之鉛直線上運用公式求得流量。測定流速測線之平均流速的方法一般採用流速儀或浮標，低流量之觀測採用流速儀，高流量之觀測採用浮標，但洪水時在流速較緩處，有時也採用流速儀測定平均流速之方法，如表 3.7 所示。

流速儀之種類與基本原理，是利用流速儀內之葉輪於水中受水流沖擊而轉動，利用單位時間之轉速與流速成正比之關係來推算流速。流速儀依葉輪之回轉輪構造形成，可分為縱軸型流速儀及橫軸型流速儀兩類。縱軸型之葉輪採用旋杯操作，橫軸型之葉輪採用螺旋槳。說明如下：

1. 縱軸型流速儀
為使流速儀能固定於測點，下端應加鉛塊使其穩定，裝於旋轉軸周圍之旋轉杯受到水流沖擊後，繞著軸作水平方向轉動，再換算成相當流速。

2. 橫軸型流速儀
利用前端之螺旋槳繞水平軸轉動，由轉動數目再換算成流速，構造較為簡單，受橫流之影響較小。

表 3.7 流速儀測定平均流速之方法

點數	量測深度（河床起算）	應用	平均流速公式
1	0.6D	當 D < 0.5 m 或需快速量測	$\bar{V} = V_{0.4}$
2	0.2D 和 0.8D	一般當 D > 0.5 m 時	$\bar{V} = 0.5(V_{0.2} + V_{0.8})$
3	0.2D，0.6D 和 0.8D	流速剖面不規則河深足夠	$\bar{V} = 0.25(V_{0.2} + V_{0.4} + V_{0.8})$
1	水表面以下約 0.6m	流速快或高流量不易施放儀器	$\bar{V} = KV_{SURFACE}$

㈢使用染料或鹽分稀釋劑量測

由河川上游某一處投入化學溶劑，於下游某處採取水樣，測定該溶化物之含量以推定河川之總流量。採用溶劑可分為三類：化學品，如食鹽、鉻酸鈉；染色劑，有螢光染劑、落德明染劑、彭特西粉紅色染劑；放射性同位素。一般溶劑使用時，以具有下列特性為佳：

1. 可測的濃度範圍大。
2. 對水中生物及微生物影響小。
3. 在水中能充分溶解及均勻分佈。
4. 受光照射後退化能力小。
5. 吸收作用小。
6. 化學穩定。
7. 價廉。
8. 攜帶方便。

一般使用方法可分為：定量輸入法（以適當定水頭裝置，以定流量注入河川中），及全量注入法（注入全量之染液）。

㈣使用人工控制斷面，如量水堰，並利用已知的水位流量關係

可於水路水流之垂直方向築造量水堰之構造物，使水由堰之上方溢流，量水堰大多以三角堰與矩形堰居多。

七、水位流量關係與其他直接量測流量的方法

如果一個樣區是有規律的調查並同時觀察流量與河川水深的關係，便能發展一套大範圍的水位流量關係，然後流量便能藉由觀測水位得到。大多數的水位計的資料都使用這種方法。水位流量關係是由一條估計的曲線、比率的表格或方程式表示。如果控制斷面是水槽或量水堰，便有一可用的公式。在觀測區裡，曲線是由很多數據點所組成，通常收集了洪水延伸的部分；在環境研究下，這樣的精度可能不足，雖然這仍是在高流量下獲得數據的重要曲線。如果控制斷面能充分扮演好角色，而橫斷面剖面非常精確，那麼線性關係便會較平滑且呈拋物線。

八、底床質和沉積物：取樣與監測方法

　　無機質顆粒的大小與分布範圍的資料，河床底部與河岸的型態部分，通常是需要研究河川的生態與水文學的。顆粒可以用外形、大小、礦物質、顏色、水中單位體積的濃度與在河床上緊密程度來描述。河岸顆粒的取樣可以用來確定土壤的構造、含水重、根系百分比和其他有機質，均與河岸的穩定度有密切關係。底床的取樣能提供表面粗糙度和深層棲地型態的資料，也可了解湖中與河川堆積物的內部成分和用於估計外部流入的重金屬或其它物質的歷史變遷等。河岸取樣通常任意選擇工具，土壤取樣深度在 10～30 cm，底床取樣通常用徒手或顆粒取樣器。

CHAPTER 4

河川防砂工程之生態治理對策

4-1 前 言

　　河川是重要之水資源，臺灣地形多高山，河流短促且坡度陡峭，河相極不穩定。在傳統水力工程之範圍中，多強調河川之物理環境，如河川之地形變遷、洪泛頻率、河道穩定性、護岸穩定性與河岸侵蝕底床切割，為了穩定河床以防河岸崩塌及攔阻土砂，建築防砂壩是臺灣過去五十年的基本方法。根據林務局統計，近幾年來共興建超過 3,000 座的防砂壩，而且大多數壩高皆超過 2 m，自然會改變河川原有地形，就河川本身而言，在崩塌災害之防治對策中，河川保護工程為了常著眼於安全考量與耐久性而使用大量的混凝土，且為求施工的施工性與經濟性，其河川斷面常一成不變，構造物表面也以相同單調的鋪面為主，不僅破壞了景觀，對於河川周圍的生態環境也造成相當大的衝擊。

　　當營養及能量水流產生變化時，物理環境因子及水質環境自然產生變化，河岸植物、水中附著生物、無脊椎動物及魚類對棲地的利用也會重新組合，必然影響生物群聚結構。近幾年來，河川生態保育逐漸受到重視的情況下，為維持當地原生物種的生態平衡與多樣性，營造出自然的河川景觀及創造河川與濱岸生物的棲息環境，河川的防砂工程除了原本的土砂攔阻效益外，也被要求注重對當地原生生態的影響與復舊狀況，為達到兩者間之平衡，遂有一些符合要求的工程施作方式出現（如圖 4.1 所示）。

　　自然穩定的河岸，通常也為天然植生良好的區域，也能提供生物一個適當的棲息環境，可見植物是生態與水土保持不可或缺的重要部分。而根據工程中植物使用情況的不同，大多將其區分為工程方法、植生方法與植生混合方法。工程方法係指以符合生態需求的工程構造物為主體，其上可為自然或人工植生，提供景觀效果。而植生方法則是利用植物本身對水土保持與土砂攔阻的功能，來用於建立良好之河岸植被，並利用工程方法使用自然材料加強保護。而植生混合方法是使用較符合生態需求的工程結構提供主要的安全需求，並以植生來提供美觀與良好的濱岸水域環境，且利用植物本身具有的工程性質以提供整體結構穩定性。

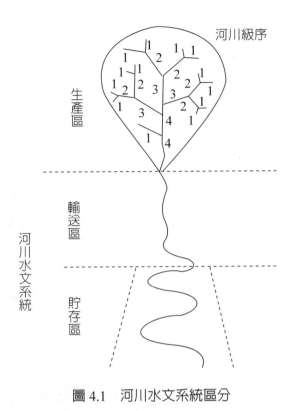

圖 4.1　河川水文系統區分

4-2　河川防砂工程基本計畫

　　防砂工程主要可分為兩個部分：山腹工程與河川工程，在施工上須使雙方充分配合，對於河川而言，須由上游至下游整治為平衡狀況，並抑制生產源土砂之生產，截斷流出土砂之根源。為了樹立基本計畫，應考慮土砂生產源與輸送特性，推測土砂流出所產生的災害，並決定防災設備上必要的空間、時間上之計畫，防砂計畫本身即是如何將過剩的輸砂量予以處理。

　　土砂的基本數量可分為四個部分，計畫生產土砂量、計畫流出土砂量、計畫容許輸砂量、計畫超出土砂量。所謂生產土砂量是指現存於河床，或者預測將來會發生的不安定土砂總量；流出土砂量是指生產土砂量中，輸送至基準點的土砂量，一般以 100 年為期；至於容許輸砂量，是容許流至基準點下游之土砂量，考慮天然河道縱斷面坡度在動態安定狀態下，維持安定河道的基本土砂量；流出土

砂量與容許土砂量之差，就是要靠河川防砂工程控制的超出土砂量。

河川防砂工程主要針對兩個部分，亦即已計畫流出土砂量考慮「年平均流出土砂量」，另一方面是因洪水所產生「最大流出土砂量」，前者稱為「水系防砂」，針對大流域的水系，維護與管理下游河川，使其有整合性的土砂處理計畫。但由於近年來，因大型水庫之興建，大河川之中下游處的河床有降低的傾向，反而造成某些地方亟須土砂供應，而使容許土砂量的想法有重新檢討的必要。第二部分為「現場防砂」，針對預測會產生較大土砂災害的地區，進行生產土砂區的安定化，或計畫使其不會發生災害而安全輸送。近年來的防砂工程多以此方向為主，以降低最大流出土砂量為目標，並考慮容許土砂量。此區域若包含在大流域的一部分時，將流經保護區安全無害的土砂量，考慮與下游河川計畫整合，來決定容許輸砂量，特別是生產源頭接近保護區域時，以土石流方式流出土砂的地區，最大輸出土砂量可預測為土石流規模，與掃流方式流出的地區，有著極大的不同。

而根據防砂基本計畫實行工程後，計畫輸出土砂量，將隨著工程的進行而減少，此生產土砂量的減少，也是意味著相對應的流出土砂量的減低。基本上，只要能將土砂生產量控制到預定的量，工程即算完成。因此在完工的前提下，在計畫基準點上存有超過土砂量，必須要有相對應的輸出土砂量處理計畫，河川工程是除了有抑制土砂生產功能外，同時擁有流出土砂的貯留與調節的功能，且越到下游，調節的功能則越大。在水系防砂計畫上，到工程完成為止的超出土砂量的累積量，將成為下游河川的負荷，因此必須加以處理。

由於河床坡降的急劇變化點多沿著斷層線而形成，這些地帶又屬河床變動激烈的區域，河床上升致使蓄積不安定土砂、河道斷面積的縮小，導致災害的發生，相反的有於河床下降而發生淘刷現象，將造成兩岸堤防與河岸的不安定而潰決，導致災害發生。因此，須由上游到下游區域設立平衡河川坡降的施工計畫。河川工程因其目的不同可分為：

1. 生產源對策（縱向沖蝕防止、橫向沖蝕防止、溪床堆積物固定）
2. 中下游對策（防止亂流、土砂貯留、流砂量調節）
3. 土石流對策（河床堆積物固定、消滅能量、土砂貯留）

又構造物因位置不同，可區分為橫向工（Querwerk）與縱向工（Langswerk）；前者是橫斷河流設置，後者沿河流設置（如圖 4.2 所示）。

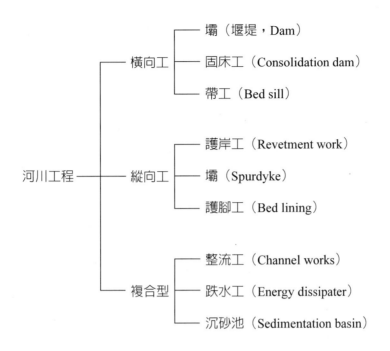

圖 4.2　河川工程分類

　　為了進行河川工程計畫，首先應將野溪流域予以區分，其主要可分為三部分：

1. 集水區域（生產區）

　　為野溪的上游部，除了是集水區外同時也是土砂生產旺盛的區域，處理工程則以橫向工為重心。

2. 輸送區域

　　土砂並非從集水區域輸送而來的土砂形成堆積或淘刷，主要土砂生產是由於側方沖蝕所引起，處理以縱向工為主，為防止局部的縱向沖蝕，合併使用橫向工程。

3. 堆積區域（扇狀地、洪水平原）

　　在野溪附近平坦區域，在此地由於河床坡度減緩，河床寬度增加，土砂堆積不斷進行，但由於河床是由疏鬆的堆積物所構成，因亂流或水流的集中而受到二次沖蝕，為了固定流路使其安定化，主要實施縱向工程，且這些地區大多在迅速發展中，因此各種跌水工、沉砂池、整流工的集約工程正同步進行當中。

一、橫向工程

　　所謂橫向工程是橫斷河床構築而成的構造物，如防砂壩、固床工、潛壩等。從構造上是由高度加以區別外，也有從其功能與目的來加以區分。

　　(一)防砂壩

　　防砂工程中最廣泛應用的是混凝土重力壩，因其不受地形、地質等條件的限制，構造上較為單純，施工容易，但對河川生態方面造成的影響也最大。初期的構造物是砌石重力壩，由於沒有伸張強度，在野溪內要建造能抵抗外力的構造物確實困難，所以逐漸演變成鋼筋混凝土壩。防砂壩是河川工程上最重要的構造物，其主要功能有：防止河床沖蝕、防止河岸沖蝕、防止山腹崩塌、蓄砂及調節流出土砂。從型態以及構造來說，防砂壩有下列種類：

1. 重力壩（Gravity dam）

在型態上的特徵是設有排水孔及下游面較陡，防砂壩並非以蓄水為目的，設計的基準荷重雖然是土壓與水壓，而為了排除孔隙水減輕荷重，講求堆砂的安定化，往往設有較大型的排水孔。防砂壩為了防止流動的石礫損傷下游面，一般下游面皆較陡，將在安定的必要上，變化上游面的斜率。

2. 拱壩（Arch dam）

水平方向的拱型作用來支撐，而垂直方向則來懸臂樑來分擔荷重，大多為了節省斷面積的目的而設置。壩高越高時，越為有利。當寬為高的 1.5 倍時，可以節省壩體積約 30% 左右；又高壩時，重力壩會產生基礎岩盤的不安定性。此時以拱壩較為有利，但一般防砂壩較不會發生這方面的問題。且拱壩在排水孔周圍會發生應力集中的現象，原則上不設排水孔。

3. 三維度壩（Three-dimension (3D) dam）

在混凝土重力壩考慮側壁岩盤的支持力，一般為節省斷面而採用之。但此種構造物因壩體內部無法避免發生內部伸張力，因此在特殊情況時，如河谷的斷面形狀下部較窄，而上方急劇增大時，或是上方無法獲得可靠之岩盤，且在計畫上，溢水口上方必須達到谷上方時，則採行上方接近重力壩形狀，下方則可節省相當多的斷面。

4. 填充壩（Fill dam）

大多以土壩形式，但由於土壩易受溢流之損壞，因此多採用非溢流型，且將溢

流口設置於山地，或是構築有充分強度之溢水口。填充材料上，使用石礫的岩砌壩，對溢流而言較為安全；又因基礎面寬且大，在高壩上對基礎岩盤的使用節省為其優點。在填充物的改變上，可使用六腳水泥塊或四腳水泥塊等特殊的大型水泥方塊，以疊積法構築，可作為固床之用。

5. 框壩（Crib dam）

用原木組合成方格框，裡面以卵石為填充物，可就地取材且可構成安定性高的構造物；但木頭由於有腐敗的疑慮，所以大多用鋼筋水泥取代之。主要利用在崩塌地趾部的河川工程上，亦有利用各種鋼材造成的框壩，因材料強度大，搬運量少，且具有相當的耐久性，並可縮短其施工時間，為其優點。

6. 透水壩（Pass-through dam、Open dam）

將防砂壩的排水孔加大，使其具有調節洪水的功能，且在枯水期可排除土砂。以梳子壩為例，即是將排水孔設成細長的縱向排列，或將開口放大，以鋼材、木材或混凝土製，以固定或裝卸自如，或者是在水泥基礎上排列 A 型的鋼管，或將鋼管組成立體之格子狀。

7. 其他型式

如橡皮壩、節制壩及梳子壩等。

(二)固床工

固床工在基本是防止縱向沖蝕的構造物，其目的在安定某一區間的河床，一般多規劃成階梯工形狀為多，亦有單獨計畫者。但固床工並非以堆砂為主要目的，而是為了防止溪床堆積物的再移動、河床的橫向沖蝕及上游構造物基礎淘刷為目的。因此必須要有一定的高度，一般是採用有效落差 3.0～3.5m 以下，或者是高度 5 m 以下。一般是使用混凝土重力壩，必須在竣工後短期內即完成堆砂，基本的外力是以土壓以及孔隙水壓，因構造物的規模不大，有關安定上的設計較為單純，此外亦有應用混凝土框壩以及水泥塊填充壩，在緊急時則用蛇籠。

因固床工幾乎都設置在砂礫層上，必須對前庭保護工以及下游部的降低對策，予以充分的檢討；又固床工是上下游流路的一部分，將支配水流流動狀態，必須為適合流況的構造物。河道寬大的地方，因流路的蛇行，而使局部淘刷或堆積的現象，必須設計固床工加以防止，此時對砂礫堆的形成及移動須加以考慮。

固床工一般多設計成階段工，此時計畫河床坡度的決定最為重要，即使河床坡度計畫適當，固床工間距過大時，將引起中間部分的局部淘刷，此時應在適

當間格設置帶狀工程，帶狀工為無落差的固床工，構造物的頂端與計畫河床面一致，高度 1～1.5m 左右，一般是設計成混凝土重力擋土牆，或簡單之構造物。固床工與護岸工一般在整流工上多一起規劃，但在施工初期只施作固床工，當上游的防砂工程進行後，再與護岸工相結合。

二、縱向工程

沿水流方向構成的構造物，為了防止橫向沖蝕的護岸工與丁壩等。

(一)護岸工

因渠道彎曲或水流曲折，而使溪岸、山腳等會受橫向沖蝕之顧慮時，應計畫護岸工。溪岸沖蝕逐漸擴大的地段，則須規劃連續性的護岸工，又受到橫向沖蝕的地點，同時亦容易受到縱向沖蝕，必須同時規劃橫向工程。縱向工程的構造，一般有混凝土護岸工、混凝土塊護岸工以及較具生態觀點的砌石護岸工與蛇籠護岸工。一般根據野溪的位置與性質，處理工程的進行狀況，中等程度出水的水位面以上可以考慮植生覆蓋，護岸工基礎的深度，考慮洪水的淘深，應取計畫河床的 1m 以上，特別有局部淘刷的部分，宜規劃砌石、混凝土塊、蛇籠或打樁編柵等基礎固定。護岸工上下游端，原則上必須附在岩盤與橫向工上，且內側因水的回流而易破壞，因此須對上游部分的設置特別留意。

(二)丁　壩

丁壩是與水流交叉方向的構造物，其目的是防止橫向沖蝕與限制水流方向。其構造可分為溢流型與分溢流型。溢流型如打樁一般，主要是針對河岸附近降低水勢，防止淘刷為目的，多規劃於緩坡地區間；非溢流型是以擋水與導流為主要目的，以混凝土或者漿砌、砌石等強度的構造物所構成，防砂工程大多以後者為主。大多數的丁壩多設置在崩塌地、不安定的坡腳、或是彎曲渠道的攻擊部，方向是對流線成直角或向上成 15° 以下，長度多半是溪寬的 1/10 左右，複數的丁壩並排時，其間隔是丁壩長的 1.5～3 倍左右。又中游部以下的溪寬較大，坡度較陡的亂流地帶，應留下新渠道的預定位置，等待兩岸附近的堆砂與中央部的淘刷，再將丁壩頭與固床工或護岸工相結合。

4-3　河川生態工程之分類與運用

　　臺灣地形多高山，河流短促且坡度陡峭，河相極不穩定。在傳統水利工程的範圍中，多強調河川之物理特性，如河道的變遷與穩定、洪泛頻率、行水區的界定、河岸沖蝕及底床切割等，為了穩定河床以防止河岸崩塌及攔阻土砂，因而建築大量防砂壩，且施築高度多大於 2 m，對河川原有的地形地貌產生破壞，並影響水生生物的群聚結構。

　　生態工程本身強調生態系的永續性，運用生態自我恢復能力為基礎，結合當地的資源與環境的充分利用，以獲取最高的經濟及生態效益。因此水土保持或相關保育治理措施，如河川整治、河岸穩定等工程；不僅需要具備防災的功能與安全性之考量，更需建立合乎生態理念之利用方式，以降低對當地環境及生態所造成的衝擊。

一、前　言

　　根據區域性土地潛力所發展出來的多樣化自然環境，是臺灣的重要資產；但隨著時代的進步，對於水土資源的需求日益提高，相對卻缺乏適當保育措施，逐漸造成集水區、水源地及山坡地被高度開發與污染破壞，水資源逐漸枯竭。以河川水利工程中之崩塌災害防治對策，常著眼於安全考量與耐久性而使用大量的混凝土，為求施工的方便性與經濟性，其河川斷面常一成不變，構造物表面也以相同單調的鋪面為主，不僅破壞了景觀，對於河川周圍的生態環境也造成相當大的衝擊。當營養及能量水流產生變化時，物理環境因子及水質環境自然隨之改變，河岸植物、水中附著生物、無脊椎動物及魚類對棲地的利用也會重新組合，必然影響生物群聚結構。

　　近幾年來，隨著社會大眾對週遭生活品質的要求日益提高，河川整治問題也被要求符合當地原生生態與綠美化，為維持當地原生物種的生態平衡與多樣性，營造出自然的河川景觀及創造河川與濱岸生物的棲息環境也是不可或缺的條件；一般而言，自然穩定的河岸，通常為天然植生良好的區域，也能提供生物一個適當的棲息環境。

二、河川生態工程之作用與影響範圍

河川的復原可分為兩種方式:

1. 被　動

減低河川的破壞,由河川自身進行復原工作,允許自然的再生、並在河床上配置卵石與其他覆蓋方式,復舊時應考慮原生動、植物的生態性。

2. 主　動

應用各種特殊的復原方法,如河道修正、河道結構的改變,考慮水中沉積物的移動與生態基流量的維持等。而生態工程乃是架構於被動的復原方式,其觀念乃起源自 1938 年德國首先提出近自然河溪整治的概念,指能夠在完成傳統河流治理任務的基礎上可以達到接近自然、經濟並保持景觀美的一種方法,運用生態系統之自我設計能力為基礎,尊重環境中生物的生存權利,除滿足人類對河溪利用之要求外,並透過有生命力的植物與工程方法加以維護及復育當地自然生態多樣性與溪流生態系統的平衡,逐漸恢復自然狀況,達到耐久且穩定的狀態,使水資源循環運用,人為環境與自然環境間能互利共生。

生態工程並非完全取代傳統構造,而是在有需求且環境敏感地帶用以輔助工程結構的一種方式;在治理時除考慮溪流的水理特性和地形地貌外,應將溪流的自然狀況或原始型態納入,作為衡量溪流整治與人為活動干預程度的指標(如表4.1 所示)。

表 4.1　生態工程之作用與影響

作用	影響範圍
地工技術	抵抗水流與波浪作用所產生的沖蝕 藉由植物根系增加坡面穩定 避免風、冰凍所引發之側向切割
生態性	改善最高溫度有利植物生長 改善土壤與腐植土之結構 提供動植物棲息地 遮蔽濱岸帶以利水棲生物產卵繁殖 藉由植物根系吸收污染物
經濟性	減少建造與維護的成本 創造農業、森林與休閒的區域
美學	改善地表景觀 增加視覺多樣性

生態工程是著眼於生態系永續發展能力的整合性技術，並運用自然的資源作為對環境的控制與設計規劃，強調當地資源與環境的有效發展與外部人為條件的充分配合，其主要的理論基礎為：

㈠整體性原理

整體性原理是綜合瞭解系統如生態圈、生態系整體性質及全球生態失衡問題的主要基礎；對單一系統內物種的性質與其他物種間的相互關係進行瞭解，便能對系統的整體性質加以掌握，且相鄰系統間的整體性質與功能，也要加以釐清與整合。

㈡社會—經濟—自然複合生態系統

生態工程研究對象為整體的社會—經濟—自然複合系統，或由不同生態系統與景觀設計所組成；是由各種生物有機體和非生物的物理、化學成分互相作用、相互生存、因果關係所構成。

㈢協調與平衡原理

由於生態系統長期演化與發展的結果，自然界中任一穩定的生態系統，在一定的時間內均具有相對穩定而協調的內部結構與功能；且在一定週期內，各物種藉由相生相剋、轉化、補償、反饋等相互作用，使生態結構與功能達到互補，而處於一種生態平衡的穩定狀態。

㈣自生原理

生態系自生原理包含自我組織、自我優勢化、自我調節、自我再生、自我繁殖與自我設計等一系列機制，自生作用與機械系統，最大的差別在於是以生物為主體。生態系的自生作用能維持系統相對互補的結構、功能和動態的穩定與永續發展理論。

㈤循環再生原理

由於生態系內的小型循環與整體地球的大型循環，相互作用保障了地球上的資源供給，並透過過程轉化、分層多次利用與資源永續循環，使再生資源取之不竭。

從人類的觀點而言，河川環境的經營管理，係講求以環境科學和生態保育原理為基礎，應用其他相關學域的知識與技能來經營河川資源，並保持其潛能與多

樣性，河川的生態工程，應以下列幾點為目標：

1. 保存並維持自然流域型態。
2. 保存多樣性的河寬及底床質。
3. 維持深潭、淺灘及沙洲狀態。
4. 維持水棲生物遷移路線。
5. 合理與有效的使用河川資源。
6. 維護河川資源的多樣性與潛能。
7. 保護河川環境與的穩定和安全。
8. 維持生態體系之正常運作和平衡。

三、生態工程之設計

河川生態工程之設計應考慮到河川環境的調查與分析，才能作適當的保護與維持，根據 Brandshaw 的景觀生態設計方法，主要可分為四類：

1. 放任方式：任由生態環境自然演替。
2. 積極的營造：採取行動創造適合生態系永續發展的條件。
3. 發展操控：引進適合生態系的物種，然後任其自由發展。
4. 復育的方式：方法包括前三種方式，適用於原有景觀已退化、遭破壞的地區；使用生態原則，架構一綜合性的景觀，然後再任其自行發展。

河川治理設計應兼顧安全性與生態性，減少對當地環境造成重大衝擊，其設計流程，如圖 4.3 所示。

四、生態工程之分類（如表 4.2 所示）

河川水利工程依構造物設置位置不同可分為橫向、縱向與複合型態，由於生態系講究生物的多樣性與發展潛能，所以工程施作應避免造成無法互通狀態，陳榮河（2000）指出，擋土工、護岸工、固床工及邊坡穩定工程等對溪流生態有非常大之影響，在設計時尤其應考慮水棲生物的生活習性與周遭環境的狀態，並配合當地原生植物加以改善，在施作時應注意下列事項：

㈠擋土工

當河岸邊坡大於 30°時，應施築擋土結構；考慮對河岸生態之影響，應使用

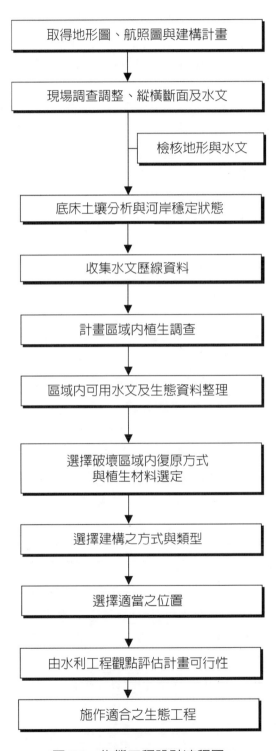

圖 4.3 生態工程設計流程圖

表 4.2　生態工程依使用目的之分類

種　類	方　式
土壤保護	用植生覆蓋防止表面沖蝕與退化，改良土壤水分與溫度，並增加土壤中生物量。
地表穩定	降低或完全消除外力衝擊地表，透過編柵與植物根系穩定與保護濱岸帶與河川高灘地。
複合構造	維護與穩定不安定之湖岸、河岸，加入部分硬體構造，能延長與加強保護能力。
景觀結構	運用景觀植物設計，能提供河岸綠美化並提供遊憩空間

具有穿透性之重力擋土結構，避免使用大量混凝土。施作時可利用當地土體或石材，以降低對整體環境之衝擊；此外，可作成具孔隙或開口之面板，使泥砂或活枝條能置於其內，並可作為生物之棲息場所。

(二)護岸工

　　護岸係保護河岸避免水流衝擊坡腳產生沖蝕之構造物，通常設置於河岸坡度較緩處，並直接構築於岸坡。傳統的護岸工程固然提供極高之安全性，但常常破壞河川生態的共通性與生物棲息地之功能；因此，利用天然材料作為河岸保護之資材，並結合工程、生物、與生態之觀念進行整治工程，才是適宜之護岸工程。護岸之構造形式、材料之選擇，應依水理特性與河川型態，單獨使用或兼用植物、木材、石材等天然資材以穩定河岸；運用框、籠、拋石等材料以創造多樣性之水流型態與孔隙構造，創造出適合植生、昆蟲、魚類、鳥類等生存之濱岸環境；此外，護岸坡度盡可能越緩越好，使生物易親近水邊，營造親水空間。

(三)固床工

　　避免河床因水流之沖蝕、淘刷而設計之河床保護工。固床工材料可為混凝土、石塊、完全或部分由植物構築；一但構成，除可降低水流速度外，也能減少河床與河岸受沖蝕之程度，並穩定河床。當注重生態考量時，以多孔隙之石塊或植物等材料為主，使工程施作過程與結果均能符合生態要求；另外，因固床工為河川橫向之構造物，其設置原則應避免阻斷河道斷面、高度不宜太高或形成過強之水流，以免生物無法順利於上、下游間移動，形成生態阻絕的狀況。

(四)邊坡坡面保護

　　河川之濱岸帶常連接邊坡，一般邊坡皆高於水位上，不需使用護岸加以抵抗流水沖蝕，但邊坡之穩定與沖蝕問題卻可能影響其下之水域環境；所以邊坡過

高、過陡或坡面裸露時，整體坡面穩定與降雨之雨滴衝擊、地表逕流將會對邊坡產生破壞或侵蝕，因此，河川兩岸危險邊坡之整治，也是河川治理重要部分；設計時應以生態考量為主，選擇適合植物生長，環境衝擊小，視覺景觀較佳及施工過程較自然之處理方式。

五、生態工程之運用

生態工程的基本理念在於利用生態系統的自我恢復能力，所以提供了某種控制污染的機制，在國外大多運用植物根系與微生物等有機體在污染源的防治與降低上，並進一步推廣至河川生物棲地的改善，國內目前生態工程運用方式大致可分為：

㈠岩石拋置法（Rip-Rap）

運用岩石置放於河川基部，用以保護河岸，岩石的縫隙會積聚泥土，進而植物根系生長，使河岸結構更加穩固；水中的石塊縫隙提供小型甲殼類、無脊椎動物、水棲昆蟲或幼魚棲息。主要可分為：

1. 拋石工程
在河道中將阻流石不規則分布於河床（如圖 4.4）。

2. 石樑工程
在河道中以大型天然石材構築，坡度較陡處可以連續設置，形成階梯式深潭及淺瀨，使上游流速降低，沉降性增加，具有阻絕泥砂功能，在低流量時可保有一定水位，在高流量時可形成保護魚類的避難所（如圖 4.5）。

圖 4.4　於河床拋置阻流石

圖 4.5　石樑固床工

圖 4.6　蛇籠現場施作圖

⼆蛇籠（Gabion）

　　以金屬線、PVC 或植生資材編織成包裹石材的籠，用於保護河岸、河階或減低流速，石間的縫隙是小型甲殼類、無脊椎動物、水棲昆蟲或幼魚棲息、魚類產卵與休息處，地上的石縫亦可以生長植物，此法與岩石拋置法的功能類似，其優點為使用較少石塊，及成本較低（如圖 4.6）。

⊟導流工（Deflectors）

　　導流工（側堰）目的在增加多樣化流況，改變水流方向與結構，藉由限制河段寬度以提高流速，用以加寬曲流，形成深潭、淺灘等棲地功能。導流裝置亦可消能並降低河岸沖刷，設計角度在 30°～60°，高度低於 0.5 m，以三角形導流側堰較佳，可避免洪峰流量對側堰河岸之沖蝕。

㈣打樁編柵（Wattle fence sills）

木條以適當距離打入溪底，柵的裡側以土壤、石粒、砂礫等填充以穩固接於河岸，水中部分木柵表面聚生藻類，成為生態系中的生產者，木柵形成的空間與造成的渦流與流速變化提供生物棲地，水上部分所造成的陰影亦提供不同生物多樣棲息環境。

㈤植岩互層法（Store revetments）

使用塊石護岸，但塊石間並非完全緊密，其間留有孔隙，並以土壤填充，再將植物活枝條扦插在河岸的岩石層，或整棵樹根朝外埋在河岸再拋置岩石。此法用以固著岩石，並減少水流對河岸的直接沖刷，施工後可增加河岸綠意，並能達到穩定河岸的功能。

㈥木框壩（Crib walls）

用木材與石塊作成格子狀結構，可用於減緩流速，阻攔泥砂與沉積物，並可以讓水中植物生長。

㈦圓木基礎（Wood sills）

溪流斷面小，坡度大之上游山谷或山溝地區，為避免水流急速而下，對河床及坡趾產生沖刷，可置連續性之低矮潛壩。使用圓木埋設於溪床兩岸，低流量時水流可由圓木孔隙流出，高流量時水流由階梯形式壩頂流出，以降低流速，壩與壩間之河床應拋以石塊，以避免溢流時水流能量將溪床及溪岸細粒料沖蝕。

植生方法是利用植物本身對水土保持與土砂攔阻的功能，來用於建立良好之河岸植被，並利用工程方法使用自然材料加強保護。選擇適當之植物種類（如表4.3 所示），對生態工程之施作而言非常重要，應考慮的項目有：

1. 計畫目的：是否需在短期內迅速達到保護與穩定河岸的目標；更進一步創造出適合水棲生物與動物之棲息環境。
2. 預期產生影響：植生覆蓋狀況是否良好，或需要工程結構加以補強。
3. 可運用之植物種類：能從周遭環境取得之原生物種，能否作為先趨植物。
4. 時間：施作生態工程時，應依方式不同而考慮在植物生長或休眠期進行。

生態工程施作時，主要以建構時間與成本互相配合，考慮施工技術對生態的適合性等，國內常用之生態工程綜合整理如表 4.4。

表 4.3　運用植物資材之限制條件

範圍	限制狀況
生態方面	規劃區域內不適合某種植物生長，並限制其分布狀況 如果基礎部分能提供足夠範圍供根系生長，則河岸便能達到穩定狀態。
技術方面	植生覆蓋能減少土壤水分蒸發，強化土壤，進一步限制過快流速與河岸切蝕
時間限制	施作時間不外乎植物生長期或休眠期

表 4.4　一般常用之生態工程比較表

工程種類	適當性 生態	適當性 技術	優點	缺點	建構時間	成本
岩石拋置	2	1	耐久、穩定 營造魚類棲息空間	構築不慎易引發土石災害	任何	中
蛇籠	3	2	構造簡單 立即生效 運用當地材料 具穿透性	需投入大量勞力 較難植生覆蓋	植物休眠期	中
地工織物	2	2	構造簡單 立即生效 柔性構造物 能順應地形	需注意沖蝕狀況	植物休眠期	中
圓木基礎	2	1	運用當地材料 能在短期內立即生效	無	植物休眠期	中
木框柵	1	1-2	具穿透性 柔性構造物	較難植生覆蓋	植物休眠期	低～中
側堰	1	1	具生態利益	需要較長時間	植物休眠期	中
樹枝側堰	1	2	簡單構造 有效、易於維護	較少適當的河岸施作	植物休眠期	低～中
格柵	1	2	構造簡單 結合其餘構造物	需投入大量勞力	植物休眠或生長早期	中
枝條編柵	3	3	立即生效 配合其他構造物	需要大量的資材植 限制根系生長 需大量勞力投入	物休眠期	中～高
砌石護岸	1	1	構造簡單 保護濱岸帶	植生覆蓋需在 2-3 年	植物休眠期	中
枝條捆紮	1	1	結構穩定 立即有效	只能在固定時間內建造	植物休眠期	低～中
橫木框架	1	2	能順應地形變化 能達到植生覆蓋目的 結合其餘構造物	無	草本植物生長期	中
地工格網	1	1-2	構造簡單 能順應地形變化 立即生效 對河岸產生良好覆蓋	易隨時間退化	草本植物生長期	中

【註】1：非常適當　2：適當　3：部分適當

六、結論與建議

河川治理與攔阻土砂的管理理念，已逐漸發展到重視河川的生命與原生動力，並顧及區域民眾生活的調和；不僅以防洪、防災、利水、美觀、休閒為主，更考慮到生物多樣性、水循環系統的健全以及自然景觀的再生。若單純以安全性為主要的考量，已無法滿足民眾的需求。多元化的整治與災害防止，景觀與環境生態的互相調和，應為河川工程的重要設計方針，因此，生態工程施作應朝向下列幾點目標：

1. 實施生態工程應與周遭環境作一整體性考量。單就魚類棲地及生態改善而言，砌石護岸的植生遮蔽良好，能提供水棲生物充足的養分來源與降低水溫，而塊石堆積的固床工也能營造不同的水流環境與底床性質，提供不同魚種棲息。但生態系經營是全面性，除避免形成封閉的群聚社會外，應盡量維持原本的地表狀況與植生物種，使相鄰兩生態系能相互影響，建構一完整的生態系統。

2. 工程界及民眾相當能夠接受生態工程的理念及做法，但缺乏相關研究與規範手冊引導，以致推行相當緩慢，甚至在施工過程中常對當地環境與原生生態產生嚴重衝擊，而得到相反效果。從事河川水利工程時，應跳脫傳統工程思考方式，除考量結構物安全外，並應就生態學觀點來考慮工程施作對當地生態所造成的衝擊，並藉由規範手冊使衝擊減至最低，以回復溪流原有之動態生命力。

3. 為使生態工程設計符合生態之理念與需求，建議應瞭解設計之標準及相關理論依據。並深入探討本土溪流水生物種之生態特性、河川基本地形型態與周遭環境之相關性；另一方面也須運用生物指標的監測，提供具生態考量之工程規劃參數，融入工程設計中，對執行過程予以適當追蹤、調整與修正，使工程施工能兼顧生態環境，以達到安全排洪、調和景觀、維護生態之目標。

4. 臺灣當前生態工程的施作多只考慮到安全與親水性，並未對河川水質水量、生態性有進一步的幫助，更多的遊憩行為反而對河川產生衝擊性的破壞。天然河川應維持多樣性的河道型態，過多的人為干擾會影響河川的自我復育。生態工程應秉持協助的概念，由自然觀點出發，才能營造一個真正具有生命力的河川。

4-4　河川工程對生態棲息地之影響

　　一般河川整治多注重於水力構造物之處理與土砂防治，較少考量生態系之整體經營，以致對原棲地之河川生物造成不利影響。據國外的河川治理經驗指出，以防洪為目的的河川渠道化工程，本身不具有預防洪水的能力，其僅有利於將上游的洪水快速疏導至下游，然河川的治本之道，應使集水區的水土保持功能發揮，減少沖蝕並降低洪峰流量，使生態環境能在穩定的水源與水質中成長。就溪流中的防砂壩為例，防砂壩具有穩定山坡基腳，防止崩塌、攔阻或調節河川土砂、減緩河床坡度、防止縱向或橫向沖蝕、控制河川流心、抑止亂流，在砂石堆積處配合整流工，可避免砂石向下移動導致災害，並可涵養水源、補注地下水、促進草木生長的功能。

　　防砂壩的興建對水土保持固然有助益，但沒有考慮到會對河川棲息地產生整體性的影響。防砂壩興建後，使河川棲息地原有生物的活動遭到限制與區域化，生物的分佈能力特性受到限制。由於所有的物種都是經過長期演化下，才適應了其所棲息的環境，當棲地遭受外力的影響而產生變化時，對其族群延續與成長、物種的多樣性均會有所影響。如何將河川工程發揮其應有的水土保持功效，並盡可能兼顧河川棲息地，將衝擊與影響降到最低，應朝向下列幾項步驟：

1. 壩體高度降低

　　為調節河床坡度或以淤砂為主要目的所興建的防砂壩，宜將單一高壩降低，盡可能朝向低壩群方式設計。壩高降低則水位落差小，可使水生生物遷移阻力變小，除可達到相同攔阻土砂目的外，亦可節省經費；同時可使興建魚道的困難度降低，使魚道的利用性提高。

2. 壩體表面粗糙度提高

　　由於防砂壩興建後，分布於原溪流的水生生物無法自由遷徙移動，對生活史中有溯河或歸海行為的生物影響最大。壩體粗糙化後，少數迴游生物之幼蟲或具有特殊構造（如吸盤）之魚類，可沿溢洪口下沖的薄水流向上攀越；因此將防砂壩的表面用大石堆砌，或將混凝土表面打毛及處理成大量細紋溝，均可減緩棲地分隔之衝擊。

3. 壩體下游面緩坡化或槽化

　　一般為使魚類通過壩體，多運用階段性低落差形式的渠狀魚道，使水流速減

低，減少對魚體的損傷，並提供魚類適當休息空間，讓大多數魚類順利通過。但臺灣地區河川地質脆弱、山高陡峻、水流湍急等先天環境不良影響，造成水流運移的土石含量甚高，臺灣自 1918 年興建第一座魚道以來，魚道遭土砂淤滿掩埋、受到土石撞擊損毀、引水口因上游流心偏移無法進水、下游河床淘深使魚道懸空，有流水卻無法利用等困難，而無法發揮其應有的功效。

因此魚道設計不只需參考前人經驗，更應針對目標魚種之生物特性，如衝刺力、攀爬力等加以考量，且要構築出適合所有水生生物之魚道，更非易事；故在河床粒徑較小、磨蝕力較低之河川野溪，可將壩體下游面設置為 1/5～1/10 之變坡流水面，供各類水生生物依其自身能力加以運用。在土石來源較多或有磨蝕顧慮之河段，則可將溢洪口加設較原河床深知槽狀缺口，構築成穿透性壩方式，提供一個無阻斷之河道，使魚類或其他水生生物順利通過。

4-5　生態河川治理考慮方向

河川治理應兼顧安全性與生態性，避免使用過多的人工構造，以集水區作整體性之發展，尤其對生態學、親水性及河川景觀等，要有綜合性之計畫，減少對當地環境造成重大衝擊（如圖 4.7 所示）。資源保育的永續經營與發展並維持整體環境的生態平衡，已是被公認的基本河川治理原則，水資源保育與河川工程設計應朝向此方向進行，對河川治理時需考量下列幾點：

1. 對於無安全顧慮，不影響人類活動的河段，讓溪流依循自然法則，自行演替與發展。但針對河川有破壞危險，而導致生態環境改變時，僅施予最基本之保護措施，儘量不對當地原生環境造成破壞。河川生態治理的選定需對當地自然生態環境有基本之瞭解，除強化堤防、護岸、維持高灘地存在目標外，針對自然環境保護、植生復舊、棲地復育、水流流速、流量及底床質等河川基本型態應多加考慮。

2. 現有河川流路改善，應避免截彎取直的設計，並維持與保存原有生物之多樣性環境。河川中的多樣型態，如緩流深潭、淺灘、小溪溝及濕地等多樣性之水岸環境是生物棲息與生育之場所。河川斷面設計應避免上下游一致之標準斷面，應對於原有寬廣河幅加以保存，可維持河道滯洪能力，亦可提供自然工程方法施作之所需。針對河川護岸必須考量溪流水理特性、坡

圖 4.7　人工與自然介面（宜蘭縣大同鄉仁澤溫泉入口處邊坡）

圖 4.8　河川自然環境生態復育（宜蘭縣冬山河）

　　面狀況，以營造出最適合生物生存之環境與自然景觀之多孔隙介面。

3. 依現地狀況配置深潭與淺灘，盡量營造多樣性的河川斷面，設置橫向工時，則落差不宜過大，以適合水生生物使用。

4. 對植生復育之考量，應盡量選擇當地原生物種，以確保施工完成後不會改變原有生態環境。混凝土封底工程方法，除非河床淘刷嚴重，應避免使用，以增加地下水補注，提供底床之生物生育環境。丁壩周圍由於土砂堆積或水流沖刷，形成的深潭、淺灘與濕地等，可創造出多樣性之水邊環境。

5. 以自然資材營造護岸、基礎保護工等，是利用石塊間之空隙及表面，供魚類等水生生物及植生使用，當植物生長後即形成自然的水岸空間。形成一多樣性的生態環境，並遮蔽河川，降低水溫，提高河川有機質及營養鹽等，營造河川的生態系復育（如圖 4.8 所示）。

4-6 自然親水工程方法在河川生態上之應用

近年來，為維護自然環境、保護活水源頭、提昇國民生活品質、促進水資源永續利用，需積極規劃與推動集水區親水及自然親水工程方法，改變過去從事河川水岸建設多以「治水」及「利水」為出發點，往往忽略了河川之生態環境與「親水」功能。由於社會大眾普遍對於水資源生態知識不足，而工程人員亦習慣沿用傳統施工方法，使一些防災整治工程雖然達到保障安全之目的，卻破壞自然生態環境於無形！於是，推動以生物學及生態學為基石的「自然親水工程方法」的呼聲日劇增加。

「自然親水工程方法」不同於一般傳統的土木、水利工程方法，自然親水工程方法的理念是以生態系統的自我設計能力（Self-organization），尊重環境中生物的生存權利；同時，透過工程的方法來維護、復育當地的自然生態環境，使水資源能循環再利用，以達成消除污染目標，進而實現「水資源永續經營、發展與利用」之目的。

一、國外之自然親水工程方法

自 1938 年被德國 Seifert 提出，到了 1950 年德國正式創立了自然親水工程方法，使植物與人類生命相配合，首先將植物作為工程材料應用到治理工程，對於生態治理的目標，除了要滿足人類對河溪的生態多樣性，治理時考慮溪流的水理特性和地形特點，將溪流的自然狀況或原始狀態，作為衡量溪流整治與人為活動干預程度的標準。

Holzmann（1985）認為通過生態治理創造出一個具有各式各樣水流斷面、不同水深及不同流路的溪流，把河岸植被看待為具有多種小生態環境的多層結構，強調生態多樣性在生態治理的重要性，注重工程治理與自然景觀的和諧性。

Pabst（1989）則把生態治理看為一種工程治理方式，溪畔僅用帶石塊的原有土壤或純石塊覆蓋，河岸植被則應該是由自然下形成的，其他一切刻意促進植被恢復和改良土壤的措施如栽植、灑水及施肥等均應禁止，而溪流的自然特性則依靠自然力去恢復。Hohmann（1992）更從維護河溪生態系平衡的觀點，認為自然親水工程方法是減輕人為活動對溪流的壓力，維持溪流生態多樣性，物種多樣性

及其溪流生態溪系統平衡，並逐漸恢復自然狀況的可行性工程措施。

　　生態工程（Ecological engineering methods）是以生態之自然復育為基礎，強調工程建設與自然環境間之設計、安排等處理措施，促進彼此的互利共生，進而達到自然生態資源的永續生產與應用。其內涵應取當地可應用的生物與非生物資材，進行生態保育措施，或針對工程建設後所造成的生態破壞，進行相關生態保育與復育措施的工程方法。

二、國內之自然親水工程方法

　　水土保持局對自然親水工程方法的定義以「採用天然資材為主要材料，以融合週邊地形自然景觀，減少造成生態環境之衝擊為理念設計，構築可供動植物棲息之空間，創造兼具防災及生態復育功能之工程方法」。廣義來說是「對環境保存維護，永續性利用、復舊及改良所施做的工程，包括生物與非生物材料的應用」，基於環境中各種自然生態及生物棲息地之尊重，所做最適合的處理方式，以達到環境和諧。

　　「自然親水工程方法」基本上是建立「自然與人類共存共榮」和遵循「自然法則」，把屬於自然的地方還給自然，尊重人類以外之其他生物生存與生活的權利，培養「自然生命共同體」的認知，讓自然與人為相輔相成，使以自然親水工程方法所重建的近自然環境能提供都市休閒的遊憩空間。自然親水工程方法是復育生態學的一部分，是在彌補環境破壞所造成的缺失，不單祇針對某一明星物種之復育，它是以整體生態系為考量。

三、自然親水工程方法之措施

　　㈠護岸種類（如圖 4.9.1～4.9.8）

　　　1. 複式斷面
　　　2. 護岸坡面
　　　3. 卵石漿砌工
　　　4. 塊石漿砌工
　　　5. 蛇龍護岸
　　　6. 造型模板工

圖 4.9.1　複式斷面（新竹牛攔河）

圖 4.9.2　護岸坡面（宜蘭冬山河）

圖 4.9.3　塊石漿砌工（臺北內湖野溪）

圖 4.9.4　卵石漿砌工（宜蘭小礁溪）

圖 4.9.5　蛇籠護岸（基隆友蚋溪）

圖 4.9.6　造型模板工（新竹牛攔河）

圖 4.9.7　親水護岸（臺北虎山溪）

圖 4.9.8　內襯混凝土工（臺北木柵）

7. 親水護岸

8. 內襯混凝土工

(二)固床工（如圖 4.10.1～4.10.4）

1. 自然拋石

2. 封底工程方法

3. 不封底工程方法

4. 封底面鋪石

(三)生態考量

1. 棲地生物調查

2. 棲地改善措施

3. 水質確保

(四)植生綠美化（如圖 4.11.1～4.11.4）

1. 景觀區綠美化

2. 護岸斷面植栽

3. 護岸塊石穴植

4. 河岸綠美化

四、自然親水工程方法示範地區選定與整治原則之探討

(一)示範地點的選定原則

　　為使實施自然親水工程方法的地點能獲較佳的宣導效果，示範地區的選定，除了需要考量行政因素及地區整體發展計畫外，尚需兼顧下列各項因子，方具有代表性：

1. 地區特性

2. 效用性

3. 誘發自導性

4. 時效性

5. 刺激性

6. 競爭性

7. 重要與必要性

圖 4.10.1　自然拋石（臺北內湖野溪）

圖 4.10.2　封底工程方法（臺北貴子坑）

圖 4.10.3　不封底工程方法（宜蘭小礁溪）

圖 4.10.4　封底面鋪石（臺北內湖野溪）

圖 4.11.1　景觀區綠美化（新竹牛欄河）

圖 4.11.2　護岸斷面植栽（臺北士林）

圖 4.11.3　護岸塊石穴植（臺北內湖野溪）

圖 4.11.4　河岸綠美化（宜蘭冬山河）

8. 不可復原性

9. 可及性

(二)河溪整治原則

一般為混凝土的結構物，但將有礙生態環境的自然演替，因此在不影響人民生命財產的情況下，宜儘可能以自然河岸為主，即以合乎生態設計之方法來保護河岸。其整治原則可分三大要項為：

1. 生態調查

(1)地區性物種及其脈動的情形是生態工程首要思考方向。目標物種的生活習性及與其生活習性有關之各環節，是自然親水工程方法更進一步需要思考的部分。

(2)河溪生態綠化的選定，須對現地生態環境充分瞭解，除強化堤防、護岸、維持高灘地存在為目的外；水資源環境保護、植生復舊、水流流速、流量等各種因素更需多加考慮。

2. 設計及施工

(1)現有河溪改善，避免過度截彎取直，避免直槽化造成下游強烈的沖蝕與洪患，維持及保存原有多樣性的環境，離岸緩流、深潭、淺灘、小溪溝、潟湖及濕地等多樣性的水邊環境是生物棲息的最佳場所。

(2)護岸所採用的工程方法須考量河川水理特性、坡面狀況，建設出最適合生物生存環境及自然景觀的多孔隙，應多採用自然的草溝或卵石塊石乾砌的天然水道，並且考量設施後維護管理的方面性和可能性。

(3)保護河溪生態中的原生植物與植被型態，儘可能增加綠覆率。原生植物的復植，可供野生動物之食物來源或活動、隱藏與棲息的場所。護岸設計應考量兩棲類動物的特性與活動路徑。於比降大處，築壩節流，以緩和水流之勢減少水中下游之危害，並應考慮迴游生物之棲息地之營造。

(4)河溪地的利用應減少硬鋪面，增加可生長植物的泥土面，必要的硬鋪面設計，應採透水性的材料。

(5)尊重自然儘量保存河溪自然原貌並多使用自然資材，保留或復育兩岸之自然林相，以河溪自然蜿蜒之勢，減緩流速，達到治本之道。

(6)於近河處所且地勢低緩地，開挖為塘，以為治洪蓄水之用，於河岸穩定處，創造易於親水之設施與空間。匯歸之水，引為灌溉、供給飲水，並適量堵截

匯流，導引置他處，以供利用。

3. 追蹤評估

(1)河溪生態環境調查期間至少須延續整年，以避免以偏概全，導致錯誤判斷。復育河岸的自然植被，是穩固河岸最經濟及永續的方法，只要有充分的時間及適當的保護，將可使自然的原生植被重新穩固被破壞的河岸；但自然的復育通常需要二、三年至幾十年不等的時間，此時人為的破壞，更可能使原有的河岸延緩自然復育的時間，因此任何河岸的復育，應盡可能在發現破壞的初期進行復育，以便有較佳之成果。

(2)加強對附近居民宣導教育，降低自然工程方法推展阻力，減低維護管理成本。

4-7　結論與建議

　　自然親水工程方法是以生態之自然復育為基礎，強調工程建設與自然環境間之設計、安排等處理措施，促近彼此的互利共生，進而達到自然生態資源的永續生產與應用。目前國人對於生態工程積極推動，在於中高海拔溪流的案例並不多，因此需要產、官、學等各方面共同研究及推行，進行生態保育措施，或針對工程建設後所造成的生態破壞，進行相關生態保育與復育措施的工程方法。

　　河川治理與攔阻土砂的管理理念，已逐漸發展到重視河川的生命與原生動力，並顧及區域民眾生活的調和。河川治理不僅以防洪、防災、利水、美觀、休閒為主，更考慮到生物多樣性、水循環系統的健全以及自然景觀的再生；若單純以安全性為主要的考量，已無法滿足民眾的需求。多元化的整治與災害防止，景觀與環境生態的互相調和，應為河川工程的重要設計方針，再配合棲地保護的前提下，應朝向下列幾點建議：

1. 河川工程應加強植物工程的運用

　　河岸的植物是河川內生物的遮蔽與有機質營養鹽的重要來源，並視河幅大小留設適當之植被緩衝帶，避免使用過度人工化材料。運用植生工程方法能彌補土木工程堅硬面與枯燥表面對生態環境與微氣候的影響，以保留河川之自然生態。

2. 應建立工程人員的生態觀念

任何的規劃設計應兼顧水資源利用型態與自然環境資源的衝擊與承載量，而河川設計與施工專業人員普遍對河川生態環境無基本概念，導致在設計過程中大量運用混凝土措施，且施工中未對工程現場加以管制，使河川生態系遭受二次破壞。而防砂壩應設計成連續性低壩群，使下游河川砂石能獲得補助，減緩河床淘刷、河岸與海岸侵蝕退縮的現象。

3. 河川棲息地的維護與管理

藉由生態設計之河川將生態理念傳達至民眾，並由當地居民進行河川的後續維護與管理，以使河川生態系能得到喘息的機會，並重新復育。河川水域發展應制定水環境管理與水空間管理之河川環境管理基本計畫，並加以宣導與落實。

4. 「不干擾便是最佳的河川治理」，真正的河川會有深潭與淺灘的形成，低水位呈現彎曲不一；因此現有混凝土築造之河川，低水路線也應形成曲折河深淺不一，同時促成灘、淵環境，且自然河川在河道中呈現蜿蜒流動，非必要性儘量不要截彎取直。

CHAPTER 5

生態工程相關指標值之建立

　　河川是自然界中能永續利用的環境資源，傳統的河川治理工程大多注重安全性和實用性，著眼於構造物短期功效、施作技巧難易及經濟效益考量，而忽略河川生態環境的破壞，以致對原棲地的水生生物造成不利之影響，該衝擊也因鏈結反應，將影響擴及整體水域網路。

　　生態系的恢復與重建是透過經營的手段，儘量使生態系恢復到原有的組成狀態並展現其生態功能。生態工程的設計是以人類與自然的共通利益為主，並考量生態系的永續發展，運用系統的自我調節作用，以便在受到外界干擾下，維持河川生態本身的穩定。臺灣的生態工程，多運用在河川整治上；但施作時未考慮河川基本型態與變動而導致失敗，無法達到生態工程的要求。本文將河川地形特性、流量及水質等進行基本分類及監測，並與生態工程施工準則加以結合，進而探討生態工程施工之成效性，避免在河川構築不適宜之工程構造物，對河川環境造成二次破壞。

　　透過歷史可知，天然和人工構築河川或高灘地會對河川狀態產生極大的改變，這些變化也會衝擊到河川生態系的完整，如物種的多樣性和豐富度以及飲用水的生產、漁業和娛樂功能等。水資源的保育與管理，已不能侷限以維護人類使用資源的傳統角度目標，應體認到只有在河川生態系永續經營的前提下，人類社會才能獲得最大利益。

　　河川保育與管理落實，有賴於擬定適當的評估系統，並透過管理手段，協助河川生態系統完整。決策者與水資源管理人員所面臨的難題是集水區內複雜的時間、空間與因果關係的變動，這需要一種複合性的研究、完整的概念或發展綜合的管理方法。

　　指標的決定應能完整描述系統或過程的變遷，完整的河川管理應考慮在集水區尺度下，河川多功能利用的策略與措施，並分析制度面的改變。基於以下兩個理由可說明指標是非常有用之工具：第一，能提供背景資料給管理決策者使用；第二，指標能用於精確度上的架構、陳述資料的需求，並收集不同國家、制度下的相關資料及現行的管理標準。

　　由於生態工程牽涉範圍相當廣泛，因此本文只初步訂立幾種相關指標，以生物性與非生物性作一區隔，並依河川地形特性、流速、流量及水質等進行基本分類及監測，進一步與生態工程施工準則加以結合，探討工程方法施工之成效性，避免在河川構築不適宜之工法，對河川環境造成二次破壞。

5-1 概　論

　　河川的復原方式可分為⑴被動：減低人為河川的破壞，由河川自身進行復原工作，允許自然的再生與自我設計、並在河床上配置卵石與其他覆蓋方式，復舊時應考慮原生動、植物的生態與提供棲息地；及⑵主動：應用各種特殊的復原方法，如河道修正、河道結構的改變，考慮水中沉積物的移動與生態基流量的維持等。

　　生態工程乃是架構於被動的復原方式，其觀念乃起源自 1938 年德國首先提出近自然河溪整治的概念，指能夠在完成傳統河流治理任務的基礎上，可以達到接近自然、廉價並保持景觀美的一種方法，運用生態系統之自我設計能力為基礎，尊重環境中生物的生存權利，除滿足人類對河溪利用之要求外，並透過有生命力的植物與工程方法，維護及復育當地自然生態多樣性與溪流生態系統的平衡，逐漸恢復自然狀況，達到耐久且穩定的狀態，使水資源循環運用，人為環境與自然環境間能互利共生。

　　生態工程並非完全取代傳統構造，而是在有需求且環境敏感地帶，用以輔助工程結構的一種方式（如表 5.1 所示）；在治理時除考慮溪流的水理特性和地形地貌外，應將溪流的自然狀況或原始型態納入，作為衡量溪流整治與人為活動干預程度的指標。

表 5.1　生態技術與生物技術之組成

特　性	傳統工程	環境工程	生態技術	生物技術
基本單位	自然、社會	自然系統	生態系	細胞
基本原理	工程學	環境科學	生態學	基因、細胞生物學
控制	任意	污染源	自然力	基因結構
設計	人為	人為	自我設計	人為
與自然關係	破壞	再污染	協調、無污染	干擾
生態多樣性	減少	改變	保護	改變
維護與發展價值	大量	昂貴	合理	昂貴
基礎能源	化石燃料	化石燃料	太陽能	化石燃料

自然系統的自我設計與自我組織特性，是生態工程不可或缺的必要條件；在一個建構中的生態系統，人類有責任提供初級的組成份子與系統架構，並考量生態系的連接，人類不需要增加質量或能量去維持一單獨的生態系。

生態工程應秉持下列幾點定義：

1. 施作措施應基於生態科學的基礎上。
2. 生態工程應有較寬的定義，以包含所有類型的生態系與潛在的人類及生態系間的相互作用。
3. 應包括工程設計的概念。
4. 應瞭解系統的基本價值。

生態工程是著眼於生態系永續發展能力的整合性技術，並運用自然的資源作為對環境的控制與設計規劃，強調當地資源與環境的有效發展與外部人為條件的充分配合。

5-2　指標之定義與運用

指標的目的為提供決策者必要的資料，並幫助決策者經營單一系統；指標的發展與運用受到決策方針所需資料的掌控，由數個變異數中選擇指標的標準在1994 年被提出，主要為科學、政策與量測的準確性。在此強調，若一個指數不具備任何科學上的理由，但能確實反映社會的需求時，此指數會含有部分具爭議性與主觀上的要素。

基本上指標通常有一明確的方程式，且能增加指數的透明度。圖 5.1 描述各種變異數、指標與指數間的不同點。我們針對指標與指數，定義較為明確的特性：

1. 指標由單或數個集合的變數組合，其目的在於傳達系統或過程中的資料，主要支持指標特殊部分的準則為科學上的知識與判斷。
2. 指數為變數或指標在數學方面的結合，通常橫跨不同的量測單位，指數目的在於提供經營與政策發展上簡化與必要資料。單一要素的結合受到尺度與權重影響，過程中也會反映社會接納程度。

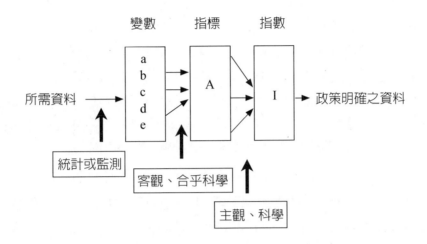

圖 5.1　所需資料的透明度，以變數、指標、指數為例

　　數個指標在選擇、尺度、影響（價值）和數學改造成某一參數的過程中含有多樣化的步驟，這些步驟需要熟練的判斷、觀測技術、多標準分析、公共輿論投票、基準值的決定與模式試驗等關係相互結合。指標與參數的發展在資料收集與可允許遺漏的範圍內應含有某種協定，並與社會政策規定等互相配合（如圖 5.2 所示）。

圖 5.2　金字塔型的指數架構

　　濫用指標值有確實的危險存在，指標值被大量用於描述不同目標及明顯主題上，而忽略了真正的用途；指標值的好處在於能清晰的瞭解彼此間的相關作用，但需隨時補充指標值利用極限上的明確記載，這樣便能降低但仍不能完全消除濫用所存在的危險性。指標的選擇是非常重要的步驟，資料能控制指標的選擇，決策者通常需要長遠發展的資料來加以輔助。結合模式與延伸指標的時間序列估計未來的變動，是一種可行的方式之一；比較數據的可用程度或許能修正指標群組的正確性，但也需利用監測計劃來回饋更多關於數據的精確描述。

　　架構指標過程中一個非常重要的步驟為社會經濟與環境資料的收集，並調和其間的空間與時間尺度。發展指標與監測的技術可預見的是一連續性、動態過程、資料需求與量測技術都會隨時間改變，這些動態過程能運用一定性化的空間描述，並在過程中結合自然的反饋與資料的分析，指標架構流程如圖 5.3 所示。

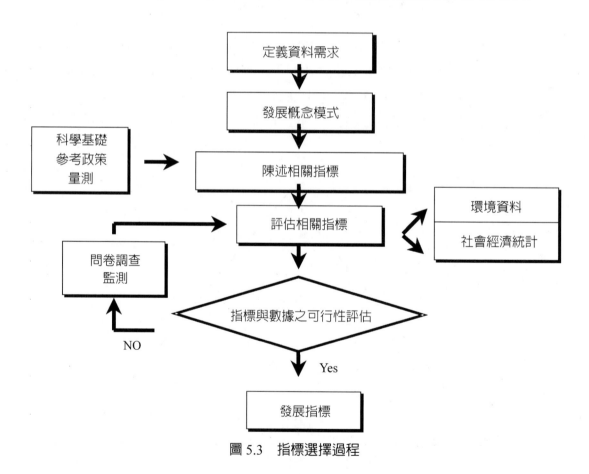

圖 5.3　指標選擇過程

5-3 建立生態工程層級分析指標

指標的發展應依循下列步驟:定義目的,建構概念模式,選擇變數,準則選定上之比較,評估資料庫,選擇指標。生態工程的施工目的,乃在於建構完整的河川生態、維護河川水質水量、提供民眾親水與保障生命財產安全等;因此相關指標應與前述四種目標相互結合,並能反映整體生態系統的評估架構。初步整合國內相關研究文獻,進而建立以河川為主體的生物性與非生物性兩方面指標(如圖 5.4 及表 5.2 所示)。

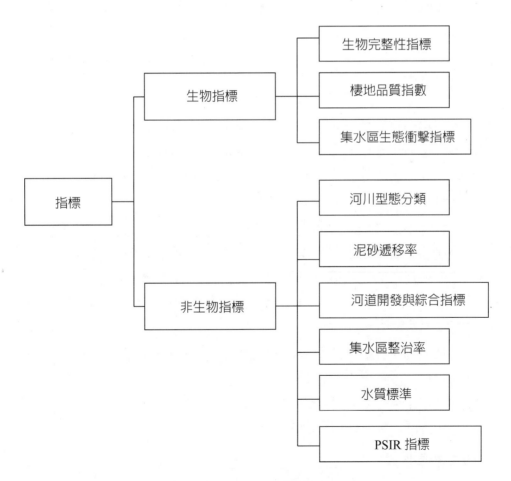

圖 5.4　生態工程指標層級分析

表 5.2 相關指標分類

	指標分類	次指標
生物性	生物完整性指數	生物群聚結構指標群、群聚功能指標群
	棲地品質指數	水體棲地、河床棲地、河濱棲地
	集水區分區生態衝擊指標	集水區開發衝擊、河川廊道開發衝擊
非生物性	河川型態分類	坡度、寬深比、深槽比、蜿蜒度 粒徑分佈（D_{50}、D_{84} 等）
	泥砂遞移率	坡地泥砂遞移率、河川泥砂遞移率
	河道開發及綜合指標	森林指標、開發指標、河道指標、地質指標
	集水區整治率	設計抑止土砂量、土砂流出率 計畫生產土砂量、計畫調節土砂量 容許流出土砂量
	水質標準	水體分類與水體用途
	PSIR 指標	壓力指標、狀態指標、衝擊指標、反應指標

一、生物性指標

傳統的河川品質評估方式，多著重於河川水質與河床的物理、化學因子分析上，無法反應出河川長期的環境趨勢和河川生態系的真實情況；因此透過河川生態品質評估，以提供工程師對生態環境品質的追蹤與預測，並維持河川生態系的完整與自我組織能力，以確保生態系永續發展。

一般生物性指標多以簡單的指標生物評估方法為主，且河川續動觀念認為，河川各項環境因子將會隨河川呈現梯度之分佈，會使各河段中的食物組成有一定之型態，也使各河段的生物攝食群比例會與該河段的食物組成相關，此一特性便可用於監測河川水質，並進一步以水中大型無脊椎動物來建立評估指標。生物性指標的優點有下列幾項：

1. 常態性的物化分析工作常受限於經費，而生物性指標則較無限制。
2. 生態指標能反映生態系統中的完整反應。
3. 生態指標能表現某些微量的生物物質。
4. 可直接反應生物所能接受的環境變化。

(一)生物完整性指標

一般的指標生物研究，都著重於指標生物評估方法能否反應水體環境惡化的

程度，未能將河川生態的整體品質表現出來；為表現河川整體生態，所評估的內容應包含正常生態系中重要的數據，而在兼顧經濟效益與資料提供的考量下，利用「灰盒」評估架構是有需要的。生物完整性指數及符合此原則的河川生態品質架構，並廣泛的就生態系統方面的表現，進行綜合性河川評估。在整體的架構中強調有效的生物監測，應包含個體、族群、群落社會及系統各階層表徵，同時考量個體健康、族群結構與動態及生態系統功能等。

生物完整性指數（IBI）不但彌補了生物指標評估方法在完整性不足方面的缺點，且不限於一般生態學的研究，如河川生態品質評估、水資源管理等。魚類由於相關研究資料完整，因此成為 IBI 評估架構中之調查對象，在此評估架構中，由於涵蓋了生態階層中由個體到群聚的特徵，所以能對整體生態群聚進行完整描述；但此方法將棲地的物化因子皆隱藏在生物群聚表徵之後，使得實際管理應用可能無法獲得直接答案。在河川結構改變後，相關指數值也隨之不同，仍須進行確認指數改變的判別研究，才能研擬適當的管理對策。

(二)棲地品質指數

O'Keeffe 等（1987）以專家問卷方式篩選出包括河川水體、集水區、棲地歧異度、河濱穩定性及水生生物等多項河濱棲地保育因子，藉以評估河川保育情形，並作為河川分級方法。棲地品質指標之觀念，在於水域棲地的型態越多時，可提供水生生物更多的空間選擇；同時因為空間區隔增加，使得生物可以分化出更多的生態區位，亦即有多樣性的物種生存其中；因此，生物棲地的變化和結構，對生物生存具有重大影響。

在陸域棲地的評估重點有二，首先河濱環境若能提供較好的棲地環境，便能吸引陸生生物到河濱棲息與活動，並增加水陸育生物交互作用；同時，河濱植群覆蓋度越大，會影響地表逕流形成的量與速度，也對有機物質進入河川水體的控制力越佳。因此，在水域棲地部分，應分為水體與河床兩部分進行評估，水體部分包含了水流型態的歧異度、河床底質歧異度等兩項指標；在河濱部分則包含河濱植群的歧異度、覆蓋度及河濱棲地歧異度三項指標。

(三)集水區分區生態衝擊指標

「集水區及河川廊道開發利用衝擊影響評估法」乃是呈現影響河川品質之環境衝擊背景分析，而集水區與河濱環境對河川生態體系所造成之衝擊，可由河川環境衝擊系統化概念模式加以瞭解。在每一特定河段之河川生態系，皆會遭受周

遭集水區土地開發所帶來之環境衝擊；同時該系統鄰接河濱之開發利用行為更會直接影響，河川是一不斷傳輸物質的水體流動系統，不但攜帶營養鹽向下運移，同時也將上游的環境衝擊也帶往下游河段；但由於該河段物理、化學及生物作用，使上游河段的衝擊強度呈現衰減現象。

在評估指標方面，利用七個衝擊項目來分析河川生態系統，在集水區開發影響所受到的衝擊強度、衝擊項目及其所造成的衝擊內容之計算方式（如表 5.3 所示）。在七個生態衝擊項目中，土地開發、人口密度與交通衝擊主要是著重在集水區開發的角度，來考量其對河川所造成的影響；其中交通為土地開發與人口進入未開發地區的首要條件；同時，交通強度也會為集水區系統帶來非點源污染、

表 5.3　集水區分區發展之生態衝擊評估準則

衝擊項目	指　標	指標計算方式（0～100）	河川生態衝擊內容
土地開發	開發強度	〔1－森林面積比例 (%)〕×100	1. 生態系統結構與功能完整性改變 2. 生物棲地改變 3. 水文結構改變 4. 與土地間互動減弱
人口集中	人口密度	〔單位面積平均人口數〕/100（最大值＝100）	1. 各式人為干擾增加 2. 河川結構及河濱棲地改變 3. 生物群聚傷害
交通擴張	交通強度	〔Σ(各類交通用地×交通用地權重) / 集水區分區面積〕×100×轉換值	1. 噪音干擾 2. 空氣污染 3. 非點源污染 4. 河川系統阻隔 5. 生物棲地改變
點源污染	點源污染	〔Σ(有機性點污染源排放量) + Σ(各類毒性污染源排放量×污染權重) / 集水分區面積〕×轉換值	1. 水質改變 2. 棲地品質下降 3. 生物群聚傷害
非點源污染	非點源污染	〔Σ(各類土地使用面積×非點源污染權重) / 集水區分區面積〕×100×轉換值	1. 水質改變 2. 棲地品質下降 3. 生物群聚傷害 4. 沉積增加 5. 河川結構改變
產業發展	產業衝擊強度	〔Σ(各類產業使用面積×產業衝擊權重) / 集水區分區面積〕×100×轉換值	1. 棲地破壞 2. 污染 3. 河川環環改變 4. 棲地改變
水資源開發	水源開發	〔平均年取水量 / (平均年降水量－平均年蒸發量)〕 / 集水區面積	1. 河川流量增加 2. 生物棲地改變 3. 河川自淨能力下降

空氣污染及噪音污染。其次，點源、非點源及產業衝擊強度之影響層面所不同之處，在於評估集水區內造成河川水質敗壞的潛能估測。最後的水資源開發強度，重點在於集水區內因水文的改變，會對河川流量造成影響，進而降低河川的自淨能力及水生生物棲地範圍。

二、非生物性指標

「環境」一詞指的是由生物與非生物組成份子，彼此互動的完整系統，而非僅是個別組成份子所形成的集合體，而環境品質便是系統的狀態表現；因此，在進行環境品質評估時，若僅針對其中的生物與非生物組成份子的狀態，而未評估其間的互動關係是不夠完整的。環境變化並非單獨存在，而是相互依存，具有累積及綜合效果作用等生態效應，因此僅觀察部分環境因子的變化會有疏漏。

人類社會的永續發展必須建立在整體生態系統的永續上，生態工程指標的初步建立，也應由生物與非生物指標來架構，以達到生態完整性的概念。一般非生物性指標主要以河川物理化學反應為主，並與集水區治理相關指標相互結合運用，使相關評估能具有完整的河川非生物性指標。

(一)水質標準

河川污染的成因係由於污染物（物質、生物或能量）未經妥善處理排入河川，超過河川的涵容能力，致無法進行自淨作用，影響河川正常用途，進而危害國民健康及生活環境。臺灣地區由於地狹人稠，經濟成長快速，社會環境大幅變遷，生活的現代化，造成各種污染量的急劇上升，市鎮污水、工業廢水、畜牧廢水以及垃圾滲出水大量排放，造成河川水質污染。

而欲解決河川污染問題，需藉由河川流域性污染整治規劃，上游應著重於水源涵養、水土保持及集水區之經營與管理，中下游則應做好污染源的管制，包括訂定合理可行的排放標準與有效的防治策略及措施，以抑制污染源及污染量之排放，才能達成河川分類水質標準的目標，維護生態平衡，確保河川水資源的永續利用。

河川水質標準係指由主管機關對河川之品質，依其最佳用途而規定之量度。河川水質標準之訂定首需進行河川分類工作，河川分類為就河川水質狀況、用途及其涵容能力並在水資源最佳利用的前提下，將河川予以適當的歸類，同一河川可有不同的分類。河川分類意義在於充分利用河川之功能，一方面使水質可以適

合若干種用途，另一方面亦可運用其涵容廢污之能力。河川分類係建立於承認河川之不能免於受污染之基礎上，而非按河川自然面目為依據；河川分類係經河川現狀之勘察，再綜合所有影響因素詳加研討，以尋求其最經濟之利用情況而進行分類。

　　河川水質標準在法律之性質是為行政計畫，係基於行政所追求的目標而定之標準，並非直接規定國民具體權利義務之法律規範。因此，單有河川之水質標準，若無其他法律加以配合規定防治工作及排放量，則無法發揮實際控制河川水質的效果（如表 5.4 及表 5.5 所示）。一般常配合河川水質標準採用的管制措施為放流水標準。所謂「放流水標準」是指排放污染物之品質或其成份之規定限度，亦即排放污染物最高濃度之限值，通常制訂一合適放流水標準應考慮之因素有：

表 5.4　河川污染等級計算表

污染等級	A：未（稍）受污染	B：輕度污染	C：中度污染	D：嚴重污染
溶氧量（DO）	> 6.5	4.6～6.5	2.0～4.5	< 2.0
生化需氧量（BOD$_5$）	< 3.0	3.0～4.9	5.0～15.0	> 15.0
懸浮固體（SS）	< 20	20～49	50～100	> 100
氨氮（NH$_3$-N）	< 0.50	0.50～0.99	1.0～3.0	> 3.0
點數	1	3	6	10
積分	< 2.0	2.0～3.0	3.1～6.0	> 6.0

表 5.5　臺灣地區河川水體分類與水體用途

水體用途＼水體分類	甲類	乙類	丙類	丁類	戊類	說　明
游泳	√					
一級公共用水	√	√				經消毒處理即可適用之水
二級公共用水	√	√				需經一般通用之淨水方法處理方可適用
三級公共用水	√	√	√			需經特殊或高度處理方可適用之水
一級水產用水	√	√				在河、川、湖、潭、庫指鱒魚、香魚及鮭魚用水；在海域指嘉鱲魚及紫菜類用水
二級水產用水	√	√	√			在河、川、湖、潭、庫指鰱魚、草魚及貝類用水；在海域指虱目魚、烏魚及龍鬚菜培養用水
一級工業用水	√	√	√			指製造用水
二級工業用水	√	√	√	√		指冷卻用水
灌溉用水	√	√	√	√		
環境保育	√	√	√	√	√	

1. 與經濟發展層次之配合。

2. 處理技術上之考慮。

3. 河川正常用途之考慮。

4. 處理成本投資與效益之考慮。

利用河川水質指數（溫清光等，1990）能反應水質中各項水質參數對水質總合的影響，即總合各項水質參數的品質點數與權數的乘積，而為一無因次數值。河川一般性水質指數可應用於偵測河川長期性水質的趨勢及短期性水質變動，且能提供一個客觀分類水質的方法。其計算式如下：

$$WQI = 0.1(\Sigma w_i \times Q_i)^{1.5}$$

Q_i：第 I 個水質參數之指數值

w_i：第 I 個水質參數之權重值

(二)河川型態分類

　　自然河川的分類是指分析河川的地形特性，並建立同質的河道型態，其特性取決於河川某一範圍內的幾何條件；在工程與治理的前提下，通常考慮河道的輪廓、橫斷面、縱斷面與底床顆粒型態。地形分類需由集水區的地質條件、地形學與沉積狀況等物理條件來決定河川重要的地形特徵、岩石構造、地殼變動與沉積量。這些因子對河川系統會產生衝擊與影響，也能用於估計與解釋集水區內河川型態分類。有關於流域的地形分類概念大多來自於「河川級序」，然而這些分類運用大多傾向於主觀的分析，經由不同操作者運用必然產生不同的統計參數，而這些推估的參數值在河川工程與經營的利用上必然遭受限制。

　　Rosgen（1994）建立了河川的分類系統（如表 5.6 所示），並將河川大致分成四層：Level I 主要針對地形上的概略特徵進行大致上的分類，如沖蝕程度、型態、坡度與形狀等；Level II 則對河相提供了更深入的分析，如深槽比、寬深比及河床組成物質等；Level III 則探討河川的狀態，如沉載供應、河流機制、土石來源及渠道穩定等；Level IV 為現場資料的驗證，如河流的測量及輸砂分析等。

　　河川分類是將河川特徵作一周詳的整理並以量化數據表現，應與計劃目的相符合。因為需求不同，河川的分類與基本資料也應考慮更廣闊的地形特性、量測項目與確切的研究範圍，且每一分類階段對其特徵應有適當解釋，並進一步將河川型態的外貌與特性用數個明確的層級表示，這些層級應包含河川潛能、穩定與

表 5.6　河川分類與河川生態工程相關指標因子

	河川分類系統	生態工程
水文	水系類型 水流特性（Level I） 深槽比（Level I）	流域之分布、水文循環狀況 水流特徵、洪氾水性 水流週期性及深度 生態基流量
河川地形	蜿蜒度（Level I） 寬深比（Level I） 河床坡度（Level II） 河床質（Level II）	河道型態之穩定性 河床特徵 濕地範圍

表 5.7　河川分類概述

分類細項	概　述	所需資料	目　的
I	明顯地形特性	地表特徵、岩性、土壤、氣候、沉積歷史，流域起伏、溪谷地形、河川縱剖面、一般河川型態。	運用遙測、地質史、地表演進、溪谷地形、沉積歷史並結合主要河川類型來描述顯著之水流特性。
II	地形描述	河道型態、深槽比、寬深比、蜿蜒度、河道粒徑、坡度	本層描述均質性的河川型態、顯著的坡度變化與河道顆粒組成，並在特定範圍內量測河道斷面容積與型態，提供更進一步的解釋與推斷。
III	河川型態與組成	濱岸帶植生、沉積類型、蜿蜒型態、限制特性、魚類棲地、水流特性、土石流發生頻率、河道穩定指數、河岸沖蝕。	描述導致河道改變所發生的狀況，並為預測方法提供有用的數據，及更細部的描述。
IV	驗證	複雜的直接量測，觀察沉積物輸送與河岸沖蝕速率、沉積或剝蝕過程、水力幾何、生態資料如魚類物種、水棲生物量、濱岸帶植生估計等。	用於評估預測方法，並提供與河川類型相關的沉積、水力與生物資料，估計人類活動對河川型態所造成的衝擊與影響。

發生成因等，以應付當分類狀況不同時所需更深入的分析數據及明確的解釋。計劃河川應含有完整的分類結構如表 5.7。

(三)集水區泥砂遞移率

　　集水區之泥砂總流失量與泥砂產量兩者間之比值，便代表泥砂遞移之現象（陳樹群，2000）。集水區中之泥砂因受到外力作用而產生沖蝕、搬運及堆積現象，由於集水區上游坡面和河道本身的運移能力受到地形影響，導致沖蝕量和

出口泥砂產量間有顯著差異，因此可以河川與集水區的泥砂遞移率（SDR）來表示其過程。Phillips（1991）認為集水區之（SDR）可視為坡地（SDR）與河川（SDR）之乘積，因此可以下列簡易公式表示集水區泥砂遞移率之意義：

$$集水區(SDR) = \frac{坡地 \times 坡地泥砂產量 \times 河川\ SDR}{泥砂總生產量}$$

$$\cong 坡地(SDR) \times 河川(SDR)$$

此公式唯有當泥砂總生產量與坡地泥砂產量相等時才能成立，亦即代表坡地泥砂沖刷為集水區泥砂主要來源時才能簡化，因此相對於集水區泥砂生產來源，主要受河道泥砂影響時，此公式須考量更多因素，臺灣地區適用之泥砂遞移率公式，如表 5.8。

㈣集水區整治率

集水區泥砂治理目標，主要在控制土壤沖蝕與崩塌能量在可容忍的範圍內，使其不致於造成泥砂淤積而導致集水區本身功能降低；因此，為抑制因人為破壞或其他因素所導致泥砂的增加，可利用各種防砂工程設施加以防治。防砂工程主要針對兩個部分，亦即，已計畫流出土砂量考慮「年平均流出土砂量」，另一方面是因洪水所產生「最大流出土砂量」；前者稱為「水系防砂」，針對大流域的水系，維護與管理下游河川，使其有整合性的土砂處理計劃。但由於近年來，因大型水庫之興建，大河川之中下游處的河床有降低的傾向，反而造成某些地方亟須土砂供應，而使容許土砂量的想法有重新檢討的必要。

第二部分為「現場防砂」，針對預測會產生較大土砂災害的地區，進行生產

表 5.8　臺灣地區適用之泥砂遞移率公式（陳樹群，2000）

適用區域	公式架構	適用條件
河川	$SDR_{river} = 129.02 \times \left(\frac{L}{\sqrt{Sr}}\right)^{-0.19}$	具一般適用性，表現不同河道型態之排砂特性。
	$SDR_{river} = 149.9D_{50}^{-0.003} \times \left(\frac{L}{\sqrt{Sr}}\right)^{-0.21}$	利用河床粒徑資料更能反應河道輸砂特徵。
集水區	$SDR(\%) = 36.97 \times \left(\frac{L}{2\sqrt{S}}\right)^{-0.46} \times D_k^{0.52}$	最佳關係式，但須較多參考資料。
	$SDR(\%) = 165.67 \times A^{-0.24}$	較粗略，但具代表性。

式中，L：為主流河道長；Sr：河床坡度；W：集水區平均寬度；S：集水區平均坡度；D_k：排水密度。

土砂區的安定化，或計劃使其不會發生災害而安全輸送。近年來的防砂工程多以此方向為主，以降低最大流出土砂量為目標，並考慮容許土砂量；而計劃輸出土砂量，將隨著工程的進行而減少，此生產土砂量的減少，也意味著相對應的流出土砂量的減低。基本上，只要能將土砂生產量控制到預定的量，工程即算完成。

因此在完工的前提下，在計劃基準點上存有超過土砂量，必須要有相對應的輸出土砂量處理計劃，防砂工程除了有抑制土砂生產功能外，同時擁有流出土砂的貯留與調節的功能，且越到下游，調節的功能則越大。在水系防砂計劃上，到工程完成為止的超出土砂量的累積量，將成為下游河川的負荷，因此必須加以處理。由於河床坡降的急劇變化點多沿著斷層線而形成。河床上升致使蓄積不安定土砂、河道斷面積的縮小，導致災害的發生；相反的有於河床下降而發生淘刷現象，將造成兩岸堤防與河岸的不安定而潰決，導致災害發生。

集水區整治率的概念，為求實用性起見，整治率之定義以下列公式表示：

$$集水區整治率（Complete\ ratio，CR）= \frac{Q_{so} - Q_s}{Q_{so} - Q_{sp}} \times 100\%$$

Q_{so}：治理前集水區年土砂生產量
Q_{sp}：規劃所設定之容許土壤流失治理目標
Q_s：治理之後之年土砂產量

此公式為一百分比型態，可用於評估工程治理後，抑制土砂流失之功效。

㈤PSIR 指標

指標目的在於提供發展、推行與估計政策完整性的河川管理相關資料，基於數個指標來發展細部的概念模式，系統資料、時間與空間尺度與因果關係等均能放置概念模式中，進一步描述環境問題並提出解釋，PSIR 指標一般常用於架構人類與河川間的因果關係（如表 5.9 所示）。

例如，遊憩可能是河川壓力的來源，也可能因為其他利用對河川狀態造成改變而產生衝擊，這些變數描述主要的過程與概念模式的特徵，並以可能指標值定義之；完整的概念模式應定位為與河川管理相關、系統化描述與參考標準。PSIR 指標主要重點在科學與政策上的需求，發展 PSIR 指標應架構在對環境問題的科學分析中。當以科學準則為考量重點時，指標會具有「基礎科學的知識」且會「反應問題」，大多都能以「定量化表現」；若以政策為考量時，PSIR 指標便能「描

表 5.9 PSIR 指標值之解釋

指　標	解　釋
壓力（Pressure）	涉及人類活動和對環境所產生的影響
狀態（State）	反應生態系作用
衝擊（Impact）	描述狀態改變下對水資源利用所產生的衝擊
反應（Response）	描述環境變遷所產生的社會反應，以經濟活動表示

述因果關係」，每一指標類型有不同的「參考值」且需計算。政策的需求符合「使用者觀點」，然而未必能完整呈現。

1. 壓力指標

壓力指標描述利用河川所產生的社會經濟效益及對河川所造成之改變。河川天然資源對區域經濟活動的貢獻及經濟活動對河川生態系與環境的健全所產生之壓力，都能藉由河川管理提供相關資料，這些資料有助於決策者作更進一步考慮，並找尋符合河川利用的效益及河川生態系壓力間的平衡點。壓力指標可分為（如表 5.10 所示）：

表 5.10 河川管理中可能的壓力指標

系統部分	指　標	變　數
社會經濟效益	總增加價值	利用河川之經濟活動所增加之價值
	總營業額	利用河川之經濟活動營業額
	總生產量	利用河川之經濟活動總生產量
	總使用量	利用河川之經濟活動所使用之水量
環境壓力		
排放物質	排放物質（Kg）	點源污染，排放物監測、容許量、排放率
利用量	資源之利用（Kg or m^3）	利用量/經濟部分(如飲用水、能源等)
	調整的河川長度%	調整長度與總長之比例
系統調整	壩與堰的數量	壩與堰的數量
	天然洪水平原%	天然與總洪水平原面積比例
壓力／活動		
	損耗強度	損耗生產與經濟生產部分比例
	能量強度	能量使用與經濟生產部分比例
	空間強度	河川面積利用於經濟生產比例
	資源強度	河川資源利用於經濟生產比例

⑴描述河川社會經濟使用及效益掌控指標。

⑵描述河川的改變。

⑶描述經濟價值與環境壓力的關係。

2. 狀態指標

狀態指標用於描述河川生態系之作用。河川生態系作用的操控指標為非生物環境，這能利用水文、地形與水質特性來加以描述。從上到下游，非生物特性型態為漸增的流量、河道寬度與減少的底床顆粒粒徑所構成之傾斜率（如表 5.11 所示）。非生物指標的作用在於反應非生物之變化情形，且能用來描述作用與結構特性，河川生態系作用特性重點在於透過河川系統的資源循環，這些資源主要由無機養分、礦物、特殊物質或有機物構成。

表 5.11　河川管理中可能狀態指標

系統部分	指　標	變　數
非生物		
水文縱向坡度	河川級序	
	流速	
	洪水頻率	洪泛寬度、持續、時間頻率、改變速率
地形	渠道大小	寬、深度
	渠道型態	順直、蜿蜒、瓣狀
	渠道底床質	粒徑分類，卵石、砂
橫向坡度	尺寸	天然濱岸帶長度、面積與天然洪水平原
渠道至陸棲環境	空間分佈	河川沿岸陸棲環境分佈
	棲地多樣性	水分、養分層、礦物肥沃程度
	植生型態	生物體變化與多樣性
	物質交換	養分與有機體輸出頻率與數量
縱向連結	渠道阻礙	壩與堰的數量
	洪水平原干擾	洪水平原淹沒面積與頻率
水質	水質	物理化學變數濃度
生物		
作用	流出物質	養分、礦物與有機體的流入、過程與流出
	P/R 比	初級生產者
	營養層	營養濃度
結構	空間分佈	藻類變化、無脊椎動物、魚類分佈
	指標物種之豐富度	高等肉食動物、複雜生態循環的物種
		魚類、洪水平原物種、敏感性物種

表 5.12 河川管理中可能衝擊指標

系統部分	指標	變數
調整		
同化作用容量	廢水吸收與承載	不同時間下之承載量
生物多樣性	物種多樣性	物種總量
水與沉積質量	水與沉積質流量	水量、沉積載
	洪水頻率與危險	預測洪水發生頻率
生產		
水	提供工業與家庭用水	利用河川之經濟活動所增加之價值
魚類	生物體所消耗之魚類	消耗魚類的豐富度與健康狀態
能量	可利用之能量	水量
礦物	能利用之礦物	沉降速率與沉積量
提供		
住所	非洪水平原面積	築堤%、天然洪水平原%
農業	肥沃的洪水平原	沉降速率與洪水平原質地
航運	最多數量的船、運輸	渠道地形、最大與最小流量
娛樂	可能的娛樂面積	天然洪水平原所佔%、水質、生物多樣性

在生態系評估中目前大多使用一定數量的參考值，參考值的第一種類型為架構於未受干擾河川，其水文、地形和生態特性與相似的河川比較。第二種類型為河川特性在一完整狀態下作歷史分析，一個歷史性的參考值可能有所缺陷；因為人類的影響是無法改變的。第三種類型會產生較危險的生態衝擊，如生態毒物的濃度百分比等。

3. 衝擊指標

提供環境商品與利用相關資料（如表 5.12），在未來河川管理可能會面臨環境所能供應的商品與利用有逐漸減少的趨勢，但並未說明經濟的關聯。

4. 反應指標

⑴社會需求與社會反應間的差距。

⑵隨時間改變的社會反應與需求。

這些資料能完整表現河川流域管理，表 5.13 提出一些反應指標，反應指標需要兩種不同類型，一種表示社會反應與隨時間所產生的改變，另一種為描述社會本身的反應，不同的權重能應用在指標上。

表 5.13 河川管理中可能反應指標

系統部分	指　標	變　數
反應需求	R	PSI 指標與參考
隨時間改變反應	dR/dt	PSI 指標與參考
反應的空間分佈	f（$R_{上游}$，$R_{中游}$、$R_{下游}$）	上、中、下游的 PSI 指標與參考
反應程度	計劃與完成排放物減少 計劃與完成河川恢復	協議、計劃、預算、水質傾向 自然發展的面積、魚道數目

$$R = f[w_1(r_p - c_p), w_2(r_s - c_s), (r_i - c_i)]$$

R：反應的需求
w_1, w_2, w_3：權重因子
r_p, r_s, r_i：壓力、狀態、衝擊的參考反應值
c_p, c_s, c_i：壓力、狀態與衝擊的情況

在推行政策與量測對河川環境實際所造成的影響時，時間的發展也變得非常重要，社會反應與時間的相關可表示為：

$$R = f[w_1(r_p - c_p), w_2(r_s - c_s), (r_i - c_i)\,t]$$

實際的社會反應能由計劃、政策與生態恢復中加以判斷，壓力狀態和衝擊指標均為存在因果關係的方程式。

㈥河道開發與綜合指標

河道綜合與開發指標（太田猛彥等，1978）利用 20 個水庫資料求得，主要運用於水庫年淤砂量計算，其公式如下：

$$Q_D = 1.612 \times A^{0.0364} \times P^{0.936} \times DRI^{1.51} \times TI^{3.96} \times P_m^{-1.66}$$

Q_D：年淤砂量（$\times 103$ ton）
DRI：河道開發指標
TI：綜合指標
P_m：年最大日雨量之眾數（mm）

有關 DRI 與 TI 之計算，請參考李錦育（2005）之資料；其中 F-1～F-10 之和為 FI（森林指標），D-1～D-13 為 DI（開發指標），R-7 及 R-8 為 RI（河道指

標），所以 DRI = DI + RI，TI = GI（地質指標）+ FI + DRI。

5-4 生態工程施工指標值之建立

一、研究動機與目的

　　自然河川的分類是指分析河川的地形特性，並建立同質的河道型態，其特性取決於河川某一範圍內的幾何條件。在會產生衝擊與影響工程與治理的前提下，通常考慮河道的輪廓、橫斷面、縱斷面與底床顆粒型態。地形分類需由流域的地質條件、地形學與沉積狀況等物理條件來決定河川重要的地形特徵、岩石構造、地殼變動與沉積量，這些因子也能用於估計與解釋集水區內河川型態分類。有關於集水區的地形分類概念大多來自於「河川級序」，然而這些分類運用大多傾向於主觀的分析，經由不同操作者運用，必然產生不同的統計參數，而這些推估的參數值在河川工程與經營的利用上必然遭受限制。

　　傳統的河川治理工程過於注重安全性和實用性，只著眼於短期功效或局部改善，往往都偏重於水利工程構造物在溪流中所塑造出特定型態的棲地、施作技巧的難易及材料的選擇，而忽略生態環境的考量，未充分體認工程結構物對棲地的改變，以致對原棲地之河川生物造成不利之影響，該衝擊也因連動反應而將影響擴及整體水域網路。臺灣的生態工程大多運用在河川整治工程上，但施作時因未考慮河川基本型態與變動而導致失敗，無法達到生態工程的基本目的。本文希望依河川地形特性、流況、流量及水質等進行基本分類區別及監測，並與生態工程施工準則加以結合，進而探討生態工程施工之成效性，避免在河川構築不適宜之工法，對河川環境造成二次破壞。

二、前人研究

　　河川分類是將河川特徵作一周詳的整理並以量化表現，且應與計劃目的相符合；因為需求不同，河川的分類與基本資料也應考慮更廣闊的地形特性、量測項目與確切的研究範圍，且每一分類階段對其特徵應有適當解釋，並進一步將河川

型態的外貌與特性用數個明確的層級表示，這些層級應包含河川潛能、穩定與發生成因等，以應付當分類狀況不同時，所需更深入的分析數據及明確的解釋。

Davis（1899）首先將河川分為三個部分，分別為青年期、壯年期與老年期；Wolman 與 Leopold（1957）提出順直、蜿蜒、辮狀的分類描述；Schumm（1963）則運用河川穩定性（穩定、沖蝕、沉積），與泥砂輸送（混合載、懸浮載、底床載）等來作為河川分類的依據。一般而言，河川分類方式主要建立在河川級序的觀念上，其提供主要比較河川和集水區大小關係的方法，在大部份河川級序推算方法中，較小的支流相對於主支流或主流會給一較小的級序，集水區也可以藉由級序數目分類。Horton（1932）首先在美國發展級序觀念，但真正實踐是在歐洲；Strahler（1952）針對 Horton 的分類給予較小的解釋，他的方式針對級序予以較寬的承認，且較為客觀。一般使用在河川生物學，在這方式中，所有較小、外部的河川都被定義為一級級序，兩條一級級序接合形成二級級序，以此類推，而這種分類方法能針對全部河系與流量體積提出更多的說明。

Rosgen（1994）利用天然河川的地形特性建立河川的分類系統，將河川分為 7 種主要型態與 6 種次要型態，更進一步分為 4 種層級：Level I 主要針對地形上的概略特徵進行大致上的分類，如沖蝕程度、型態、坡度與形狀等；Level II 則對河相提供了更深入的分析，如深槽比、寬深比及河床組成物質等；Level III 則探討河川的狀態，如沉載供應、河流機制、土石來源及渠道穩定等；Level IV 則為現場資料的驗證，如河流的測量及輸砂分析等。

三、材料與方法

㈠粒徑分析

野外樣區的選擇通常是能充分反應顆粒粒徑和種類，常用於調查坡度較陡的礫石底床與卵石底床河道，顆粒半徑大多在 5 mm～2 m 左右，每一樣區來自單純的沉積環境，一般相信取樣能得到單一的粒徑分布情形，即使樣本選擇偏重個別的顆粒大小；但取樣技術仍需考慮空間的獨立性與隨機，取樣時應在無水期與較大水流衝擊，進而發生河道修正的時期。

Wolman（1954）提出調查方框內 100 顆樣本的直徑便能充分表現取樣面積內的粒徑。礫石底床取樣能量測沉積物完整的粒徑分布，並能描述河道的粗糙度、

泥砂的淤積情況、棲地描述、河道監測與預知或其他目的的運用上。本文的重點在於礫石底床或卵石底床構成的河道，且能由單一觀測者隨機取樣，當觀測者在一狹窄、坡度較陡的山區河道上量測粒徑分布時，相關文獻所記載的操作方法，大多遭受限制；在一般上中游河道中，其顆粒直徑通常為 1～2 m，且不到 100 顆樣本。

　　量測的重要關鍵在於觀測者的訓練程度上，會影響到量測的結果，使用的取樣方法包含：

1. 隨機取樣，不能用視覺選擇欲量測的樣本。
2. 使用 50 m 長的取樣線垂直於河道流向，沿著取樣線每隔一樣區內最大顆粒粒徑的固定間隔取樣。
3. 類似於 2 法，但取樣間隔為最大顆粒粒徑之一半。
4. 在取樣區域依粒徑大小隨機選擇次方格，方格大多為 2 m×2 m 與 5 m×5 m，並在區域內量測 100 顆樣本。
5. 選擇一控制斷面依系統取樣方式，每隔固定距離取樣，並記錄之。

㈡水質分析

　　水質分析使用 TOA Electronic 公司的 WQC-22A 水質計進行檢測，其量測範圍，如表 5.14 所示，而主要特性如下：

表 5.14　水質檢測計量測範圍

量測項目		量測範圍	最小範圍	
			標　準	LSD ON
水溫		0～50 ℃	0.1 ℃	
DO		0～20 mg / l	0.1 mg / l	0.01 mg / l
pH		pH 0～14	0.1 pH	0.01 pH
EC	高	0～7 S/m	0.1 S /m	
	低	0～200 mS/m	1 mS /m	0.1 mS /m
NaCl	高	0～4 %	0.01 %	
	低	0～0.1 %	0.001 %	
濁度		0～800 mg / l	1 mg / l	
		0～800 NTU	1 NTU	

1. 優良的操作技術

能量測五種水質項目，包含 pH 值、水溫、電導度（EC）、溶氧量（DO）、濁度等。感應計為防水形式，且不需攜帶水體樣本回室內實驗。自動溫度補償（ATC）將提高 pH 值、EC、DO 等值量測時的便利與準確性。

2. 易讀取的顯示螢幕

操作情形、量測項目、測值與單位均顯示於 LCD 顯示器上。分析項目單位可自行選擇，EC 的量測可集中某一濃度或調整至低與高範圍，用途更廣。

3. 方便使用

DO 儀器主體為防水設計可浸泡於水中。類比輸出，感應計長度可選擇標準 2 m 長或 10 m～30 m 長的附加感應計。

四、預期成果

　　河川是自然界中珍貴且可以更新的水資源。天然和人工構築河川或高灘地，會對河川狀態產生極大的改變，由水文與其他生物觀點而言，河川的特徵視下游的沉澱物、養分與有機物的殘骸移動而定。從上游到河口逐漸改變的溫度、河寬、河深、河道型態、流速、沉積質和河裡的生物等，均可視為影響值，顆粒移動是依據河川物理特性、粒徑大小、河道形狀、密度與結構等，顆粒粒徑會直接影響河川的流動性，而底床粒徑分布情況也會對型態產生影響。由河川地形特徵與集水區特性，運用分類方式加以判定，依據分類準則決定生態工程施工方式，進而評估施工後的成效性。

　　集水區的情況也影響水流和生態，河川和集水區應該被視為一體，當系統中一部份受到影響時，也會間接牽動到其他因子；河川流量的改變與沉積物的輸送受集水區的限制條件影響，而河川坡度和河川型態也反映在植生覆蓋率上。由於生態工程施工考慮的因子眾多，且注重重建的自然環境，因此河岸周遭的原生植被也應加以瞭解。生態工程在臺灣推行二十幾年以來，仍有部分成效尚待驗證，由於天然河川的地形，是由河道邊界的水流情形與沖蝕機制互相影響所構成；水流邊界會隨時間—空間尺度產生掏刷現象。在生態工程施工時，應評估河川水流的沖蝕能力與淤積狀況，避免施作後無法發揮功效，甚至造成反效果。構築生態工程，應針對不同的河川特性選擇適當的施工方式（如圖 5.5 所示），以建構完整的永續生態系統，並運用生態自我恢復能力為基礎，由河川自身進行復原工作，

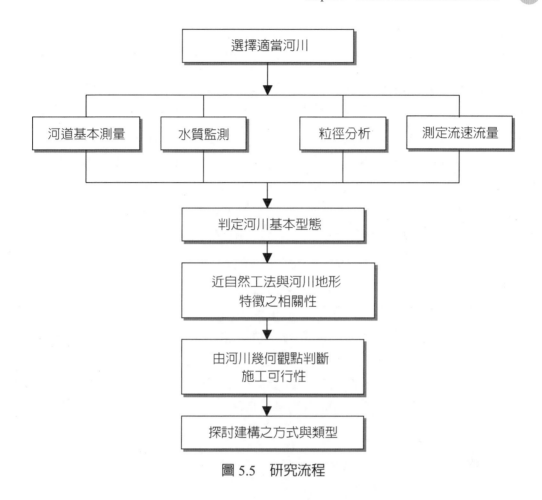

圖 5.5　研究流程

輔以少部分的人工構造物，結合當地的資源與環境的充分利用，以獲取最高的經濟及生態效益，來達到恢復河川生態系的最終目標。

5-5　結論與建議

　　河川和集水區應該被視為一體，當系統中一部份受到影響時，也會間接牽動到其他因子；而河川流量的改變與沉積物的輸送也受到集水區的限制條件影響，河川坡度和河川型態也反映在植生覆蓋率上。由於生態工程施工考慮的因子眾多，且注重重建的自然環境，因此在指標的選擇上應包含不同尺度的考量。所有的技術與工程方法的運用，都應存在一定量化的評估標準，生態工程在臺灣推行

十幾年以來，由於工程方式牽涉複雜與多樣化的「工程復原」與「生態復原」觀念，因此沒有一有效的定量方式能予以評估，在成效部分仍尚待驗證。

從事河川水利工程時，應跳脫傳統工程思考方式，除考量結構物安全外，並應就生態學觀點來考慮工程施作對當地生態所造成的衝擊，並藉由規範手冊使衝擊減至最低。為使生態工法設計符合生態之理念與需求，在架構設計之標準及相關理論依據時，深入探討本土溪流水生物種之生態特性、河川基本地形型態與周遭環境之相關性；另一方面也必需運用生物指標的監測，提供具生態考量之工程規劃參數，融入工程設計中，對執行過程予以適當追蹤、調整與修正，使工程施工能兼顧生態環境，以達到安全排洪、調和景觀及維護生態之目標。

一個完整的指標應能提供更多的資料流通、定量化的描述因果關係與科學證明及清晰的社會反應。生態工程指標值之建立，主要在於考量河川流域（集水區）管理之完整性，藉由多樣化的評估指標，以提供決策者在擬定計畫時能參考運用；而構築生態工程應針對不同的河川特性選擇適當的施工方式，以建構完整的生態系永續性，並運用生態自我恢復能力為基礎，由河川自身進行復原工作，輔以少部分的人工構造物，結合當地的資源與環境的充分利用，獲取最高的經濟及生態效益，以達到恢復河川生態系的最終目標。

CHAPTER 6

生態工程水文分析

6-1　臺灣區域性氣溫、降雨及乾旱特性之分析

　　二十世紀末，臺灣地區的快速發展及需求，使得大環境巨幅改變，而這些改變主要是自然環境的破壞及建築物的增加，而氣候也因為人類經濟快速成長、大量使用化學燃料而產生驟變。氣溫和降雨量是重要的氣象因素，要瞭解氣候的改變，應先研究氣溫和降雨量的變遷情形。

　　臺灣地區地處於西太平洋，在氣候的分帶上屬於熱帶、副熱帶氣候區，又因為全島地形複雜，山地面積約佔全島總面積的 2/3，中央山脈縱貫南北，此種地形會產生局部環流，地形對降水的影響，主要來自地形對氣流的抬昇與集匯流作用，即地形與氣流兩者的對應密切相關，由此可知臺灣地區氣候變化複雜。

　　近年來，由於臺灣地區亦受到全球氣候變遷（Global Change）的影響，導致產生異於往年的降水與氣溫紀錄，有以下問題：

1. 降水方面

　　臺灣的降雨成因主要有四類型：地形雨、對流雨、颱風雨、梅雨，且臺灣主要的降雨期間是在 2～4 月的春雨、5～6 月的梅雨、夏秋的颱風雨，近一、兩年旱象的問題卻是層出不窮，而區域性的差異更有增加的趨勢。

2. 氣溫方面

　　藉由以往的研究報告不難發現，臺灣地區氣溫長時間的時序列分析，呈現上升的趨勢，而氣溫記錄更是屢創新高，反映在四季當中。

　　有鑑於此，本文將對臺灣地區降水量及氣溫進行分析，並且探討其區域性之差異，期望由長期的趨勢分析，探討造成氣候異常之原因。

　　臺灣地區屬於亞熱帶氣候，並位於西太平洋颱風區，從 1897～2008 年百餘年間，颱風平均每年侵襲臺灣約 3.9 次，成為臺灣地區主要的降雨來源之一；但由於臺灣為一紡錘形海島，島上中央山脈貫穿南北，河川東西分流，因此降雨之時空分佈，不論是東西兩岸或南北兩端均有顯著之差異。於冬季時（11～4 月），東北部基隆、宜蘭地區之雨量較多，北部之臺北、新竹與東部之花蓮、臺東等地雖以夏季（5～10 月）雨量較多，但冬季之雨量仍佔全年之 20% 以上。西南部由臺中

以南至恆春等地區，雨量則集中於夏季，冬季雨量僅佔全年之 10% 左右，而呈現冬旱之狀態。另外，若當年梅雨不顯或颱風未帶來豐沛雨水，則全臺將會普遍呈現旱象。

　　近幾年來，臺灣地區的水旱災頻傳。水災主要原因是來自於颱風的降雨，若當年颱風挾帶豐沛的雨量侵襲臺灣，勢必會造成洪患及水庫進行調節性洩洪之現象；反之，臺灣地區將會出現區域性或全區之旱象。

　　針對上述之現象，本文乃以中央氣象局所屬 22 個測站於 1897～2003 年量測之降雨量及月平均溫度資料，進行區域性降雨及乾旱特性之研究，期能瞭解臺灣地區降雨特性及乾旱的危害程度，以供農業水資源調配及防災決策之重要參考。

　　劉廣英（1990）地形對降水的影響，主要來自地形對氣流的迫舉與集匯流作用，即地形與氣流兩者的對應密切相關，由此可知臺灣地區氣候變化複雜，並因地理位置的差異，無法完全參考國外有關氣候變化的研究資料。程萬里（1994）臺灣近六十年來西南部降水持續減少。臺灣地區降水趨勢變化可能是大尺度環流改變所造成，但對於中小尺度區域性氣候而言，臺灣之地形特殊對降水的分佈有重大的影響。吳瑞賢、石棟鑫（2001）利用經濟部水利署全省共 150 個雨量站，分成北、中、南及東部四個區域，進行颱風雨型分區的研究。結果顯示：除北部地區之雨型為擬後峰雨型外，其他三地區均屬於中央集中式雨型。

二、研究方法

　　在平均氣溫的分析上，乃採取臺灣地區中央氣象局所屬之氣象站各觀測站每一年中之平均氣溫，依據各觀測站所屬位置，將臺灣地區所有觀測站區分為北、中、南、東四個地區，並針對區域性之差異進行平均氣溫長時間的分析與探討。並以中央氣象局所屬 22 個氣象站（相關分佈位置如圖 6.1 所示）於 1897～2008 年量測之水文及氣象資料，作為分析對象。採取各記錄年中之月平均氣溫及月降雨量，進行區域性分析。

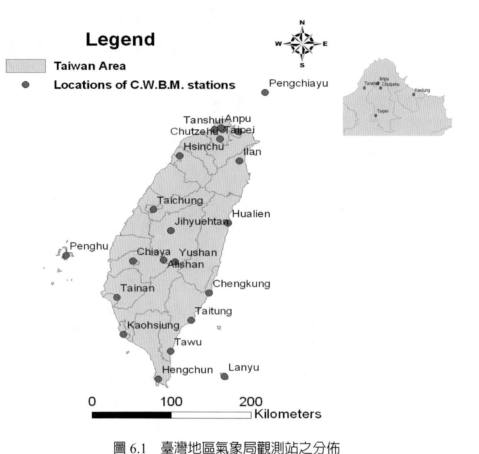

圖 6.1　臺灣地區氣象局觀測站之分佈

(一)乾旱稽延分析

　　本文利用臺灣地區中央氣象局所屬測站，以各月雨量進行乾旱稽延之統計分析。乃以當月雨量為基準，計算稽延 k 個月後之累計降雨量與平均雨量之比值 C，各單月 C 值計算完成後，再經由不同稽延時間（K = 1～12）內，其不同乾旱程度（C ≤ 1.0、C ≤ 0.8.、C ≤ 0.6 及 C ≤ 0.4）出現次數和記錄年之比值 P 之關聯性，探討不同少雨特性之出現趨勢。統計分析方法如公式（6-1）～（6-4）所示；而豐枯比之定義如公式（6-5）所示。

$$R_{i,j,k} = \sum_{n=1}^{n=k} R_{i,j,n} \quad\cdots\cdots\cdots\cdots\cdots\cdots\cdots\cdots\cdots\cdots \text{（6-1）}$$

$$\overline{R}_{j,k} = \sum_{i=1}^{m} R_{i,j,k}/m \quad\cdots\cdots\cdots\cdots\cdots\cdots\cdots\cdots\cdots \text{（6-2）}$$

$$C = \sum_{i=1}^{m} (R_{i,j,k} / \overline{R}_{j,k}) \quad\text{..}\quad (6\text{-}3)$$

$$P_{j,k} = r_{j,k} / m \quad\text{..}\quad (6\text{-}4)$$

$R_{i,j}$：第 i 年第 j 月之雨量記錄值

　k：稽延期（月數）

$R_{i,j,k}$：自第 i 年第 j 月起稽延 k 個月之累計雨量值

$\overline{R}_{j,k}$：自第 j 月起稽延 k 個月之累計雨量平均值

　m：記錄年數

$r_{j,k}$：於 j 月稽延 k 期後，小於或等於某特定少雨程度出現次數

$P_{j,k}$：m 年記錄中，於 j 月稽延 k 期後，小於或等於某特定少雨程度之發生機率

㈡豐枯比值之計算

以歷年來之豐水期與枯水期雨量，計算代表某一區域降雨的季節分佈，其計算公式如下：

$$豐枯比 = \frac{豐水期降雨量總和}{枯水期降雨量總和} \quad\text{............................}\quad (6\text{-}5)$$

豐水期：每年 5～10 月

枯水期：每年 11 月～翌年 4 月

㈢水熱指數之計算

以歷年來之月平均雨量與溫度，計算代表乾旱之水熱指數，其計算公式如下：

$$W = \frac{\Sigma R_{(5\sim10)}}{\Delta \to T_{(5\sim10)}} \quad\text{..}\quad (6\text{-}6)$$

$\Sigma R_{(5\sim10)}$：每年 5～10 月降雨量總和

$\Delta \to T_{(5\sim10)}$：每年 5～10 月平均溫度較差

三、平均氣溫之分析

對於臺灣地區平均氣溫之分析結果，如圖 6.2～圖 6.5 所示。由分析結果可

以得知,臺灣地區近十年來的平均氣溫,皆是呈現上昇的趨勢,北部地區上昇的幅度為 0.2〜0.9 ℃,中部地區為 0.2〜1.0 ℃,南部地區為 0.6〜1.3 ℃,東部地區為 0.2〜0.7 ℃。此種現象發生之原因推測為「聖嬰現象」之影響,因為在這期間共產生 3 次的「聖嬰現象」,而「聖嬰現象」會造成海水溫度普遍上昇,尤其在 1997〜1998 年之聖嬰,海水溫度甚至比正常值高出 5 ℃,釋放出驚人的熱量。

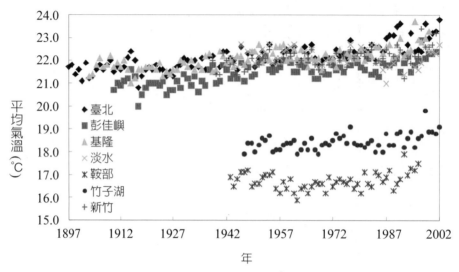

圖 6.2　北部地區 1897〜2002 年平均氣溫分析結果

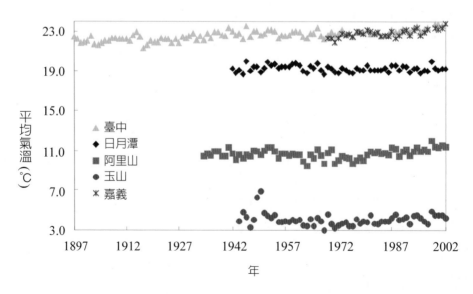

圖 6.3　中部地區 1897〜2002 年平均氣溫分析結果

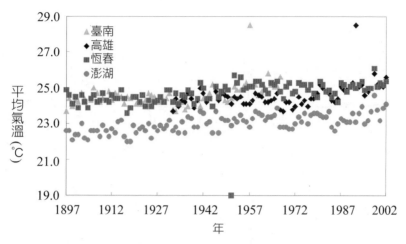

圖 6.4　南部地區 1897～2002 年平均氣溫分析結果

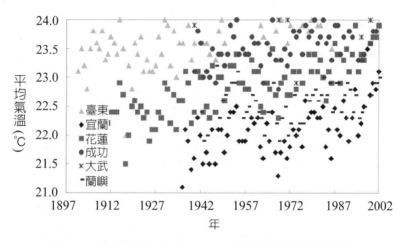

圖 6.5　東部地區 1897～2002 年平均氣溫分析結果

四、乾旱稽延分析

　　選用之氣象站，依其不同少雨及不同時間稽延，繪製之累計頻率關係曲線如圖 6.6 所示（以臺北測站為例），分析乾旱頻率結果如表 6.1 所示（K = 1，C ≤ 0.4）。以極端少雨情形（C ≤ 0.4）且發生機率大於 20% 為例，針對各測站之分析結果，可進行以下之討論。

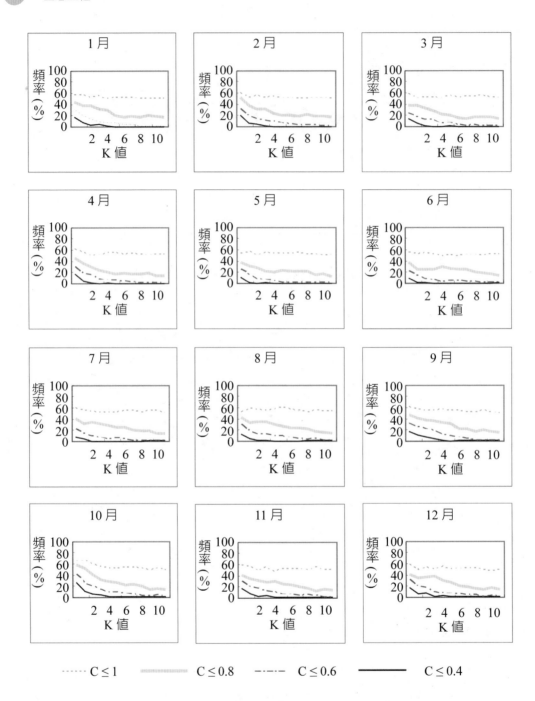

圖 6.6   臺北測站不同 C 值之月降雨發生頻率曲線

表 6.1 臺灣地區之乾旱稽延分析（K = 1，C ≤ 0.4）

區域	測站	洪水期 均乾旱頻率（%）	乾旱期 平均乾旱頻率（%）	年平均值 （%）	平均值 （%）
北部	彭佳嶼	25.9	21.1	23.5	18.7
	基隆	17.2	10.2	13.7	
	淡水	22.2	16.1	19.1	
	竹子湖	19.0	12.8	15.9	
	鞍部	18.0	12.8	15.4	
	臺北	14.5	17.6	16.4	
中部	新竹	25.8	28.5	27.1	25.3
	臺中	25.9	32.6	29.2	
	日月潭	13.7	28.8	21.2	
	阿里山	14.3	26.2	20.2	
	玉山	19.4	34.5	26.9	
	嘉義	21.9	36.2	29.0	
南部	臺南	29.1	43.2	36.1	34.4
	高雄	29.2	46.8	38.0	
	恒春	22.1	38.0	30.1	
	澎湖	32.6	34.0	33.3	
東部	宜蘭	13.2	13.5	13.3	18.4
	花蓮	23.8	16.1	20.0	
	成功	21.6	11.0	16.3	
	臺東	27.7	25.7	26.7	
	大武	20.8	20.1	20.5	
	蘭嶼	17.2	9.7	13.4	

(一)北部地區

1. **彭佳嶼**

針對 C ≤ 0.4 之極端少雨情形，彭佳嶼地區於 3 月及 7 月及 10 月時，發生機率皆大於 40%，8 月時亦大於 30%，其餘各月份發生機率均介於 11～27% 間，顯示該地區降雨集中在冬季，夏季時則呈現乾旱現象。

2. **基　隆**

素有「雨港」之稱，在全年乾旱機率分佈，除了 7 月份為 29% 外，其餘各月份出現乾旱之機率均小於 18%，尤以 1～4 月份更是小於 9%，顯示該地區主要降雨集中在冬季。

3. 淡　水

出現乾旱的月份為 2 月、7 月、9 月及 10 月，發生乾旱的機率介於 21～28% 間，其餘各月份發生乾旱機率均小於 20%，主要降雨月份亦集中在冬季。

4. 竹子湖

出現乾旱的月份為 7 月、8 月及 10 月，發生乾旱的機率介於 22～28% 間，其餘各月份發生乾旱機率均小於 18%，以 1 月（5%）最低；由於竹子湖和淡水相距不遠，因此，在降雨的分佈上亦差異不大。

5. 鞍　部

全年降雨分佈相當均勻，惟 7 月及 8 月發生乾旱機率超過 21% 外，其餘各月份發生乾旱機率均小於 18%，以 1 月及 12 月份 10% 最低。

6. 臺　北

雖位於北部地區，但整個降雨分佈上卻異於其他各站，以 10 月份發生乾旱機率 27% 最高，11 月至翌年 4 月發生乾旱機率介於 15～20%，主要降雨集中在 5 ～ 8 月，發生乾旱機率僅 8～13%。

7. 新　竹

出現乾旱的月份在 2 月、9 月、10 月、11 月及 12 月，發生乾旱機率均大於 30%，1 月、3 月、5 月及 6 月亦大於 20%，而 9～12 月在稽延 2 個月後（K = 2），其發生乾旱機率仍大於 20%。顯示新竹地區為北部地區發生乾旱較嚴重之地區，且有較明顯之冬旱現象。

(二)中部地區

1. 臺　中

除 6～8 月外，全年有 9 個月發生乾旱機率大於 20%，9～12 月更是高達 40%，以 10 月（50%）最高，而 9～10 月在稽延 2 個月後（K = 2），機率仍高達 32～36%，顯示臺中地區冬旱的現象較明顯。

2. 日月潭

除 5～8 月外，全年有 8 個月發生乾旱機率大於 20%，2 月、10 月、11 月及 12 月更大於 30%。雨季與旱季分明，主要降雨集中在 5～8 月，以 6～7 月發生機率 6% 最低。

3. 阿里山

為臺灣地區降雨量最多地區，平均年降雨量高達 4,000 mm，全年以 2～4 月及 10～12 月發生乾旱機率大於 20%，以 11 月（30%）為最大。降雨則是集中在 5～8 月，以 5 月及 8 月 10% 最低。

4. 玉　山

為臺灣地區海拔最高之測站，海拔高為 3,846 m，除 5 月、6 月及 9 月外，全年有 9 個月發生乾旱機率大於 20%，12 月至翌年 3 月機率介於 36～40% 間，11 月至翌年 3 月稽延 2 個月後（K = 2），其發生機率仍達 20～28%，冬旱亦嚴重。

5. 嘉　義

除 5～9 月發生乾旱機率小於 20% 外，全年有 8 個月發生乾旱機率超過 20%，2 月及 10～12 月更高達 40%，以 11 月 51% 最高。而 1 月、10 月及 12 月在稽延 3 個月後（K = 3），乾旱機率仍達 22～28% 間，11 月在稽延 4 個月後（K = 4）機率為 23%。顯示嘉義地區在 11 月份時，乾旱發生機率最高，在中部地區為冬旱最嚴重之地區，且稽延時間為最長。

(三)南部地區

1. 臺　南

除 6 月及 9 月外，全年有 10 個月份乾旱發生機率大於 25%，5 月及 7 月乾旱發生機率為 25～26%，3 月、4 月及 9 月為 35～38%，1 月、2 月及 12 月為 41～47%。全年以 10～11 月 53～54% 為最高，9～11 月在稽延 4 個月後（K = 4），其乾旱發生機率仍達 20～24%。

2. 高　雄

除 7 月發生乾旱機率為 17% 最低外，其餘 11 個月機率均大於 20%，6 月及 9 月為 21～29%，5 月為 32%，1 月、2 月、4 月及 12 月為 43～46%，以 3 月、10 月及 11 月（50～53%）為最高，而 10 月份在稽延 6 個月後（K = 6）其機率為 21%。顯示高雄地區發生乾旱的時間可長達半年之久，為南部地區乾旱稽延時間最久之地區。

3. 恆　春

全年發生乾旱機率有 9 個月超過 20%，1 月及 5 月機率為 25～29%，2 月、3 月及 12 月為 33～37%，4 月及 10 月為 42～44%，以 11 月（51%）為最高。在稽延 3 個月後（K = 3），2 月 10 月及 11 月乾旱發生機率仍可達 20～33%，10 月在稽延 4 個月後（K = 4），發生機率達 22%。

4. 澎　湖

為離島地區，全年發生乾旱機率均接近或大於 20%，6 月份 19% 為最低，1～3 月為 32～34%，9 月及 11 月為 43～45%，以 10 月（58%）為最高，在稽延 3 個月後（K = 3），9 月、10 月及 12 月達 20～31%。顯示澎湖地區雖為海島形氣候，但卻最為容易發生乾旱之地區。

㈣東部地區

1. 宜　蘭

全年以 8 月份發生乾旱的機率 24% 最高，其餘各月份均低於 20%，以 4～5 月（7%）最低。顯示宜蘭地區全年降雨分佈平均，較少發生乾旱現象。

2. 花　蓮

發生乾旱之月份集中在 7～11 月，主要的降雨則是集中在 12～6 月，12 月至翌年 6 月發生乾旱機率均小於 15%，10 月份在稽延一個月後（K = 1），其乾旱發生機率為 20%。

3. 成　功

以 6 月、7 月、8 月、9 月及 10 月乾旱發生機率接近或大於 20%，以 10 月（33%）為最大，其餘各月發生乾旱機率均低於 15%。顯示成功地區降雨集中在冬季，而且雨季與乾季十分明顯。

4. 臺　東

全年除了 3 月份外，其餘 11 個月乾旱發生機率均大於 20%，以 10～11 月（40～42%）為最大，每個月似乎都可能發生乾旱，而 10 月份在稽延 3 個月後（K = 3），其發生機率達 23%。

5. 大　武

全年有 4 個月發生乾旱機率大於 20%，依序為 4 月、5 月、10 月及 11 月，以 10 及 11 月（34%）為最大，10 月份在稽延 1 個月後（K = 1），其機率為 23%，而本地區主要降雨集中在 1～3 月、6 月及 8 月。

6. 蘭　嶼

全年除了 5 月發生乾旱機率為 21%外，其餘各月均低於 20%，降雨主要集中在 1 月、2 月、11 月及 12 月。

由全臺灣地區乾旱稽延分析可得知，北部地區除臺北地區外，降雨分佈主要集中在 11 月至翌年 4 月，也就是所謂之冬季。而在整個北部地區，以基隆及鞍部地區較無發生乾旱之現象，新竹地區為發生乾旱最嚴重之地區。在區位的分佈上，越往南部其乾旱發生機率有昇高之趨勢。中部地區主要的降雨集中在 5～8月，以阿里山地區平均年降雨量 3,958 mm 最多，其次為玉山地區 2,918 mm。阿里山測站海拔高 2,413 m，玉山測站為 3,845 m，且兩測站之位置甚為相近，由此可初步推估，測站之高程對於降雨量之影響並不明顯，在區位的分佈上，阿里山測站受到來自海洋水汽之調配較玉山測站明顯。在中部地區以嘉義為最南端，且冬

旱情形最為嚴重，在乾旱稽延的時間延長為 4 個月，比北部地區稽延時間為久，且發生機率亦高。

　　南部地區為發生乾旱最嚴重之區域，全區全年至少有 9 個月以上發生乾旱現象，以澎湖地區 12 個月最嚴重，在乾旱的稽延時間平均都在 3 個月以上，以高雄地區 6 個月稽延時間最長。因此，在水資源開發及管理上需更加積極與保守，當前該地區之水資源困境方能妥善解決。東部地區若以花蓮地區分為南北兩區域來探討可發現，宜蘭地區其乾旱現象較不明顯，全年僅 8 月乾旱發生機率超過 20%。花蓮地區則有較明顯之旱象，主要發生在 10 月份，稽延時間為一個月。在成功、臺東、大武及蘭嶼等地區，由於其區較為靠近南部，在全年的乾旱月份平均都在 4 個月以上，以臺東地區 11 個月為長，且稽延時間 3 個月亦為最久。

五、豐枯比值分析

　　豐枯比值分析結果如表 6.2 所示，其結果依序為：南部（6.5）、中部（4.0）、東部（2.2）及北部（1.2）。此結果顯示，中南部地區其豐、枯水期之降雨量差距甚大，全年主要降雨量集中在豐水期。北部及東部地區其豐枯比值差異甚微，顯示該地區其豐、枯水期降雨量差異並不明顯。若以臺灣全區加以分析，在豐水期最大較差為 646.2 mm，枯水期更高達 1,099.6 mm。由此更可驗證，臺灣地區降雨分佈極為不均勻，且降雨型態受到季節性及區域性的影響甚為明顯。

六、水熱指數分析

　　根據豐枯比分析，可再進一步由 5～10 月之降雨量總和與其平均溫度差之綜合影響，求得各地區之水熱指數，其分析結果，如表 6.3 所示。由結果可知，在北

表 6.2　臺灣地區之洪枯比（單位：mm）

區域項目	北　部	中　部	南　部	東　部
洪水期之降水量	1,617.2	2,017.6	1,371.4	1,652.3
枯水期之降水量	1,299.7	510.3	200.1	735.4
洪枯比	1.2	4.0	7.5	2.2
洪水期之最大降水差異量		646.2		
枯水期之最大降水差異量		1,099.6		

表 6.3   臺灣地區之水熱指數

區域	測站	5～10 月降雨量總和（mm）	5～10 月平均溫度差（℃）	水熱指數（mm℃⁻¹）	平均值（mm℃⁻¹）
北部	彭佳嶼	950.0	4.7	202.1	310.2
	基隆	1,467.4	5.0	293.5	
	淡水	1,204.5	5.2	231.6	
	竹子湖	2,585.0	5.1	506.9	
	鞍部	2,520.6	5.7	442.2	
	臺北	1,432.3	5.1	280.9	
	新竹	1,029.9	4.8	214.6	
中部	臺中	1,352.6	3.7	365.6	799.9
	日月潭	1,883.8	2.0	941.9	
	阿里山	3,246.7	2.8	1159.5	
	玉山	2,204.7	2.1	1049.8	
	嘉義	1,400.3	2.9	482.9	
南部	臺南	1,501.0	3.0	500.3	476.8
	高雄	1,609.5	5.7	282.4	
	恒春	2,001.2	2.2	909.6	
	澎湖	752.2	3.5	214.9	
東部	宜蘭	1,602.4	3.9	410.9	386.8
	花蓮	1,499.9	3.9	379.0	
	成功	1,628.8	3.1	525.4	
	臺東	1,458.8	3.4	429.1	
	大武	2,018.6	7.0	288.4	
	蘭嶼	1,671.5	5.8	288.2	

部地區之水熱指數平均值為 310.2，遠小於東部（386.8）、南部（476.8）及中部（799.9）。由於北部地區降雨主要受到冬季東北季風及大陸冷氣團的影響，因此北部地區於夏季若持續少雨再加上高溫晴天，其釀成旱災之機率遠大於其他各地區。

七、結論與建議

1.臺灣地區平均氣溫分析結果：在近 10 年內呈現上昇的趨勢，各地區上昇的幅度為北部地區：0.2～0.9 ℃，中部地區為 0.2～1.0 ℃，南部地區為 0.6～1.3 ℃，東部地區為 0.2～0.7 ℃。

2. 造成氣溫上昇其中的原因是受到 1997～1998 年之聖嬰，使得海水溫度高出正常值 5℃，釋放出驚人的熱量。

3. 由乾旱稽延的分析結果得知，在乾旱發生的機率及稽延的時間分佈上，地理位置越往南部其機率及稽延時間有增加之趨勢，以南部地區最為明顯；而臺灣地區若發生乾旱，其稽延時間最久為 6 個月。

4. 各區域最易發生乾旱的地區依序為北部（新竹）、中部（嘉義）、南部（高雄）及東部（臺東）。

5. 豐枯比分析結果依序為南部（7.5）、中部（4.0）、東部（2.2）、北部（1.2）；臺灣地區降雨量在豐水期最大較差為 646.2 mm，枯水期更高達 1,099.6 mm。

6. 由水熱指數分析結果依序為中部（799.9）、南部（476.8）、東部（386.8）及北部（310.2），可得知北部地區為最易發生乾旱之地區。

7. 建議往後若從事相關資料分析，需對於測站之高程、經緯度與距海遠近等因子進行主成分分析，以深入瞭解影響降水及氣溫分佈之主要因子。

6-2 中央氣象局測站之水文頻率分析

在工程上的相關工作中，均需以氣象水文資料為設計參考因子，如一般在設計水工結構物方面的水文重現期或區域規劃時所估計的逕流量等。臺灣自設站以來，有些站已有長達 100 年的觀測記錄資料，由於以往與現今的資料儲存方式及格式均不相同，造成使用者讀取資料時的困擾；因此，首先收集歷年來氣象水文資料，採用統一格式，建立一資料庫，提供工程人員能查詢完整的資訊。

本文以中央氣象局所設 22 個氣象站（分為北、中、南、東四區），作為分析對象，取日最大降水量與一小時最大降水量做頻率分析。截至目前為止，學者對於水文量應採用何種機率分佈仍無共識；因此，本文採用對數常態分佈法、皮爾遜第三型分佈法、對數皮爾遜第三型分佈法及極端值第一類分佈法作為頻率分析的方法，並歸納統計出各區最適用的分析法，作為今後在水文事件發生頻率時考量之依據，提供水土保持工程相關構造物規劃設計時之參考。

黃介泉與胡文章（1979）將水文資料經由電腦的系統整理、儲存與應用。蘇

明道（1994）提出氣象資料管理系統，系統之建立採用 FOXBASE 做為系統發展之工具，包含選單式之資料查詢系統；但現今個人電腦發展快速，已可用 Excel 做系統管理。虞國興（1990）探討適合臺灣雨量資料之機率分佈，藉以訂定頻率估計標準，研究中以合成資料探討有關頻率分析之問題，提供分析實測資料之依據；研究結果顯示：當著眼於全省、中區及南區時，宜採用三參數對數常態分佈，海生（Hazen）點繪法及修正資料之偏態係數；而著眼於北區及東區時，宜採用皮爾遜Ⅲ型分佈，海生點繪法及修正資料之偏態係數。虞國興與林慶杰（1995）之研究指出，資料之相關性愈強，極端值第一類分佈愈不適用；即使當族群內樣本數為 365 時，亦不保證極端值第一類分佈適用，主要受族群內偏態係數影響，就實測資料方面，整體而言，極端值第一類分佈並不適用本省一、二及三日最大暴雨。

一、研究材料

以中央氣象局所屬各氣象站之水文氣象資料。採取其中二個項目，分別為「日最大降水量」及「一小時最大降水量」。

二、研究方法

近代水文研究大致上可分為兩大趨勢，一為定率方式，另一為序率方式；前者應用數理方式構成最佳水文模式，以模擬自然界錯綜複雜的水文現象，後者則純以統計方法，由過去之水文實測記錄歸納其特性，並依此推估未來最可能發生之水文情況。本文則採用後者的序率方式來著手進行分析。其頻率分析之程序一般為：⑴水文資料之處理；⑵資料序列之選擇；⑶重現期距；⑷繪點。有關最大水文量頻率分析（如暴雨、洪水頻率）常用的方法為下列數類型：

1. 對數常態分佈法（Logarithmic normal distribution, LN）。
2. 皮爾遜第三型分佈法（Pearson typeⅢ distribution, PTⅢ）。
3. 極端值第一類分佈法（Extreme -Value type Ⅰ distribution, G-C）。
4. 對數皮爾遜第三型分佈法（Log-Pearson typeⅢ distribution, LPTⅢ）。

本文研究分析採上述四種方法；其頻率分析之通式，可以下式表之：

$$Q_T = M + K_T \cdot S$$

Q_T：具迴歸週期 T 之水文量

M：水文資料之均數

S：水文資料之標準偏差

K_T：頻率因子（為迴歸週期 T 及機率分佈之函數）

三、地理分區及測站基本資料（如表 6.4 所示）

本文採用頻率分析所得雨量，繪製成等雨量線圖，而未設測站地區可內插得知，作為日後工程人員設計時參考。

表 6.4　臺灣地區各地區之測站基本資料

區　域	測站名稱	測站海拔高 (m)	位　置		創　立 年　份	記　錄 年　限
			東　經	北　緯		
北部地區	彭佳嶼	101.7	122°04'	25°38'	1910	98
	基隆	26.7	121°44'	25°08'	1903	105
	淡水	19.0	121°26'	25°10'	1943	65
	臺北	5.3	121°30'	25°02'	1897	111
	竹子湖	607.1	121°32'	25°10'	1947	61
	鞍部	837.6	121°31'	25°11'	1943	65
	新竹	26.9	121°00'	24°49'	1938	70
中部地區	臺中	84.0	120°41'	24°09'	1897	111
	嘉義	26.9	120°25'	23°30'	1969	47
	日月潭	1014.8	120°54'	23°53'	1942	66
	阿里山	2413.4	120°48'	23°31'	1934	74
	玉山	3844.8	120°57'	23°29'	1944	64
南部地區	臺南	13.8	120°12'	23°00'	1897	111
	高雄	2.3	120°18'	22°34'	1932	76
	恆春	22.3	120°44'	22°00'	1897	111
	澎湖	10.7	119°33'	23°34'	1897	111
東部地區	宜蘭	7.4	121°45'	24°46'	1936	72
	花蓮	16.1	121°36'	23°59'	1911	97
	成功	33.3	121°22'	23°06'	1940	68
	臺東	9.0	121°09'	22°45'	1901	107
	大武	8.1	120°54'	22°21'	1940	68
	蘭嶼	324.0	121°33'	22°02'	1942	66

表 6.5　日最大降水量各地區頻率分析判別係數與標準誤差範圍

區　域	判別係數（R^2）	標準誤差（Se）
北部地區	0.9975～0.9999	17.1～69.8
中部地區	0.9754～0.9999	10.7～75.6
南部地區	0.9935～0.9999	21.4～41.0
東部地區	0.9979～0.9999	22.5～36.0

表 6.6　一小時最大降水量各地區頻率分析判別係數與標準誤差範圍

區　域	判別係數（R^2）	標準誤差（Se）
北部地區	0.9973～0.9999	4.8～9.6
中部地區	0.9538～0.9999	2.2～14.8
南部地區	0.9901～0.9999	4.8～9.6
東部地區	0.9953～0.9999	4.2～15.2

四、各地區頻率分析之判別係數與標準誤差

1. 日最大降水量各地區頻率分析之判別係數與標準誤差範圍，如表 6.5 所示。
2. 一小時最大降水量各地區頻率分析之判別係數與標準誤差範圍，如表 6.6 所示：

五、區域性之比較分析

1. 臺灣地區日最大降水量各地區之頻率方法分佈表，如表 6.7 所示：

由表 6.7 可得知，北部地區皮爾遜第三型分佈佔 57%，中部地區皮爾遜第三型分佈佔 60%，南部地區皮爾遜第三型分佈佔 75%，東部地區皮爾遜第三型分佈佔 50%，而皮爾遜第三型分佈佔臺灣全區的 59%；由此可看出，皮爾遜第三型分佈很適合於臺灣地區日最大降水量之頻率分析的推估，且其準確度相當高。據此，各地區採用的皮爾遜第三類分佈之判別係數與標準誤差範圍，可由表 6.8 所示：

2. 臺灣地區一小時最大降水量各地區之頻率方法分佈，如表 6.9 所示：

表 6.7 臺灣地區日最大降水量各地區之頻率方法分佈

	對數常態分佈	皮爾遜第三型分佈	對數皮爾遜第三型分佈	極端值第一型分佈
北部地區	彭佳嶼	基隆、淡水 臺北、鞍部	新竹	竹子湖
中部地區		日月潭、阿里山 玉山		臺中、嘉義
南部地區		澎湖、臺南 恆春		高雄
東部地區	成功、大武	宜蘭、花蓮 蘭嶼	臺東	
所佔比例（%）	14	59	9	18

表 6.8 判別係數與標準誤差範圍

區域	判別係數（R^2）	標準誤差（Se）
北部地區	0.9975～0.9999	43.5±26.4
中部地區	0.9973～0.9999	33.7±13.4
南部地區	0.9973～0.9999	30.5±9.1
東部地區	0.9979～0.9994	25.5±3.0

表 6.9 臺灣地區一小時最大降水量各地區之頻率方法分佈

	對數常態分佈	皮爾遜第三型分佈	對數皮爾遜第三型分佈	極端值第一型分佈
北部地區	鞍部	基隆、彭佳嶼 臺北、新竹	竹子湖	淡水
中部地區	臺中、嘉義 阿里山	日月潭		玉山
南部地區	澎湖、臺南 高雄	恆春		
東部地區	宜蘭、花蓮 大武、蘭嶼	成功、臺東		
所佔比例（%）	50	36	5	5

　　由表 6.9 知悉：北部地區對數常態佔 14%，中部地區對數常態分佈佔 60%，南部地區對數常態分佈佔 75%，東部地區對數常態分佈佔 67%，可看出對數常態分佈很適合於臺灣地區之中部、南部、東部地區一小時最大降水量頻率分析的推估，且其準確度相當高。而北部地區皮爾遜第三型分佈佔 57%，由此可知皮爾

遜第三型較適用於北部地區一小時最大降水量頻率分析的推估，且其準確度相當高。據此，北部地區採用皮爾遜第三類分佈，而中部、南部、東部地區採用對數常態分佈，其各別之判別係數與標準誤差範圍，如表 6.10 所示：

六、記錄年期之比較分析

(一)就日最大降水量而言

由表 6.11 得知，長期記錄年期（81 年以上），建議採用皮爾遜第三型分佈（佔 66%）；中期記錄年期（51～80 年），建議採用皮爾遜第三型分佈（佔 50%）；而短期記錄年期（50 年以下），建議採用皮爾遜第三型分佈（佔 66%），由以上數據統計，採用皮爾遜第三型分佈都在其各個記錄年期內超過 50% 以上，在此與前述以「區域性」作比較分析的採用皮爾遜第三型分佈不謀而合，故由此可見皮爾遜第三型分佈運用於臺灣地區日最大降水量之頻率分析的推估，準確性很高。

表 6.10　判別係數與標準誤差範圍

區　域	判別係數（R^2）	標準誤差（Se）
北部地區	0.9973～0.9993	6.3±1.5
中部地區	0.9538～0.9998	5.4±3.2
南部地區	0.9997～0.9998	6.9±0.4
東部地區	0.9992～0.9999	6.5±1.4

表 6.11　臺灣地區各地區之測站記錄年期

記錄期距	測　站				
長期記錄年期（81 年以上）	彭佳嶼（LN）恆春（PT3）	基隆（PT3）澎湖（PT3）	臺北（PT3）臺東（LPT3）	臺中（G-C）花蓮（PT3）	臺南（PT3）
中期記錄年期（51～80 年）	淡水（PT3）阿里山（PT3）	竹子湖（G-C）高雄（G-C）	鞍部（PT3）宜蘭（PT3）	新竹（LPT3）成功（LN）	日月潭（PT3）大武（LN）
短期記錄年期（50 年以下）	蘭嶼（PT3）	嘉義（G-C）	玉山（PT3）		

㈡就一小時最大降水量而言

　　此觀測項目是近 50 年來才受重視，記錄年限大都在 50 年以下，對數常態分佈佔 50%，皮爾遜第三型分佈佔 36%，與前述以「區域性」作比較分析採用的方法不謀而合，由此可見對數常態分佈運用於臺灣中部、南部、東部地區一小時最大降水量之頻率分析的推估，準確性相當高。又北部地區皮爾遜第三型分佈佔 57%，由此可知皮爾遜第三型較適用於北部地區一小時降水量之頻率分析的推估，且其準確度相當高。

七、高程之比較分析

　　概言之，地面高程愈高，則雨量愈多、山地雨量較平地為多。在相同之高程上，迎風坡之雨量大於背風坡之雨量；相同高度之坡面上，較陡坡面所降之雨量大於較平坦地面之雨量。本文採用中央氣象局所設之主要氣象觀測站中，鞍部、竹子湖、日月潭、阿里山等測站都符合前述的現象，只有玉山測站並無此現象。

八、臺灣地區各頻率年等雨量圖

1. 日最大降水量之各頻率年等雨量圖（如圖 6.7～圖 6.9 所示）。

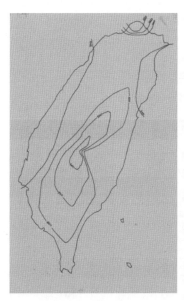 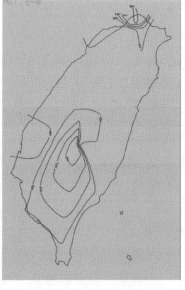 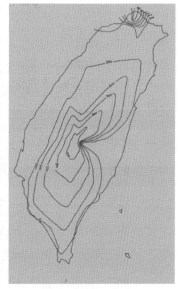

圖 6.7　10 年機率　　　　圖 6.8　50 年機率　　　　圖 6.9　100 年機率

2. 一小時最大降水量之各頻率年等雨量圖（如圖 6.10～圖 6.12 所示）。

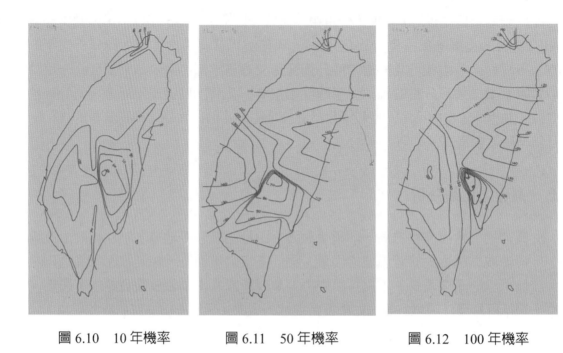

圖 6.10　10 年機率　　　圖 6.11　50 年機率　　　圖 6.12　100 年機率

九、結論與建議

在本文採用的中央氣象局主要觀測站當中，其中有 9 個測站觀測年期皆在 80 年以上，當中可能有儀器及人為記錄的誤差；這些可能發生的誤差，都是不可忽略之因子。綜合可得以下結論：

1. 臺北、基隆、日月潭及恆春四個測站無論為日最大降水量或一小時最大降水量，建議採用皮爾遜第三型分佈進行頻率分析之推估；而在大武測站無論為日最大降水量或一小時最大降水量，建議採用對數常態分佈進行頻率分析之推估。

2. 以日最大降水量而言，臺灣地區全區建議採用皮爾遜第三型分佈作為頻率分析之推估；而以一小時最大降水量而言，臺灣北部地區建議採用皮爾遜第三型分佈作為頻率分析之推估，而中部、南部、東部地區建議採用對數常態分佈作為頻率分析之推估。

3. 在記錄年期的因素下，日最大降水量頻率分析之推估，在北部、中部、南部、東部地區所推估之迴歸降水量準確度依序為 80 年、60 年、80 年、50

年；而一小時最大降水量臺灣全區，所推估之迴歸降水量準確度則最少至
50 年。

4. 由繪製之等雨量線圖，可供日後工程人員設計時之參考。

6-3　應用模糊理論探討降雨特性

　　一般水資源規劃、防災、治山防洪設計規劃過程，水文紀錄中降雨量與型態
受到學者及工程人員的重視。從文獻中得知，討論主題皆以降雨時間為自變數，
平均降雨量為因變數，以統計的方法探討降雨特性，極值探討甚少；然而一場降
雨事件的屬性，用平均值無法確切描述，況且平均值受到極端值的影響極大。因
此，針對此問題選定中央氣象局（1992～2008 年）屏東縣 31 個雨量站之總降雨量
大於 100 mm，降雨延時 3 小時以上之降雨事件（1,177 場），並求出各測站之統計
物理量及隸屬度函數，利用模糊理論評判分析方法，推估雨量觀測站之差異性。

　　屏東縣係由高屏溪、荖濃溪、隘寮溪、東港溪、林邊溪等網狀河流沖積而
成，北起裏港、高樹，南至佳冬、枋寮，面積約 1,160 km^2。東邊山勢陡峭，屬大
武山山脈及中央山脈南段，為全縣屏障，縣境內的三地門、霧臺、瑪家、泰武、
來義、春日等山地鄉山區，平均海拔均超過 1,000 m，高屏溪、東港溪、林邊溪均
發源於此。位於東港西南方約八浬的小琉球，是本縣唯一的離島，島嶼形狀像一
隻飄浮在臺灣海峽上的鞋子，面積 6.8 km^2，全為珊瑚礁構成的低矮岡陵，島上的
最高峰是龜子路山，海拔 87 m。本縣屬熱帶季風氣候區，年平均降雨量約 2,000
mm，因東側受南北大武山群脈受風面阻擋，截流大量海洋濕氣，雨量多集中於夏
季的西南氣流及 5～9 月間。

　　近年來國內學者廣泛運用模糊理論及類神經網路分析方法，推估集水區水文
因數趨勢或模式。張簡鳳蓮（2002）以模糊理論建立濁水溪流域區降雨－逕流域
預報模式。陳明棠等（2002）其選擇有效集水區面積、斷層長度與總集水區面積
比、岩性、崩塌面積比、溪床平均坡度及形狀因數等地文因數加上降雨特性，以
模糊理論及類神經網路加以分析土石流危險度。林國峰等（2001）以無母數統計
及克利金（Kriging）內插法，選擇臺北市山坡地 16 個雨量站之降雨資料做雨量
站網設計之研究；研究結果在 95% 的顯著水準之下，增設 7 個雨量站所推求之區
域平均雨量可達 98% 之準確度。陳憲宗和游保杉（1997）應用灰色系統（Grey

system）概念建構雨量預報模式。林敬章（1993）則以模糊理論探討基隆地區降雨型態分類，及診斷各降雨型態是否有異常之現象。

一、模糊理論概述

加州柏克萊大學 Zadeh 教授於 1965 年發表「模糊集合理論（Fuzzy set）」，模糊理論就此產生。自然界很多現象伴隨著各種不確定性，降雨量亦如此，Zadeh 教授提出了模糊的觀點，從 0～1 之間的各種數值來解決具有不確定性的模糊現象，傳統的邏輯思考是非 0 則 1，非 1 則 0，但模糊集合是在 0 與 1 之間區分了更多，將不明確的現象定義得更詳細。模糊集合處理不確定的問題時，都會以隸屬函數（Membership Function）表達模糊程度；但實際上進行應用模糊集合處理時，都是透過模糊數處理，進而簡化數學之運算與表達方式。觀念基本是在論域上有一個模糊子集 A，$A \subset F(U)$，給定一個 $u(x)$，$u(x)$ 具有限集合 $\{X_1, X_2, \cdots\cdots X_n\}$，使得；則稱為模糊子集 A 的隸屬函數。若 $u(x)$ 越接近 1，則隸屬於 A 的程度越高，模糊集（Fuzzy set）$\tilde{A}$ 通常表示為 $\tilde{A}$：$=[u(x_1), u(x_2), \cdots\cdots u(x)_n]$。

隸屬函數乃表示全體集合中元素相對應於模糊子集之隸屬關係，一般的隸屬函數可以用數值或函數的形式定義，用數值的方式定義稱為離散型（Discretization）隸屬函數，用函數來定義的稱為連續型（Continuous）隸屬函數。隸屬函數的訂定可根據個人觀點主觀的選擇適合分析資料的隸屬函數，典型的連續型隸屬函數有三角形、梯形、吊鐘形與指數型，本文選擇使用離散型隸屬函數。

二、研究方法

㈠定　義

1. 降雨事件

一場降雨定義因不同探討目的而異，本文定義之降雨事件為前後六小時降雨量為 0，總降雨量大於 100 mm；颱風降雨事件以颱風發布時間至解除時間為一降雨事件。

2. 隸屬函數

$$\tilde{A}：= [u(x_1), u(x_2), \cdots\cdots u(x)_9]$$

$$u(x_i) = \frac{x_i - x_{Min}}{x_{Max} - x_{Min}} \quad (i = 1 \cdots\cdots \text{n})$$

$u(x_1)$：降雨延時　　；$u(x_2)$：尖峰達到時間；$u(x_3)$：最大降雨量

$u(x_4)$：最小降雨量；$u(x_5)$：中值降雨量　　；$u(x_6)$：總降雨量

$u(x_7)$：平均降雨量；$u(x_8)$：偏度　　　　　；$u(x_9)$：峰度

(二)分析步驟

　　經由中央氣象局屏東縣氣象站（雨量觀測站名稱、位置及記錄年，如圖 6.13 所示）之歷史小時降雨量，找出各站累積雨量大於 100 mm 之降雨事件，分別計算出各事件之敘述統計量；包括總降雨量、平均降雨量、最大降雨量、最小降雨量、中值降雨量、降雨延時、尖峰達到時間、偏度及峰度等 9 個物理量。進而求

圖 6.13　屏東縣雨量觀測站相關位置

出全部之隸屬度函數 $\tilde{A}$，及各個測站之隸屬度函數 $\tilde{B}$；再利用模糊數學之綜合評判方法，單一測站之雨量事件次數為加權，建立評估元素 V_i，即可推算出屏東縣內各個測站之綜合評判 V 值；經由值之比較得知差異性。

三、結果與討論

就單一因數之敘述統計量，得知累積降雨量之區間值以雨量站 C0R10 最大（如圖 6.14 所示），平均降雨量之區間值以雨量站 C1R30 最大（如圖 6.15 所示）；降雨延時、尖峰達到時間、偏態指標及峰態指標，皆以雨量站 C1R09 最大（如圖 6.16～圖 6.17 所示）。因此，就時間及型態因素而言，雨量站 C1R09 具有較大區間值，具有延時長、尖峰到達時間晚的特性。就降雨型態而言皆屬正偏態、高狹峰之特性（如圖 6.18～圖 6.19 所示）。因氣象站建立之時間不一致，造成統計推論偏頗特性；因此利用模糊數學方法，31 個測站與總量之隸屬度函數，以測站內觀測事件數為加權推估各個測站之評判值。就降雨屬性因素整體評估，得知氣象站 C0R38，不因加權數影響，有最高評判值；代表性最高。氣象站 C0R15，最不貼近屏東縣降雨特性（如圖 6.20 所示）。

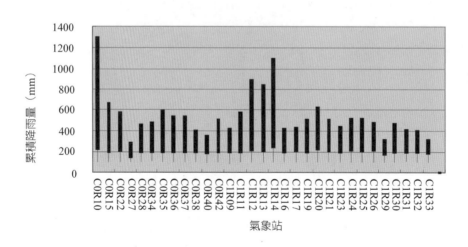

圖 6.14　屏東縣累積降雨量區間

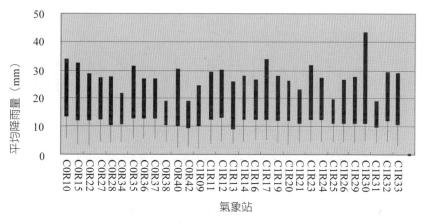

圖 6.15　屏東縣平均降雨量區間

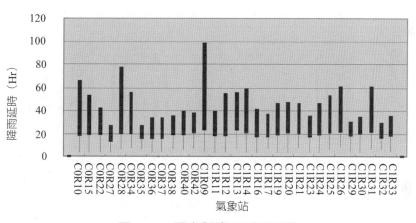

圖 6.16　屏東縣降雨延時區間

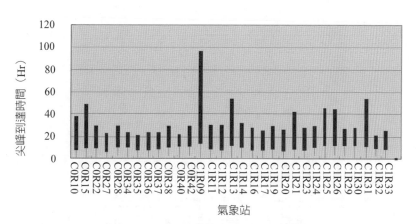

圖 6.17　屏東縣尖峰到達時間區間

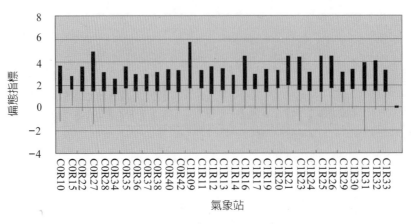

圖 6.18 屏東縣偏態指標區間

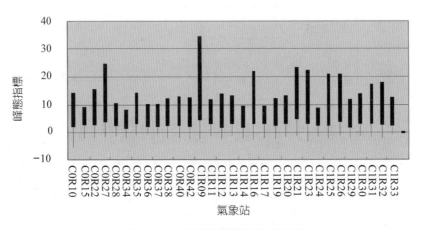

圖 6.19 屏東縣峰態指標區間

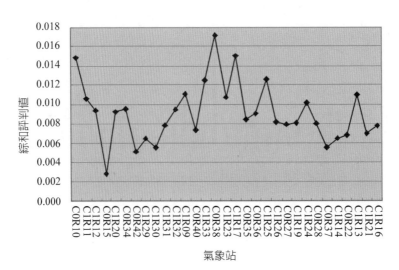

圖 6.20 屏東縣雨量站之綜合評判值

6-4 運用灰關聯分析降雨之特性

一、前 言

　　臺灣位處於熱帶與副熱帶氣候區內，西北鄰近中國大陸，東南與太平洋交接，四季交替並不十分明顯；然而，原本多雨之海島型氣候，受到大陸冷高壓與太平洋熱帶低壓影響下，氣候變化復加劇烈。每年颱風皆帶來豐沛的水氣，卻也帶來了因降雨而衍生的災害，臺灣氣候受降雨影響甚劇，因此相關之研究近些年發展迅速，皆與臺灣氣候有直接關聯。

　　灰色系統理論（Grey system theory），自鄧聚龍（1982）首次提出後，迄今20餘年，其被廣泛運用於許多領域，諸如：工程、農業、經濟、水利、醫學、教育及軍事……等不勝枚舉。其中灰關聯分析（Grey relational analysis）為灰色系統理論中，用以分析離散序列間相關程度的一種測度方法；而灰關聯空間是在一個系統中描述一個主要因素和所有其他因素的關聯狀態。「關聯度」是指兩個系統或系統中的兩個因素之間，隨著時間或不同對象而變化的關聯性大小之度量。傳統的統計迴歸（Regression）為處理變數間相關性的一種數學方式，規定變數與變數間必須存在著相互影響的關係，且其統計分析常需要大量的數據，以得出函數圖形才能加以計算，因此存在著幾個缺點：(1)需要大量資料；(2)數據分佈必須為典型，如：常態分佈（Normal distribution）；及(3)變化因素不可過多。

　　基於以上因素，統計迴歸方式在某些場合之下，可能無法很容易求得答案。而灰關聯分析的少數據及多因素分析的特性正好補其不足。本文運用灰色理論中的灰關聯分析，試圖找出臺灣地區降雨分佈之影響因子，以期對往後降雨因子分析，能有進一步之瞭解。迴歸分析可以檢定個別子系統對母系統之相關性，以相關係數（R）顯示其間關聯性之高低，R 值愈接近 1 代表兩系統愈接近，反之則差異愈大；然而，其無法比較各子系統間對母系統的關聯度、貢獻度或重要性之程度、大小排序等問題，而灰關聯度則可以解決此問題。

二、前人研究

　　灰色系統理論發展至今，已大大超出原本的「控制領域」，應用到社會及自然科學的各領域裡，在灰關聯分析上：Li（1998）將灰關聯分析法應用在醫學工程中，影響高血壓症狀因子之分析；洪坤糧（1999）探討汽油引擎燃燒之特性，藉以瞭解影響引擎燃燒作用之因子關聯度；鍾朝欽等（2005）分析紅麴發酵時間與影響因子間相互關係，以利為增加其產量而有所調整。其後陸續有更多學者致力於不同領域之研究，均獲得相當之成果；龍清勇（2005）應用灰色理論於導電玻璃製程參數影響程度之分析，研究指出最重要影響參數，以提供為往後建模預測之參數參考。

　　降雨受地形高低起伏影響，尤以地形雨影響最大，根據交通部中央氣象局指出，地形雨與山脈高度關係為：(1)山高 ≤ 2,500 m，降雨量與高度成正相關；(2)山高 > 2,500 m，降雨量與高度成負相關。臺灣東西窄南北長，中央山脈縱走南北，地形起伏大，雨量空間分布不平均，降雨應非一濕度因子所左右，可能尚有其他因子影響其分布。

三、研究方法

　　本文以臺灣地區中央氣象局所設全臺 19 個氣象站，1987～2008 年之觀測資料，取年降雨量、一日最大降雨量、測站經度、測站緯度、測站高程、溫度、濕度、風速以及蒸發量為分析數據，分別以月份探討各因子對各月份降雨以灰關聯分析之影響程度，今以 1 月份資料作說明，各測站資料如表 6.12 所示。在系統中如果因子的物理單位不同，在進行數值分析時很難得到正確的結果，可能導致結論的偏差。因此，可應用灰關聯生成的方法先將數據作一些轉換，使每一個因子不會因為單位的不同而無法進行灰關聯的運算，其方法如下：

1. 初值化處理：即以序列中的第一筆資料 $x_i(1)$ 來做為該序列元素之參考值的數據處理。

$$x_i'(k) = \frac{x_i(k)}{x_i(1)} \quad \cdots\cdots\cdots\cdots\cdots\cdots\cdots\cdots (6\text{-}7)$$

　　其中，$x_i(k)$ 為預處理後之數值。

表 6.12.　1月份各測站資料

測　站	二度分帶 x(m)	二度分帶 y(m)	高程 (m)	氣溫 (℃)	相對濕度 (%)	風速 (m/s)	降雨量 (mm)	日最大降雨量 (mm)	蒸發量 (mm)
鞍部	302438.0	2786533.6	825.8	9.6	93.0	3.7	326.4	165.9	38.4
淡水	294354.3	2784197.1	19.0	15.0	82.0	3.1	122.6	78.7	73.6
竹子湖	304071.3	2784170.7	607.1	11.4	88.0	2.9	271.8	130.9	48.5
基隆	323831.3	2780909.8	26.7	15.5	82.0	3.8	356.5	160.0	50.0
臺北	301127.1	2770282.6	5.3	15.3	83.0	3.2	90.1	95.8	60.5
新竹	250617.7	2746957.8	34.0	14.8	83.0	3.0	75.7	113.1	69.6
宜蘭	325653.1	2740026.9	7.2	15.8	83.0	1.6	154.1	98.1	53.7
臺中	217056.2	2671405.9	34.0	15.8	79.0	2.0	33.3	89.0	95.3
花蓮	311565.6	2652611.1	16.0	17.4	78.0	2.9	67.7	119.7	76.9
日月潭	239816.6	2642084.7	1014.8	14.1	77.0	1.0	45.8	84.9	73.0
阿里山	230085.9	2600812.0	2413.4	5.6	81.0	1.7	79.7	139.7	71.9
嘉義	191216.2	2599532.0	26.9	16.0	82.0	3.2	25.8	47.1	95.6
玉山	245063.3	2598461.5	3844.8	−1.5	72.0	5.7	117.0	274.5	121.3
成功	287418.4	2555319.9	33.5	18.6	77.0	4.3	76.0	62.9	105.6
臺南	168468.1	2543774.8	40.8	17.1	79.0	3.6	16.1	101.0	88.7
臺東	265062.3	2517077.9	9.0	19.0	74.0	3.3	39.9	198.3	78.9
高雄	178841.9	2496596.7	2.3	18.7	76.0	2.7	13.2	44.8	128.9
大武	239243.1	2473152.4	8.1	20.0	72.0	3.7	50.9	153.3	125.3
恆春	222954.7	2434203.8	22.1	20.4	73.0	4.9	21.7	37.7	143.1

2. 最大值處理：即以序列中的最大值 $\max[x_i(k)]$ 做為參考值的數據處理。

$$x_i'(k) = \frac{x_i(k)}{\max[x_i(k)]} \quad\cdots\cdots\cdots\cdots\cdots\cdots\cdots\cdots\cdots\cdots （6\text{-}8）$$

3. 最小值處理：即以序列中的最小值 $\min[x_i(k)]$ 做為參考值的數據處理。

$$x_i'(k) = \frac{\min[x_i(k)]}{x_i(k)} \quad\cdots\cdots\cdots\cdots\cdots\cdots\cdots\cdots\cdots\cdots （6\text{-}9）$$

4. 特定值處理：即以特定目標值做 $obj[x_i(k)]$ 為參考值的數據處理。

表 6.13   1月份各因子最大值處理後之數據

測 站	二度分帶 (x)	二度分帶 (y)	高 程	氣 溫	相對濕度	風 速	降雨量	日最大降雨量	蒸發量
鞍部	0.929	1.000	0.215	0.593	1.000	0.649	0.916	0.604	0.268
淡水	0.904	0.999	0.005	0.858	0.882	0.544	0.344	0.287	0.514
竹子湖	0.934	0.999	0.158	0.681	0.946	0.509	0.762	0.477	0.339
基隆	0.994	0.998	0.007	0.882	0.882	0.667	1.000	0.583	0.349
臺北	0.925	0.994	0.001	0.873	0.892	0.561	0.253	0.349	0.423
新竹	0.770	0.986	0.009	0.848	0.892	0.526	0.212	0.412	0.486
宜蘭	1.000	0.983	0.002	0.897	0.892	0.281	0.432	0.357	0.375
臺中	0.667	0.959	0.009	0.897	0.849	0.351	0.093	0.324	0.666
花蓮	0.957	0.952	0.004	0.975	0.839	0.509	0.190	0.436	0.537
日月潭	0.736	0.948	0.264	0.814	0.828	0.175	0.128	0.309	0.510
阿里山	0.707	0.933	0.628	0.397	0.871	0.298	0.224	0.509	0.502
嘉義	0.587	0.933	0.007	0.907	0.882	0.561	0.072	0.172	0.668
玉山	0.753	0.933	1.000	0.049	0.774	1.000	0.328	1.000	0.848
成功	0.883	0.917	0.009	1.034	0.828	0.754	0.213	0.229	0.738
臺南	0.517	0.913	0.011	0.961	0.849	0.632	0.045	0.368	0.620
臺東	0.814	0.903	0.002	1.054	0.796	0.579	0.112	0.722	0.551
高雄	0.549	0.896	0.001	1.039	0.817	0.474	0.037	0.163	0.901
大武	0.735	0.888	0.002	1.103	0.774	0.649	0.143	0.558	0.876
恆春	0.685	0.874	0.006	1.123	0.785	0.860	0.061	0.137	1.000

$$x_i'(k) = \frac{x_i(k)}{obj[x_i(k)]} \quad\cdots\cdots\cdots\cdots\cdots\cdots\cdots\cdots\cdots (6\text{-}10)$$

本文將各因子分別做最大值處理，結果如表 6.13 所示。

今以年降雨量為參考數列 $x_0(k)$，其他因子為比較數列 $x_i(k)$，則灰關聯係數可表示如下：

$$\gamma(x_0(k), x_i(k)) = \frac{\Delta_{\min} + \zeta\Delta_{\max}}{\Delta_{0i}(k) + \zeta\Delta_{\max}} \quad\cdots\cdots\cdots\cdots\cdots\cdots\cdots\cdots (6\text{-}11)$$

$\Delta_{0i}(k) = |x_0(k) - x_i(k)|$：$x_0$ 與 x_i 之間第 k 個差之絕對值。

Δ_{max}：$\Delta_{0i}(k)$ 數列中之最大值。

Δ_{min}：$\Delta_{0i}(k)$ 數列中之最小值。

ζ：辨識係數，一般取 0.5，改變其值只會改變灰關聯係數之相對數值的大小，不會影響灰關聯的排序。

灰關聯度是表示兩數列之間相關程度，其灰關聯度排序才是重要的訊息，其值愈高代表與參考數列之相關程度愈高。

四、結果與討論

以年降雨影響因子而言其灰關聯排序為：風速 > 二度分帶（x）> 高程 > 蒸發量 > 相對濕度 > 二度分帶（y）> 氣溫，顯示出影響降雨關聯性較高為風速；由表 6.14 與表 6.15 可看出，1 月、2 月以及 10～12 月，此臺灣之秋冬季期主要影響降雨之因子為高程，而 3～9 月正值春夏季期主要影響因子則為風速。

以年日最大降雨影響因子而言，其灰關聯排序為：風速 > 蒸發量 > 二度分帶（x）> 相對濕度 > 高程 > 氣溫 > 二度分帶（y），顯示影響降雨關聯性較高者亦為風速；由表 6.16 與表 6.17 可知，日最大降雨影響因子較無月消長情況，全年以風速及蒸發量影響較大。

表 6.14　年降雨量影響因子灰關聯度

月　份	二度分帶(x)	二度分帶(y)	高　程	氣　溫	相對濕度	風　速	蒸發量
1	0.564	0.504	0.694	0.509	0.520	0.624	0.563
2	0.590	0.521	0.670	0.528	0.536	0.654	0.630
3	0.626	0.545	0.636	0.553	0.556	0.676	0.658
4	0.695	0.614	0.535	0.565	0.635	0.682	0.621
5	0.568	0.502	0.563	0.464	0.525	0.708	0.620
6	0.580	0.471	0.519	0.407	0.495	0.716	0.534
7	0.565	0.484	0.529	0.527	0.515	0.655	0.598
8	0.556	0.462	0.529	0.452	0.495	0.631	0.581
9	0.629	0.544	0.538	0.498	0.559	0.659	0.559
10	0.528	0.490	0.683	0.462	0.516	0.610	0.674
11	0.563	0.503	0.693	0.530	0.518	0.623	0.562
12	0.554	0.505	0.700	0.504	0.552	0.596	0.525

表 6.15　年降雨量影響因子灰關聯序

月　份	二度分帶(x)	二度分帶(y)	高　程	氣　溫	相對濕度	風　速	蒸發量
1	3	7	1	6	5	2	4
2	4	7	1	6	5	2	3
3	4	7	3	6	5	1	2
4	1	5	7	6	3	2	4
5	3	6	4	7	5	1	2
6	2	6	4	7	5	1	3
7	3	7	4	5	6	1	2
8	3	6	4	7	5	1	2
9	2	5	6	7	3	1	4
10	4	6	1	7	5	3	2
11	3	7	1	5	6	2	4
12	3	6	1	7	4	2	5

表 6.16　日最大降雨量影響因子灰關聯度

月　份	二度分帶(x)	二度分帶(y)	高　程	氣　溫	相對濕度	風　速	蒸發量
1	0.581	0.514	0.652	0.532	0.546	0.752	0.688
2	0.574	0.499	0.644	0.498	0.523	0.694	0.684
3	0.597	0.510	0.574	0.521	0.532	0.755	0.678
4	0.618	0.568	0.558	0.546	0.582	0.750	0.764
5	0.651	0.584	0.551	0.588	0.602	0.769	0.771
6	0.657	0.627	0.492	0.560	0.655	0.707	0.672
7	0.716	0.646	0.491	0.703	0.689	0.795	0.716
8	0.566	0.473	0.475	0.490	0.514	0.600	0.573
9	0.583	0.484	0.475	0.452	0.523	0.637	0.545
10	0.526	0.477	0.644	0.475	0.500	0.649	0.724
11	0.563	0.496	0.636	0.508	0.528	0.739	0.673
12	0.652	0.566	0.576	0.582	0.614	0.735	0.680

表 6.17 日最大降雨量影響因子灰關聯序

月　份	二度分帶(x)	二度分帶(y)	高　程	氣　溫	相對濕度	風　速	蒸發量
1	4	7	3	6	5	1	2
2	4	6	3	7	5	1	2
3	3	7	4	6	5	1	2
4	3	5	6	7	4	2	1
5	3	6	7	5	4	2	1
6	3	5	7	6	4	1	2
7	3	6	7	4	5	1	2
8	3	7	6	5	4	1	2
9	2	5	6	7	4	1	3
10	4	6	3	7	5	2	1
11	4	7	3	6	5	1	2
12	3	7	6	5	4	1	2

五、結論與建議

　　本文選取年降雨量、一日最大降雨量、測站經度、測站緯度、測站高程、溫度、濕度、風速以及蒸發量為分析數據，分別以月份探討各因子對各月份降雨，以灰關聯分析其影響程度，研究中發現：

1. 以年降雨影響因子而言，其灰關聯排序為：風速 > 二度分帶（x）> 高程 > 蒸發量 > 相對濕度 > 二度分帶（y）> 氣溫。以年日最大降雨影響因子而言，其灰關聯排序為：風速 > 蒸發量 > 二度分帶（x）> 相對濕度 > 高程 > 氣溫 > 二度分帶（y）。

2. 臺灣年降雨量影響因子在秋冬季主要影響降雨之因子為高程，而春夏季主要影響因子則為風速；而日最大降雨量則無明顯趨勢，可能原因為其大部分為區域降雨（颱風、豪雨……等）分佈本不均勻，故無明顯態勢，建議可加以細分不同降雨型態探討，其結果應較為明顯。風速因子與降雨量成正相關，可能原因為：風影響著地表氣候的變動與水氣的移動，復加以臺灣地形崎嶇，很容易因地形抬升而降雨。

3. 二度分帶（x）與降雨之相關性較二度分帶（y）為大，因臺灣東西窄，南

北長，加上地勢東西剖面較南北剖面起伏量大，因此降雨多變。建議往後研究可以集水區或高程區分為數個區域，分別探討其降雨相關因子。

6-5　.Net 在生態工程設施之應用

　　二十一世紀是電腦軟體業界的新世紀，世界最大作業系統公司－微軟公司提出新的軟體架構 Microsoft Visual Studio .Net。此架構提出後引起軟體業界從業人員一陣恐慌，應用軟體的開發將不是一件難事，進入門檻降低，開發完成後之軟體不只應用在個人電腦，3C 電子產品皆可適用；軟體公司優勢不再，10 年前 MS DOS 與 Microsoft 爭奪霸主的歷史將重演。為因應此大衝擊，凡舉全球軟體工具開發公司（Sun、Borlandr *et al.*）皆陸續推出 .NET 相容版本；因此，以 .NET 為平臺開發之應用軟體將是未來 10 年內之趨勢，顯而易見。

　　臺灣地勢陡峻，河短流急，颱風豪雨頻繁，加上土地超限開發利用，天災人禍頻傳，故水土保持設施規劃有其必要性。生態工程與水土保持計畫中，水文設計與計算是必須且重要，如何建立一套完整、簡易操作並具備彈性的應用軟體，供工程人員快速的推估水文量，為本文的重點。因此，本研究以 Microsoft Access 為後臺資料庫，建置臺灣歷年所有氣象站降雨量資料，以 Microsoft VB .NET 為前端開發工具開發 2 Tier 架構之水文頻率分析應用軟體，推估頻率分析及統計之水文量。

一、理論基礎

(一)物件導向（OO, Object Oriented）

　　在物件導向的領域中包含三大理論，物件導向分析 OOA（Object Oriented Analysis）、物件導向設計 OOD（Object Oriented Design）與物件導向技術 OOP（Object Oriented Programming）。其中 OOP 指的就是「使用物件導向的觀念來撰寫程式」；包含四大技術層面有抽象化（Abstraction）、封裝（Encapsulation）、繼承（Inheritance）與多形（Polymorphism）。過去程式設計師往往必須埋頭於數十萬行以上的程式碼中，傳統單純的結構化程式設計技術在今日早已無法掌握日益複雜的軟體系統，於是在程式設計方法的歷史演變之中，物件導向算是近代軟

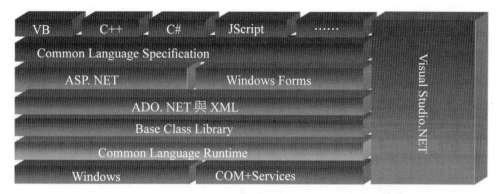

圖 6.21 .NET Framework 與 Visual Studio.NET 架構

體系統分析、規劃與設計概念的一大突破，也無疑是大型軟體的救世主。.NET 就是以物件導向為基礎所發展的軟體開發工具。

㈡ .Net Framework

.NET Framework 包括共通程式執行環境（Common Language Runtime，簡稱 CLR）和類別庫（Class Library）兩個主要元件，以及一個共通程式語言規範（Common Language Specification，簡稱 CLS），如圖 6.21 所示。.NET Framework 是一種跨程式語言的運算平臺，只要滿足 CLS 規範的程式語言，都可以在 .NET Framework 上執行。所以程式設計師只要以 .NET Framework 為開發平臺，不論以任何程式語言開發的物件（Object），皆可重複使用，或供給不同程式語言呼叫與繼承。因此 Microsoft 的 .NET Framework 具有以下三項特性：

1. 具有物件導向程式的特性，可以將物件重複使用。
2. 要能夠讓不同程式語言可以自由溝通，讓開發出來的物件可以輕易的與他人分享。
3. 除了可以開發一般軟體外，還要能夠開發最新的 WEB 應用軟體，或 WEB 服務。

㈢軟體架構

軟體系統依功能來分類，可分為展示層（Presentation，包含資料輸入與顯示、圖表繪製等）、商業邏輯層（Business Logic，包含計算、資料加密與解密等）、資料來源（Data Source，例如 SQL SERVER、Oracle、Sybase、Access 等）。若以架構來看可分為以下類型：

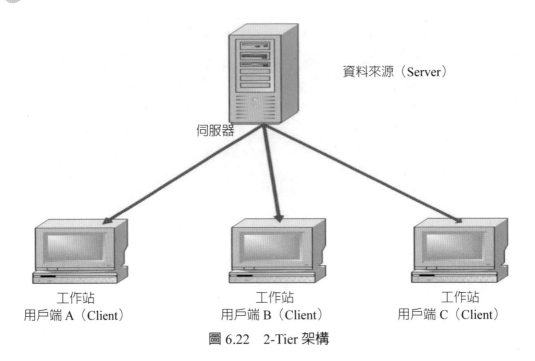

圖 6.22　2-Tier 架構

1. **單機架構（Stand Alone）**

   在單機架構中，展式、商業邏輯與資料來源都位於同一個軟體、同一部電腦上，因此不同電腦間的資料交換，往往需要透過檔案複製來達成，非常不方便。

2. **主從架構（Client/Server）**

   不論是使用那一個用戶端的系統，其資料來源都來自同一個位置，因此 A 用戶端所儲存之資料，用戶端 B 立即就可以存取得到（如圖 6.22 所示）。

3. **三層架構（3-Tiers）**

   將商業邏輯層獨立出來，以利程式的更新與維護，增加用戶端及資料端的執行速度（如圖 6.23 所示）。

4. **多層式架構（N-Tiers）**

   將商業邏輯層再細分數層，分層處理各類型運算處理，例如對數平均分佈與對數皮爾遜第三型分佈處理程序分別在兩部電腦上（如圖 6.24 所示）。

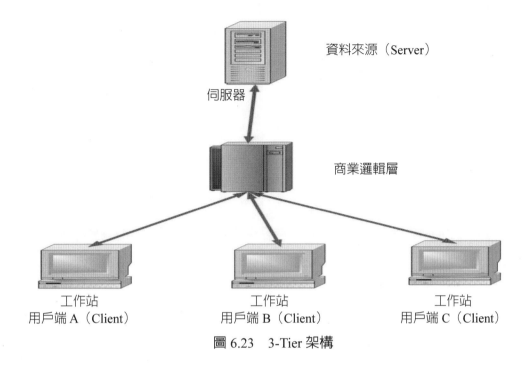

資料來源（Server）

伺服器

商業邏輯層

工作站
用戶端 A（Client）

工作站
用戶端 B（Client）

工作站
用戶端 C（Client）

圖 6.23　3-Tier 架構

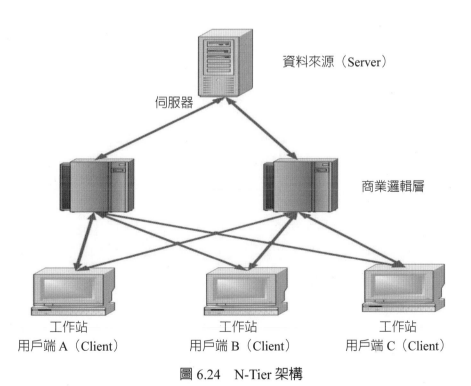

資料來源（Server）

伺服器

商業邏輯層

工作站
用戶端 A（Client）

工作站
用戶端 B（Client）

工作站
用戶端 C（Client）

圖 6.24　N-Tier 架構

二、資料與建置方法

(一)氣象資料

　　本研究以鄉鎮市為集水區，預計建置全省全部歷史月平均降雨量、一日年最大降雨量等，做為日後分析之基本變數，探討各鄉鎮的水文特性；臺灣省各氣象站之基本資料及水文量，以 Microsoft Access 2007 為資料庫輸入水文量。如圖 6.25 所示。

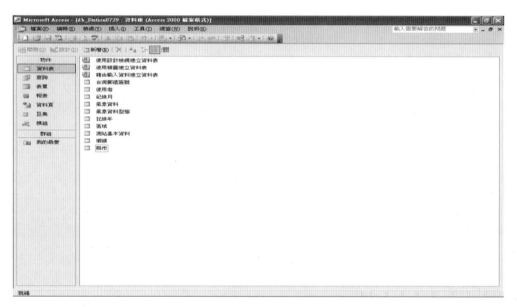

圖 6.25　Microsoft Access 資料庫

(二)建構方法

1. 進入 Microsoft Visual .Net 開發環境中，必需先選擇開發語言，本研究使用 Visual Basic.Net 為開發語言。如圖 6.26 所示。

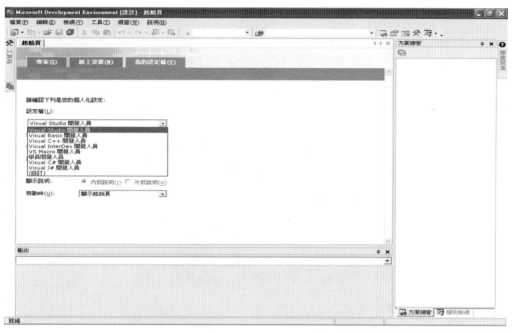

圖 6.26　Microsoft Visual .Net 起始畫面

2. 選擇 SDI 表單或 MDI 表單；本研究選擇 MDI 表單方式呈現。如圖 6.27 所示。

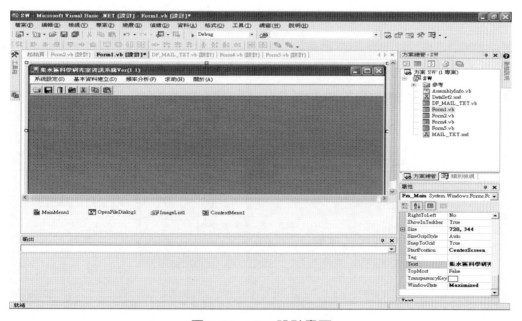

圖 6.27　MDI 設計畫面

3. 連接資料庫 Access。如圖 6.28 所示。

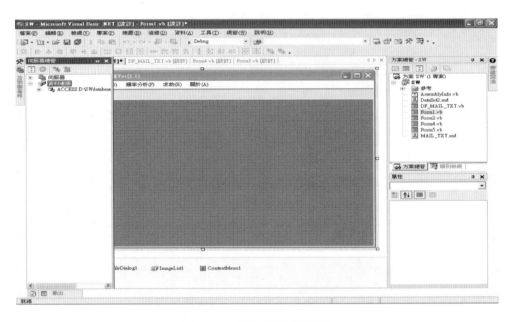

圖 6.28 資料庫連接設定

4. 在表單中放入所需之元件，設定元件屬性與方法，並連結處理程式物件。
   如圖 6.29 所示。

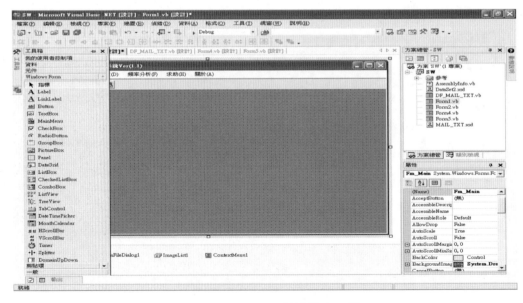

圖 6.29 Microsoft 所提供之元件

5. 重覆⑴～⑷步驟建構本軟體。

6-6　未來研究方向

　　本軟體完成階段是基底建構程序，基於物件導向與 .NET 物件軟體開發基本精神，未來研究開發方向如下：

1. 本文只針對頻率分析開發分析之物件，若有前輩先進提供水土保持之相關模組，予以整合，可使此軟體適用性與完整性更具完備。
2. 本研究結果呈現以文字表現，未來將開發圖表模式及整合式報表。
3. 本文因為經費短缺，無法以正統資料庫建立水文基本資料（如 SQL Server 或 Oracle），其永續性較低。
4. 本文適用於 LAN 環境，可運用已建立之水文資料庫開發 WAN 應用軟體。

CHAPTER 7

SEI推估生態工程土壤沖蝕量

7-1　前　言

　　臺灣地處亞熱帶地區，平均每年有 3.5 個颱風侵襲臺灣，年雨量豐沛，加上地形陡峭、水流湍急、地形破碎，致使土壤流失問題層出不窮。歷年來洪颱頻傳，加上天氣型態異常變化，且估算土壤沖蝕量往往因缺乏集水區水文紀錄資料，無法提供各地區進行水文模式推估與檢定，引發多起嚴重災情。

　　為滿足集水區整體規劃之所需，及供相關人員便利規劃水利工程之需結合 USLE 及 VB 推估空間環境之土壤沖蝕情形，並迅速查詢、分析不同頻率年之土壤沖蝕情形，期能快速、精確地推估流域之土壤沖蝕量與逕流量，以提升推估山坡地土壤沖蝕量之準確性及效率；雖然 GIS 與環境模式結合已是公認的趨勢，但須注意 GIS 所得結果，仍須與現地之觀測做驗證（Dennis et al., 1998）。故本研究所建立之土壤沖蝕指數（Soil Erosion Index, SEI）程式，配合交談式輸入視窗，以親和性使用介面進行展示、查詢及分析，更可讓使用者獲得基地開發後之年平均土壤沖蝕量，藉此對山坡地開發影響之生態工程評估可具體量化，以方便使用者查詢使用。

7-2　前人研究

　　土壤沖蝕為極其複雜的問題，對於各種土壤沖蝕預測模式及模式模擬結果皆有相關研究，期望對土壤沖蝕之預估與控制有所助益。胡自健（1996）於進行 USLE 與 RUSLE 推估時發現，在土壤沖蝕量方面，若試驗之處理區為高危險沖蝕度者，USLE 及 RUSLE 所輸出之結果均比實測值高出很多；但若換做是低危險沖蝕度者，則 RUSLE 所輸出之結果偏低。洪怡美（1998）指出，未經修正之 USLE 所估測之土壤沖蝕量約為實測量之 5～6 倍，若將 USLE 公式之推估土壤沖蝕量乘上 0.15，將與實測結果相近。林昭遠、林文賜（1999）以數值地形模擬及動態萃取集水區之坡長因數，推估集水區坡面之泥砂生產量，可有效將 USLE 公式應用於集水區泥砂產量之推估。何宜娟（2000）以 AGNPS 推估三義試區坡地開發前、

中、後之土壤沖蝕量與泥砂產量，並將開發前土壤沖蝕量之推估結果與 USLE 之推估值進行比較，結果顯示 AGNPS 模式推估值遠小於 USLE 之推估值。

Amore *et al.*（2004）研究指出，模擬區域之平均大小，相較之下 WEPP 模擬土壤沖蝕量之變化程度較不明顯，而 USLE 的模擬較為明顯。在計算土壤沖蝕量時較常使用經驗方程式估算，如 USLE（Julien and Frenette, 1987），USLE 經驗方程式允許在自然且人為的條件情況下，估算土壤沖蝕量（Wischmeier and Smith, 1978）；因此非常適用於臺灣農業土地利用之開發行為。Moore and Wilson（1992），將 USLE、AGNPS 等模式配合地理資訊系統及影像處理技術，可迅速的處理與萃取集水區內土地利用及管理措施資料。USLE 公式所需之資料較少於經驗基礎公式（Sonneveld and Nearing, 2003），如 WEPP 及 EUROSEM；且 USLE 亦普遍的運用於小規模水蝕之研究（UNEP/RIVM/ISRIC, 1996b; Van der Knijff *et al.*, 2000）、全國（Van der Knijff *et al.*, 1999; Schaub and Prasuhn, 1998; UNEP/RIVM/ISRIC, 1996a, 1997; Bissonnais *et al.*, 1999）、全洲（Hamlett *et al.*, 1992）、全區（Folley, 1998）及集水區（Mellerowicz *et al.*, 1994; Merzouk and Dhman, 1998; Young *et al.*, 1987; Dostal and Vrana, 1998）。Sonneveld and Nearing（2003）指出：USLE 適度的資料需要及簡單易懂的模式結構，保存大部分估計水蝕危險度的普遍功能，由此可見 USLE 運用簡便且廣泛應用。

7-3　研究材料與方法

研究區域以臺灣為主，臺灣南北長 394 km，東西寬約 140 km，山脈縱貫南北，超過海拔 3,000 m 的高山約有 200 餘座（王鑫，1980），海拔高度 100 m 以下的平原地區只佔面積的 31.3%，尚不及 1/3，100～1,000 m 之臺地及丘陵佔 37.2%，1,000 m 以上之山地佔 31.5%。以下為臺灣水文因素特性：

（一）氣象與水文

臺灣各地平均年雨量，大致在 2,000 mm 以上；臺中、新竹以至高屏一帶為少雨地區，年雨量約為 1,700 mm；臺灣北部和臺灣東岸地區於 2,000 mm 以上；至於北部有雨港之稱的基隆與處颱風路徑要衝之蘭嶼，此兩處年雨量於 3,000 mm 以上；玉山已在中層雲以上，故其年雨量均於 3,000 mm 左右；其他山地區域年雨

量均於 4,000 mm 以上；火燒寮平均年雨量達 6,569 mm，而其最高雨量曾達 8,408 mm。

(二)水文頻率分析

臺灣境內之氣象觀測站共有 1,092 個之多，由於設站年限不同，因此記錄時間也不同，故本研究選取記錄年限達 25 年以上（1985～2009）為基準，擷取 517 個氣象測站，分佈位置如圖 7.1。為達防災防洪之效，在水利、工程方面皆須估算不同頻率年之洪峰流量，以構築足以容納洪峰流量之工程構造物，本研究選擇常態分佈、對數常態分佈、皮爾遜第三型分佈法、極端值第一型分佈法及對數皮爾遜第三型分佈法等五種理論機率分佈加以分析，求得臺灣地區 5、10、20、25、50、100、200 年等不同頻率年之年降雨量；而最佳頻率分析方法為對數皮爾遜第三型分佈法。

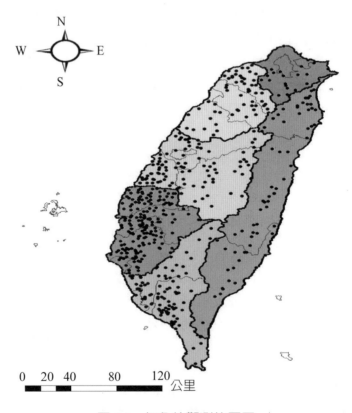

圖 7.1　氣象站觀測位置圖

㈢研究流程（如圖 7.2 所示）：

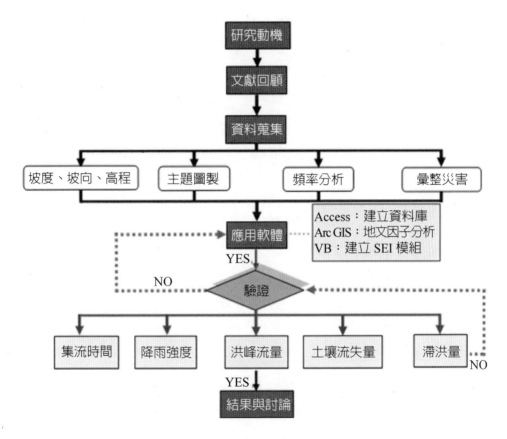

圖 7.2　SEI 研究流程

7-4　土壤沖蝕數（SEI）概述

　　SEI 模式設計主要參考水土保持技術規範（2003 年 9 月版），依據一般水土保持計畫書中所需計算之水文及泥砂量，期望於使用過程中達到計算及確實遵守規範中各公式之受限條件；本程式主要分為六類設計表單，分別為：演算集流時間、降雨強度推估、逕流量計算、土壤流失量估算、滯洪池設計與程式估算結果列印等。

一、使用相關公式及所需資料

設計土壤沖蝕指數（Soil Erosion Index, SEI）模式，以五大計算目的為模式主軸，包含集流時間、降雨強度估算、逕流量計算、土壤沖蝕量估算及滯洪量計算，且皆遵循水土保持技術規範之規定，以下簡述各估算之公式：

(一)集流時間

第 19 條規定，集流時間（t_c）係指逕流自集水區最遠一點到達一定地點所需時間，一般為流入時間與流下時間之和，計算公式如下：

$$t_c = t_1 + t_2 \quad\cdots\cdots\cdots\cdots\cdots\cdots\cdots\cdots (7\text{-}1)$$
$$t_1 = l\ /\ v \quad\cdots\cdots\cdots\cdots\cdots\cdots\cdots\cdots\cdots (7\text{-}2)$$

t_c：集流時間（sec）
t_1：流入時間（雨水經地表面由集水區邊界流至河道所需時間）
t_2：流下時間（雨水流經河道由上游至下游所需時間）
l：漫地流流動長度（m）
v：漫地流流速（一般採用 0.3～0.6 m/sec）

流下速度之估算，於人工整治後之規則河段，應根據各河斷面、坡度、粗糙係數、洪峰流量之大小，依曼寧公式計算；天然河段得採用芮哈（Rziha）經驗公式估算，公式如下：

$$t_2 = L\ /\ W \quad\cdots\cdots\cdots\cdots\cdots\cdots\cdots\cdots (7\text{-}3)$$
$$W = 72\ (H\ /\ L)^{0.6} \quad\cdots\cdots\cdots\cdots\cdots\cdots\cdots (7\text{-}4)$$

t_2：流下時間（hr）
W：流下速度（km/hr）
H：溪流縱斷面高程差（km）
L：溪流長度（km）

漫地流流動長度之估算，在開發坡面不得大於 100 m，在集水區不得大於 300 m。

㈡降雨強度推估

第 16 條規定，降雨強度之推估值，不得小於無因次降雨強度公式之推估值；無因次降雨強度公式如下：

$$\frac{I_t^T}{I_{60}^{25}} = (G + HlogT)\frac{A}{(t+B)^C} \quad \text{(7-5)}$$

$$\frac{I_t^T}{I_{60}^{25}} = \left(\frac{P}{25.29 + 0.094P}\right)^2 \quad \text{(7-6)}$$

$$A = \left(\frac{P}{-189.96 + 0.31P}\right)^2 \quad \text{(7-7)}$$

$$B = 55$$

$$C = \left(\frac{P}{-381.71 + 1.45P}\right)^2 \quad \text{(7-8)}$$

$$G = \left(\frac{P}{42.89 + 1.33P}\right)^2 \quad \text{(7-9)}$$

$$H = \left(\frac{P}{-65.33 + 1.836P}\right)^2 \quad \text{(7-10)}$$

T：重現期距（年）

t：降雨延時或集流時間（分）

I_t^T：重現期距 T 年，降雨延時 t 分鐘之降雨強度（mm/hr）

I_{60}^{25}：重現期距 25 年，降雨延時 60 分鐘之降雨強度（mm/hr）

P：年平均降雨量（mm）

A、B、C、G、H：係數

年平均降雨量（P）應採計畫區就近之氣象站資料。當計畫區附近無任何氣象站時，應從臺灣等雨量線圖查出計畫區之年平均降雨量值。A、B、C、G 及 H 等係數，依前述計算式分別計算之。

㈢逕流量分析

第 17 條規定，洪峰流量之估算，有實測資料時，得採用單位歷線分析；面積在 1,000 ha 以內者。無實測資料時，得採用合理化公式（Rational Formula）計算，公式如下：

$$Q_p = \frac{1}{360}CIA \quad \text{(7-11)}$$

表 7.1 逕流係數參考表

集水區狀況	陡峻山地	山嶺地	丘陵地或森林地	平坦耕地	非農業使用
無開發整地區之逕流係數	0.75～0.90	0.70～0.80	0.50～0.75	0.45～0.60	0.75～0.95
開發整地區整地後之逕流係數	0.95	0.90	0.90	0.85	0.95～1.00

（資料來源：水土保持技術規範，2003）

Q_p：洪峰流量（cms）

C：逕流係數

I：降雨強度（mm/hr）

A：集水區面積（ha）

逕流係數推估，參考第 18 條規定，開發中之 C 值以 1.0 計算，表 7.1 為逕流係數（C）。

㈣土壤流失量估算

第 35 條規定，山坡地土壤流失量之估算得採用通用土壤流失公式（USLE），其公式如下：

$$A_m = R_m \times K_m \times L \times S \times C \times P \quad\quad\quad\quad (7\text{-}12)$$

A_m：土壤沖蝕量（ton / ha / yr）

R_m：降雨沖蝕指數（Mj-mm / ha-hr-yr）

K_m：土壤沖蝕指數（ton-ha-yr / ha-Mj-mm）

L：坡長因子

S：坡度因子

C：覆蓋與管理因子

P：水土保持處理因子

估算臺灣山坡地年土壤流失量之各項參數，應使用臺灣各地區之參數值。開挖整地土壤流失量推估，其覆蓋與管理因子不得小於 0.05，水土保持處理因子不得小於 0.5。以下針對 USLE 公式之使用限制及六項參數，簡述如下：

1. 使用山坡地土壤流失量之估算，所採用之土壤流失公式，顧名思義即僅適用於山坡地，根據水土保持法暨相關法規（2003 年 8 月版）第 3 條規定：

山坡地係指國有林事業區、試驗用林地、保安林地，及經由中央或直轄市
主管機關參照自然形勢、行政區域或保育、利用之需要所劃定之範圍，其
條件為：

⑴標高在 100 m 以上者。

⑵標高未滿 100 m，而其平均坡度在 5% 以上者。

2. 降雨沖蝕指數（Rm）大小代表降雨及逕流對土壤可能造成沖蝕程度之高
   低，在 USLE 中降雨沖蝕指數係以年為單位，因此年降雨沖蝕指數係指該
   年內各場降雨之降雨沖蝕指數之累積。本研究則依據水土保持技術規範規
   定，即採用黃俊德（1979）之年降雨沖蝕指數，利用 Kriging 推估未有紀錄
   之 R 值資料，如圖 7.3。為方便爾後之應用，整理黃俊德（1979）、盧光輝
   （1999）及盧昭堯等（2005）之 R 值（請參考附錄二）。

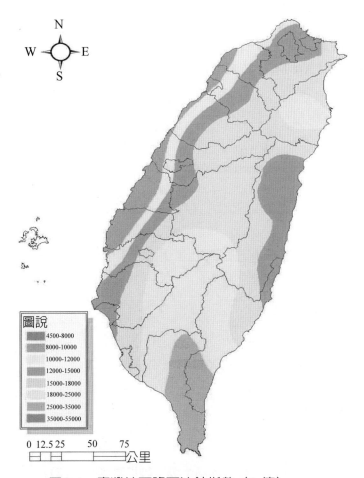

圖 7.3　臺灣地區降雨沖蝕指數（R 值）

（資料來源：黃俊德，1979）

3. 土壤沖蝕性指數（K_m）為土壤抵抗沖蝕之分離及搬運作用能力高低的一種
   量化指標；土壤抗蝕能力之高低，受土壤內在母質風化程度及外在地形、
   地貌、氣候、植生覆蓋情況、開墾情形、水土保持處理、沖蝕程度等影
   響；萬鑫森、黃俊義（1989）利用 Wischmeier *et al.*（1971）所提出之土壤
   沖蝕指數線解圖法，求得全臺之土壤沖蝕性指數（請參考附錄三），土壤
   沖蝕性指數愈低，顯示土壤的抗蝕能力愈強，反之則愈弱。土壤沖蝕性指
   數為利用標準試區所產生之單位降雨沖蝕指數之土壤流失量，可以公式表
   示如下：

$$Km = \frac{A}{EI} \quad \cdots\cdots\cdots\cdots\cdots\cdots\cdots\cdots \quad (7\text{-}13)$$

   A：土壤流失量
   EI：降雨沖蝕指數

本文仍採用萬鑫森、黃俊義（1989）於臺灣各地三百多個取樣點所推求之土
壤沖蝕指數，利用 Arc Map 之 Kriging 分析，所得之臺灣境內土壤沖蝕指數圖（如
圖 7.4 所示）。

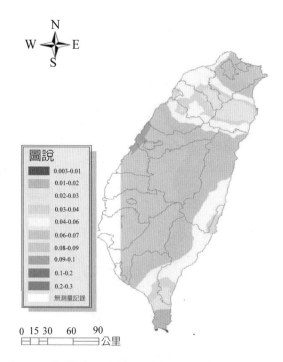

圖 7.4　臺灣地區土壤沖蝕指數圖（K 值）

（資料來源：萬鑫森、黃俊義，1989）

4. 坡長因子（L）為「水平投影長 λ 之坡地土壤沖蝕量與位處於相同降雨、土壤、坡度及地表狀況，但水平投影長為 22.13 m 之坡地土壤沖蝕量之比值」（Wischmeier and Smith, 1965），坡長因子（L）可以公式表示為：

$$L = \left(\frac{\lambda}{22.13}\right)^2 \quad\text{...} \quad (7\text{-}14)$$

λ：坡地之水平投影長（m）

m：隨著坡地之坡度而改變

坡地之水平投影長 λ 之定義為「自地表逕流開始發生之地點量起，直至地面坡度減緩至沖蝕的土壤發生明顯淤積或致排放匯集逕流水之渠道為止，其間的水平投影距離即為通用土壤流失公式中所謂之坡地坡長 λ」。

根據 Wischmeier and Smith（1978）分析指出，當坡地坡度小於 1% 時，m = 0.2；當坡地坡度於 1%～3% 時，m = 0.3；當坡地坡度於 3%～5% 時，m = 0.4；當坡地坡度大於 5% 時，m = 0.5。地表漫地流之流長係由地表逕流開始發生之地點起算，至沖蝕的土壤發生明顯淤積或至匯集逕流水之渠道為止，其間之水平投影距離。而土壤流失公式中亦界定「坡地水平投影長乃是自地表逕流開始發生之地點量起，直至地面坡度減緩至沖蝕的土壤發生明顯淤積或至排放匯集逕流水之渠道為止，其間的水平投影距離」，因此坡長之計算除了田間小規模樣區試驗可直接量測之外；若以集水區為考量，多數學者係以固定坡長或網格大小來估算。

5. 坡度因子（S）之定義為「坡度 θ 之坡地的土壤沖蝕量與位處於相同降雨、土壤、坡長及地表狀況；但坡度為 9% 之坡地的土壤沖蝕量之比值」，坡地坡長 λ 與坡度 θ 之關係如圖 7.5 所示，而有關坡度因子之公式如下：

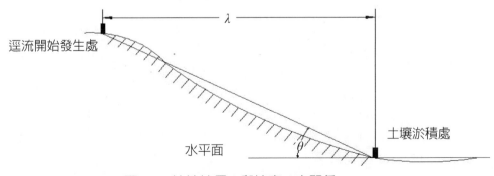

圖 7.5　坡地坡長 λ 與坡度 θ 之關係

$$S = 65.41\sin^2\theta + 4.56\sin\theta + 0.065 \cdots\cdots\cdots\cdots\cdots\cdots \text{（7-15）}$$

S：坡度因子

θ：坡地之坡度（°）

6. 作物與管理因子（C）之定義為「種植某作物的耕地之土壤流失量與相同降雨、土壤、地形與地勢之連續休耕地之土壤流失量的比值」。依據土地使用現況之情形，檢視地上不同種類之植生、生長狀況、季節及覆蓋程度皆有不同之 C 值，因其隨時間與季節的變化而有所不同。表 7.2 為現地地表及植被狀況之相對 C 值。

表 7.2　集水區適用之管理因子 C 值

地表及植被狀況	C 值
百喜草	0.01
水稻	0.10
雜作	0.25
果樹	0.20
香蕉	014
鳳梨	0.20
林地（針葉、闊葉、竹類）	0.01
蔬菜類	0.90
茶	0.15
特用作物	0.20
檳榔	0.10
裸露地	1.00
水泥地	0.00
瀝青地	0.00
雜石地	0.01
水體	0.00
建屋用地	0.01
牧草地	0.15
高爾夫球場植草地	0.01
雜草地	0.05
墓地	0.01

7. 水土保持處理因子（P）之定義為「某特定水土保持處理下之土壤流失量，與相同降雨、土壤特性、地形地勢，但採上下行耕犁處理之土壤流失量間的比值」。自 1956 年後，美國農業部水土保持署融合田間觀察結果（Jamison *et al.*, 1968; Stewart *et al.*, 1975），為等高耕作之 P 值加上坡長限制（如表 7.3 所示）。表 7.4 為露天採掘之 P 值對照表，表 7.5 為高填土坡之 P 值對照表。

表 7.3　等高耕作之 P 值

坡面坡度（%）	P 值	坡長限制（m）
1～2	0.6	120
3～5	0.5	90
6～8	0.5	60
9～12	0.6	36
13～16	0.7	24
17～20	0.8	20
21～25	0.9	15

表 7.4　露天採掘之 P 值

坡面坡度（%）	P 值	坡長限制（m）
	5	$P = 0.1299 \text{Ln}(n) - 0.0536$
60	10	$P = 0.0628 \text{Ln}(n) - 0.0202$
	15	$P = 0.0453 \text{Ln}(n) - 0.0128$
	5	$P = 0.1299 \text{Ln}(n) - 0.0509$
65	10	$P = 0.0539 \text{Ln}(n) - 0.0186$
	15	$P = 0.0431 \text{Ln}(n) - 0.0116$
	5	$P = 0.1166 \text{Ln}(n) - 0.0482$
70	10	$P = 0.0563 \text{Ln}(n) - 0.0170$
	15	$P = 0.0414 \text{Ln}(n) - 0.0105$
	5	$P = 0.1109 \text{Ln}(n) - 0.0456$
75	10	$P = 0.0538 \text{Ln}(n) - 0.0154$
	15	$P = 0.0401 \text{Ln}(n) - 0.0093$
		n = 階段個數；（n ≧ 2）

表 7.5　高填土坡之 P 值

填土高度（°）	P 值
25	0.125
26	0.120
27	0.115
28	0.111
29	0.107
30	0.103

（資料來源：水土保持技術規範，2001）

㈤滯洪量計算

　　依據水土保持技術規範第 16 條滯洪設施之規定，設計滯洪設施需遵循規劃設計原則，而滯洪量之估算，其水理計算如下：

1. 利用開發前、中、後之洪峰流量繪製成三角單位歷線，以三角形單位歷線 $t_p = \dfrac{D}{2} + t_{log}$ 進行入流分析（圖 7.6），根據美國土壤保持署分析近 500 個大小集水區，得知 $D = 2\sqrt{t_c}$，$t_{log} = 0.6 t_c$，且 $t_r = 1.67 t_p$，故三角歷線基期推估公式如下，圖 7.7 為基期變化試算範例：

$$\because t_p = \frac{D}{2} + t_{log} \quad\quad\quad (7\text{-}16)$$

$$\therefore D = 2\sqrt{t_c} + 0.6 t_c \quad\quad\quad (7\text{-}17)$$

$$t_b = t_p + t_r = t_p + 1.67 t_p = 2.67 t_p \quad\quad\quad (7\text{-}18)$$

t_p：洪峰時間（hr）

t_r：洪峰消減之時間（hr）

t_b：歷線之基期（hr）

D：有效降雨延時（hr）

t_{log}：稽延時間（hr）

t_c：集流時間（hr）

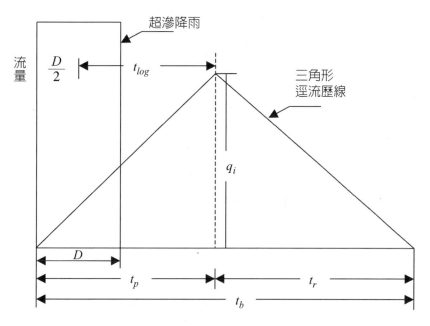

圖 7.6　洪峰基期推估理論

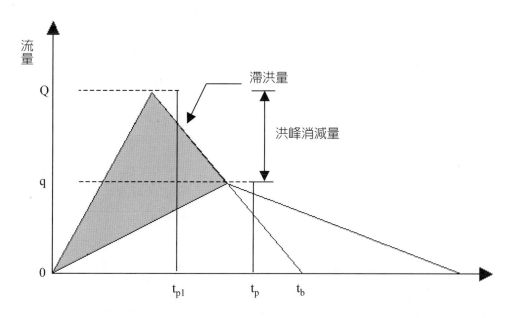

圖 7.7　滯洪量之計算理論

2. 利用三角形同底不等高，依下列公式求出滯洪量：

$$V_{S1} = \frac{t_b(Q_2 - Q_1)}{2} \times 3600 \quad \text{..............................} （7\text{-}19）$$

$$V_{S2} = \frac{t_b(Q_3 - Q_1)}{2} \times 3600 \quad \text{..............................} （7\text{-}20）$$

V_{S1}：臨時滯洪量（m^3）

V_{S2}：永久滯洪量（m^3）

Q_1：開發前之洪峰流量（cms）

Q_2：開發中之洪峰流量（cms）

Q_3：開發後之洪峰流量（cms）

t_b：基期（hr），基於安全考量，設計基期至少應採 1hr 以上之設計（不足 1hr 者，仍以 1hr 計算）

3. 滯洪設施之設計蓄洪量 V_{sd}（m^3）規定如下：
   (1)永久滯洪設施：$V_{sd} = 1.1\ V_{S2}$ ··（7-21）
   (2)臨時滯洪設施：$V_{sd} = 1.2\ V_{S1}$ ··（7-22）

二、應用軟體

本研究概括可分為三大部分，第一部份為原始資料蒐集，如地文、水文資料；第二部分為各模式的基礎理論，分別為土壤沖蝕模式、逕流模式，透過各模式間的連續組合可估算各個物理量，如土壤沖蝕量、逕流量、集流時間、降雨強度等；第三部份為分析部份，透過程式設計軟體（Visual Basic，簡稱 VB），設計土壤沖蝕指數（Soil Erosion Index, SEI），由程式功能呼叫 Access 所建置之氣象資料庫，並針對模式內具有關連性之變數及參數加以統合，使所需輸入的資料及參數量減少，以達方便及快速估算各物理量。

研究中所使用軟體為 VB 6.0 Version 及 Access 2007。發展至今 VB 版本已至6.0，「Visual」的中文意思是視覺，意指開發圖形使用者介面的方法，其方法就是在建立輸出入介面，不必另外撰寫程式來描述介面原件的外觀和配置，僅於使用內建工具箱之工具，在程式設計階段便可達成視窗化使用介面，是屬於「What You See is What You Get」直覺式的設計觀念。VB 6.0 主要功能為建立「土壤沖蝕估算」模式，本研究利用 Microsoft Visual Basic 6.0 之基礎，將數值程式運用不同

之物件轉換成視窗介面，以不同「表單（Form）」運算集流時間、降雨強度、洪峰流量、土壤沖蝕量及滯洪池設計，且呼叫氣象資料庫，進行內部分析。

Access 主要功能為存取氣象資料，紀錄 1985～2009 年間年降雨量與 5、10、20、25、50、100、200 不同頻率年之重現年降雨量，及降雨沖蝕指數（r）、土壤沖蝕指數（K）。

而估算土壤沖蝕量於「水土保持技術規範」中有詳細步驟規定，設計程式過程主要仍遵循規範程序，為了讓使用者更清楚 SEI 模式運算流程，由下圖 7.8 做詳細說明，以漸進方式引導使用者熟悉模組，可減短繁雜的查詢及計算過程。

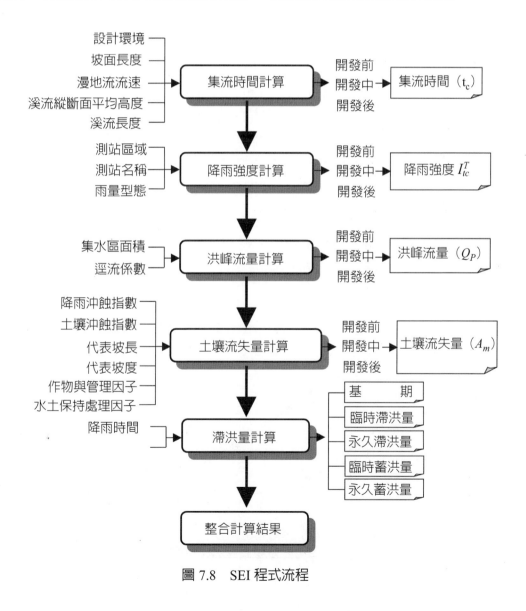

圖 7.8　SEI 程式流程

三、程式撰寫結果

程式設計主要依據水土保持技術規範（2003 年版），參照各公式之條件，正確計算水文量及泥砂量，因此本程式主要分為六類設計表單，分別為：計算集流時間、計算降雨強度、估算逕流量、估算土壤流失量、估算滯洪量與程式估算結果列印等，分別敘述如下：

(一)集流時間（Time of concentration，簡稱 t_c）

於此表單設計中，提供使用者集流時間估算公式，包括參數分段估算法（圖7.9）與芮哈（Rziha）經驗公式。

程式使用之初，需先由使用者自行決定設計環境為「開發坡面」或「集水區」，而限制漫地流流動長度，使用提醒視窗警告使用者檢視所用數值，如圖7.10 紅色框處；接著輸入漫地流流速（可直接選擇 0.3～0.6 之數值或直接輸入區間內數值）、溪流縱斷面高程差及溪流長度；Rziha 公式之流下速度計算式為 $W = 72（H/L^{0.6}）$（km/hr），為了計算方便將其單位轉換為（m/s），故流下速度改為 $W = 20（H/L^{0.6}）$；確定所選條件及輸入數據，即可按下【Calculate】，即可求得開發前、中、後之集流時間（min），以作為降雨強度推估之計算參數，圖 7.11 為集流時間試算範例。

開發基地中，設計者可能會針對小集水區面積，依地勢條件規劃不同開發內容，故需由使用者重複操作集流時間表單，以求得各小區之不同開發時期 t_c。

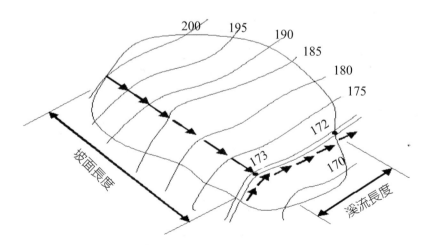

圖 7.9. 分段估算法示意圖

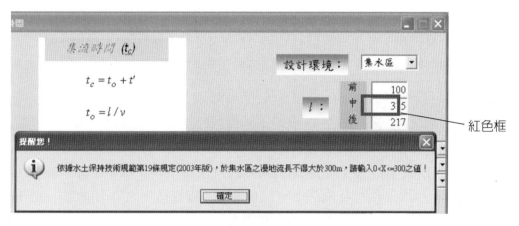

圖 7.10　提醒視窗

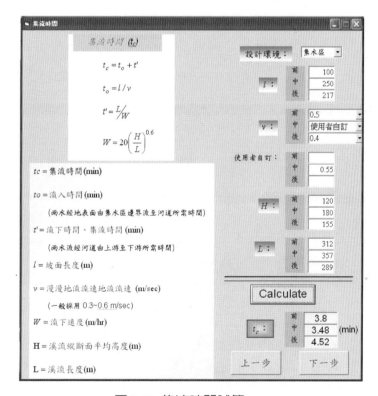

圖 7.11. 集流時間試算

(二)降雨強度推估（Rainfall Intensity Estimation, RIE）

　　於此表單中提供無因次降雨強度推估公式之演算，使用者自可行決定計畫區內所採用氣象站所在區域、測站名稱及指定所需雨量型態；雨量型態意指 25 年記

錄年之年平均雨量，或是經由頻率分析求得之 5、10、20、25、50、100 及 200 頻率年之暴雨量。使用者可以估算近 25 年年平均雨量之降雨強度，或估算不同重現期距年之暴雨強度，期望提供相關設計人員完整氣象資料庫，以方便查詢使用。

採用無因次公式時，降雨延時即為降雨之集流時間，因此引用上一步驟所求得開發前、中、後之 t_c，以求得不同開發時期之降雨強度。確定所選區域之氣象測站，即可按下【Calculate】，即可求得無因次降雨強度推估公式之參數 A、B、C、G、H 及 I_{60}^{25}，更便利使用者可以一次求得不同頻率年之降雨強度（I_{tc}^5、I_{tc}^{10}、I_{tc}^{20}、I_{tc}^{25}、I_{tc}^{50}、I_{tc}^{100} 及 I_{tc}^{200}），以供不同工程構造物之降雨強度（mm/hr）設計需求，圖 7.11 為降雨強度推估試算範例。

因 SEI 僅提供全臺 517 站之氣象資料，為滿足使用者可依有效水文量求取最佳降雨強度，若無法尋得適當氣象資料，可勾選自訂雨量欄位（圖 7.12 紅色框處），使用者即可輸入所需計算之雨量（mm），以方便未提供氣象資料之地區，計算降雨強度。

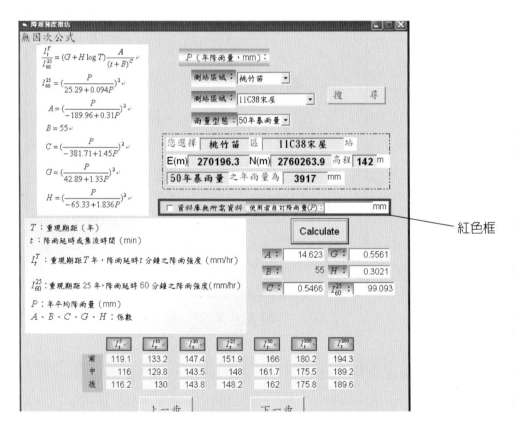

圖 7.12　降雨強度推估試算

㈢逕流量計算（Q_p）

　　於此表單中提供合理化公式（Rational Formula）。使用者需先輸入不同開發時期之集水面積，再參照技術規範輸入適當之逕流係數數值，而降雨強度則引用上一步驟所求得不同開發時期之 I_{tc}，確定輸入數值後鍵入【Calculate】，即可求得不同頻率年之洪峰流量（Q_5、Q_{10}、Q_{20}、Q_{25}、Q_{50}、Q_{100} 及 Q_{200}），以提供使用者應用於不同工程設施之逕流量設計，進而達到多方面使用本程式之功效。圖 7.13 為估算逕流量之試算範例。

㈣土壤流失量估算（USLE）

　　於此表單中需由使用者自行決定降雨沖蝕指數（R_m）、土壤沖蝕指數（K_m）、開發前、中、後之覆蓋與管理因子（C）及水土保持處理因子（P），並自行輸入開發前、中、後之區域代表坡度（θ）及區域代表坡長水平距離（l）；一般使用者可於水土保持技術規範中查詢 R_m 值及 K_m 值，透過本程式僅需選擇所需之區域及地點，即可容易求得 R_m 及 K_m 值，另外若技術規範並無提供開發區內之 R_m 及 K_m 值，則可勾選「反距加權法內差值」，以輸入內差後之適用數值（如圖 7.14 紅色框處）。

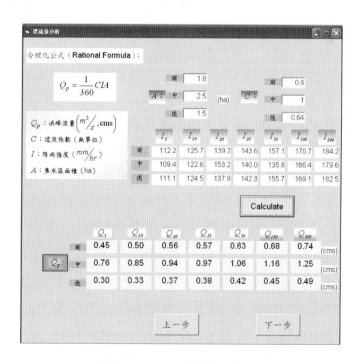

圖 7.13　逕流量分析試算

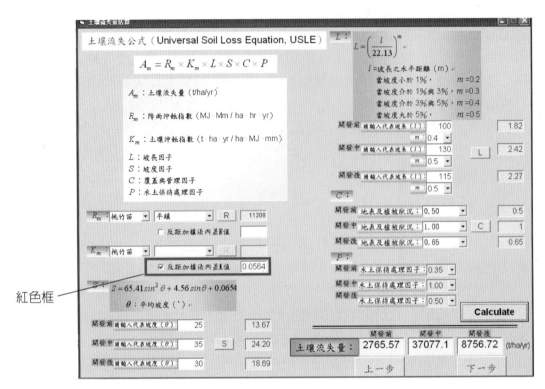

圖7.14　土壤流失量估算

　　C、P 值則提供使用者水土保持技術規範（2001 年 6 月版）第 62 條─山坡地土壤流失量之估算之「地表及植被狀況」之相對 C 值，並加入 0.1～1.0 等數值，可彈性選擇欲決定之 C 值，而 P 值部分則提供 0.10～1.00 間之數值，主要乃參考規定─山坡地土壤流失量之估算之「水土保持處理因子」之相對 P 值，除了無任何水土保持處理、棄土場、陸砂及農地砂石開採處，P 值規定為 1.0，其餘狀況均由使用者視現地狀況決定適當 P 值。確定輸入數值後，即可按下【Calculate】，即可求得開發前、中、後之土壤流失量。

㈤滯洪池設計（Retention Pond Design，簡稱 RPD）

　　滯洪設施係指具有降低洪峰流量、遲滯洪峰到達時間、減少逕流量或增加入滲等功能之設施，因此於開發基地內均需配置滯洪設施以降低泥砂出流機率（包括滯洪壩及滯洪池等）；而有效滯洪量可藉由本程式中滯洪池設計表單推估：

1. 於滯洪池設計表單中，使用者需先輸入有效降雨延時（D，hr），確定數值輸入後，按下【Calculate】鍵，即可求得歷線基期之變化（t_b）。

2. 由於技術規範中規定―估算滯洪量時，需進行水理計算；同時更加以定義基於安全考量，至少應採 1hr 以上之設計基期，若不足 1 hr 者，仍以 1 hr 計算之；因此，當使用者所求得之若 t_b 小於 1.0，本程式則無條件自動以 1.0 計算之，無須由使用者重新評估（如圖 7.15）；若設計者於計算前已確定基期時間必定小於 1 小時，則可勾選『直接採用 1 小時』，免去基期計算過程（如圖 7.16 紅色框處）。

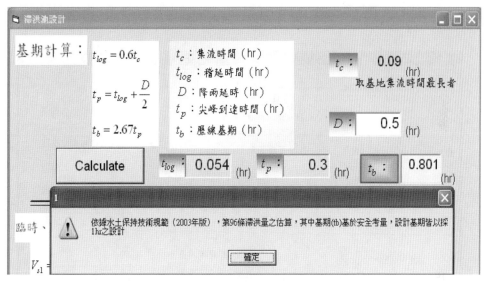

圖 7.15　基期條件之提醒視窗

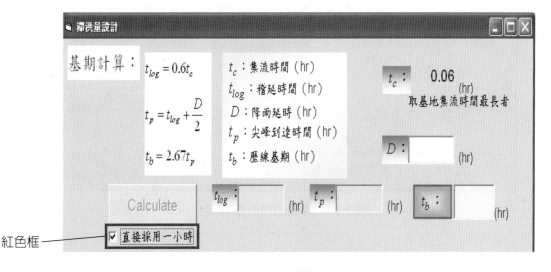

圖 7.16　直接選擇基期

3. 配合滯洪設施規劃設計原則：入流歷線至少採用重現期距 50 年以上之洪峰量，出流歷線則為重現期距 25 年以下之洪峰量，且不得超過開發前之洪峰流量。因此，本程式提供不同重現期距以供選擇，但於此並不強制限制使用者需按照規範之規定選擇，僅以訊息視窗提醒使用者規範條例，如此使用者可依不同需求（如需要更大的重現期距）選擇，以達人性化應用本程式之目的。確定輸入數值後按下【Calculate】鍵，即可求得臨時滯洪量（V_{S1}）、永久滯洪量（V_{S2}）、臨時滯洪設施之蓄洪量（V_{sd}）及永久滯洪設施之蓄洪量（V_{sd}），單位皆為 m^3。圖 7.17 為設計滯洪量試算範例。

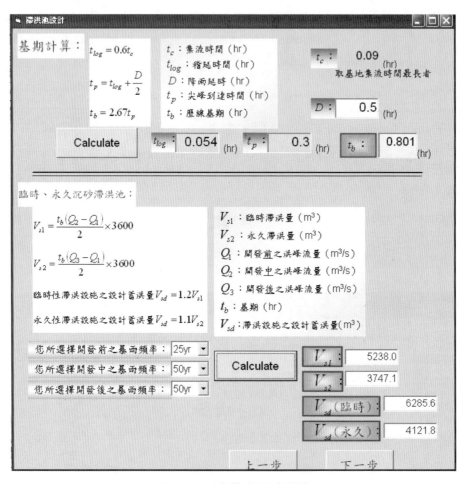

圖 7.17　滯洪池設計試算

㈥列印（Print，簡稱 PRT）

　　綜合上述五項步驟，為方便使用者回顧一連串計算，以簡單條列式之文字論述，並利用表格方式整理多數參數因子，以方便使用者查看；特別於土壤沖蝕量部分，因土壤流失量之單位為 ton/ha/yr，若要換算成容積單位 m³/ha/yr，需乘上單位係數 1.4，故將單位換算後之值列於表中，使用者僅需加以判斷開發前、中、後之流失量是否有合乎規定之限制值，再乘上面積單位公頃之數值，即可方便求得計畫開發區內每年之土壤流失量。同時，本表單更提供「列印」之功能，以方便使用者預覽、呈現及輸出。本程式所試算之結果輸出表單，如圖 7.18。

圖 7.18　列印試算成果

四、案例試算

本文所研發之 SEI 模式，希望提供水土保持相關專業人士使用，並可適用於臺灣各地區，因此取用以下五個地區之開發案例為試驗範例，藉以評估程式之適用範圍與驗證程式之推算準確性。

㈠花蓮地區

配合政府產業東移政策，發展地方經濟及永續經營採礦事業，進行開採作業，因故選擇花蓮地區之計畫開發區進行演算驗證。此計畫區域座落於秀林鄉境內，基地面積為 295.82 ha；高程介於 1,154～860 m；地層種類包括：古生代晚期至中生代早期之大南澳片岩，一般層態走向為西北—東南至東—西向，傾斜 5～35°向東北或北；計畫區出露的岩性以變質沈積岩為主；地質構造有較明顯之東北—西南向及西北—東南數條斷層；基地地質主要為黑色片岩、橄欖岩或其他超基性火成岩變質而成之蛇紋岩所組成。

1. 計算集流時間

因為計畫區屬集水區，所以需遵循「漫地流長度不得大於 300 m」之規定，故以 160 m 為坡面長度；漫地流流速部分，設計者採用最高流速 0.6 m/s；而在計算流下速度部分，採用 Rziha 公式計算；在此計畫區之溪流縱斷面平均高度為 20 m，其流下速度採用曼寧公式求算，得 3.0 m/sec，計算求得 t_c 為 4.77 min。而程式所求得之值為 4.82 min。

2. 計算降雨強度

降雨強度計算需使用基地附近雨量站之年平均降雨量為參數，設計者採用申請場區之雨量站中，年平均降雨量最大之溪口站，其統計資料之年平均降雨量為 2,300.6 mm，求得 25 年及 50 年暴雨頻率之降雨強度為 144.6、158.2 mm/hr；而本程式使用之資料需滿足記錄年限為 24 年之記錄資料，故取用臺灣電力公司電源勘測隊 1985～2009 年間記錄資料，因此選擇溪口站（41T41）為鄰近測站，資料庫亦提供 TN 二度分帶座標檢視兩站相距距離及高程，查尋求得溪口測站之年平均降雨量為 2518 mm，降雨強度分別為 144.5、158.1 mm/hr。

3. 估算逕流量

在逕流係數部分，設計者視計畫區屬非農業使用之山嶺區，遵照水土保持技術規範第 18 條規定選定，故於未整地前之逕流係數為 0.80，開發中之逕流係數為 1.00，整地後之逕流係數為 0.95；開發面積為 0.1742 ha；降雨強度，開發前

採用 25 年暴雨重現期之降雨強度為 144.6 mm/hr，開發後採用 50 年暴雨重現期之降雨強度為 158.2 mm/hr，求得開發前之逕流量為 0.0560，開發中之逕流量為 0.0766，開發後之逕流量為 0.0727；程式運算則以上一步驟所求得之 25 年及 50 年暴雨期限之降雨強度，分別為 144.5、158.1 mm/hr，帶入計算，求得開發前、中、後之逕流量分別為 0.0559、0.0765、0.0727（cms）。

4. 估算土壤流失量

因場區位置位於花蓮縣壽豐鄉，參考 2000 年 3 月之「水土保持技術規範」第 62 條，查表得知 R_m 及 K_m 參數分別為 7,365 及 0.0263；而 L 及 S 參數，因開發前、中、後之代表坡度及坡長均不相同，故以表 7.6 整理之。

C 參數，設計者設計開發前、中、後分別為 0.01、0.85、0.02；P 參數，設計者設計開發前、中、後分別為 0.4、0.5、0.5；求得之土壤流失量分別為 35.04、8.15、44.42（ton/ha/yr）。程式所求得之值分別為 35.04、8.34、44.15（ton/ha/yr）；程式運算過程仍以有效字元為計算數值，因此有微小差異，但大體仍不影響估算結果。

5. 估算滯洪量

在滯洪池之設計部分，以三角單位歷線圖法為設計依據，因其基期計算後不足一小時，故以一小時計之；設計者以「永久滯洪池」設計之，因此蓄洪量乘上 1.1 倍後，求得知滯洪量為 33.07 m^3；而程式計算結果為 33.26 m^3。

6. 綜　述

整理上述各步驟所求得之結果，如表 7.7。

表 7.6　坡長與坡度因子

	坡長（*l*）	*m*	L 值	坡度（°）	S 值
開發前	256	0.5	3.4	24.6	13.30
開發中	5	0.4	0.55	1.15	0.18
開發後	2.68	0.5	0.35	75	65.50

表 7.7　花蓮縣壽豐鄉驗證結果

計算項目	設計者數據	程式計算	誤差百分比（%）
t_c	4.77	4.82	1.03
I_{25}	144.6	144.5	≒0
I_{50}	158.2	158.1	≒0
Q_{25}（前）	0.056	0.0559	0.02
Q_{50}（中）	0.0766	0.0765	≒0
Q_{50}（後）	0.0727	0.0727	0
A_m（前）	35.04	35.04	0
A_m（中）	8.15	8.34	2.33
A_m（後）	44.42	44.15	≒0
V_{s2}	30.06	30.24	≒0
V_{sd}	33.07	33.26	0.6

(二)屏東地區

　　擇屏東縣泰武鄉之土石採取場為試驗範例，該區基地位於山坡地上，為防止開採施工整地過程中土壤沖蝕及逕流量增加而造成災害，因此該計畫預計將可做為未來土石採取時水土保持工程之依據。基地面積總計 14.2 ha；地形因受南北走向潮州斷層切過山地邊緣作用，造成顯著南北走向隆起地形，地勢高程介於 40～110 m，地表現況為原生之草本、灌木及喬木等次生林相；地質構造包括中新世廬山層及蘇礫層，岩性主要為硬頁岩、板岩、千枚岩夾砂岩互層。

1. 計算集流時間

　　設計者計算開發前、中、後之集流時間分別為 2.8、7.5 及 5.6 min，而未說明 l、L 及 H，故於此即以上述數據，為 t_c。

2. 計算降雨強度

　　此部分設計者直接參考 2001 年 6 月版之水土保持技術規範第 23 條，引用「泰武（3）」年平均降雨量表之資料，再另行計算 A、B、C、G、H 係數，代入無因次降雨強度公式求得降雨強度，資料如表 7.8 表示。

表 7.8　設計者與技術規範之無因次公式係數差異

測　站	設計者	技術規範 泰武（3）
年平均雨量（mm）		5,164.8
A	13.39597	26.56727
B	55	55
C	0.52808	0.47048
G	0.55833	0.60127
H	0.30079	0.27719
I_{60}^{25}	102.2	102.2
I_{tc}^{25}	154.3	391.3
I_{tc}^{50}	168.6	424.3

由表可發現直接使用水土保持技術規範中之係數，所求得之降雨強度異常大，因此不建議相關設計人員直接引用係數值及年降雨量，因技術規範上之地區名稱，並未代表氣象站為開發基地之鄰近測站，雖地區名稱皆為泰武，可能設計開發區位於海拔 100 m 處，而名為「泰武（3）」之測站位置可能位於高海拔處，其地域上之多種因子差異，勢必造成年平均降雨量不同，導致由公式計算所求得之降雨強度出現差異。設計者所求得 25 年及 50 年暴雨頻率之降雨強度為 154.3、168.5 mm/hr。而於程式內建資料庫採用 01Q25 泰武站之氣象資料，其年平均降雨量為 4,416 mm，運算求得之值為 152.4 及 166.5 mm/hr。

3. 估算逕流量

逕流係數方面，設計者開發前採用 0.75，開發中採用 1.0，開發後採用 0.85，開發前集水面積為 3.010 ha，開發中集水面積為 11.909 ha，開發後集水面積為 13.989 ha，降雨強度採 25 年及 50 年之降雨強度，分別為 154.3、168.6 mm/hr，求得開發前、中、後之 25 年逕流量分別為 0.968、5.104、5.096 cms，開發前、中、後之 50 年逕流量分別為 1.057、5.577、5.569 cms。

4. 估算土壤流失量

設計者取泰武地區之 R_m 值，為 44,712；K_m 值採來義丹林社區地區，為 0.0224；因設計者劃分為六個小集水區，故僅選取其中之一小集水區，進行驗算，其開發前、中、後之 L、S、C、P 及 A_m 整理於表 7.9。

表 7.9　L、S、C、P 及 Am 之數據

	l(m)	m	L	θ (°)	S	C	P	A_m (ton/ha/yr)
開發前	70	0.5	1.78	19.65	9.00	0.01	0.60	96.269
開發中	70	0.5	1.78	18.19	7.86	1.0	1.0	14,012.47
開發後	7.5	0.5	0.58	33.69	22.72	0.01	0.50	65.990

5. 估算滯洪池估算

設計者之基地永久性滯洪池 t_b 採用 1 hr，臨時性滯洪池 t_b 採用 1.144 hr，而本程式建議使用者，當基期差異不大時，可使用相同 t_b 值；而開發前之洪峰流量，以 25 年之洪峰流量設計，開發中、後之洪峰流量，則以 50 年之洪峰流量設計，求得設計滯洪量為 8,623.89 m³，滯洪設施之蓄洪量為 9,486.28 m³。

6. 綜　述

整理上述各步驟所求得之結果，如表 7.10。

表 7.10　泰武地區驗證結果

計算項目	設計者數據	程式計算	誤差百分比（%）
t_c	5	5.02	≒0
I_{25}	154.3	152.4	1
I_{50}	168.5	166.5	1
Q_{25}（前）	0.968	0.948	2
Q_{50}（中）	5.577	5.463	2
Q_{50}（後）	5.569	5.455	2
A_m（前）	96.269	96.139	≒0
A_m（中）	14,012.47	14,006.2	≒0
A_m（後）	65.99	66.24	≒0
V_{s2}	8,623.9	8,734.8	1
V_{sd}	9,486.3	9,608.2	1

㈢高雄地區

　　因應高雄縣 60 歲以上人口約佔全縣總人口之 **12%**，卻僅有一座殯儀館、一座火葬場及納骨塔 17 座，有無法滿足大眾需求之現象。為避免民間違法使用耕地營葬，故規劃一處 0.944 ha 之區域面積，設置殯、葬、塔一體專用之殯葬設施。基地位置於大寮鄉境內，而地勢高程介於海拔 60～80 m 之間，地勢大致由北往南向下傾斜，土地利用現況為墓地、果園及雜林區。坡度介於 0.00～39.25% 之間，平均坡度為 17.85%。坡向以西北向為主，且未有 S > 55% 之陡峭區域。基地含有一條天然野溪；地層含有大社層及沖蝕層；地質構造有鳳山背斜及鳳山斷層；岩層屬於早更新世大社層沈積岩為主，主要岩性以泥岩夾薄層至中厚層礫岩與砂岩互層；土層主要為黃棕色粉土質砂夾礫石所組成。

1. 計算集流時間

　　彙整設計者與程式驗算之結果於表 7.11。

2. 計算降雨強度

　　設計者採用鳳山農田水利會雨量測站資料，並以彙整設計者與程式驗算之結果於表 7.12。

表 7.11　高雄地區集流時間驗算結果

		l(m)	V(m/sec)	L(m)	H(m)	t_c(min)
設計者	開發前	35.69	0.4	116.58	10.5	1.90
	開發中	26.60	0.5	126.90	11.5	1.33
	開發後	32.31	0.4	137.28	3	2.48
程式計算	開發前	同上				1.91
	開發中	同上				1.64
	開發後	同上				2.63

表 7.12　高雄地區降雨強度驗算結果

	P（mm）	A	C	G	H	I_{60}^{25}
設計者	1,822.6	23.62	0.65	0.55	0.31	85.9
程式計算	2,024.0	21.31	0.63	0.55	0.31	88.2

續表 7.12　高雄地區降雨強度驗算結果

	設計者				程式計算		
	I_{tc}^{25}　（mm/hr）		I_{tc}^{50}　（mm/hr）		I_{tc}^{25}　（mm/hr）		I_{tc}^{50}　（mm/hr）
開發前	143.5		157.2		144.8		158.6
開發中	144.5		158.2		145.3		159.0
開發後	142.6		156.1		143.7		157.3

3. 估算洪峰流量

開發前、中、後之洪峰流量估算結果，如表 7.13。

4. 估算土壤流失量

R 值採高屏地區鳳山地區，而 K 值採用大寮內坑地區，表 7.14 彙整估算土壤沖蝕量之各項參數。

表 7.13　高雄地區洪峰流量驗算結果

		代號	設計者	程式計算
	開發前			0.85
逕流係數	開發中	C		1
	開發後			0.95
	開發前			1.31
開發面積	開發中	A		1.31
	開發後			1.31
	開發前		0.444	0.448
25 年洪峰流量（cms）	開發中	Q_{25}	0.474	0.475
	開發後		0.472	0.478
	開發前		0.486	0.490
50 年洪峰流量（cms）	開發中	Q_{50}	0.519	0.520
	開發後		0.517	0.544

表 7.14　高雄地區土壤沖蝕量驗算結果

		設計者		程式計算
	R_m		13,650	
	K_m		0.025	
λ	開發前		118.8	
	開發中		43.4	
	開發後		102.2	
m	開發前、中、後		0.5	
L	開發前	2.32		2.31
	開發中	1.40		1.40
	開發後	2.15		2.14
θ	開發前			7.2
	開發中			6.32
	開發後			4.48
S	開發前	1.66		1.66
	開發中	1.36		1.36
	開發後	0.82		0.82
C	開發前		0.01	
	開發中		1.00	
	開發後		0.01	
P	開發前		0.60	
	開發中		1.00	
	開發後		0.50	
A_m	開發前	7.89		7.90
	開發中	648.79		649.93
	開發後	3.00		3.01

5. 估算滯洪量

表 7.15 彙整估算滯洪量之各項參數。

表 7.15　高雄地區滯洪量驗算結果

				設計者	程式計算
基期			t_b	1	1.068
重現期距	開發前		T		25
	開發中				-
	開發後				50
洪峰流量	開發前		Q	0.444	0.448
	開發中			-	-
	開發後			0.517	0.523
滯洪量			V_s	131.40	135.00
蓄洪量			V_d	144.54	148.50

6. 綜　述

整理上述各步驟所求得之結果，如表 7.16。

表 7.16　高雄地區驗證結果

計算項目	設計者數據	程式計算	誤差百分比（%）
t_c	1.90	1.91	≒0
I_{25}	143.5	144.8	≒0
I_{50}	157.2	158.6	≒0
Q_{25}（前）	0.444	0.448	≒0
Q_{50}（中）	-	-	-
Q_{50}（後）	0.517	0.523	1
A_m（前）	7.89	7.90	≒0
A_m（中）	648.79	649.93	≒0
A_m（後）	3.00	3.01	≒0
V_{s2}	131.40	135.00	2.7
V_{sd}	144.54	148.50	2.7

㈣苗栗地區

　　為儘早提供苗栗市居民就醫方便，因此積極開發，期望市民有良好就醫環境。擇取本案例之開發面積約為 0.85 ha，高程介於 178～170 m，坡度分級以二級坡為主，坡向為南向北緩降，地質包括頭嵙山層、紅土臺地堆積層及沖積層，地質構造有銅鑼向斜及斧頭坑斷層，地層為頭嵙山層之香山相地層，土壤為細砂及粉土。

1. 計算集流時間
　　彙整設計者與程式驗算之結果於表 7.17。

2. 計算降雨強度
　　設計者採用「水土保持技術規範」第 16 條，中部地區各雨量站之年平均雨量表中苗栗站，以下彙整設計者與程式驗算之結果，如表 7.18 及表 7.19。

3. 計算洪峰流量
　　開發前、中、後之洪峰流量估算結果，如表 7.20。

表 7.17　苗栗地區集流時間驗算結果

		l(m)	V(m/sec)	L(m)	H(m)	t_c(min)
設計者	開發前	100	0.48	26	8	3.48
	開發中、後	12	0.5	107	8	3.62
程式計算	開發前	同上				3.52
	開發中、後	同上				3.76

表 7.18　苗栗地區係數驗證結果

	P(mm)	A	C	G	H	I_{60}^{25}
設計者	1,581.7	27.73	0.68	0.54	0.31	82.7
程式計算	1,505.0	29.40	0.70	0.54	0.31	81.4

表 7.19　苗栗地區降雨強度驗證結果

	設計者		程式計算	
	I_{tc}^{25}　（mm/hr）	I_{tc}^{50}　（mm/hr）	I_{tc}^{25}　（mm/hr）	I_{tc}^{50}　（mm/hr）
開發前	138.1	151.3	135.9	148.9
開發中	140.8	154.3	136.3	149.3
開發後	140.8	154.3	136.3	149.3

表 7.20　苗栗地區洪峰流量驗證結果

		代號	設計者	程式計算
逕流係數	開發前	C	0.7	
	開發中		1.0	
	開發後		0.9	
降雨強度	開發前	$I_{t_c}^{25}$	138.1	135.9
		$I_{t_c}^{50}$	151.3	136.3
	開發中、後	$I_{t_c}^{25}$	140.8	148.9
		$I_{t_c}^{50}$	154.3	149.3
開發面積		A	0.889	
25 年洪峰流量（cms）	開發前	Q_{25}	0.239	0.236
	開發中		0.348	0.336
	開發後		0.313	0.302
50 年洪峰流量（cms）	開發前	Q_{50}	0.262	0.258
	開發中		0.381	0.368
	開發後		0.343	0.335

4. 估算土壤流失量

土壤流失量估算可配合反距加權法（IDW）求得預定地點之年平均降雨沖蝕指數。IDW 之原理為利用未知點（Rm_x）周圍鄰近已知點（Rm_i）的資料為基礎，以鄰近各已知點對未知點間的距離（L_i）平方倒數作為各已知點的加權權重，推算未知點的資料（NOAA National Weather Service, 1972），如圖 7.19 所示。利用反距加權法估算 Rm_x 資料時，宜採用最靠近之三個或以上之測站資料，公式（7.23）式；因此設計者採用後龍、三義及大湖站，利用 IDW 計算 R 值為 8,558，而 K 值採用苗栗市西郊之值 0.0407。表 7.21 彙整估算土壤沖蝕量之各項參數。

$$Rm_x = \frac{\sum\limits_{i=1}^{m} \dfrac{Rm_i}{L_i^2}}{\sum\limits_{i=1}^{m} \dfrac{1}{L_i^2}} \quad\cdots\cdots\cdots\cdots\cdots\cdots\cdots\cdots\cdots\cdots\cdots\cdots（7\text{-}23）$$

5. 估算滯洪量

設計者利用三角單位歷線所求得之基期，因小於 1 hr，故採用 1 hr，表 7.22 彙整估算滯洪量之各項參數。

6. 綜　述

整理上述各步驟所求得之結果，如表 7.23。

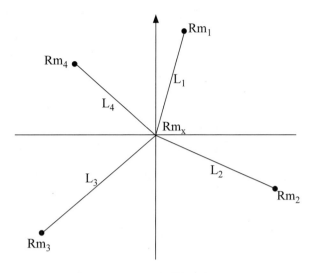

圖 7.19　反距加權示意圖

表 7.21　苗栗地區土壤沖蝕量驗算結果

		設計者	程式計算
	Rm	8,558	
	Km	0.0407	
	λ	22	
	m	0.5	
	L	0.997	0.99
	θ	21.32	
	S	10.37	10.36
	開發前	0.01	
C	開發中	0.30	
	開發後	0.01	
	開發前	0.50	
P	開發中	0.50	
	開發後	0.50	
	開發前	18.00	18.00
Am	開發中	559.48	540.19
	開發後	18.00	18.00

表 7.22　苗栗地區滯洪量驗算結果

			設計者	程式計算
基期		t_b	1	1
重現期距	開發前			25
	開發中	T	-	
	開發後			50
洪峰流量	開發前		0.239	0.236
	開發中	Q	-	-
	開發後		0.343	0.335
滯洪量		V_s	187.2	178.2
蓄洪量		V_d	206.0	196.0

表 7.23　苗栗地區驗證結果

計算項目		設計者數據	程式計算	誤差百分比（%）
t_c	開　發　前	3.48	3.52	1
	開發中、後	3.62	3.76	3.5
I_{25}	開　發　前	138.1	135.9	1.6
	開發中、後	140.8	136.3	3.1
I_{50}	開　發　前	151.3	148.9	1.6
	開發中、後	154.3	149.3	3.2
Q_{25}（前）		0.239	0.236	1.3
Q_{50}（中）		0.381	0.368	3.4
Q_{50}（後）		0.343	0.335	2.3
A_m（前）		18.00	18.00	0
A_m（中）		559.48	540.19	3.4
A_m（後）		18.00	18.00	0
V_{s2}		187.2	178.2	4.8
V_{sd}		206.0	196.0	4.8

㈤臺南地區

　　本研究採用大內鄉境內一開發區為驗證案例，基地位於山區與嘉南平原之交界處，周邊對外交通便利且觀光資源相當豐富，加上該地區有豐富多樣化的農產品產業，期望發展為教育休閒園區，以帶動南臺灣科技與觀光產業。基地面積約為 1 ha，高程介於 35～100 m；坡度介於一～六級坡之間，平均坡度 33.45%；坡

向以南向及西南向為主；基地所出露之地層主要為階地堆積層（Qt）、南化泥岩
（Pnh）及關廟層（Pkm）；地質構造有那拔林向斜、三十六崙背及洪水坑向斜、
左鎮斷層基地地層主要分為兩個層次：砂岩塊、卵礫石、粘土質粉土或粉土質粘
土夾砂石層；泥質砂岩層；土壤質地主要為砂，頁岩風化後形成之砂土以及青灰
泥岩風化後形成之粉砂土、壤土。

1. 計算集流時間

彙整設計者與程式驗算之結果於表 7.24。

2. 計算降雨強度

設計者採用鄰近基地、高程接近之山上測站（1976～2009）資料，年平均降
雨量為 1,852.2 mm，由程式驗算中採用山上原料區（51N38），資料記錄為
1985～2008，年平均降雨量為 1,852 mm，以下彙整設計者與程式驗算之結果於
表 7.25 及表 7.26。

表 7.24　臺南地區集流時間驗算結果

		l (m)	V (m/sec)	L(m)	H(m)	t_c (min)
設計者	開發前	144.97	0.4	120.84	6	6.65
	開發中	147.53	0.6	47.65	9	4.21
	開發後	75.75	0.4	268.15	17	4.33
程式計算	開發前		同上			6.66
	開發中		同上			4.21
	開發後		同上			4.33

表 7.25　臺南地區參數驗算結果

	P(mm)	A	C	G	H	I_{60}^{25}
設計者	1,852.2	23.13	0.646	0.546	0.308	86.3
程式計算	1,852.0	23.13	0.646	0.546	0.308	86.3

表 7.26　臺南地區降雨強度驗算結果

	設計者		程式計算	
	I_{tc}^{25} (mm/hr)	I_{tc}^{50} (mm/hr)	I_{tc}^{25} (mm/hr)	I_{tc}^{50} (mm/hr)
開發前	136.6	149.6	136.5	149.5
開發中	140.2	153.5	140.2	153.5
開發後	140.0	153.3	140.0	153.3

3. 估算洪峰流量

開發前、中、後之洪峰流量估算結果,如表 7.27。

4. 估算土壤流失量

R 值取二溪地區,K 值取大內地區,表 7.28 彙整估算土壤沖蝕量之各項參數。

5.估算滯洪量

表 7.29 彙整估算滯洪量之各項參數。

6.綜　述

整理上述各步驟所求得之結果,如表 7.30。

表 7.27　臺南地區洪峰流量驗算結果

		代　號	設計者	程式計算
逕流係數	開發前	C		0.85
	開發中			1
	開發後			0.95
開發面積	開發前	A		1.20
	開發中			1.10
	開發後			1.13
25 年洪峰流量（cms）	開發前	Q_{25}	0.387	0.387
	開發中		0.429	0.428
	開發後		0.417	0.417
50 年洪峰流量（cms）	開發前	Q_{50}	0.424	0.424
	開發中		0.470	0.469
	開發後		0.456	0.457

表 7.28　臺南地區土壤流失量驗算結果

		設計者	程式計算
R_m			16,067
K_m			0.0412
λ	開發前		41.64
	開發中		79.13
	開發後		79.13
m	開發前		0.5
	開發中		0.5
	開發後		0.5
L	開發前	1.372	1.373
	開發中	1.891	1.890
	開發後	1.891	1.890
θ	開發前		27.5
	開發中		18.7
	開發後		18.7
S	開發前	16.1	16.1
	開發中	8.2	8.3
	開發後	8.2	8.3
C	開發前		0.01
	開發中		1.00
	開發後		0.01
P	開發前		0.60
	開發中		1.00
	開發後		0.70
A_m	開發前	87.7	87.8
	開發中	10,264.5	10,326.1
	開發後	71.85	72.28

表 7.29　臺南地區滯洪量驗算結果

			設計者	程式計算
基期		t_b	1	1
重現期距	開發前	T		25
	開發中			-
	開發後			50
洪峰流量	開發前	Q	0.387	0.387
	開發中		-	-
	開發後		0.456	0.462
滯洪量		V_s	124.20	135
蓄洪量		V_d	136.62	148.5

表 7.30　臺南地區驗證結果

計算項目		設計者數據	程式計算	誤差百分比(%)
t_c	開發前	6.65	6.66	1.5
	開發中	4.21	4.21	0
	開發後	4.33	4.33	0
I_{25}	開發前	136.6	136.5	$\fallingdotseq 0$
	開發中	140.2	140.2	0
	開發中	140.0	140.0	0
I_{50}	開發前	149.6	149.5	$\fallingdotseq 0$
	開發中	153.5	153.5	0
	開發後	153.3	153.3	0
Q_{25} （前）		0.387	0.387	0
Q_{50} （中）		0.470	0.469	$\fallingdotseq 0$
Q_{50} （後）		0.456	0.457	$\fallingdotseq 0$
A_m （前）		87.7	87.8	0
A_m （中）		10,264.5	10,326.1	1
A_m （後）		71.9	72.3	$\fallingdotseq 0$
V_{s2}		124.2	126	1.4
V_{sd}		136.6	138.6	1.5

7-5　結論與建議

由上列案例分析，針對程式之優缺點，簡述如表 7.31。

表 7.31　彙整程式優缺點

優　點	缺　點
1.運算結果準確性高，誤差百分比皆小於 5%。	1.未設計多個子集水區同時計算 t_c 之功能，故需單獨計算各子集水區之所需因子數值。
2.以親和性方法引導使用者進行運算，於該設限之步驟，以提醒視窗告知使用者；另外，設計「使用者自訂」之選項，提供使用者輸入所需之設計數值。	2.提供之年平均降雨量，為交通部中央氣象局所提供氣象測站之氣象紀錄，因此造成某些區域有無氣象資料之情形，因此使用者引用鄰近測站之值，或自行輸入所需數值，以進行 I_{tc} 之計算。
3.後端資料庫豐富且完善，包括 TN 二度分帶座標、測站高程及測站代號，以供使用者對照、查詢及使用，並經由頻率分析，可提供不同頻率年之年平均降雨強度，使用者可自行選擇。	3.未內建反距加權法之功能，因此需另外自行計算後，始得輸入預定地點之代表數值。
4.程式設計開發前、中、後之設計情形，供使用者於不同施工階段設計適當合理之數值。	4.某些設計者於集流時間進行計算，但於滯洪池設計時並未確實以三角單位歷線法進行計算，而直接採用法規上之規定，直接引用 1 hr 進行滯洪量之計算；而希望使用者由劃分小集水區中，求得最長集流時間後，再進行歷線基期計算，切勿直接以集流時間作為基期。
5.程式可一次呈現多個不同頻率年之降雨強度與洪峰流量。	5.程式未提供資料存取功能，僅於最終表單處（PRT），以條列式陳列各個有效設計數據之值。
6.依據一般水土保持計畫之作業程序，及常用單位，免去單位換算之複雜程序。	

CHAPTER 8

生態工程之網頁資源應用

90 年代後期，生態工法、生態工程、自然工程……等這些名詞開始興起，至今（2009）自然環境中可發現許多相關產業，如水土保持戶外教室、遊憩公園、構造物生態化及許多相關網頁；因資訊發達，許多相關單位藉由網頁，以達到介紹及宣傳之效，因此本文蒐集以生態工法（生態工程或自然工程）為關鍵詞，相關之教育、政府及民間單位網頁，予以分類整理，減少查詢時間，有助於生態工程之認識與推廣，並可強化數位學習。

8-1　前　言

　　早期臺灣的環境與自然資源管理模式中，民眾參與並未受到重視，所幸近年來臺灣蓬勃的民間力量逐漸形成與展現，經過許多地區的摸索經驗，今日民眾參與生態保育已為政府及民間之共識。這股力量的形成，勢必讓環境保育運動在未來達到另一個新境界與新平衡。然而，生態保育工作的型態眾多，政府權責分工、社會參與對象、動機、作法、效果與外界支援程度都不盡相同，但是如何善用這股趨勢所帶動的力量，已成為當前極為重要的課題。由於資訊科技發展迅速，電腦暨網路應用日益普及，人類的知識與經驗，如：歷史紀錄、生產設計程序、藝文創作、文化內涵、研究成果、科學發現等，均不能再僅依賴傳統的紙張、書籍來印刷、記錄及保存。尤其是電腦多媒體及網際網路的進步，更大大地改善了上述這些資訊應用環境的改變。近年來，新興資訊科技不斷影響我們的工作、學習、研究、溝通及服務方式。上網的主要目的，查詢資訊仍名列第一，其餘依次為吸收新知、收發電子郵件、下載軟體、以及娛樂等。

　　網路資源多樣且方便，故網路資源的應用將成為二十一世紀的主流。為了考慮未來高速網路的需求，許多公家機關、學術機構及民間團體皆建立網頁以達到最佳宣傳效果，而在民眾上網意願提高的同時，對於網際網路的應用情形則成為下一個大家關心的議題。然而，由於生態環境保育的意識抬頭，以安全與實用為前提下之生態工程（Ecological Engineering Methods），呼聲與日遽增。生態工程基本上是遵循自然法則，把屬於自然的地方還給自然。人類對於自然資源的利用應該被視為現階段「自然」環境的組成分子之一，而這個因子應該於環境保護及制訂規範的過程中被考慮進去，進而應用在確保地形及生態之型態、功能多樣性的溪流經營管理工作中。多樣化之生態工程施行方式，能營造變化豐富的自然環

境，為了使此工程得到多方共識，許多相關人員運用網際網路製作多媒體網頁，達到教育、宣導之功能，而本文旨在推動自然環境認知，強化數位學習內容。

8-2 前人研究

根據資策會 2008 年的統計，臺灣上網的人數已經超過 800 萬人；大部分的研究工作幾乎完全依賴網際網路瀏覽器來完成；許多資訊系統的整合方案，也大都彙整自全世界知名廠商建置的網站所提供的產品資訊。有些家長已經會運用教學網站來教導他們的小孩；有些中小學生已經學會用 E-mail 和同學們聯絡、聊天。當今之電腦介面與編輯軟體均已開發成功，故今日所建立之電腦輔助學習系統，已完成符合學習理論。其係以認知心理學為基礎、建構主義為理念、行為學派的設計為精神，並以練習、情境模擬、真實等模式加以設計，強調學習者能獲得原有知識（Prior Knowledge），使用者與電腦可以產生雙向互動，以及適當的回應等，其主要特色為：

1. 強調個別化的學習。
2. 軟體設計原則，包括：
   (1)使用者之起點行為。
   (2)學習者控制（Leaner control）方式設計。
   (3)交互式（Interactive）設計。
   (4)資料庫安排。
   (5)學習情境之安排。
   (6)增進學習動機。
   (7)概念圖（Concept map）的安排。
3. 重視同儕間之合作學習
   有鑑於此，臺北科技大學自 1999 年起，由該校土木系林鎮洋教授建立生態工程的研究，並扮演兼顧專業及社會教育的角色，讓更多人體會如何兼顧專業及社會教育之角色；Bergen（2001）提及生態工程設計原則包括以下幾點：(1)因地制宜；(2)維持所設計的各項功能需求之獨立性；(3)承認激發生態設計的價值與意義。

儘管定義明確，但該工程初次推行之際，仍有許多人對「生態工程」一詞感到陌生，行政院公共工程委員會更於 2002 年 8 月議成國內生態工程之統一定義：「所謂生態工程便是指基於對生態系統之深切認知與落實生物多樣性保育及永續發展，而採取以生態為基礎、安全為導向的工程方法，以減少對自然環境造成傷害」。

隨著社會各界對自然保育意識的提升，以及知識流通管道的多元化，如瑞士、德國及日本之生態工程經驗，已建立完整的生態工程基礎概念，因此臺灣生態工程的推展工作不再是一窒礙難行的任務，產、官、學界需密切合作並規劃全方位的研究及推展策略，進行多方面教育宣導，方法可區分為：(1)直接教育宣導及(2)間接潛移默化兩方面。

所謂直接教育宣導即透過宣導活動、宣導團及示範區等方式直接進行教育訓練；而間接潛移默化則需藉由平面媒體、電子媒體等各項媒介達成宣導目的。無論是直接或間接均需活潑化、生活化與專業化，並以深入淺出方式宣導觀念，協助生態工程技術之推廣。網路資訊發達，上網查詢資料更是目前全人類第一時間想到之查詢方式，而網路化互動式多媒體教學教材，需考量使用者為學習過程之核心的設計理念，希望藉由活潑與多樣性的基本理念與各地區成功案例介紹，能引導學習者更深入認識生態工程。

　　「生態工程」近幾年來相當盛行，不僅學術界大力推行相關教材，政府機關紛紛編修相關法規條例及多方面宣導，工程界更是改變構築材料及建構方式，更有許多民眾以自家環境為例，以最自然的方式呈現生態工程的精神；由此可見生態工程已深入人心。配合資訊發展的步調，為了達到最佳教育推廣、宣傳之效果，許多相關單位由「多媒體製作」架構網頁，供欲學習者方便瞭解生態工程之實際應用面，也可以強化數位學習能力，並以友善方式開放資訊相互交流平臺，達到互動式之效。蒐集目前國內、外之熱門網頁，進行單位分類，並進一步瞭解各網頁主旨內容，做一整理調查（如圖 8.1 所示）。另外，各網頁中不乏有提供其他相關網頁，但是由於資訊發達，資訊淘汰率相當高，若是網頁沒有適當管理，導致所建立的超連接網頁無法開啟，則間接浪費查詢人的寶貴時間，因此本文除了整理網頁內容，更確保文中所提供的網頁是最新資訊，且可以成功開啟、使用，期望為「生態工程」的網路世界稍做整理、過濾。

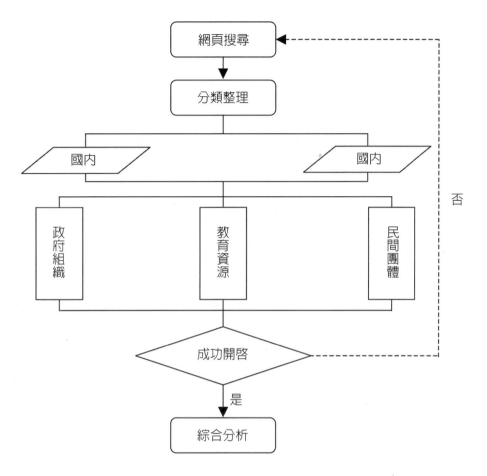

圖 8.1　生態工程網頁研究流程

8-3　研究材料與方法

　　本文蒐集網際網路中有關「生態工程」之相關網頁，主要來自「yahoo」及「Google」兩大搜尋器，以「生態工程」、「溪流復育」、「ecological engineering」等關鍵詞，進行搜尋國內外相關網頁，主要以內容種類及是否可成功開啟者，為本研究材料，共搜尋 499 個相關網頁。經過篩選統計，國內網站共有217 個，國外網站共有 282 個；再將國內外網站分類：政府組織、教育團體、民間團體，由圖 8.2 說明各佔百分比，可明顯看出教育團體在推行生態工程為一主要配合實施者。

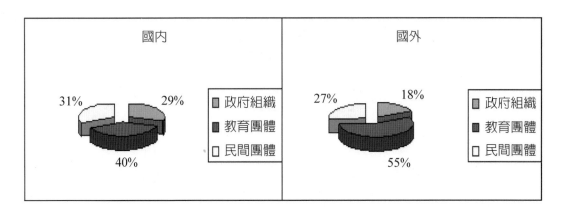

圖 8.2　分類網站所佔百分比圖

　　就國內而言，許多學校不但在近年新增生態工程之課程，並在校園內配合自然地形、就地取材，營造最好的戶外教學用地，成為實施生態工程最佳典範。

8-4　國內外案例綜合評述

　　在相關網頁中，搜尋到許多很值得推薦的內容，其中以國內外成功的生態工程案例，並以內容豐富度且適合做一典範為依據。

一、國內案例

　　集水區治理主要目的雖以保護溪流下游居民安全，避免兩岸土石流失，防止災害發生為主要考量，但實施治山防災工程時，除應考慮安全防護之功能外，亦應考量生態環境之維持，並使工程構造物與周遭環境相容。其治理內容有蛇籠護岸、預鑄景觀石護岸、固定格框式護岸及加勁蜂巢格網護岸。其治理原則為避免使用混凝土護岸，因其表面平滑無藏匿空間，溪流生物無法與陸地生物交流，形成阻隔，破壞生態循環。另外，混凝土防砂壩形成落差造成魚蝦無法迴游，造成區域性生態，整流工程如採混凝土封底設計，會造成流速加快，下游易形成洪害，且地下水補注功能將喪失。而一般工程規劃之初，主要以生態環境保護及復育為規劃重心，另外配合附近休閒景點，藉由步道之設置適度將人類活動範圍引

入自然溪溝區域，以提高親水功能並藉親水活動之機會教育並喚醒民眾愛護溪流生態、保護自然環境資源之意識。其設計理念如下：

1. 上游之生態環境

為防止上游坑溝刷深造成坡面侵蝕與崩塌，攔截上游砂石向下推移，乃於起點設計潛壩，以維護上游之生態環境。

2. 生態保護

河段雜木林叢生，豪大雨後常被洪水沖走，林木根系能耐水流之沖擊，可包容且纏住盤石賴以生長，施工時特予保護。

3. 就地取材

河段內堆積之大塊石應用於護岸，即屬於自然的還給自然，石縫自然可供如蛙類等生物棲息繁衍，另擬於縫隙中植入植生土袋，種植草花等使環境更調和自然美麗。

4. 水體功能

坡降變化時，流速隨之變化，流速超過 6.5 m/s 時，可推動一般大塊石，為減緩流速，以跌水工漸次消能，利用跌水工之位能產生親水 SPA 效應。

5. 活動空間

「生態工程」基本上是遵循自然法則，使自然與人類共存共榮。在自然環境能提供日常生活的活動空間，「水」佔有極重要的角色，然野溪縱坡度大，要留住水，尤其無污染的水更覺珍貴，以防砂壩內設過濾池蓄水，並將跌水靜水池加長設計，水深 60 cm，將水截留以提供親水活動空間。

6. 空間利用及便橋景觀造型

野溪之河道 90% 以上為枯水期，如能規劃為人的活動空間，讓一些愛山美水的人們樂在其中，構造物如加以景觀造形設計更能吸引人的視覺，於支流處利用寬淺及階梯之設計方式，以方便上下河道，便橋之設計採用雙曲拱橋，不但美化視野，行車更覺方便。而一般常用之方式，茲分述如下：

⑴親水河谷：為配合溪溝自然地形，在流域較為寬廣的地點以砂岩在河床區域設置平臺，於並與水道交互搭配，配合兩岸護岸的植栽綠化，提供民眾親水功能。

⑵淺湍：在水利安全原則下利用現有溪床自然形勢適當修飾或人工於適當地點營造淺湍水體，除可增加水中涵氧量外還提供水生動物流速較快之水域環境。

⑶半島：於水域與陸域環境之間，以自然塊石疊砌緩斜坡之半島形狀營造出低落差之階段，以銜接水陸域環境通道，避免岸生生物走道因人工構築護岸而遭切斷。

⑷I型原形石面護岸：因土地取得困難或受溪流腹地限制溪寬較窄僅能使用較少用地，必須施築較陡之護坡時，採用此種型式之護岸；惟為提供植物生育基盤，結構體表面採用自然原形石材疊砌，以增加護岸表面孔隙營造植物生存環境。

⑸L型原形石面護岸：在用地較為寬廣，溪流流速較強之溪段地區，採用斜率較平緩之L型護岸，其結構表面採用自然原形石材疊砌，增加護岸表面孔隙，以營造植物生育基盤提供植物生長及小型哺乳類移動躲藏。

⑹F型原形石面護岸：於本溪流流域寬廣或流速較緩溪段，採用F型砌石護岸，本型式護岸因無背襯，基於結構安全採用塊石之單位體積需較大，以利用石塊之自重抵抗主動土壓力及水流曳引力。本型式護岸因其塊石間縫直接與背土接壤之特點，極利植物生長，可栽植較大型之植栽。溪溝地形許可時，應儘量採用此種型式。

二、國外案例

日本於 1996 年河川審議會中，改訂河川工程，加入「環境」之 keyword，提出使用「多自然工程」的提案。以下針對日本布禮別地區富良野市之「近自然河川排水路」為案例。在布禮別地區所實施的近自然工程排水路是以改良排水為目標，並在自然生態系的保護主題下利用與過去施行的工程不太一樣的組合。由於對該河川生態系的知識不足外，在施工上的指針和參考也非常少，從設計調查到計算施工的不安因素有很多。特別是決定線形和縱斷計畫，其中包含了水理研究、不定形工程構造物之問題、礫石使用的計算方法及施工管理等。對於未來的方針、步調、管理準則和現行的方法，決定以較緩和的方式來作部分漸進的修正，且決策與設計者應在現場把握參與的機會，了解工程周邊環境的考慮和各個施工單元能夠隨時相互確認，進而使其順利推展。

1. 在自然環境之考量有以下重點
⑴多樣化的河川型態（強調讓水的路線成蛇形，讓水的表面積有變化）。
⑵魚類生息的考量（以土水路為基本，不使用水泥）。

⑶水邊植物的多樣化（利用複式斷面，強調作出濕地帶）。

⑷河畔林的重要性（為減輕對環境、景觀的傷害，將樹木的砍伐縮到最小限制）。

⑸表現出地域的個性（利用鄰近農地便於大量取得石礫）。

2. 對於施作各工程上的分配重點

⑴護岸工：在高水斷面內可能會被沖刷面要用自然石保護。

⑵水際工：考慮魚類的生息環境，使平時水深應確保 30 cm 的低水路設計。

⑶水制工：就算經過洪水，也要確保蛇形的低水路，形成淺灘和深淵，以創造出魚類，水生昆蟲所須的多樣化之底質和流況。

⑷涵渠工：無法抑止或使用水泥設計暗渠時，在涵內做自然河床以保持上下流的連續性。

⑸落差工：利用石組所做的落差工，以保持魚道的功能之落差設為 30 cm，則利用水沈頭的方式作出泳池式空間。

3. 對於居民共同意識的形成上

⑴為使近自然工程地域之居民能夠理解實行「製作地域研究會」。

⑵製造動機讓居民能重新看待地域，為了改善生活及生產環境，不希望美麗的風景有改變。

4. 在工程施工的重點

現在水路周圍的濕性植物非常豐富，雖然 10～20 m 左右就會有一個深淵，但河底的浮石稀少，並不適合水生昆蟲的生長，而且現在河床較高，周圍農地的地下水位也較高。在施工時應特別考慮下列幾點：

⑴必須特別留意生長在工程區內的魚類，並盡可能地保護。

⑵水路護岸與落差工等工作物，可使用地區內可以再利用的自然石；雖然自然石做的護岸多少會有移動，但會漸趨穩定。

⑶工程區間內的濕性植物因為工程而受到傷害，若很難使其恢復，則需移植至別處。

⑷農地中所排除的大量石礫，為可資利用的地區資源，在採石礫場分出各種粒徑石礫，搬運至工地附近的土資場，以造園的技術規劃。

⑸現有河道把分水單調的線形增加變化，並將浮島作為濕性植物的保護區。

⑹水泥構造的涵渠內也製作低水路，考慮上下游的連續性。

⑺注意施工時或施工後驟降的雨量，將使下游施工區域堆積並組堵塞大量的土

砂，部分低窪區域可能會因此被埋沒。

8-5　結論與建議

　　藉由方便的多媒體網頁，全世界各個地方可以利用網路相互交流，改變以往的書信或是當面交談的溝通方式，這使得生態工程可以確確實實的在世界各地落實；另外，利用網路上的宣傳效果，也可以提供人們週休二日遊憩的好去處。搜尋近 500 個相關網頁，各網頁皆有其可取之處，無法一一詳述，因此在附錄部分提供相關網址（請參考附錄四），希望提供一個快速查詢生態工程之網頁。生態保育觀念已經成為國際趨勢，工程的建設如以生態為優先考量，不但在顧及安全的情況下，也創造自然環境景觀的多樣化，將美麗的生態環境作永續性的維護。另外，應該建立各地區的生態資料及其適合各類生態的工程資料庫。由於工程人員的現場生態調查可能與生態學者的觀點有很大的落差，因此，加強生態方面的學習及訓練課程，讓工程人員增加對生態環境的認識，避免工程建設對環境及生態造成負面的影響。

CHAPTER 9

個案分析

9-1 宜蘭縣柯林湧泉圳生態工程之探討

　　近年來由於社區意識及環境保育的覺醒，使國人開始思考如何解決動植物生態遭受破壞的問題。目前農用灌排水路，基於水路輸水效益、護岸穩定、施工迅速與方便及節省土地等因素，多以混凝土渠道取代傳統，利於生態發展的土渠與乾砌石水路，造成水路生態空間逐漸喪失，破壞水生動植物正常棲息與繁衍的環境。本文以宜蘭農田水利會柯林湧泉圳作為水路生態工程之案例探討，其主要工程含圳路改建及親水池整治，除護岸基礎工為多孔隙混凝土外，餘皆為土、石自然材料，改善現有農水路之生態棲地條件、材料與工程，並配合水路生態計畫的規劃，為未來臺灣農用水路結合水利生態發展之可行途徑。

一、前　言

　　農田灌溉排水是農業重要一環，灌溉排水事業營運，兼顧農業生態系維護之管理，不僅需重視生物之有機體，亦應注意影響生態之人為作用。然而隨著經濟快速發展與國人所得提高，農村的土地使用型態及產業結構逐漸轉變；同時，國人也開始對生活品質、自然景觀的維護及生態環境的永續發展有所覺醒。

　　現行農田水利建設，應考慮以經營完整農田生態系統為目標，符合生態保育及生物多樣性目的（黃振昌等，2002），以發揮農田水利設施在生產、生態、生活等各方面之多樣化功能。因此臺灣地區農業灌溉排水路，未來的定位已被調整，不再限於以往「提高排水效率」為目標，而必須兼具「生活環境營造與生態環境維護」，並要求農水路在景觀上與農村自然景觀充分調和，提供農村地區水生動植物棲息場所、涵養水源以及提供國人享受親水的樂趣等多功能的生態水域。在此一趨勢下，如何改善現有農業排水路使之同時兼顧生態景觀及農業生產目標（陳希煌，2000），為目前農業水利之迫切問題。

二、環境概況

　　在臺灣，農田水利會為歷史最久之（公法人）人民團體，其所管理之農水路

長約 6 萬餘公里，受益農地約 38 萬 ha，為最有潛力發揮農水路之多樣功能。柯林湧泉圳位處蘭陽平原之宜蘭農田水利會轄區內，因無工業污染、多湧泉、水質佳、生態多樣、富自然性，亦甚具發揮農水路多樣功能之潛力。柯林湧泉圳，水源清潔豐沛，原為農田灌排使用之水路，但因農業形態轉向工商發展後，農地休耕及變更使用，農民於水邊放養鴨群，故圳路淤淺功能盡失，變成一處髒亂之沼澤；由於颱風豪雨侵襲而沖蝕崩塌，造成多次的河道變遷，致使水路位移，故需移地重建水路以釐清地權。

宜蘭農田水利會為配合農田水利事業加強水資源利用之政策，決定採取以生態為基礎、安全為導向的工程方法，以減少對自然環境的衝擊；擬將此圳路恢復原狀，並使兼具灌排水、生態、景觀、親水及教育功能之生態渠道。並整合其周邊景點成「柯林湧泉生態圳路教育園區」，於 2002 年已完成之主要工程為柯林湧泉生態圳路觀賞魚蝦區及其上游之柯林排水路。

三、農水路生態特性

(一)農水路生態特性

臺灣現有農業水路種類主要有灌溉水路、排水水路、灌排兼用水路等，由於灌溉水路在灌溉期間水位高且流速大，而非灌溉期間渠道水位則是乾枯見底，因此短時間內灌溉水路較難結合生態發展；而排水路將地表逕流與灌溉迴歸水導入，加上沈積物堆積與植被的入侵，且農業排水路不但通水斷面較為寬大，非洪水期間流量與水位差之變化也不大，兩岸之水陸交會帶較不受擾動，同時常年均能保持渠內不斷水之狀態，因此較有機會重建水路生態環境。

農業水路對鄉村地區的生態發展影響頗大，廣闊的農田與作物仰賴田間水路灌溉及排水，使水路與農田連結形成一特殊之生態系統；多種水生植物、動物以及昆蟲幼蟲皆需仰賴水路的空間以提供棲息及覓食環境，足見水路對農村生態系統之重要性。

(二)農水路的生態系（如圖 9.1 所示）

農水路的生態系，除了生物環境也包括非生物環境，可以區分為以下四種：

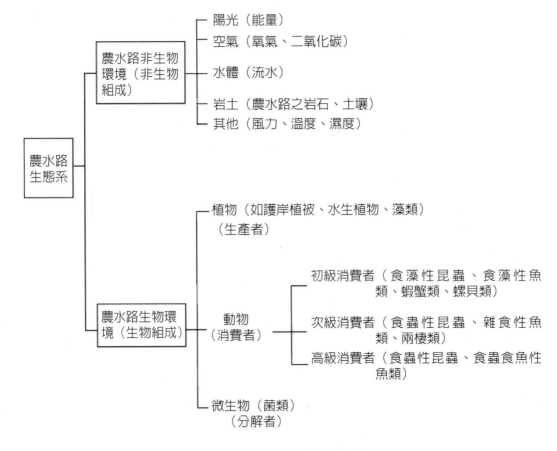

圖 9.1　農水路生態系基本結構圖

資料來源：黃雲和等（2002）

1. 無機物質

包括處於物質循環中的各種無機物，如氧、二氧化碳、水等。

2. 氣候因素

如溫度、濕度、風、雨等。

3. 生產者

指能利用簡單的無機物質製造食物的自營性生物，主要是各種綠色植物，也包括藍綠藻和一些能進行光合作用的細菌。

4. 消費者

異營性生物，主要以其他生物為食的各種螺貝類、蝦蟹類、兩棲類、昆蟲及魚類等，包括初級消費者、次級消費者與高級消費者。

㈢農水路生態功能

1. 涵養地下水

水路不封底時，水滲透至地下，可涵養地下水。

2. 淨化水質

水路中有很多微生物能夠分解水中之有機質，而水路中的植物能夠吸收多餘之養分，使水不會優養化而保有乾淨之水質。

3. 提供魚類棲息生長環境

如桃園大圳引水自石門水庫，因此有很多大漢溪之特有魚類如鯽魚、石斑、溪哥、苦粗仔、海鱺、狗甘仔及竹竿頭等，經由桃園大圳游至灌區之貯水池、河川及農水路；類似桃園大圳之農水路，亦具有提供魚類棲息生長之生態功能。

4. 蘊藏豐富的生物

水路中有豐富的生物，水路圳中之生物分成動物、植物兩類，植物分成：

⑴浮游性植物：以矽藻、藍藻及綠藻為主。在水路上游之岩石上，常可發現許多藻類之附生。

⑵高等植物：在水路兩岸常有一些喜歡潮濕之植物生長，如蕨類植物。

動物類則有浮游性動物、海綿動物、扁形動物、圓形動物、環形動物、節肢動物；以數量和種類而言，節肢動物為水路中最大的家族，其中以水棲昆蟲最多，其次為蝦、蟹類、軟體動物，螺類（捲螺類、田螺類及其他大口螺類）及貝類（以蜆類為主）。另有脊椎動物：包括哺乳類、兩棲類、爬蟲類、鳥類與淡水魚類。

㈣水路兩岸自然植物

1. 涵養水源

植物被覆區之土壤含有機質，土壤團粒構造發達、孔隙多、透水性強、保水力佳，而能蓄留大量地下水，減少逕流。

2. 淨化空氣

兩岸植物可以行光合作用，產生大量新鮮氧氣，並可吸附空氣中之污染物質，達到淨化空氣目的。

3. 改善微氣候

可以調合溫度及濕度，氣溫變化較小。

4. 提供野生動物之食源與棲所

水路兩岸植物區常是生態交會區，茂密的植生可以提供野生動物食物的來源與棲息之環境。

四、農水路生態工程規劃之探討

(一)柯林湧泉圳設計原則（如圖 9.2 所示）

(二)渠底方面

1. 採基礎多孔設計及天然材料的使用

為了維護水生動物的棲地，故在基腳埋設生態管，創造多孔洞隙環境；是以混凝土基腳每隔 1.5 m 埋設香蕉莖材料，香蕉莖可成為微生物的餌料，在腐爛後所產生的洞隙，亦成為魚、蝦、蟹類的棲息地。

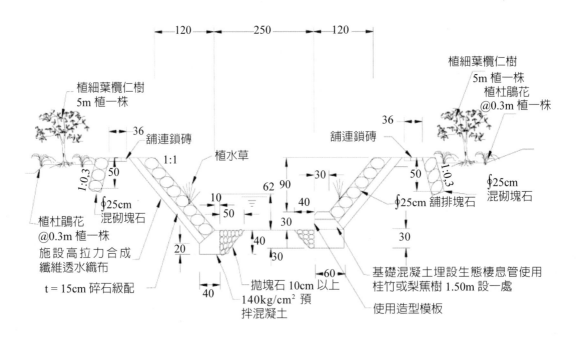

圖 9.2　柯林湧泉圳整治之代表性斷面圖

資料來源：臺灣省宜蘭農田水利會（2002）

照片 9.1　柯林排水路整治工程之施工前　　照片 9.2　柯林排水路整治工程之施工後

資料來源：臺灣省宜蘭農田水利會（2002）

2. 連接上下游及製造多樣化的流況

圳路內設計連續固床工，以大石塊堆疊，使圳內水體產生迴流、淺瀨與深潭多層次之跌水等空間，可產生多樣的渠底空間及多樣的水流，皆能符合自然群落、多樣地形及多孔質空間之原則，亦可在不同水位時期，保有生物棲息之空間，可提供動植物、微生物更有利的再生空間，也提供了生物（青蛙、蜻蜓、鯉魚、白鷺絲等）棲息的環境。在施工前後照片（照片 9.1 及照片 9.2）對比下，在景觀條件上也有顯著改善。

(三)護岸方面

1. 創造多樣性生物生存棲地

護坡採乾砌石堆疊，並增加孔洞形式，多孔質及連續之空間，且能符合自然群落的生成、土壤及多孔質空間之原則，提供多樣性生物生存之空間，使得魚、蝦、蟹類及植物能利用孔隙躲藏、紮根。

2. 連接土壤基質作法

在乾砌塊石下方背填砂礫土及網狀不織布以連接原生之土壤底質，使土壤不會流失而影響砌石護岸之安全；又使水分與空氣仍可穿透不織布至土壤底質，維持原本生態之交換作用，且讓瀕溪植物能從砌石孔隙內紮根到土壤中。

(四)陸域空間

1. 保留原有樹種並提供多樣化水生植物

因圳路施工而剷除許多原生植物，致使生物無法在缺乏樹蔭的水域中生活；故在護岸上保留苦楝、烏桕、血桐等原有樹種，並在裸露的砌石縫間扦插萌芽力

強之水生植物，如李氏禾草、豆瓣菜、野薑花等，提供多樣化的植物，使魚類在植物間遮蔭、躲藏、產卵、覓食有機碎屑物，也創造水路多樣的地形空間，可達到視覺景觀柔化的效果。

2. 圳路兩岸綠美化

護坡施工後兩旁裸露的圳堤，以植栽綠美化，可改善整體的景觀，並可提升水域的遮蔭效果，同時提供了生物遮蔭與藏匿之環境。

3. 設置生態保護圳路段

於該圳上游起點至農路橋止設置生態保護段，岸上設有人行步道，水面上種植浮水植物，以供遊憩及賞景，並設置警示標誌，嚴禁釣魚、捕魚、戲水等以利生物棲息繁殖；下游設置親水設施，當人為干擾棲地時，生物可以游到上游隱藏，當人群散去時魚類可以回到下游繼續覓食生存。在施工前後照片（照片 9.3 照片 9.4）對比下，在景觀條件上也有顯著改善。

(五)柯林湧泉圳施工原則

1. 開挖水路考量生態性

將位移之水路用機械開挖新土溝通水流後，使下游河床不至於乾涸見底，而影響生物棲息，再將地權還給地主，可以對生態的影響減至最小。

2. 單岸個別施工

為減少對生物棲地減至最低破壞，採用單邊岸施工或區段施工，使生物有轉移躲藏的空間。

照片 9.3　觀賞魚蝦區整治施工前　　　　照片 9.4　觀賞魚蝦區整治整治施工後

資料來源：臺灣省宜蘭農田水利會（2002）

3. 原有樹種保留

在不影響渠道通水的斷面上,將原有樹木如血桐、烏桕、苦棟樹等原有樹種保留,以增加渠道的綠美化。

4. 宣導禁止捕魚行為

該渠道內生物相非常豐富,施工中對生物棲息已造成傷害,宣導當地居民配合,禁止捕魚、抓魚,避免對已經失去天然掩蔽物棲息的水生生物造成二次傷害。

㈥農水路生態化之效益

於施工中初期魚類數量逐漸減少,在施工中後期魚類數量減到最低;完工後,因石縫間扦插之水草、野薑發花等生長茂盛,魚類數量逐漸回升至施工前之數量,且逐漸提高。每逢假日,均有眾多遊客前來觀賞成群魚兒水中游情景,甚有遊客一時興起拿起魚網捉魚,但經勸導或看到告示牌,也都願意配合保護棲息環境,使該圳路不但具有觀賞價值,同時可以兼顧生態需求。唯附近居民對生態工程之安全性尚存疑慮,希望用混凝土擋土牆工程施作,但經溝通解說此工程並不影響結構安全後亦能接受。現今之圳路綠意盎然、煥然一新,居民亦主動參與維護、管理,甚感滿意。

完工後,宜蘭農田水利會陸續已舉辦多項民眾參與及親水活動,將持續推動。加強農水路生態化功能融入社區總體營造理念,營造親水空間,建造親子多樣化活動設施,提供遊憩景點,使農田水利灌溉排水設施與社區活動相結合,以擴大農田水利設施生產、生活及生態之三生功能。

五、結論與建議

過去農業排水路僅以改善農業生產條件作考量,主要為了減少洪水沖蝕及穩定水路護岸,而採用混凝土化之水路,也因此犧牲了水路之生態功能,但隨著臺灣農業政策改變與社會經濟的變遷,未來農業排水路除了要扮演改善農業生產條件的角色外,在民眾休閒生活與農村生態保育層面上也需加強推動;因此,改善現有混凝土化之排水路工程,以及未來設計一兼具生產、生活及生態之水路環境,將增進農村「三生」之發展。

由於臺灣在水路生態復育的推動時間較短,在生態水路材料上的研究開發較少,且對於各種材料所適用之環境條件的評估缺乏;未來可學習國外經驗與作

法，引進適合臺灣生態環境之材質與工程，並配合本土生態特性，選擇利於原生物種生存之設計方式，而後需作長期觀察評估，建立一套生態水路設計準則，供未來規劃設計之參考。

　　臺灣由於水利用地較為狹窄，對陸域生態環境設計影響較大；但在農作物生產量及護岸安全的允許下，建議規劃時將農田及農路四周陸域空間做適當的保留，以增加陸域生態空間，並對日後用地取得與水路生態設計上有較大的幫助。

9-2　臺中市梅川河岸空間生態工程綠美化

一、概　況

　　位於臺中市文化中心及美術館之梅川河岸空間景觀綠化，讓梅川重回自然模樣，使梅川與藝術文化結合，重現都市藍帶與綠帶為設計構想。將市立文化中心、國立臺灣美術館、綠園道之休閒空間作完整串連及結合。改善成為具有親水、遊戲、休閒等活動功能之河岸空間。加強地區之文化意象，使其兼具文化（以龍為主題之意象設計以及文化牆面）、社交及教育（生態解說、綠化）之功能。

二、設計優點

(一)運用自然生態工程

　　打破原有 U 型排水溝護岸以及欄杆，以降低整體坡度和塑造自然之河道空間。

1.步道方面

　　採用非延續性之 R.C. 鑲鉗式塊狀施工工程，下方均鋪設碎石及配以透水性不織布，使水泥不致流入土壤中，各塊狀踏面因此可隨步道位置更動而調整，以達環保之目的；塊狀踏面間及周邊則均以植草方式增加其步道透水性及綠意（如照片 9.5～照片 9.6）。

照片 9.5　公園內側步道　　　　　　　照片 9.6　公園外側步道

2. 河道部分

　　為避免空間改善後之河道遭受沖刷，採用預鑄混凝土連鎖板塊予以保護河床及河岸，板塊上設計預留孔使能夠種植水生植物，並能藉由其過濾水質，而都市亦能藉由透水性之河道板塊予以補充地下水。另外在河道上游則設計沈沙池、粗細網目格柵網、木炭放置籠以及河道噴泉，藉著沈沙、過濾、除臭、曝氣之步驟以物理方式達到都市水質初步淨化之目的（如照片 9.7～照片 9.16）。

照片 9.7　河道與河岸一景　　　　　　照片 9.8　河道中小島

照片 9.9　護岸預鑄混凝土連鎖板塊，設計　　照片 9.10　護岸卵石漿砌工
　　　　預留孔使能夠種植水生植物

照片 9.11　不同造型親水護岸

照片 9.12　沉澱池

照片 9.13　曝氣

照片 9.14　粗細網目格柵網

照片 9.15　以巨石代替欄杆

照片 9.16　上游以噴泉增加曝氣量

3. 植栽部分

　　運用原生樹種榕樹、臺灣欒樹、欖仁、穗花棋盤腳、臺灣百合、野牽牛、臺灣萍蓬草等喬木、灌木及水生植物。為了配合整體景觀生動性，採用鮮紅色花朵的仙丹花及鮮黃色花朵的軟枝黃蟬並以帶狀呈現，採用多樣色系磁磚於鋪面、牆壁及圓形廣場等，促使公園生動活潑及融合藝術氣息（如照片 9.17～照片 9.22）。

照片 9.17　水生植物（傘草）

照片 9.18　護岸栽植軟枝黃蟬

照片 9.19　水生植物（水蠟燭）

照片 9.20　水生植物（浮萍）

照片 9.21　園路綠化情況（Ⅰ）

照片 9.22　園路景觀（Ⅱ）

4. 主要動線無障礙空間之塑造

考慮動線必須設置橋樑，在本案運用許多不同材料構成，其中有大型鋼樑構成、其次木橋、及飛石等（如照片 9.23～照片 9.24）。

照片 9.23　造型奇特之橋樑　　　　照片 9.24　巨石構成自然橋樑

三、課題與對策

(一)課題一

原本排水容量與設計後容量差異很大，設計單位是否有考慮梅川排洪量，否則百年洪峰流量，將導致水流受阻因而溢出或沖毀建構在河道上構造物及周邊設施，值得深思。其因應對策，應保持原設計梅川洪峰排水量，盡可能往河岸旁土地擴增，使遊憩空間更為理想。

(二)課題二

運用水生植物樹種過少及小島造型過於單調不自然，有些類似固床工功能，均以卵石混凝土砌成，如果強調河川自然生態工程，應在此部分充分發揮及教育推廣近自然工程。其因應對策為：

1. 水生植物部分應多增加幾種適合當地環境，使水域多樣性，同時保留足夠空間讓水生植物生長及外來植物侵入，如此才能避免樹種單一化。
2. 溪流中小島可以石塊堆放手法，並不一定是圓圈形式，固床工方面亦可用不同大小石塊堆砌造成跌水效果。
3. 護岸方面，避免過於取直，以近自然方式不規則線條，並且少用混凝土。

四、結論

　　對於梅川河岸空間景觀綠美化的案例，臺灣漸漸重視生態環境及居住景觀品質，一般環境工程中能融合生態觀念，希望能藉此教育及推廣保護生態環境的重要性，人民生活品質不僅有物質上享受，亦要重視居住環境品質及減少環境污染，達到都市全面綠化成效，所以本案例整體設計表現很好，對於臺中市民將增添一處休憩好去處。

　　由於過去以經濟發展為目標，國人對於環境生態保護意識低落，大部分河川建設及治理，忽略生態重要性，運用簡單、耐用、安全的混凝土，無形中破壞環境生態、景觀上不協調及減少水分地表入滲空間，造成洪峰到達快速容易導致淹水成災。在世界先進國家亦有同樣問題，有些工程、案例及對生態重視和復育的精神值得國人學習，環境教育及國土保育將是二十一世紀趨勢。

　　從梅川河岸空間景觀綠化可看出國人對於環境品質需求提升，但是我們需要用高額經費來規劃設計出這樣的河川嗎？值得深思！目前在臺灣都市中，大部分河川遭受污染嚴重，擁有良好河岸空間設計，而水質惡臭問題沒有解決，民眾還會親近水嗎？所以，要有理想河川空間供民眾休憩應先解決水質問題為優先，再配合周遭環境綠化配置；總之，環境塑造是需要整體考量才能達到目標。

9-3　屏東縣新埤鄉建功社區親水公園

一、區域概況

　　親水公園位於屏東縣新埤鄉建功村，面積約為 24 ha，地勢低窪，規劃區內擁有四處湧泉，並列為水源保護區，旁邊有一所國中，而本公園更是居民平時休閒之場所，因此，親水公園與社區結合將是未來規劃中重要之一環，參見照片 9.25～照片 9.34。

照片 9.25　景觀池

照片 9.26　排水渠道

照片 9.27　天然溪流

照片 9.28　施工現況

照片 9.29　整地情況（Ⅰ）

照片 9.30　整地情況（Ⅱ）

照片 9.31　大葉桃花心木

照片 9.32　防空洞

照片 9.33　堵水工程

照片 9.34　志工園

二、課題探討與對策

(一)課題一：如何建立一完善整體性之規劃設計及導入專家之建議？

　　建功社區親水公園之分期施工進度主要分為三期，目前本親水公園已完成第一期，即將進入第二期之施工進展，由於缺乏專業團體協助，以至於缺乏完善整體性之規劃設計；因此，現今可見規劃設計及施工上並不成熟，而此也將成為未來維護管理之一大隱憂。其因應對策為：

1. 必須由具有專業之規劃單位實施調查分析與規劃設計，考慮民眾意見與需求，並擬定一完善、全方位之規劃設計方案。
2. 在經費不足時，可以尋求學術團體義務性之參與規劃設計，並且提供必要之技術指導及人力協助，同時並可給予學生實際規劃經驗，將理論與實務結合運用，推動社區總體營造構想，促進學術界與地方建設良好互動關係。
3. 規劃可透過民眾參與之方式，一起共同營造本區之環境，一方面將使本公園規劃地更完善，另一方面，更將可增進居民對社區環境之認同感。

(二)課題二：如何導入生態工程之概念與方法？

　　生態工程是以生態系統之自我設計能力為基礎，師法自然，透過工程方法之輔助，以維護或修護自然之生態環境，以維持生態環境之永續發展。因此，在親水公園水域規劃設計方面，導入生態工程之概念，有助於環境生態及景觀美質的提升，並加入居民對於此公園的需求意見，以當地居民所需要的環境為基礎，提供居民參與機會及親手設計施作，才能實現社區總體營造的精神。其因應對策，

為：本親水公園內擁有四處湧泉，因此基於分區規劃之原則，將其設計為四種不同類型之水域環境，可分景觀池休憩區、親水溪流區、濕地生態區、及野生動植物觀察區等四區。

1. 景觀池區

可提供民眾休息觀賞、餵魚、寫生、種草花及植物解說教育。

2. 親水溪流

⑴編柵法：以木樁間編織枝條，用以抵抗較大之沖蝕能量。

⑵抗沖蝕網法：具有較高之撓曲性，可用來保護河岸土壤避免被沖蝕。可包覆植物種子於土壤中，與水份接觸而發芽、生長、重新復育原有的植被。

⑶塊石護岸：應以原型石乾砌為宜，具有大量的孔隙，石縫內可以加以植生，或作為水生動物的棲息場所，達到創造自然景觀及生態之效果。

⑷拋石護岸：適用於河床坡度較緩、河岸較廣、水流較平緩地區，具有不錯之河岸穩固性。

⑸木框格牆加植栽。

⑹植栽岩石互層法：使用塊石護岸，唯塊石之間並非完全密接，其間留有孔隙，並以土壤填充。運用植栽活枝以間層方式插入岩石層，以其根系固著土壤及岩石，使其抗蝕力增加，植物之莖、葉可減少水流直接沖刷河岸，經過一段長時間後，可逐漸恢復成較自然之棲地環境。

3. 濕地賞鳥區

湧泉濕地通常是位於地下水面與地面相交的陡坡處。在設計濕地之嚴格要求，取決於位址及其應用，而有廣泛的變化。一般而言可以利用自然過程以達成目標的設計，在長期經營上，只需要較低之經費，並且可以獲得較使人滿意之結果。利用蘆葦、香蒲、鳶尾等濕地植物，以吸引野鴨、翠鳥等動物，創造自然的生態環境。邊緣與池底的變化性對良好棲息地的創造是相當重要，包含坡度很緩的堤岸設計，大概介於 5%～10%，可有不同的深度及生長行為不同的原生的濕地植被，草類、灌木叢。將可生長特定的植物，如此亦可創造小型生長高草類植物的水鴨庇護所區域。如果水池面積夠大時，應在池中設計一小島，以保護及形成小鳥的庇護所。

4. 野生動植物觀察區

可利用引誘植物來吸引野生動物棲息，如誘蝶、誘鳥、水生植物可提供兩棲動物產卵及昆蟲，香花植物將帶來蜜蜂採食等，構成天然戶外教室題材，保有鄉

村風貌及特色,供都市遊客親近自然的地方。

(三)課題三:如何推廣環境生態教育之理念

　　由於本社區公園,目前只有硬體之設施,並無導入軟體部份之教育活動,而此部分將是日後,達成永續經營重要之一環。其因應對策為:

1. 可透過網際網路提供訊息

透過現今網際網路之便利性、交流性及快速性,可隨時提供最新的訊息,給當地之居民,更可使外地人了解本社區之現況;另一方面,也可使居民適時地將意見提供出來,方便交流。

2. 出版社區期刊

社區期刊的發行,不僅是記錄著本社區之所有歷史、人文、生態、活動等等,更可凝聚居民之向心力。

3. 培訓青年解說志工

採志願性之方式,培訓在地之青少年成為解說員,一方可使居民更進一步了解本區的種種,又可增加居民的參與感。

4. 與大專院校透過學術交流,增進社區與學校互動機會

由於社區鄰近屏東科技大學,其擁有豐富的學術資源,若是能進一步達成互相交流之機會,不僅可造福社區,更可提供學生實務之經驗,以達到雙贏。

(四)課題四:如何達成永續性之經營管理

　　一個成功之場所,除了要有完善之規劃、設計及施工外,對於日後之經營管理,更是不能忽視之一大課題。其因應對策為:

1. 結合專業之團隊,擬定一套適於本社區之經營管理計劃。
2. 組織社區巡守人員及居民當志工來維護公園清潔。
3. 適時舉辦活動,來活絡本社區之發展。
4. 景觀維護可分為自然型與人工型,人工型需要定期修剪及補植替換,如一年生草花、花圃變化及造型樹種。自然型則較不需要人為管理,如多年生草花、喬木樹群及森林保護林。

三、結論與建議

正確的建設是要有完善的規劃設計為依據，做好前期作業分析，根據規劃流程順序施作，如此一來，才能節省時間與金錢。因此，要有完善規劃設計需要有經驗規劃人員及民眾參與設計，並且擁有獨特性及保有地區特色，以總體營造為理念，永續經營為目標，生態環境為導向的規劃，如此才能稱為完善的規劃設計；以下提供幾點建議：

1. 建立地下水位監測系統站，定期量測湧泉水質。
2. 運用生態工程改善水質之研究。
3. 溪流岸植物演替調查與追蹤。

9-4　宜蘭縣礁溪鄉小礁溪整治工程

小礁溪位於宜蘭縣礁溪鄉匏崙村，屬於羅東林區管處所轄宜蘭事業區第 32 林班，集水區面積為 377.17 ha（如圖 9.20）。由於早期開發甚早，區內濫墾果園遍佈，對於水土保持保育工作未被重視，導致嚴重崩山，而在 2000 年 10 月的象神颱風，並有大量伏流水滲出；對於岩壁之穩定造成相當大的影響（如圖 9.21），產生大量土石堆積山谷，洪水氾濫造成嚴重災害。

圖 9.20　小礁溪整治工程現況全貌

圖 9.21　小礁溪整治工程之伏流水

圖 9.22.1　採用階段式開口固床

圖 9.22.2　護岸砌石設計

1. 採用階段式開口固床工設計，固床工內部綁紮鋼筋並以 3,000 psi 混凝土澆置，表面利用現場石塊砌築，其間隙縫將利於魚蝦之棲息，並配合護岸砌石使視覺效果更佳，使整流工程符合生態化的需求（如圖 9.22.1 及圖 9.22.2）。

2. 護岸設計為減少垂直硬面設計，宜利用現場石材堆砌，並於護岸上方栽植花木。

3. 防砂壩設計為複式溢洪口斷面，魚道採部分懸掛魚壩體下游面，並沿壩體面「Z」字型迂迴上升，以利魚類迴游（如圖 9.3 及圖 9.4）。

4. 景觀及遊憩的考慮，宜設置自然形式的步道、休憩空間及親水設施（如圖 9.5）。

　　小礁溪上游仍在施作防砂壩工程，運用造型模板來美化混凝土表面；但似乎沒有考慮到某些吸附式魚類的迴游情況，防砂壩應該將壩體表面粗糙化，即可提供吸附的表層，若刻意尋求造型與美化景觀，則無法表現出保育當地原生生態的感覺。

圖 9.3　防砂壩　　　　　　　　圖 9.4　防砂壩及魚梯設計

圖 9.5　設置自然步道

　　施工工地旁的大規模崩塌地，仍不斷有湧水發生，造成現場施工的不便，對工作人員產生威脅；且不斷提供下游端土砂的來源，形成治理上的不便，也易在颱風季節發生二次災害，而針對崩塌地可採行的治理方式有：

1. 鋪網噴植與種子直接噴植
2. 打萌芽樁與編柵
3. 坡頂排水與坡面排水
4. 袋苗客土穴植法
5. 人工條狀撒播

　　以上述引導原生植物入侵的先期工程，且施工較具生態性的植生工程方式；若能將崩塌地加以穩定後再進行防砂壩工程，或許能提高防砂壩的功能且保障現場施工人員的安全。生態工程主要目的在於提昇當地原生物種的數量與多樣性，並對景觀綠美化，營造親水環境。小礁溪生態工程施作至今，其成效已逐漸明

顯，兩岸的植生覆蓋良好，塊石堆砌的縫中也有植物入侵生長，也能提供當地居民休閒遊憩；但由於水量並不豐富，所以無法看出是否能提供魚類遮蔽與食物來源，對當地生態性有否提昇仍有待進一步的調查，而象神颱風所造成的土砂堆積，也應予以移除或再利用，以免阻礙水流增加泥砂含量，而使河川生態遭受破壞。

綜合整治小礁溪之自然親水工程方法如下所述：

(一)天然植被對河岸之保護功能

野溪生態系，事實上不僅包括了自然的溪道，同時也涵蓋了沿岸的溪谷森林或最起碼的岸際樹林。具有護岸功能且能避免於溪水掏刷樹種，則以赤楊、櫻、楊柳為最優勢。樹木的根可以下紮到水面下幾公尺的土層深處，無形中固持了沿岸的溪岸及岸趾。舉例而言，在溪畔種植一排堅實而緊密的赤楊林，其護岸功能則遠較任何人工設施來得確實，且又無須顧慮日後的維修保養。這些聚集簇生在溪畔的喬木以及灌叢通常會把樹蔭投射在水體上面，如此可以降低水溫並提供了許多種類的親水昆蟲的生育與棲蔽場所，但令人感到遺憾的是，許多的河川整治工程都是先把河岸植物砍除，然後再興築各式各樣的人工硬體建設來加以取代。

在設計河川斷面時，若能一併考慮保留或創造生物棲息環境，以達成河川生態儘可能多樣化之原則；如豐水期平均中水位線以上的斷面帶自可設計成樹林帶，而枯水期平均中水位線以上的斷面地帶則設計成蘆葦帶。此等河川斷面固然有植物存在，妨害到有限的洪水宣洩通道，但若事先水理分析演算已充分考慮此現象，當可達防洪減災之效果。

(二)生態輔助設施的關鍵

在人工整治的跌水或攔砂壩附近，創造適合魚類棲生的生活場所。例如：投置一些人工魚礁或魚槽。

(三)石砌固床工及防砂壩魚道之效益評估

以溪河生態觀點，思考此工程方法對於溪流的功效如何。經過颱風的侵襲後，固床工及防砂壩都被砂石淤滿；因此，投注鉅資與大量人力在溪河斷面的成果是否有用，實在值得思考。自然親水工程方法的一些措施並不一定適合任何地點，如下游與中、上游的水理及石礫大小所產生的衝擊力就明顯不同，因此在不同溪流整治階段應該考慮到工程方法的適合性及必要性，否則生態復育工作將更

加困難，如早期防砂壩導致溪流生態改變，而在防砂壩上加魚道，由於生態基本資料不足，所設計出魚道未能真正發揮其效果，所以要達成自然親水工程方法並不容易，必須靠共識及努力才能完成。

9-5　宜蘭縣大同鄉仁澤防砂壩魚道整治

　　多望溪位於宜蘭縣大同鄉土場村，屬於蘭陽溪中上游集水區支流。為了加強辦理治山防災計畫，近來在仁澤一號防砂壩魚道及堤防加強工程，內容有魚道兩座堤防 30 m（如圖 9.6～9.12 所示）。仁澤溫泉位於宜蘭縣大同鄉土場村，海拔約 520 m，舊稱「鳩澤」，又稱「燒水」，以地熱聞名，溫泉為弱鹼性的碳酸鈣泉，水溫可達 140℃，溫泉來源為多望溪上游，植物相以常綠闊葉林為主，為羅東林管處太平山森林遊樂區之一部分。由於多望溪土砂量相當豐富，需設置連續的防砂壩以攔阻土砂；但一連串的防砂壩阻礙魚群溯流，且工程施作影響範圍包括水文、水質和生物棲地環境等，在河川中興建水利工程設施會引發相關問題包含：

1. 河道穩定與防洪安全性。
2. 水域生態和濱岸生態問題。
3. 河川景觀及綠美化問題。
4. 工程用地與行水區土地利用型態問題。
5. 下游水資源利用問題。

圖 9.6　全景

圖 9.7　防砂壩及魚道

圖 9.8　魚骨式魚道

圖 9.9　魚道入口柵欄設計

圖 9.10　防砂壩

圖 9.11　颱風侵襲後情景

圖 9.12　魚道中途供魚類休息

　　2001 年 2 月，羅東林管處在多望溪上游處設置了一段新型的魚骨式魚道，主要目的在於增加上下游魚群的迴溯狀況，避免因封閉的生育環境而使魚群近親繁殖，造成基因劣化而使魚種及數目減少。魚道設計本身應考量到標的魚種之習性與河域水文、地文條件差異，目前臺灣地區魚道設計的困難處在於河川魚類分布的資料不足，其游泳習性與能力的資料尚待建立，且臺灣地區河川大多坡陡流

短，泥砂及土石量豐富，對於亞熱帶地區以蝦虎魚科、小型鯉科等河海與內河迴游性魚類為主的河川而言，設計的構造能否發揮功能，則仍有待調查。在河床粒徑較小、磨蝕力較低之河川野溪，可將壩體下游面設置為 1/5～1/10 之變坡流水面，供各類水生生物依其自身能力加以運用；在土石來源較多或有磨蝕顧慮之河段，則可將溢洪口加設較原河床深知槽狀缺口，構築成穿透性壩方式，提供一個無阻斷之河道，使魚類或其他水生生物順利通過。

一、魚類棲地改善

魚類棲地改善是生態工程主要的目標與功能之一，從人類觀點而言，河川環境的經營與管理，係以環境科學和生態保育原理為基礎，應用多學科與相關領域之技術來經營河川資源，並保持其潛勢與物種多樣性，以達永續利用的目的；若由生態觀點而言，應以整體生態平衡為主旨，兼顧河川生態與合理運用。結合兩者觀念，棲地改善應透過適當的環境工程與生態工程等措施，將遭受破壞的棲地復原，並增加棲地的負荷量，以提供多種魚類生育與棲息。河川魚類棲地主要可分為物理性棲地（河道底質與流水型態）、化學性棲地（水質）及生物性棲地。一條河川具有良好的河道特性，並能提供多變的水流以提供不同魚種利用；近幾年來，臺灣地區河川生物資源逐漸枯竭，無法孕育多樣的魚類，與河川棲地遭受人為的破壞有相當大的關聯。

河川魚類棲地的改善，必須瞭解河川物化環境特性、當地保護與利用的標的魚類、食物來源與評估其成本效益後加以規劃設計。河川物理性棲地是由河道特性與流量等兩因素決定，河道特性不佳，無論水質、水文情況如何，都無法增進棲地的容忍量；目前常用的改善方式包括河岸保護與河道底質的物理性棲地改善工程。基本型式大多分為結構式、非結構式及混合式等三種。非結構式的河道改變，大多是透過挖深潭、拋置塊石來控制水位差，以增加多樣性的水流狀況，有助於不同魚種棲息，淺瀨的底床能提供魚類覓食與底棲生物棲息，當一條河川被改善成擁有一定比例的深潭與淺瀨時，通常表示棲息其間的魚類歧異度會較大。

結構式的魚類棲地改善，具有直接增加魚類生產量及接近自然景觀的優點；但其缺點為上游泥砂的堆積，會影響結構物的設置目的，一般常見的結構式魚類棲地改善措施有：

㈠設置遮蔽物

運用當地的天然材料提供陰影、阻擋過快的水流並提供魚類避難與棲息地。

㈡安置導流裝置

導流裝置（側堰）目的在增加多樣化流況，改變水流方向與結構，藉由限制溪段寬度以提高流速，用以加寬曲流，形成深潭、淺灘等棲地功能；導流裝置亦有消能並降低河岸沖刷，設計角度在 30°～60°，高度低於 0.5 m，以三角形導流側堰堰較佳，可避免洪峰流量對側堰河岸之沖蝕。

㈢護岸設施

運用岩石置放於河床與河岸基部，用以保護沖蝕嚴重的河岸，岩石的縫隙會積聚泥土，進而植物根系生長，使河岸結構更加穩固；水中的石塊縫隙提供小型甲殼類、無脊椎動物、水棲昆蟲或幼魚棲息。

在進行魚類棲地改善工程時，必須注意選取地點，以免造成干擾或傷害現存原生種魚類生存；且應先進行集水區與河川之環境生態調查，並妥善做好集水區之經營管理措施。在進行可行性評估時，應考量河道型態、河床、河岸穩定性、魚類生存之最小生態基流量、保育對象及其棲地的生態特性等，同時應考慮工程結構物所能承受的沖刷、淤積量、結構的經濟成本效益、以及河川能否回復原有多樣性的流水型態以提供魚類生存。

二、魚道設計

魚道是人類為保育魚類資源與生態所設置的水路或設施，魚道不僅為魚類逆水上游或順水下流之狹義的魚梯或水路之構造本身設計問題，應廣義的考慮整體河系上、中下游的自然生態環境。近年來，在水資源開發與生態保育兼顧之下，魚道設計變成是進行河川整治工程時必須考量的項目之一；魚道可依使用目的、水理、形狀及設置場所分類之。

㈠依使用目的分類

1. 溯上用魚道：專供魚類逆流而上用。
2. 降下用魚道：專供魚類順流而下用。
3. 採捕用魚道：在河川上游處設網捕採特種魚類，並在特殊地方放流。

4. 選別用魚道：選擇特殊魚類才能通過的階段式魚道。

5. 觀察用魚道：設在現場或試驗室內供觀察實驗用。

(二)依水理分類（如表 9.1 所示）

1. 水池型魚道

在魚道設多數的隔牆成臺階式的水池，缺口可設成階段式、潛孔式或豎縫式。

2. 水路式魚道

除了入水口與中途休息用水池外，並無水池的魚道，一般常見的有導流式及緩衝斜坡，使用塊石堆砌或混凝土澆置）、丹尼爾式與坡紋涵管。雖有緩坡式迂迴魚道，但佔地廣闊一般地形並不適宜。

3. 閘門式魚道

在低壩與堰間設閘門以調節水位，使魚類能上下之設備。

4. 升降式魚道

設升降水槽游水壩下方將魚類送到水壩上游，一般成本較高，不符合經濟效益，所以較少採用。

河川的魚道設置，對迴游性魚類具有重要的生態保育功能；但多年來以臺灣的經驗為例，魚道興建與維護成本均高，其成效時常不佳。因此，魚道設計時常與攔水堰及防砂壩一起興建，其興建時應考慮當地河川棲息地中是否具有迴游習性的特殊魚種，並顧及工程技術與經費之考量，一般魚道的位置選定需考慮：

表 9.1　魚道形式選定上應注意事項

類　別	魚道形式	水位變動	其他事項
水池型	階段式 潛孔式 豎縫式	流速、流量均變化 流速、流量均不變 流速不變、流量依比例	不安定性探討 低流速、需陡坡 低流速、需陡坡
水路	緩坡迂迴 緩衝斜坡 導流牆式 丹尼爾 標準型 陡通式 涵管式	流速、流量均變化 流速、流量均變化 流速、流量均變化 流速、流量均變化 流速、流量均變化 依內部構造而異	流量、流速預測精度 流況的預測精度 低流速、需陡坡 流量、流速預測精度 底部低流速，表面高流速 底部低流速，表面低流速 依流速、需陡坡
閘門型與其他	閘門型 升降式 抽魚式 薗蘭式	無關係 無關係 無關係 無關係	需特別操作 需特別操作 需特別操作 需特別操作

1. 設置河川應有穩定之水文狀況及常流之生態基流量。
2. 魚道的集魚效果,設置河段需有迴游習性與能力之原生種魚類。
3. 魚道設置河段之地質狀況,特別是土砂堆積與泥砂輸送等問題,避免發生河道變遷與淤積的狀況。
4. 魚道設計的入出口位置、寬度、坡度、方向、長度、誘導水量及流速等,都要能方便魚類迴游。
5. 應有永續營造與維護的觀念。

三、整治多望溪之自然親水工程方法,如下所述:

(一)目前防砂壩缺乏對水域生態系的整體考量

由於防砂壩上、下游水域物理環境改變,進而嚴重衝擊水生生物族群的生存;不僅改變溪流彎曲有序的原貌與泥沙搬運、淤積的平衡;在壩頂泥沙堆積後,溪水變淺,水溫升高;更將溪流中原本自由遷移的水生生物封閉在有限的水域內,無法再利用其他溪段適合的棲息地,彼此間也無法藉由生殖活動而交換遺傳物質。

目前完成兩座魚道設施,但是上、下游有一座防砂壩未做魚道,因此魚道所能發揮的功效有限。由於防砂壩最重要的功能在於減低河川的坡降,那麼只建一個高壩,倒不如多建幾個低壩;如此一來,對於河床的穩定作用將更有益,而且在流速控制以及壩體構築的成本和保固方面,當更合乎我們的要求。由於低壩對於魚類的溯游更加有利。因此,可增加構築魚類遷移溯游的魚道;如果魚道設計符合當地生態環境,將可降低人為的障礙到最小的程度。

(二)設立自然親水工程方法「示範區」

在代表性之位址進行生態調查及工料分析,從而規劃自然親水工程方法單元展示項目,再依據已有之規範手冊設計本區域,一方面可據以推廣,另一方面也可利於驗證與修改。

(三)推行自然親水工程方法

皆須依當地之生態環境逐步調整規劃設計理念、做法及流程,藉以符合實際之生態環境需求。

㈣每一條溪流都有不同生態族群

　　以當地溪流生態為基礎，創造擁有當地特色的自然親水工程方法，並且融入親水觀念及手法，將發揮彼此的互利共生之意念。

四、結論與建議

　　目前大部分自然工程方法實施低海拔野溪及都市邊緣山區，但是臺灣高山眾多，溪流急湍，中高海拔溪流自然親水工程方法運用資料缺乏，如果先期以平地自然親水工程方法套用於中高海拔野溪整治時，將需要由錯誤中學習獲得明確自然親水工程方法治理目標。

1. 魚道的設計應考量當地迴游魚類的游水速度，游水速度分為巡航速度與突進速度，巡航速度為魚類長時間能繼續游水之速度，而突進速度為魚類瞬間所出之最大速度。魚道設計若坡度過陡，造成流速過快，魚類突進能力不足無法迴溯；且流量應予控制，使魚類能在短時間內容易且能安全上游。一般而言，魚道設計不宜過長，應有水流平緩的休息區域，並對魚道的水理計算應加以考量。

2. 魚道最好設置在河川主要側，上游魚道入口水深應有 30cm 以上，易於取水，使魚類能夠游行，並應避免土石淤積及堵塞。下游入口宜與河川平行，或成 40°～60°，如河川大且流量豐富，則經過魚道的流量過小則很難誘導魚類游至魚道入口，因此需要有誘導水量，國外設計一般在河川流量的 1～5%；但在臺灣河川小且流量不穩，應有更進一步的流量資料，以發揮魚道的集魚效果。仁澤溫泉魚道的設置大多符合魚道設置的基本要求，但魚道本身的集魚效果仍有待觀察，建議應利用設置的觀察箱進行魚類迴溯的調查，並針對流量、水位、流速的水理設計加以觀測，以瞭解魚道的水理特性。

3. 經實地觀察後，以魚類棲地改善方面而言，生態工程本身的確有效果，兩岸砌石護岸的植生遮蔽良好，能提供水棲生物充足的養分來源與降低水溫，而塊石堆積的固床工也能營造不同的水流環境與底床性質，提供不同魚種棲息；但生態系經營應是全面性的，在河川的上、下游部分都應兼顧到魚類迴游及水棲生物的活動特性，避免形成一封閉的群聚社會。生態工程應該避免在施工過程中對周遭環境造成破壞，對工作現場應加以管理與

掌控，盡量維持原本的地表狀況與植生物種。

4. 生態工程的規劃設計除須考慮排洪安全外，更應同時注重環境的調和及生態復育，以達保護溪流生態為目標。國內對於生態工程理論探討或生態衝擊調查評估尚在起步階段；但工程界及民眾相當能夠接受生態工程的理念及做法，由於缺乏相關研究與規範手冊引導，以致進行相當緩慢，甚至在施工過程中易常造成當地環境與原生生態的嚴重衝擊，而得到相反效果。在從事河川水利工程時，應跳脫傳統之工程思考方式，除考量結構物安全外，並應就生態學觀點來考慮工程施作對當地生態所造成的衝擊，並藉由規範手冊使衝擊減至最低，以回復溪流原有之動態生命力。

5. 為使生態工程設計符合生態之理念與需求，建議應瞭解設計之要求及相關理論依據，並深入探討本土溪流水生物之生態特性，河川基本地形型態與周遭環境之相關性；另一方面也須運用生物指標的監測，提供具生態考量之工程設計參數，融入工程設計中，並對工程執行適當之追蹤調整與修正，使工程施工能兼顧生態環境，以順利推行生態工程，達到安全排洪、調和景觀、維護生態、回復自然溪流生命力之境界。

6. 仁澤溫泉的魚道設計，應可對當地地形型態配置部分生態工程的相關設施，考慮親水設施，在水質、環境許可下營造親水環境，讓當地遊客易於接近。利用生態系的自我回復及設計觀念，使魚類棲地改善，進而使生態工程觀念能落實，以充份達到教育與推廣的目的。

9-6 屏東縣麟洛鄉「田心生態教育園」的規劃設計

田心生態教育園是一個從理論到夢想實踐的案例，園址位於屏東縣麟洛鄉田心村西南方，佔地 0.5 ha，為一私人出資建造的生態教育園。規劃的初期目標有四項：一、重現當地自然環境特色；二、提供社會大眾及學校學生親近、欣賞及學習自然生態的教育場所；三、提供人造棲地重建技術及經營管理的實驗場所。四、作為微氣候調節及生物的避難所。在規劃之初，即對地域生態環境進行了解，以資料收集及田野調查的方式，獲取地域性生態棲地類型與植栽種類、密度及各種類的比率，作為棲地設計與植栽設計的依據。因此，將本生態教育園規劃為幾種棲地類型，包括：生態生活區、乾溪生態區、溼地生態區、水塘生態區、

草澤生態區、草原生態區、溝渠生態區及森林生態區，並於其中配置：小型停車場、解說教育中心、木平臺、木棧道及解說點。

一、前　言

　　由於人類不當的開發，自然環境迅速的破壞，地球的生態體系產生了前所未有的變化；環境變遷導致生物生命及生活形態改變，亦可能造成生物的滅亡。人類在之中扮演著重要的角色，透過對自然生態的研究及教育，不但可以更清楚了解人類在自然生態體系中的位置，並可減少人類因開發而產生不可恢復的破壞。另一方面，臺灣從過去以農立國至今工商業的發達，雖使得經濟富裕，人民生活水平提升，但商業活動集中，都市化的結果，使得人與自然的關係日漸疏離，都市人渴望擁有更多的綠地並享受與野生動物共同生活的經驗，有秩序的荒野景觀開始被接受，生態環境復育的工作也一一展開。建造生態園不但可提供環境保護及教育的功能，作為未來大規模環境復育的參考，並可成為引領人們走向大自然的一個窗口。

二、規劃原則

　　目前臺灣現有的生態教育園，大致有下列幾種，各種大小不一，用途目的亦不相同：

1. 隸屬博物館或研究機構者

　　例如：國立科學博物館植物生態公園、集集特有生物研究保育中心生態教育園、中研院生態教育園等。

2. 隸屬私人機構的基金會擁有或輔助建造者

　　例如七星環境綠化基金會東湖生態花園、士林官邸生態教育園等。

3. 隸屬學校單位者

　　例如永和國小生態教育園、瑞柑國小生態教育園、光華國小生態教育園、莒光國小生態教育園、興南國小生態教育園、實踐國小生態教育園等。

4. 隸屬私人農地建造者

　　例如宜蘭樹木教育農場、桃園紫城教育農園、南投臺一生態教育農園、彰化田中生態教育農園、臺南大安生態教育農園等。

因此，一個完整健全的生態教育園規劃，應包括三大部分：棲地營造、解說教育及維護管理。棲地的規劃上，無論面積大小都應包含三個區域：

1. 一個穩定不受干擾的保育區，可由嚴密的樹林組成，提供生物避難及繁衍。
2. 一個物種多樣性高的邊緣及過渡帶，提供教材來源及保育區的緩衝。
3. 一個景觀美質高的活動區，提供具有吸引力的入口空間。

生態園的建造除先確立目標外，首先必須對地域環境進行調查，從氣候史、地質史、生態史、人文史四方面了解土地紋理，作為規劃的參考。

1. 設計上，應遵循生態循環的法則，儘可能創造多樣的空間變化：蜿蜒多變的高低地形、長且彎曲的過渡帶、多層次多種類的植栽，並注意生物廊道的暢通及藍帶綠帶的交錯及連接。
2. 施工上，應採用生態工程，減少對表土的破壞、減少混凝土的使用、採用可回收材料或天然素材，並思考由該土地解決土地本身的問題。
3. 維護管理上，嚴禁使用農藥，只在適當的季節做適度的修剪管理，以保證生物的生存繁衍及景觀美質。

三、棲地設計及施工原則

1. 棲地設計上首重與地域生態環境的結合，可引用附近地區的景觀及植栽，使該區域動物更易適應，且能順利棲息與繁衍。創造多樣多孔隙的空間，盡量使用不規則曲線作為兩種不同區域的交界線。植栽設計上以原生樹苗為主，大面積者可考慮生態綠化的方式，並加入更多的人造生物棲息設施，如：堆肥場、枯木堆、石堆、砂浴池、巢箱……等，創造更多樣的環境。

   棲地設計時，依據生態設計的原則，盡可能製造複雜多樣的環境，包括：多種不同特性空間的塑造、地形地貌的起伏變化、水文環境的溼度、深淺、池岸坡度和流速的變化；植栽配置時，不同植物群落的組合、土壤鬆實與質地的改變以及生物微棲息地的創造。利用當地素材，減少能量的輸出及輸入，對於基地因設計或施工所產生的問題，在基地內設法解決。因此，在沼塘設計上，以扭曲線作為池岸，並製造不同的坡度及水深，為顧及觀察者的安全，木棧道地區水深較淺坡度較緩，約 5～20 cm，水池中央

最深為 110 cm。

在溝渠設計上，以卵石作為水量及流速控制的材料，以堆石的方式製造不同流速的區域，並製造水花增加溶氧量。在植栽設計上，乃依據附近山區、河岸及廢耕農地的原生植栽種類及密度調查所得，皆為一般常見種，以作為生物跳島連接的功能。只栽植喬木類，雜草任其自然生長演替。

2. 在微棲地設計上，在陸地及水中製造多孔隙的空間，堆置許多石堆、木頭堆及雜草堆。選用設施材料時，以可回收或廢棄物再利用為主，廢鐵軌是相當理想的材料，堅固且不易鏽蝕，木平臺及木棧道的基礎則以鐵軌打樁建構，可減少混凝土的使用，並降低對基地的破壞。架高的木棧道，減少人類與生物廊道使用上的衝突，並提供生物棲息躲藏的場所。基地內的鋪面以溪卵石及碎石鋪設，以利水的下滲。池沼水量的控制，亦儘可能在進水量與蒸發量中取得平衡，避免水源流出基地外。

3. 施工時，以怪手整地為主，避免以推土機大面積破壞原有地貌，較肥沃的土壤地區，將 30 cm 的表土刮起作為植栽栽植時使用。以挖填平衡的方式處理土方，製造山丘及沼塘；並挖鬆土壤製造凹凸起伏的表面，使有機質及水分易於堆積，植栽易於成長。

四、田心生態園生態工程相關說明

㈠田心生態園原貌（圖 9.13）

為一荒廢十餘年的荒地，雜草叢生，地上零星長著幾棵樹，如：血桐、構樹等，完整呈現臺灣西南地區平原的景觀－稀樹草原。

㈡整地工程（圖 9.14）

先進行放樣，再以挖土機及推土機等重機進行整地，將地形及高程形塑。

㈢防水層鋪設（圖 9.15）

在溪流及生態池底部鋪設一層防水層，使用的材質為黏土（黃土），池底鋪設的厚度以重機夯實後為 50 cm，池岸則需達到 30 cm。

圖 9.13　田心生態園原貌

圖 9.14　田心生態園整地工程

圖 9.15　田心生態園鋪設防水層

圖 9.16　田心生態園營造溪流環境

圖9.17　田心生態園廢棄物處理

(四)營造溪流環境（圖 9.16）

　　挖掘生態池的土方在溪流生態區堆疊成一土丘（坡度非常緩），再營造出生態池上游的溪流生態，為模擬自然的溪流，在溪流堆砌大小不一的石頭。

(五)廢棄物處理（圖 9.17）

　　在整地過程挖掘出以前所埋設的廢棄磚塊及水泥塊，以「自己土地的問題在自己土地內解決」的概念，將其堆砌於池底，做為將來水棲動物的微棲地。

(六)生態池試水（圖 9.18）

　　第一次放水測試防水層效果，初期先讓土壤完全吸足水份及下滲，並持續補注池水，約 1～2 日後停水觀察池水下滲的速度，如有下滲過快的問題，再持續注水，並觀察漏水的地點，以人工的方式踩踏池岸的黏土，盡量將可能的縫隙填

圖 9.18　田心生態園生態池試水

圖 9.19　田心生態園生態池池岸的營造─增加水際線

補，此動作也因為黏土被踩踏形成泥漿，可以更充分的填補漏洞。

㈦生態池池岸的營造─增加水際線（圖 9.19）

　　營造適合生物棲息的水域環境，有幾個重要條件，目的是為了增加生物喜歡棲息利用的範圍，而水域環境中主要以靠近陸地的淺水水域為重要的區域，稱之為「推移帶（Ecotone）」或「生態交會區」；因此，擴大推移帶是增加生物棲息空間的重要方式。池岸坡度越緩越好，最好可以低於 30。；池岸越彎曲越好，利用彎曲池岸增加水際線的長度。

㈧設置浮島（圖 9.20）

　　以 PVC 管做成可以浮在水面上的浮島，並用繩索固定於池底，勿讓浮島到處亂漂，再於浮島上種植水生植物（一般為挺水性植物），浮島將來會吸引水鳥

圖 9.20　田心生態園生態池設置浮島

圖 9.21　田心生態園生態池設置木平臺及木棧道

（如紅冠水雞）前來築巢；浮島底下因水生植物的根系發達，成為水棲動物（如魚類、水棲昆蟲等）躲藏、繁殖及覓食的場所。

㈨木平臺及木棧道的設置（圖 9.21）

1. 木平臺及木棧道的設置可以營造親水的效果，讓自然觀察更容易。
2. 基座以回收的舊鐵軌及鋪面以舊枕木來鋪設，以回收素材營造亦為生態工程的精神。
3. 生態廊道的維持，木平臺及木棧道的設置可將人類走的路與野生動物的路分開，避免野生動物的廊道被阻斷，造成棲地破碎化。

㈩保留窄的道路（圖 9.22）

馬路越寬，車速越快，穿越的行人及野生動物越危險，噪音也增加。

圖 9.22　田心生態園保留窄的道路　　　圖 9-23　田心生態園透水性鋪面

(±)透水性鋪面（圖 9.23）

　　像水泥或柏油等不透水鋪面，因為阻斷地表水的下滲而破壞水的循環，加上這些不透水鋪面亦不利於生物的棲息躲藏，因此田心的地面幾乎都以透水性佳的鋪面來鋪設，如供車輛或人們行走的以碎石級配來鋪設，而使用度低的則以草皮來鋪設，以此來保持水循環的順暢無阻。

(±)水生植物的種植

　　水生植物在人工濕地中扮演的角色（如表 9.2 所示）。

表 9.2　人工濕地中水生植物的作用

植物性質	植物類別	處理機制
水面上的植物組織	浮葉性植物 漂浮性植物	影響微氣候→對溫度的隔絕作用。 降低水面風速→避免顆粒再懸浮。 營養物儲存。
水中的莖葉組織	挺水性植物 浮葉性植物 沉水性植物	過濾大的顆粒。 降低水流速度→增進沉降效果，避免顆粒再懸浮。 提供細菌附著生長所需面積。 排出光合作用產生的氧→增進好氧分解。 營養物攝取。
底泥中的根及地下莖	挺水性植物 浮葉性植物 沉水性植物	提供細菌附著生長所需面積。 底泥表層穩定化→減少侵蝕。 釋出氧→增進好氧分解及硝化作用。 營養物攝取。 釋出有機物→促進脫硝作用。

五、結論與建議

　　目前，生態教育園除喬木因栽植樹苗尚須時間成長外，已大致完成。四十餘種水生植物目前生長良好；已發現鳥類有：磯鷸、小白鷺、栗小鷺、倉鷺、夜鷺、白腹秧雞、紅鳩、珠頸斑鳩、番鵑、洋燕、大捲尾、白頭翁、褐頭鷦鶯、白鶺鴒、八哥、麻雀、斑紋鳥、白腰文鳥、黑枕藍鶲、綠繡眼、鵪鶉及翠鳥等二十餘種，而目前發現：八哥、白腹秧雞及栗鷺鶯已築巢滯留；蛙類則有：澤蛙、虎皮蛙、小雨蛙及黑眶蟾蜍等四種；蜻蜓有二十餘種，仲夏夜晚並有為數不少的臺灣窗螢飛舞。相信數年後，喬木成林，將會有更豐富的生態相呈現。

　　生態教育園的建造是一個動態的過程，需要不停的觀察研究，不停的更新解說牌、製作教案、訓練解說員，才能充分發揮生態園教育的功能。除此之外，小型生態園建造簡單，人人可做，不但可提供野生動物一個生存的空間，也為將來生態網的建立播下一粒種子，就如同教育一般，等待發芽。生態的觀念推廣，從教育著手是最有效的方法，了解自然界運作的方式，將可降低人類因無知造成的破壞，進而保障人類永續的生存。面積不是生態教育園的限制，動物的遷移能力及種子的傳播能力不可忽視，將生態教育園推廣到家庭、學校、公園、廢耕地等，或要求大型公園設置一定比例的荒野或密林區，擴展生態島的點狀分布範圍，再將其帶狀連接，最後形成生態網，將有助於地區生態的穩定及重建。

【附件】田心生態教育園簡介摺頁

一、緣　起

　　田心生態教育園位於屏東縣麟洛鄉田心村西南方，佔地 0.5 ha，為一私人出資建造的生態教育園。此區原本是一個普通的荒地，然而藉由渴望「有庭院的住宅」到對於「故鄉土地的認同」，再經過許多人的努力，完成了具有生態意義和環境教育的場所。

二、規劃設計構想

　　由於體認到人並非地球上唯一的生物，其規劃設計的構想，是以生態為中心的設計觀為出發點。園內有一個以自然工法打造的池塘，由於池岸彎曲多變，並種植多種水生植物，因此營造出多樣、多層次的生態空間，提供生物一個良好的棲息環境。田心生態教育園主要區分為森林生態區、溝渠生態區、溼地生態區、草澤生態區、稀樹草原生態區、水塘生態區等區域。目前，田心生態教育園區提供給遊客使用的設施有：解說教育中心、觀察平臺、自然遊憩場、地理位置圖示牌、解說牌、化妝室等設施。

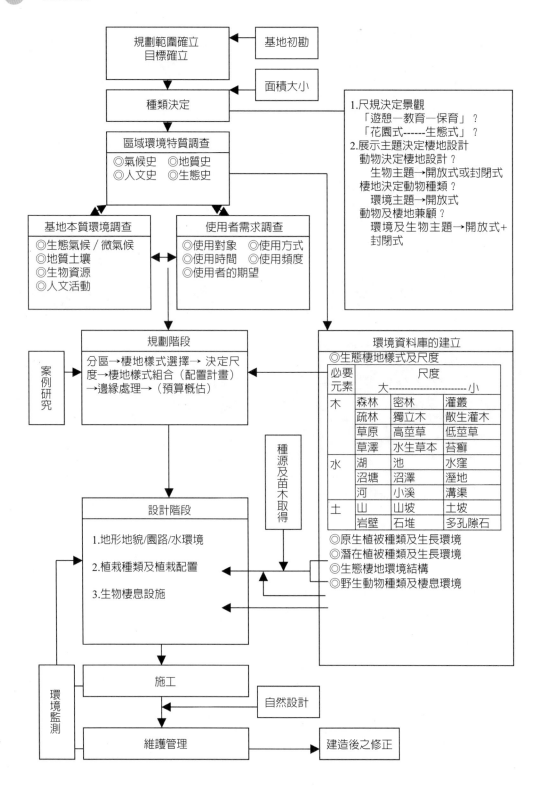

9-7 屏東縣牡丹鄉旭海溪集水區整體治理調查規劃

旭海溪集水區位於屏東縣牡丹鄉內，東臨太平洋，集水區面積約 1,122 ha，主流長 5 km。因歷次颱風豪雨災害，河岸淘刷、邊坡崩塌，土砂下移，淤塞河道，使當地百姓為洪災所苦，也使迴游性水域動物生態棲息地受到破壞。旭海草原走道為通往旭海大草原觀賞旭日東昇的重要通道，因豪雨沖刷崩塌，造成土石流失，影響通行安全與品質。

治理重點以河道棲地及其周邊環境改善為主，在工程的執行上也依據河段區位之適宜性以及地區發展的需求性擬定整治方案，依工程屬性可概分為四大類，一為既有構造物改善及溪岸環境綠美化，二為岸高不足河段增設保護工程，三為旭海草原登山舊道整建，四為裸露崩塌地處理及河道清淤維護，重點仍以河洪安全為基礎，再考量溪溝自然環境立地條件設置人為設施，以營造出河岸的遊憩空間，並同時兼顧河川生態保育為目標，使治理成效結合區內旭海草原景點，並與未來的旭海溫泉區等相互串聯成為一個完整的動線系統，增加本區的遊憩價值，帶動地區產業發展。

本集水區經二年餘的整體規劃及治理，已顯現初步的治理成效，透過崩塌地處理，已能有效控制邊坡土砂災害；河道經一、二期工程治理，也漸達成穩定流心、通暢水流、防範洪災之效。又為改善旭海溪周邊環境景觀，除沿河岸及生態走道進行植生綠美化外，並利用岸邊腹地建構生態池及原生植物園區、生態濕地，營造水、陸域生物棲息地。旭海草原走道更以高透水自然材質施設道路及坡面保護工程，並建置生態導覽解說，使能增加生態教育體驗之深度與廣度；並與周邊景點串成安全優質遊憩帶，提昇本治理工程之加值效益。

一、前　言

旭海溪集水區位於屏東縣牡丹鄉，土地利用以林業及農業型態為主，區內有著名的旭海溫泉、旭海大草原風景區以及民宿、漁港等觀光休閒產業，鄰近本區還有牡丹水庫及四重溪溫泉等景點，串聯而成遊憩風景面，是一處極具開發潛力及觀光價值的地區，本區內的治理主體旭海溪，其溪流及溪岸周邊仍有許多待改善及可開發的資源，應予以妥善規劃運用，以增進河溪的穩定與安全，進而提升環境品質並帶動地方發展。

　　本集水區治理規劃，希望藉由整治方案能提供安全穩定之鄉村生活環境，與當地人文、觀光產業發展相結合，同時考量人的使用需求與生態環境保護之相容性，對於治理工法設計將力求符合表面孔隙化、構造物最小化、坡度緩和化、材質自然化及施工經濟化等自然工程之原則為規劃方向。因此，依據集水區之立地條件及周邊遊憩用途潛力，考量當地居民對河溪使用需求，謀求整體性與生態性之整治方案，儘量利用原溪流環境整建或改善生物棲息地，提供遊憩、自然體驗場所，期能達成以安全為基礎並兼顧維護自然景觀與生態環境營造的治理目標。

二、集水區概況

(一)調查範圍

　　旭海集水區，位於臺灣最南端的恆春半島，東臨太平洋，總面積約 3,250 ha，區內依北、中、南又可劃分為乾溪（汝仍溪）、旭海溪、大流溪等三個子集水區，本調查規劃之旭海溪位於集水區中段，自旭海溪出海口至上游成溪河段，主流長度約為 4 km，涵蓋子集水區面積約 672.12 ha，支流長度約 2 km，涵蓋子集水區面積約 449.4 ha，集水區地理位置詳如圖 9.24，交通區位詳如圖 9.25，子集水區分佈詳如圖 9.26。

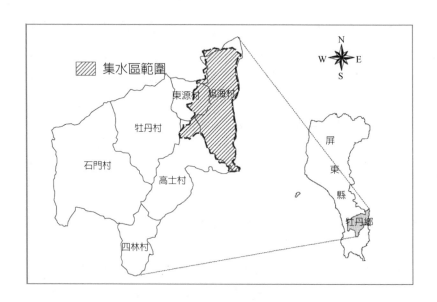

圖 9.24　旭海集水區地理位置圖

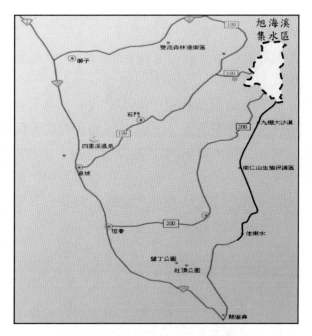

圖 9.25 旭海溪集區交通位置

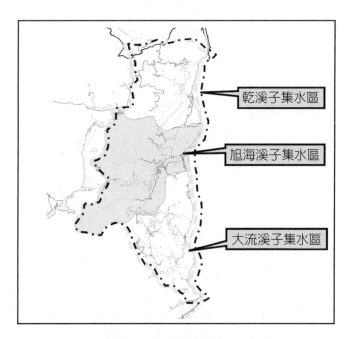

圖 9.26 旭海溪子集水區

㈡人文特色

　　旭海村是牡丹鄉人口數最少，且唯一臨海的村落，全村面積 27.663 km^2，轄分八鄰。人口男 260 人，女 217 人，合計 477 人，人口分佈集中於近旭海溪與牡丹灣間的平坦谷地，早期因捕魚及農墾之便而形成的二個聚落，主要集中在旭海社區與東海路社區，居民以排灣族為主，但在旭海村有較多阿美族後裔，原住民人口數 339 人，佔全村人口 71%，由歷年統計資料顯示，村內人口有逐年減少的趨勢，年輕一輩仍多外出謀生，人口外流仍是多數農漁村所面臨的一大問題。近來旭海村之阿美族人因族群意識逐漸提高，組織有跳舞班及學習傳統編織，也曾舉辦捕魚季活動希望能保存傳統文化。

㈢環境特性

1. 地　形

本區內地形以低山及丘陵臺地為主，係屬中央山脈之餘脈，地形以牡丹灣山、牡丹池山、牡丹鼻山、觀音山等諸山所形成之支稜，將集水區劃分為三部份，大小澗水匯流成為北區的乾溪，中區的旭海溪及南區的大流溪等三個子集水區，旭海溪子集水區，其地勢走向由西向東傾斜，從最高海拔高度約 400 m 降至海岸線，除旭海溪沿岸為河谷平原外，全部為低山丘陵綿延，全區平均坡度約 35.6%，

2. 地　質

集水區北側橫跨楓港溪斷層，出露於本區之地層有全新世的現代沖積層、河階堆積層及中新世的牡丹層及潮州層，分佈於旭海溪流域之地質構造主要為牡丹層，在本層所沉積之岩相包含有頁岩相、砂岩相、砂頁岩互層相及風化表土層，其中以黃棕色風化土夾薄砂岩層為主要出露地層，在本流域中佔有達 70%以上之面積。

3. 土地利用現況

集水區內之土地利用，除聚落建築外主要是闊葉林地，沿旭海溪兩岸平坦地區多已被開闢水田及魚塭，另根據水土保持局以往辦理之山坡地土地利用限度查定之土地使用分類資料，經統計本次辦理調查集水區範圍各類用地中以闊葉林，佔全部集水區面積 88.54% 為最多；其次為草生地及荒地，佔 5.95% 次之，水田、旱田地，佔 3.88%，其他建築、墓地、道路等土地約佔 1.22%，河流、水池約佔 0.36%，零星小面積崩塌約佔 0.05%。

4. 溪流現況

旭海溪子集水區內之水系分佈有旭海溪主、支流及鳳林溪三條野溪，鳳林溪為直接入海之獨立溪流，旭海溪支流則在旭海村活動中心旁匯入主流，兩條溪流中游以下大多已整治設置護岸並有幾座跌水設施，中、上游有數條小型無名坑溝自兩岸匯入，坑溝中無常流水呈乾涸狀態，調查期間旭海溪中水量及流況受降雨影響而有明顯差異，在 2004 年 5～6 月份時水量較小，水位降至河床以下成為伏流水，部分河段呈乾涸狀無連續水流，8～9 月份因有颱風過境及連續降雨，溪中匯聚較多之地表逕流及入滲水使水深可達 1 m，但因河道短促水位洩降速度很快，回復常流水狀態時下游平均水深僅約 10～20 cm，部分通斷水面縮減的河段水流稍急，整條溪流水質尚算清澈，在旭海社區至旭安宮附近有家庭廢水排入，河床底質以砂礫及卵石為主；其上有褐黃色泥沙沉積。

旭海溪為直接出海之野溪，在距鵬園橋下游約 120 m 為出海口感潮段，在大潮時約有 400 m 河段會有海水侵入，河口段約 500 m 臨接海岸灘地。沿溪岸土地利用型態多為林地，雜草地（原水稻田已廢耕）及魚塭、區內有二處社區聚落其中東海路社區聚落位於出海口的河道旁，旭海社區距河道較遠並未直接臨接河道，中游段有旭海分校及 199 甲縣道即位於河道旁，為保護沿岸土地及設施，歷年已在河段中設置許多河工構造物。

5. 災害情形

本區以往的自然災害以每年 7 月～10 月間的颱風過境時所造成的強風及其所挾帶豪雨造成溪水暴漲溢岸為主，經向當地居民詢問，1994 年 8 月 3 日凱特林颱風曾造成旭海分校及主支流匯流處下游淹水，但自護岸整建完成後已不再發生淹水情形，1999 年 6 月 6 日在瑪姬颱風來襲時，受外圍環流影響降下豪雨使水位曾達河道滿水位線，另在溪頭橋河段未整建前因河岸較低也曾有溢岸紀錄，但自 2000 年 12 月箱籠護岸整建完成後至目前已無淹水情形，道路交通在 199 甲線旭安宮前路段原排水溝已遭掩埋堵塞，無法宣洩逕流偶有積水情形。

對本區產生影響之颱風為 2004 年 7 月 2 號敏督力颱風過境時恰遇大潮，致河口水位上漲至高程 2.9m，2004 年 10 月 18 日之陶卡基颱風雖未發佈颱風警報，但強風掀起大浪衝入東海路近海岸的四戶住家使部分房舍受損，所幸並未釀成人員傷亡。歷年災害系統總雨量冠軍，原是敏督力颱風及其引進西南氣流所締造的 2,166 mm，根據中央氣象局統計資料顯示，屏東縣三地門和高雄縣桃源鄉的總雨量，分別在 7 月 20 日傍晚及 21 日中午雙雙打破七二水災的紀錄。從發佈

海棠陸上警報起算至 21 日 8 點為止，屏東縣三地門尾寮山測站的累積雨量已高達 2,346 mm，在七二水災名列全臺雨量榜首的高雄縣桃源鄉，累積雨量也高達 2,171 mm。海棠單日最高雨量達 1,009 mm 則排行史上第三，僅次於琳恩颱風的 1,136 mm 和賀伯颱風的 1,084 mm。

海棠颱風造成賴以進入恆春半島之楓港橋完全斷毀，旭海對外聯絡道路 199 甲縣道也有多處路段崩塌，交通幾乎中斷；中央災害應變中心表示，風災期間牡丹鄉旭海村（旭海派出所）自 7 月 19 日晚 10 時 32 分起對外通訊完全中斷，牡丹鄉公所上午僱用挖土機設法搶通聯絡出入的屏 199 線，一名員警在上午 11 時步行至九鵬基地求援。本區內旭海草原生態走道沿線也出現多處坡面崩塌，路面嚴重沖蝕，已於一期工程進行路面修復及排水改善工程，於二期工程續辦理坡面穩定及植生工程。海棠颱風侵襲期間帶來超大豪雨，旭海地區連續 24 小時累積雨量達 765 mm，最高洪水位幾達旭海溪岸頂，雖未造成淹水，但造成二處既有岸坡毀損，分別為主流 1K + 100 左岸處，長約 35 m 之 RC 護岸損壞，另一為 3K + 200 溪頭橋附近，左岸土坡岸損毀約 130 m，已由屏東縣政府辦理災害修復處理，此外鵬園橋第一期工程亦有局部護岸基礎淘空斷裂損壞，可見當時水勢甚大，破壞力驚人，在工程設計時應再對構造物基礎之穩定性多加考量（如圖 9.27 所示）。

鵬園橋下游固床工刷深

鵬園橋上游河岸沖刷

199 甲聯外道路路基崩塌

鵬園橋下游翼牆及基礎淘空

溪頭橋上游河岸沖刷

旭海草原走道崩塌

圖 9.27　海棠颱風造成集水區損害情形（2005 年 7 月 18 日）

三、整體規劃及治理方案

(一)規劃周延性

1. 調查規劃工作自 2004 年 6 月開始至 2005 年 12 月歷時一年半完成,建立本集水區詳細之水文、地文、人文、生態及災害歷史等基本資料。

2. 從規劃設計之初,即嚴格要求以整體宏觀角度辦理,整治工作更以防災安全為主軸,並融入生態、地景及當地原住民文化特色要素,創造出多目標野溪治理工程。

3. 規劃過程邀請水利、水保及生態專家組成顧問團共同指導,並結合社區民眾共同參與。

4. 以河洪安全為基礎,再考量溪溝自然環境立地條件設置人為設施,以能營造出河岸的遊憩空間,同時兼顧河川生態保育為目標,結合區內旭海草原景點並與未來的旭海溫泉區等相互串聯成為一個完整的動線系統,增加本區的遊憩價值,帶動地區產業發展。

5. 依工程屬性可分為四大類,一為堤岸不足河段增設保護工程,二為既有構造物改善及溪岸環境綠美化,三為旭海草原登山舊道整建,四為裸露崩塌地處理及河道清淤維護。

6. 治理方案共擬分四期執行,於 2006 年度執行第二期工程,經費 2,660 萬元,於 2006 年 10 月完工。將繼續辦理第三期、第四期工程達成整體治理目標。

(二)工程設計理念

1. 順應地形及水流特性,採凹岸、凸岸不同之護岸形式,並以塊石及木樁搭配創造多樣性的護岸景觀。

2. 綠色護岸(藍帶與綠帶結合),未整治及岸高不足之河段,以砌塊石岸及植生坡岸加高、利用岸頂設置架高棧道,具安全、景觀及遊憩之功能。

3. 利用枕木格框及碎石鋪面有效控制草原走道之沖蝕,高透水性之鋪面配合縱橫向排水,可即時排水並維持通行品質

4. 工程構造物適切融入當地生態、人文特色之圖案及語彙。

㈢工程特色

1. 生態環境維護之措施

⑴採用多孔隙之自然資材及緩坡護岸，架高走道等設計。

⑵考慮當地之環境氣候選用適生之原生樹種做為植生資材。

⑶因應當地迴游性水生動物需保持生態廊道暢通，將固床工設計位置下降並留設開口避免產生阻隔。

⑷緩坡多樣式護岸及低落差固床工，營造蜿蜒自然水域環境，暢通生態廊道。

2. 運用生態及人文特色

⑴除工程設計時考量對生物棲地之影響，也將生態調查成果（過山蝦、蔡氏澤蟹、黃灰澤蟹、褐樹蛙、虎皮蛙、湯鯉、六帶鰺、棕塘鱧、無孔塘鱧等）請專家繪製於陶版上，並嵌於溪旁之擋土牆，成為一生態展示牆。

⑵凸顯當地原住民特有之文化與風俗、將代表性之意象、圖騰融合於硬體建設中，結合當地豐富之人文特色，有助於促進地方產業發展（傳統圖騰神話—太陽、陶壺、百步蛇、勇士、生命之源、野牡丹、共飲雙連杯—象徵合作、團結）。

㈣改善既有設施改善及溪岸環境

1. 旭海溫泉段

旭海溫泉位於 199 甲線旁，為進入本區必經的第一遊憩點，現有的溫泉設施略嫌簡陋，鄉公所預計將納入旭海分校土地後擴大規劃為溫泉區，未來將可大為改善溫泉設施的品質；呈現出全新的風貌。旭海溪河道於此與 199 甲線道相鄰，兩岸已設有 RC 護岸，為配合溫泉區整體改善，可利用小廣場的空地退縮將 RC 擋土牆改為砌塊石及緩坡植生岸，讓遊客除享受泡湯的熱度外還可到溪中體會溪水的清涼，對岸私人土地則以攀爬性植物如辟荔、地錦等覆蓋 RC 牆面加以綠化。

2. 鵬園橋上游段

此段河道由旭海村活動中心至鵬園橋，河幅較為寬廣，溪岸旁有廣大的平坦地，此段設置沿溪生態走道做為串連溫泉區與海口間的動線，民眾可於旭海溫泉泡湯後將車輛停於分校廣場或鄰近的旭海村活動中心廣場，再由沿溪走道步行至鵬園橋，路程長度約 1 km，沿線廣植草花並以二座人行橋銜接二岸，其間以既有水池規劃為生態池，右岸 3 ha 土地闢建為生態園區可加入生態觀察體驗

活動，示範原住民捕魚及設置傳統領域解說及導覽等，成為一兼具自然及人文體驗，豐富而有趣的生態走道。

生態池最重要的是池水來源，經現地勘查為於主流 1K + 230〜1K + 290 左岸有一座既有水池，池底高程低於野溪伏流水位，即使河道已乾涸，但池水可保持常年未乾，池內水源以溪水自然滲入及降雨補充，未來第二期工程闢建時池底將再鋪設不透水黏土層，使溪水位低於池底時，池水不致滲漏，而當溪水水位上升，可由不透水層以上流入池內，若蒸發量大於自然補注量，可由池旁一既有 10" 口徑之水位觀測井抽水補充。當地表水補注量過大時，僅需流設溢流排放口，控制池內最高水位即可。且水池可兼具灌溉功能，對於未來將旭海村前大草坪開闢為花海農場，也可發揮生態、景觀及灌溉之功效。

3. 旭海溪主、支流河道內構造物改善

對於河道內既有擋土牆改善，若無用地問題，可於牆頂種植攀爬肥植物如軟枝黃蟬、雲南黃馨、地錦。對高度過高、落差過大之既有跌水工或固床工採緩和之坡道，或將單座構造物分散為二座或多座，跌水工下經高落差水流沖出之小水潭具有較高之容氧量，此為魚類較喜之生存環境，應儘量予以保留或再加以改善留設。

(五)河岸保護工程

1. 鵬園橋下游段

旭海溪過鵬園橋後形成一曲流，轉偏北向入海，此段有 300 m 的凹岸濱堤段，有待設置河岸保護工程，配合岸坡穩定處理後，可在溪岸上設置觀海步道，成為鵬園橋上游沿溪步道的延伸，於步道末端設置一處觀景平臺及觀景亭供遊客停駐賞景，一覽牡丹灣廣闊的景觀特色，再由跨越橋銜接或原步道折返至對岸臺 26 號省道旁停車場。

因鵬園橋下游段接近出海口為感潮河段易受潮汐升降作用影響，當颱風豪雨與大潮同時發生，颱洪加漲退潮易對河岸及河床產生破壞，在 2005 年 7 月 18 日之海棠颱風來襲期間河床刷深約 1.5〜2 m，使原鵬園橋翼牆基礎淘空倒塌，在辦理此段河岸整治時將加深基礎保護深度，必要時採樁基礎加強，基樁深度應達最大沖刷深度以下，由於颱洪期間流況實測不易取得，必須藉助二維（2D）模式輔助方可獲得複雜地形區段如匯流區與轉彎段的流況分析，但仍缺乏足夠之監測資料進行回饋驗證分析。因此僅能藉由本次超大雨量後現場實測最大刷深量推估保護深度應大於 2 m 以上較佳，河床穩定措施則採用丁壩與固床工塔

配以導正流心並有效防止河床刷深。

2. 旭海溪主流中、上游段

鵬園橋上游里程 0K + 800～0K + 910 及溪頭橋上游里程約自 3K + 000～3K+330 之河段岸線過低，有溢岸之虞，應予加高堤岸保護。

㈥整建旭海草原舊走道

自鵬園橋以步行或開車過東海路部落至旭海草原舊道，其入口位於旭海漁港旁，由此至山頂路長約 1.5 km，坡度約 15%，因路面品質不佳，一般車輛無法行駛，需以四輪傳動車方可上山，雖在旭海社區與旭安宮之間已另闢一條車行產業道路，可供車輛駛抵旭海草原停車場，再步行約 15 分鐘到旭海草原，在未來利用既有路型進行路面改善，增設邊溝與橫向排水溝等水土保持處理後，應將其做為登山健行專用走道禁止車輛進入，並於沿途視野良好的位置設置休憩座椅，觀景臺、觀景亭等設施，讓遊客充分體驗健行運動並可能與各種生物不期而遇的登山樂趣，此生態走道與新產業道路在旭海草原可銜接形成一迴路動線，當地居民可改在旭海停車場接駁登山客下山，日後遊客數量增加相對也使當地居民工作的機會及收入增加。

為開發旭海地區遊憩潛力，旭海草原步道利用既有路型，將路面修建改善後，將使上山遊客增加，透過適度規劃手法導引民眾遵循特定動線活動，使對草原干擾及破壞降低。未來登山步道將採取人車分道禁止車輛進入，減少四輪驅動車上山造成之干擾，與現況比較反能減低干擾，畢竟車輛的破壞力遠大於行人。

旭海草原之地被植物以竹節草為主且分佈面積廣大，根據生態學者戴德拉・羅賓諾維次提出：若物種的地理分布廣泛、有寬廣的棲息容忍度、且地方族群大則此物種最不會遭受滅絕的危險。現有之步道僅為一帶狀動線供遊客通行，遊客可沿步道行進賞景，其餘之地帶行人無法進入，所以人車可達之活動範圍仍是受限的，對大草原而言仍不致使草原生態破壞殆盡，仍可維持其自然演替之生態機制，也可持續保有此一景觀特色。

經此一完整的動線遊程配置，從旭海溫泉起即開始步行，全程步行長度約 3.5km，若再計入抵達本區所需的車程、泡湯及在沿溪生態走道中觀察活動駐留的時間可規劃為全天的行程，讓來此遊玩的民眾可於旭海社區或東海社區用餐，甚而過夜留宿將可大為增加在本地消費的機會，對當地居民收入也將頗有助益。規劃構想配置圖（如圖 9.28 所示）。

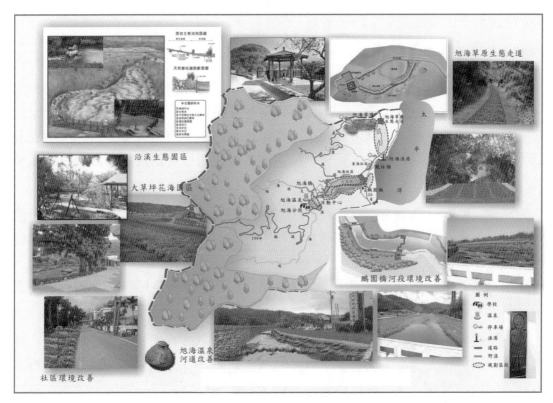

圖 9.28 旭海集水區規劃配置示意圖

㈦處理裸露崩塌地及河道清淤維護

1. 崩塌地處理

由於此類崩塌地面積不大又多位於產業道路旁,可提供由當地民眾直接參與崩塌地治理工作的機會,以打樁編柵方式,樁體採用雜木樁及萌芽樁混合,先改善裸露坡面生育基盤的坡度條件,初期以人工植生方式達成覆蓋效果,再讓當地植物自然入侵,完成演替及坡面保護之效。

2. 河道清淤

由於河道基流量小動能不足;由坡面沖蝕流入的泥砂經長期堆積必使河段淤積,故疏浚亦為重要之維護工作,但不宜再以一次整段清淤的方式處理,此一方式使淙淙細流變為黃濁的溪水,造成景觀美質的負面衝擊,對於未來設置沿溪步道連接活動中心至鵬園橋導入遊客步行賞景亦會產生不良效果,可考慮利用廢棄魚塭或低窪水田,做為土砂淤流空間,或於下游較寬廣的河段規劃為淤砂段,先將其浚深由輸砂平衡將其淤滿後,再對此一區段進行疏浚,儘量不以

全段疏浚，以分段疏浚方式處理。

(八)改善旭海社區

　　旭海溪從活動中心以下至鵬園橋河段，與社區間的關係源自於道路與溪流間所夾平坦草生地為早期的農耕區，主要聚落也鄰接此地帶而形成，大草地就像是社區的前庭院，但如今荒蕪未加利用卻相當可惜，本次規劃構想中以導入步道系統，生態園區，花圃農園等，將集水區治理內容與農村規劃相互結合，使該區發展為重點景觀區之一。

　　旭海社區為一典型沿街型社區，聚落形成時為農民各據所需興建，早年興建低矮房舍與新近改建的房舍比鄰而立，社區建築並無共同特徵，有老舊破落的低矮平房，舊鐵皮屋、貨櫃倉庫，新建都市型樓房或農舍等，使得街道顯得雜亂，周邊山海景觀雖然豐富，但美中不足之處是居民普遍沒有住屋綠化之觀念，使原本單調與凌亂的建築物立面更加凸顯，降低整體環境與景觀品質。

　　街區景觀重塑與改造為社區營造之另一大課題，可將其分為公共空間及私有權部分，由於私人房舍較為雜亂無章，缺乏整體設計且改建不易，故可先由改善公共空間環境做起，由政府單位先行辦理，較能激勵民眾配合意願，故本次規劃以社區段的道路鋪面，路緣退縮帶及空地綠美化植栽，另如村民活動中心廣場，可改用透水性植草磚，並在較單調的廣場中加入植栽綠蔭等為重點，當景觀及環境品質改善之效果呈現後，繼之鼓勵當地民眾共同參與環境改善，從自家前庭後院做起，用最簡單的植栽綠籬美化等，在無法改建建築物的情形下，植栽綠化具有遮蔽及修飾功能，也是最經濟最簡便的方式。

　　民宅改建因牽涉用地、經費及居民配合意願等，不易於短期內達成，宜以鼓勵措施提高配合意願，如提供建築設計型式免費使用，節省農民改建時設計費用及建屋支出，例如老舊房舍改建時可鼓勵採用水土保持局提供之農舍設計圖，或由社區發展協會尋覓可與當地長期合作之建築師或社區規劃師等，提供改建之建議等，期能循序漸進的將社區聚落營造為一條特色街區。

　　目前街區內就有一幢商店建築頗具特色，相當具有海洋村屋氣息，可作為街區發展之範例，分析其組成元素及使用語彙，包括：顏色；以白色為底，藍色襯托其間，建築形式採斜屋頂，加裝飾性門廊及窗邊框等，頗能融入當地環境特色（如圖 9.29 所示）。在未來應遊客量增加後，街區的發展勢必會增加服務及商業機能，其經營形式或販售商品，可能包括原住民手工藝品，餐飲，民宿，農特產

旭海社區道路
週邊綠美化改
善模擬

旭海社區大草
坪改善模擬
闢為花海農場

東海社區環境
綠美改善模擬
路邊停車空間

東海社區環境
綠美改善模擬
道路週邊閒置
空間綠美化

東海社區環境
綠美改善模擬
道路週邊閒置
空間綠美化

圖 9.29 旭海村社區環境改善前（左）、後（右）模擬

等商店，可依其不同型態及屬性，發展立面造型以及店招型式，但仍必須納入景觀規劃師與建築師共同參與，建構出共同的特徵語彙，奠定未來發展之方向。

㈨生態及導覽解說系統

沿溪生態走道串連溫泉區與海口間的動線，民眾可於旭海溫泉泡湯後將車輛停於分校廣場或鄰近的旭海村活動中心廣場，再由沿溪走道步行至鵬園橋，沿線廣植草花並以二座人行橋銜接二岸，其間有一座既有水池規劃的生態池，因池底高程低於野溪伏流水位，即使河道已乾涸，但池水可保持常年未乾，池內水源以溪水自然滲入及降雨補充，水池可兼具灌溉功能，對於未來將大草原開闢為花海農場，也可發揮生態、景觀及灌溉之功效。為呈現治理區之生態意涵，將生態調查成果展現出來，使民眾對本區生態特色有所認識，於沿溪步道及生態走道旁，共設置 12 座解說牌。

四、分期實施計畫

本案擬分四期執行，對於需設岸保護之河段應予優先辦理，有待改善之既有設施可採逐年進行，並觀察改善後之效果，改善工作內容除既有設施外，應擴及河岸邊坡與週邊環境綠美化等。分期執行計畫內容如下：

㈠第一期：（2005 年度已執行—工程經費 2,442 萬元）

鵬園橋下游河口為本區內臨海岸的濱堤河段，河道過鵬園橋後形成一大轉彎，兩岸尚未整治仍為原始土坡岸，右岸為易受水流攻擊的凹岸，經整治建構護岸後配合岸頂走道設置，可由觀景臺遠眺牡丹灣壯闊的景觀，且其位於臺 26 線省道旁，為恆春經港仔進入本區的必經路段，位置明顯恰可串連旭海草原園與生態園區及溫泉區段，故列為優先辦理之項目。

旭海草原舊道，既有路型已存在，整建工作可即進行，完成後將與車行產業道路形成一完整迴路，遊客經鵬園橋由此登山健行，當地居民也可在旭海草原停車場搭載遊客下山，故將其與鵬園橋下游整治工程一併編於第一期執行。

㈡第二期：（2006 年度執行—工程經費 2,660 萬元）

在高度渠道化之河道中，既有的構造物如 RC 護岸及主、支流河道中跌水工及固床工亦需將其改善，以達成生態保育及景觀美質的效果，另中、上游河段仍有部分遭沖蝕土坡河岸，雖不致產生立即性之危害，但在自然營力長期作用下仍有

對鄰岸之土地或道路造成損壞之虞，有施築護岸加以保護之必要，將其編於第二期，於計畫核定後之隔年旱季進行施工。

㈢第三期：（2007 年度執行—工程經費 2,300 萬元）

鵬園橋上游至旭海溫泉間河段，兩岸有廣闊的河谷平坦地及既有窪地，可將其闢為生態園區設置生態池，並以沿溪生態走道系統將海口與溫泉聯結成一條體驗本區特色的動線，由於本段所需經費較高，將其分別編於第二期（走道系統），第三期執行（生態園區）。

㈣第四期：（2008 年度執行—工程經費 930 萬元）

臺 26 號省道拓寬工程，將分為濱海段（26 號省道）及山線段（199 甲縣道），其中 199 甲線已被交通部公路總局列為近期改善工程，2008 年動工至 2011 年完成，未來將拓寬為 9 m 寬的道路，因該道路通過旭海社區，因此配合計畫列於第四期執行，其重點以社區周邊公共空間改善為主，本次規劃以社區段的道路鋪面，路緣退縮帶及空地綠美化植栽，另有村民活動中心廣場，可改用透水性植草磚，並在較單調的廣場中加入植栽綠蔭等為重點，當景觀及環境品質改善之效果呈現後，再由當地居民及社區發展協會，共同參與推動街區改造。規劃工程各分期執行成果如圖 9.30 及圖 9.31 所示。

圖 9.30　旭海草原生態走道工程執行成果（一、二期工程）

圖 9.31　生態池及旭海溫泉河段工程執行成果（二期工程）

圖 9.32　2005 年 7 月 18 日海棠颱風造成鵬園橋下游河段損害情形

五、工程執行困難及挑戰

1. 歷次颱風侵襲及潮汐作用，刷深河床，破壞生物廊道（如圖 9.32 所示）。
2. 接近海口之河段易受潮汐、風浪、鹽霧等影響，護岸及固床工規劃設計，須考量洪水及潮汐交互影響。
3. 因應當地迴游性水生動物需保持生態廊道暢通，將固床工設計位置下降並留設開口避免產阻隔。
4. 考慮當地之環境氣候須選用適生之原生樹種做為植生資材。

六、品管作業

(一)工程施工品質及工地安全衛生管理措施

1. 本工程三級品管制度（圖 9.33），確實執行，二級品保文件紀錄管理完善，易於日後追蹤。

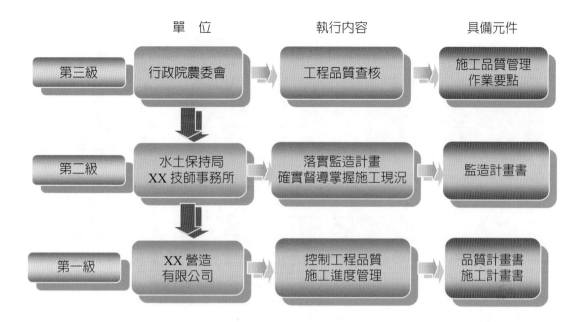

單 位	執行內容	具備元件

圖 9.33 三級品管組織架構圖

2. 確實要求施工人員依規定之配戴防護具包括安全帽、安全帶、工作鞋、手套、口罩等。

3. 施工期間除於工區出入口設置洗車設施，並不定期於車輛進出動線灑水清洗路面，有設置符合標準之安全圍籬及必要之警示標誌。

4. 工程材料堆置於安全處所，不影響施工動線及人車通行。

㈡主辦機關對品管制度執行績效或特色

1. 本件工程由 XX 分局長擔任工程督導小組召集人，並由技正及承辦人擔任工程品質稽查員，組成本分局工程督導小組，建立三級品管架構。

2. 工程督導小組採（不）定期赴現場抽查施工情形。如施作品質不合格，即填寫異常（不符合）通知暨改善表，要求廠商訂期矯正改善並追蹤改善處理。

3. 以遠端工程管理系統由承包商/委外監造廠商拍攝工程『品質檢驗點』，利用本系統（如圖 9.34 所示），傳輸至主辦機關，監控施工品質。

㈢設計監造單位對品管制度執行績效或特色

1. 將規劃方案經由妥善的施工管理達成良好之施工品質，落實設計理念，增

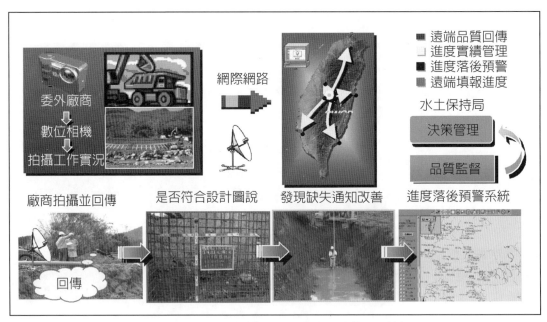

圖 9.34　水土保持局建置遠端工程管理系統

進河溪的安全穩定，進而提升環境品質並帶動地方發展。

2. 監造單位同為原設計團隊最能掌握設計理念、規劃構想及細節，協助及監督施工單位準確達成設計成果。

3. 有效發揮三級品管居中監督施工品質及聯繫協調之角色，有效達成設計應有之功能與品質。

4. 落實監造計畫，對於材料審查、施工查驗、檢驗均依規定切實辦埋。

㈣施工單位對品管制度執行績效或特色

1. 按施工計畫及品管計畫執行工作，充分掌握進度及品質之管控，密切配合甲方指導，落實矯正改善機制，圓滿達成工程之品質要求。

2. 將曾獲農建獎之優良施工經驗及品質要求，持續發揮應用於本工程之執行中。

七、結論與建議

㈠地區發展願景及特色營造

1. 自一、二期工程展現出治理成效後提高旭海村安全度，減低水患威脅，使

當地居民住的安心，外來旅客遊憩更加放心，也鼓舞當地居民，自動投入
溪岸周邊綠化工作，共同為打造美好家園而努力。

2. 近期到訪遊客明顯增加，皆對旭海溪及草原走道經整治後之景觀丕變大為
讚譽，亦有國外遊客非常喜愛徜徉溪岸、林徑間欣賞優美的山海景致。

3. 跨越旭海溪的旭曦橋，已不單單是人行的通道，也成為鳥類喜愛停駐的處
所，不經意間會看見大量的白鷺鷥停在橋上，當其成群翩然飛起時，形成
「白雲朵朵綴旭曦」的奇妙景象。

4. 旭海—花海相映成趣，於社區大草坪與溪流間規劃建構步道系統，生態園
區，花海農園等，將集水區治理與農村規劃相互結合，增進地區產業及經
濟發展。整治的不單單只是一條溪，而是一個村，一個區。

5. 針對當地環境特性、產業發展、人口結構等，考慮用地條件及區位之適宜
性擬定治理方案，並將親水護岸、沿溪步道、觀景臺、涼亭、生態池、草
原生態走道等設施相互串連結合，發展為一個完整的動線，並以能凸顯當
地原住民特有之文化與風俗、將代表性之意象、圖騰融合於硬體建設中，
有助於結合當地豐富之自然及人文特色促進地方產業發展。

㈡建議事項

1. 工程設施改善

本規劃已擬定之治理方案外，當有其他單位須進行河岸整治工程時，應避免施
設過度密集之固床工塑造均一化河床，以免不利於生態棲地營造，仍應盡量保
持河床自然型態為佳，並整理為自然護岸邊坡較符合整體性。

2. 旭海草原走道之車輛管制

旭海草原舊道應將其做為登山健行專用走道禁止車輛進入，使四輪驅動車上山
造成之干擾及對行人安全威脅降低，未來登山走道將採取人車分道後，車輛可
走產業道路，因產業道路與旭海草原走道可銜接形成一迴路動線，當地居民可
改在旭海停車場接駁登山客下山。

3. 設施管理與維護

在硬體設施完成後交由地方政府結合當地社區發展協會與當地居民共同協助維
護管理工作，可藉由配合年度民俗活動（如捕魚季或原住民慶典等）發動居民
參與，建立對共有資源由大家共同維護管理的社區意識，也可將親水空間和社
區活動或小學課程結合，由老師、學生、居民一起討論、設計活動、例如整理
現有的生態池、觀察池內生物或依季節種植容易成活、適生的水生植物等，不

但可凝聚對環境保護之共識也將更有助於落實生態保育的觀念。親水護岸種植之草花類植物可依時序及生命週期，動員社區義工加以更新或補植，以保有誘蝶及美化景觀效果。

4. 河道疏濬

由於河道基流量小動能不足；由坡面沖蝕流入的泥砂經長期堆積必使河段淤積，故疏浚亦為重要之維護工作，但不宜再以一次整段清淤的方式處理，此一方式使淙淙細流變為黃濁的溪水，造成景觀美質的負面衝擊，對於未來設置沿溪走道連接活動中心至鵬園橋導入遊客步行賞景亦會產生不良效果。故建議儘量不以全段疏浚，而以分段疏浚方式處理。

5. 橋樑疏通及改建

鵬園橋為四孔之橋涵斷面，經水理分析尚可通過 100 年頻率洪水，但 2005 年 7 月海棠颱風造成下游翼牆及構造物損壞，其原因為上游大量枯木雜物遭橋墩阻滯堆積使洪水從橋面越流所致，建請公路主管機關未來橋樑改建時應減少橋墩數量，橋樑改建前逢颱風豪雨時若發生堵塞情形，應立即通報公路主管機關加以清除。

【附件】設計詳圖

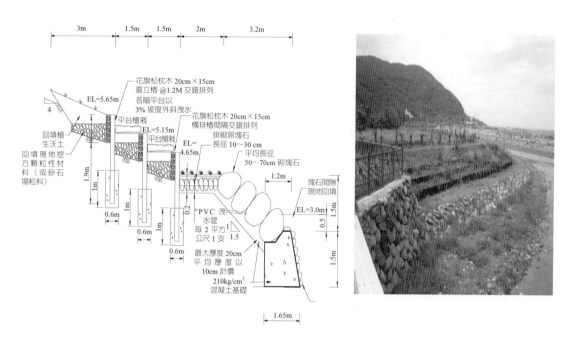

附圖 9.1　鵬園橋下游左（凸）岸—砌石木排樁護岸設計詳圖

附圖 9.2　鵬園橋下游右（凹）岸—複式砌石護岸設計詳圖

附圖 9.3　鵬園橋上游段─砌石緩坡護岸設計詳圖（藍帶與綠帶結合）

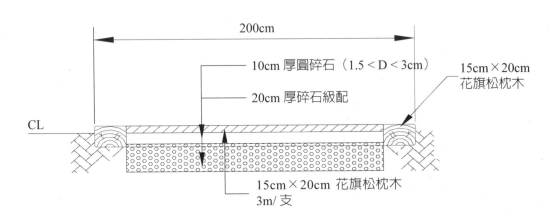

附圖 9.4　旭海草原生態走道設計斷面設計詳圖

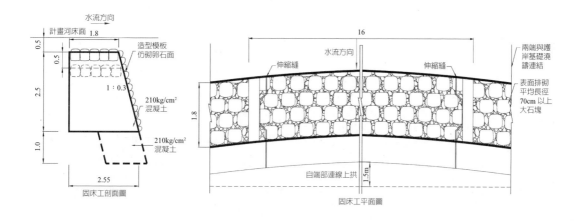

附圖 9.5 鵬園橋下游河段固床工設計詳圖

1. 旭海草原走道入口意象—勇士柱
2. 牡丹鄉花鏤刻於欄杆—野牡丹
3. 旭溪橋頭
4. 彩繪陶磚—共飲雙連杯象徵團結合作
5. 沿溪步道入口太陽圖騰—呼應旭海地名
6.7. 排灣族特有圖騰—陶壺，百步蛇

附圖 9.6 融入原住民特有文化風俗及具代表性之意象、圖騰設計圖

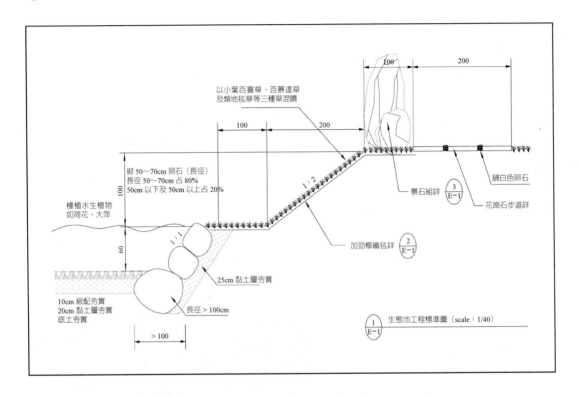

附圖 9.7　以既有水池整理改建的生態池設計詳圖

9-8　臺南縣龍崎鄉牛埔埤仔溝溪應用生態工程之成效

　　臺灣西南部廣大的泥岩地區野溪密佈，帶給下游無窮之災害，如不儘速予以有效之處理，其裸露面積將日益擴大，對人民生活及生物繁衍都有不利的影響。所謂惡地創生機乃指本集水區廣大的泥岩惡地，就如荒月淒涼的情境，童山濯濯，寸草不生，經過應用各種自然生態工程，因地制宜，就地採用泥岩為材料，融合周邊景觀，如今已開創出生趣盎然的綠洲，尤其利用具土壤特殊性構築土壩並在豎管配合景觀親水式涼亭的設計，建立良好的防災、生態保育及休閒遊憩等多功能環境，並積極進行集水區的植生復育，在可望之將來，泥岩地區也可以顯現青山綠水的優質環境，確保水土資源的永續利用。

一、前　言

臺灣西南部泥岩分佈範圍，北起新營的龜重溪，南到高雄壽山與旗楠公路附近之山丘，面積有 1,014 km²，行政區域包臺南縣的新營、白河、左鎮、山上、歸仁、關廟及龍崎與高雄縣的旗山、內門、燕巢、田寮等鄉鎮。此區域內氣候乾濕分明，地表風化侵蝕嚴重，極易崩塌，而且水系複雜，刀嶺式山脊與河谷櫛次鱗比，河間地狹窄。由於泥岩地區的理化性質特殊，pH 值高，坋粒含量多，鹽分含量高。乾時堅硬如石，表面呈魚鱗龜裂，濕時表層軟化呈泥漿狀態。在乾濕之交互變化及雨水沖蝕下，泥岩表層易呈片狀脫落流失，因此形成特殊的植物相。另因泥岩之不透水性，丘陵山谷間羅列分佈的水潭形成特殊的泥岩濕地之生態體系；又此區域有泥火山分佈，其生育地環境、噴泥與土壤理化性質，形成特殊泥火山植物相。

二、嘉南地區之泥岩分佈與其特性

在臺灣西南地區，氣候上屬熱帶季風氣候區，夏季炎熱潮濕，冬季乾旱，其主要氣候特徵是全年高溫，年平均溫度在 25℃ 以上，夏季月均溫在 29℃ 左右；而季月均溫很少 20℃ 以下。降雨量全年在 2,000 mm 以上，甚至達 2,500 mm 以上。乾濕季明顯，雨量集中在 6～10 月，11 月至翌年 4 月則為冬季，常發生旱災。全年蒸發量在 1614.1 mm，日平均蒸發量約在 4.4 mm。茲分述如下：

㈠雨量分佈情形

由表 9.3 觀之，臺灣西南部泥岩地區之年降雨量平均在 1,850 mm 以上，分佈自東向西遞減（本區河流由東向西流，順丘陵地形而下）。降雨季節每年集中在 6～9 月，佔全年 85%，主要降水源有梅雨、颱風雨及西南氣流等。

表 9.3　臺灣西南部丘陵地氣候資料（1968.6～1973.6）（引自：邱創益，1981）*示最大值

項目	月份	1	2	3	4	5	6	7	8	9	10	11	12	合計或平均
降雨量 (mm)	日平均	26.0	3.1	6.6	61.9	194.9	405.5	383.3	428.8	257.5	67.0	4.7	11.4	1850.7
	對年降雨量之百分率	1.41	0.17	0.36	3.34	10.54	21.90	20.71	23.16	13.91	3.62	0.26	0.62	100.00
	平均日最大雨量	18.0	2.2	2.9	39.4	73.4	117.2	135.6	134.2	112.6	42.4	2.3	8.8	
	日最大雨量	61.0	5.9	9.5	110.0	125.0	197.4	230.0	305.0	214.0	110.0	6.1	41.0	305.0*
氣溫 (℃)	日平均	18.2	20.1	21.9	25.2	29.2	29.6	30.2	29.1	29.5	26.1	23.0	20.6	25.23
	最高	31.0	37.5	35.5	35.5	37.5	39.0	39.0	37.5	35.5	34.5	34.5	31.0	35.7
	最低	3.0	4.5	11.0	10.5	20.0	20.0	22.5	21.5	20.5	15.5	11.0	7.0	14.1
蒸發量 (mm)	日平均	3.1	3.7	4.3	5.1	5.4	5.0	5.3	4.8	4.8	4.6	4.0	3.2	4.4
	最高	4.9	5.7	6.2	7.0	8.7	8.20	9.1	7.9	7.8	7.5	7.4	7.5	9.1*
	日總平均蒸發量	93.4	103.4	132.1	152.2	165.7	150.5	164.0	149.4	144.8	141.6	118.7	98.4	1614.2

　㈡降雨強度

　　本區因降雨量集中，冬夏雨量懸殊，因此對本地區地表流失造成很大影響。據臺灣省林務局農林航空測量所，以航測技術對西南部泥岩裸露地所作的調查得知，西南部泥岩的裸露面積從 1967 年的 2,532.6 ha 增至 1987 年的 3,836.3 ha，於 20 年間裸露面積擴大了 1.51 倍之多，而裸露地的坡向以東南向、南向及西南向的增加率最大，坡度則集中於 30～40° 之間。因此每逢雨季來臨時，裸露泥岩邊坡土壤沖蝕極為嚴重。

　㈢蒸發量

　　由表 9.3 得知，本地區年降雨量平均為 1,850.7 mm，雖然超過年平均蒸發量

1,614.2 mm，但降雨量並非全年平均分配，而蒸發量的分佈全年分佈均勻，在枯水期的蒸發量遠超過降水量的好幾倍，導致土壤乾燥剖裂（泥岩特性），河川枯竭。

三、埤仔溝溪集水區概述

　　本集水區位於臺南縣龍崎鄉東南隅之牛埔，地處阿里山脈丘陵地帶，北鄰新化鄉及左鎮鄉，東接高雄縣內門鄉，西與關廟鄉接壤，南銜高雄縣田寮鄉面積 330 ha，埤仔溝溪係二仁溪之支流，流域長達 4,500 m，埤仔溝溪之支流野溪呈「非」字形、野溪山溝特多，源短坡陡，匯入埤仔溝溪。因集水區係在遇雨水層層流失，片片脫落溶蝕下，經長年累月的沖蝕後形成龍崎鄉地質的特殊自然觀。龍崎鄉的雨量集中在 5～9 月，尤其以 6～8 月最多（表 9.4 及圖 9.35）；而且這段時間的雨量來源大多由熱帶氣旋所產生，雨量算是充沛，不過也常因雨量過於集中，導致夏季土石流及冬季無水可用等問題。

表 9.4　龍崎鄉降雨量（mm）月平均表（1963～2007）

月份	1	2	3	4	5	6	7	8	9	10	11	12
平均降雨量	17.2	29.5	40.7	65.7	184.2	398.5	404.6	495.4	232.6	31.8	16.9	9.9
最大降雨量	88.0	180.0	165.0	341.0	537.0	1348.9	1880.8	1506.0	938.1	157.2	99.0	50.1
最小降雨量	0.0	0.0	0.0	0.0	0.0	47.0	36.0	140.6	29.2	0.0	0.0	0.0

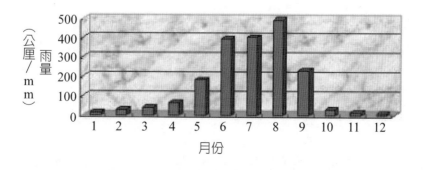

圖 9.35　龍崎鄉月平均降雨量

四、生態工程之應用

　　埤仔溝溪用到的工程主要有布袋模毯法、掛網噴植法、打樁編柵＋培地茅草帶工程、培地茅植草帶工程、廢輪胎邊坡處理、及其他相關工程及附屬設施。

　　(一)布袋模毯法

　　布袋模毯工程組合成分為：

1. 與泥岩接觸面舖設通根性植生毯，其為天然纖維與化學纖維組成不織布。
2. 從袋裡灌注入流動性土壤或水泥砂漿所構成的結構體，具有透水性，達到保護邊坡及護岸功能。
3. 客土袋：內裝良質土壤。

　　(二)掛網噴植工程

　　裸坡採用掛網噴植工程進行植生護坡，一方面需考慮結構體安全性，另一方面需兼顧當地自然生態系的維護，雙頭並進。所以在應用材料方面，盡量避免使用水泥、塑膠、人造樹脂等會破壞自然環境的材料。施工時，先於整地完成坡面覆上菱形網並以錨釘固定，將混合好的團粒基材噴附於坡面上，噴植約 6 cm 厚，團粒基材中混雜有常綠喬木種子、樹皮堆肥、團粒黏土等。由於團粒狀黏土的結構內充滿無數大小孔隙，使空氣水分能流通其間，幫助種子萌芽與快速成長。微生物、昆蟲、蚯蚓等也由於有空氣水分以及生育基盤內的有機質、樹皮堆肥等食餌，提供樹木根系生長所需養分。

　　(三)打樁編柵＋培地茅草帶工程

　　施工方式：
　　打樁編柵採用木條、竹管（必要時使用鋼筋）作樁→編柵竹片→覆不織布→草種子（百慕達、百喜草、蟛蜞菊）→每 2 m 間距種植培地茅草帶法→灑水養護

　　(四)培地茅植草帶工程

　　施工方式：
　　整坡客土→每 2 m 間距種植培地茅→撒播種子（花、草及樹木）→覆不織布及錨釘→灑水養護

㈤廢輪胎邊坡處理

利用廢輪胎來穩定邊坡,是一種快速且方便的護坡方式;其功效除可防止泥岩地表土壤流失,減少坡面地表水匯集淘刷現象外,亦可提供植物生長所需之良好基盤。

1. 材料:利用卡車或小客車廢棄剖半輪胎,採用之廢棄輪胎。
2. 鋼筋:長 50 cm(∮ 19 mm),打入定椿。
3. 客土:客土袋內基材為含有機質、泥炭土、草種及灌木等。

㈥土壩

埤仔溝溪集水區屬泥岩土質,其溪溝坑谷特多,縱橫向沖刷更為劇烈,必須溪溝與邊坡同時整治才能達成功之境,以泥岩之不透水性,就地取材,挖取泥岩構築土壩為最自然的生態工程。溪流坑溝中選擇適當地點填土成壩,攔蓄地表逕流及溪床泥砂,並設臥管及豎管,其目的為蓄水防砂。壩基採用具不透水性且取土容易之泥岩地土壤,放流斷面設計準則採用 50 年頻率重現期距之洪峰流量,並計算集水區面積以決定臥管、豎管之尺寸大小。

土壩的功能如下:

1. 有效防止坑溝縱橫沖刷,穩定上游生態環境。
2. 壩頂可供通行,解決溪谷兩側交通問題,增加人文活動。
3. 有效解決水資源問題,蓄水可作為灌溉及消防用,並提供水生植物、魚類之棲息繁衍,營造動、植物生長環境及棲息場所。
4. 提供遊憩休閒場所,讓都市民眾暫拋城市煩憂,親近清澈的水域。

㈦附屬設施—涼亭與步道

竹的故鄉是龍崎,在泥岩地區高溫炎熱又缺少樹木遮蔭之情況下,僱用在地人運用該地區盛產的竹子,編造價廉又實用的涼亭,以融合周邊地形自然景觀,達到環境之和諧,涼亭亦可做為遮蔭與乘涼之用。利用農塘周邊構築竹(或枕木)製環湖步道,蜿蜒曲折,宛如上好漢坡,忽而如溜滑梯,忽寬忽窄,如履天險,在驚走之中,同時欣賞農塘的湖光美色,遠眺層層峰巒,變化萬千,在晨曦與夕陽下,置身其中,皆有不同之意境,讓人寵辱皆忘、流連忘返。

參考文獻

水村和正，2002，「*水文學特論*」，國立編譯館，p.23。

行政院農業委員會，2003，「*水土保持技術規範*」，pp.19-22；p.157。

王文祿，2002，「*洪氾區洪水高程確定制度法制化之研究*」，國立交通大學土木工程學系碩士論文，p.76。

王育民，2002，「*水文設計及水文頻率分析*」，水利工程研習會（工程水文及水理分析實務），經濟部水利署，中興工程顧問社，pp.1-20。

石鳳城，2004，「*水質分析與檢測*」，新文京開發出版有限公司，p.27。

余博瀅，2002，「*萬安溪生態工法規劃方法之研究*」，屏東科技大學水土保持系碩士論文，第45-83頁。

李晉豪，2001，「*茶園非點源污染負荷之調查與推估*」，國立成功大學環境工程學系碩士論文，pp.4-17。

李蕙宇，2001，「*生態園之水棲生物棲地營造*」，臺灣大學園藝學系碩士論文，pp.126-127。

李錦育，1998，「*圖書資訊「應用河川地形學」*」，水與土通訊，No.34: 29-30.

李錦育、余博瀅，2001，「*河川生態工法之分類與應用*」，第十二屆水利工程研討會論文集，Q25-Q32，2001年7月5-6日，成功大學。

李錦育、余博瀅，2001，「*河川防砂工程之自然治理對策*」，海峽兩岸「森林水文學與集水區永續經營」，學術研討會論文集，pp.93-99，2001年7月20~24日，中國廣州中國科學院華南植物研究所。

李錦育、陳衍派，2001，「*運用生態工法整治溪流之探討—以宜蘭小礁溪及多望溪為例*」，海峽兩岸，「森林水文學與集水區永續經營」，學術研討會論文集，pp.100-107，2001年7月20~24日，中國廣州中國科學院華南植物研究所。

李錦育，2001，「*森林集水區的經營指標與監測系統之研討*」，森林資源調查技術研討會論文集，pp.75-92

李錦育、余博瀅，2001，「*河川生態工法—以宜蘭小礁溪整治工程與仁澤溫泉—多望溪魚道工程為例*」，臺灣林業，27(6): 5-14.

李錦育、余博瀅，2001，「*河川近自然生態工法之理論與應用*」，第三屆臺灣環境資源永續發展研討會論文集，E14~E24，2001年11月15日，中央大學。

李錦育、卓秉毅，2001，「*社區參與親水公園之營造經驗—以屏東新埤鄉建功村為例*」，第三屆臺灣環境資源永續發展研討會論文集，E43~E51，2001年11月15日，中央大學。

李錦育、陳衍派，2001，「*運用近自然生態工法觀點再造都市水岸空間綠化—以臺中市梅川景觀綠美化為例*」，第三屆臺灣環境資源永續發展研討會論文集，F32~F44，2001年11月15日，中央大學。

李錦育、陳衍派，2002，「*近自然生態工法整治溪流工程之探討—以臺北市內湖大溝溪為例*」，第十七屆技職教育研討會論文集（農業類工程組），C003，pp.91-97，2002年4月18~19日，屏東科技大學。

李錦育、陳衍派，2002，「*由近自然生態工法談河川整治工程*」，第三屆海峽兩岸山地災害與環境保育研討會，pp.381-386，2002年7月27日~8月7日，昆明。

李錦育、余博瀅，2002，「*集水區河川治理永續性指針之探討*」，第三屆海峽兩岸山地災害與環境

保育研討會，pp.509-515，2002 年 7 月 27~8 月 7 日，昆明。

李錦育，2002，「*近自然生態工法之設計原理與應用*」，臺灣林業，28(4): 33-45.

李錦育、卓秉毅，2002，「*野溪治理運用自然生態工法之探討—以臺東縣海端鄉新武呂溪魚類保護區為例*」，第一屆自然生態工法理論與實務研討會論文集，pp.251-259，2002 年 12 月 19~20 日，中興大學。

李錦育，2002，「*近自然生態工法之應用與分析*」，第七屆海峽兩岸水利科技交流研討會，pp.127-132，2002 年 11 月 28~29 日，成功大學。

李錦育、余博瀅，2002，「*河川水質監測計畫擬定與水質變動之推估*」，第十三屆水利工程研討會論文集，F75-F82，2002 年 7 月 10~11 日，雲林科技大學。

李錦育、莊裕斌，2003，「*河溪整治新工法之探討—以臺東縣東河鄉及成功鎮地區為例*」，第十屆大地工程研討會論文集，pp.843-846，2003 年 10 月 2~4 日，臺北三芝。

李錦育，2003，「*水土資源保育與生態工法之應用*」，屏東科技大學九十二年度公務人員永續發展訓練課程教材，7pp.

李錦育，2003，「*集水區河川生態工程*」，九十二年度水土保持專業訓練—自然生態工法規劃設計研習計畫教材，14 pp.

李錦育、陳衍派，2004，「*生態池規劃方法之研究—以屏東建功森林親水公園為例—*」，環境工程特刊，No.12: 31-42.

李錦育，2004，「*生態工法應用於河川治理*」，臺灣林業，30(5): 53-59.

李錦育，2004，「*臺灣山地災害與防砂生態工法之應用*」，第四屆海峽兩岸山地災害與環境保育研討會，pp. 623-630，2004 年 9 月 22~23 日，臺灣大學。

李錦育、廖复山，2004，「*生態系永續經營—以台東縣新武呂溪為例*」，第五屆兩岸三地環境資源與生態研討會，2004 年 8 月 18~25 日，新疆，烏魯木齊。

李錦育、張文虎，2004，「*農水路生態工法之探討—以柯林涌泉圳為例*」，第五屆兩岸三地環境資源與生態研討會，2004 年 8 月 18~25 日，新疆，烏魯木齊。

李錦育，2004，「*河川生態工法*」，三地門，瑪家，霧臺三鄉組合河川保育人才培訓實施計劃研習教材，屏東縣原住民部落環保促進協會，11pp.

李錦育，2004，「*認識生態工法*」，行政院農業委員會水土保持局第六工程所九十三年度，「土石流災情通報教育訓練」活動實施計畫教材，14pp.

李錦育，2004，「*生態工法概述*」，屏東縣九十二年度國民中小學校長環境教育研習活動計畫教材，pp. 6-20.

李錦育，2005，「*集水區經營（二版）*」，集水區經營叢書之一，睿煜出版社（ISBN 957-8747-36-5），pp. 508.

李錦育，2005，「*建功親水公園之案例探討*」，都市河川整治與願景國際學術研討會，pp.263~277，2005 年 12 月 15~16 日，高雄海洋科技大學。

李錦育、余博瀅，2005，「*生態工法評估方式之建立*」，2005 國際生態工程及水利技術研討會，pp.205-217，2005 年 8 月 22~23 日，臺灣大學。

李錦育、楊婉嘉，2005，「*生態工法之網頁資源應用*」，2005 國際生態工程及水利技術研討會，pp.321-330，2005 年 8 月 22~23 日，臺灣大學。

李錦育，2005，「*生態工法之沿革與理論基礎*」，成功大學水利及海洋工程學系九十三年度生態工法系列演講教材㈠，13pp.

李錦育，2005，「*生態工法之應用與評估指標*」，成功大學水利及海洋工程學系九十三年度生態工法系列演講教材㈡，9pp.

李錦育，2005，「*生態工法之案例分析—臺灣經驗*」，成功大學水利及海洋工程學系九十三年度生態工法系列演講教材㈢，10pp.

李錦育，2005，「*生態工法之案例分析—他山之石*」，成功大學水利及海洋工程學系九十三年度生態工法系列演講教材㈣，26pp.

李錦育，2006，「*森林生態系統經營與恢復—以鶴山綜合試驗站為例*」，水保技術，1(4):23-29.

李錦育，2006，「*臺灣集水區經營與永續發展*」，臺北市土木技師公會三十週年慶系列研討會〔工程建設永續發展論壇〕，pp.1~20.

李錦育，2006，「*台灣集水區經營的問題與分析*」，海峽兩岸水土保持與生態環境專題交流研討會論文集，pp.1~7.

李錦育，2006，「*屏東縣濁口溪生態工法治理之探討*」，第十屆海峽兩岸水利科技交流研討會，pp.A124~A133，2006 年 11 月 20~21 日，桃園。

李錦育，2006，「*高屏溪整治與生態復育—以高屏溪舊鐵橋段為例*」，第七屆兩岸三地生態保育與資源環境學術研討會—〔山地生態保育與資源利用〕（Keynote Speaker），2006 年 8 月 10~22 日，西藏林芝農牧學院。

李錦育、卓秉毅，2006，「*野溪治理運用生態工法之探討—以屏東縣高樹鄉濁口溪為例*」，2006 北京科技大學—國立屏東科技大學學術研討會，C-E038，pp.1-9，2006 年 7 月 1~3 日，北京科技大學。

李錦育，2007，「*建功親水公園滯洪效益評估*」，兩岸兩岸環境與資源學術研討會暨中國環境資源和生態學保育學會會員大會，2007 年 7 月 15~25 日，內蒙古根河。

李錦育，2007，「*高屏溪舊鐵橋之生態修復*」，西藏農牧學院學報，58:5~7.

李錦育，2007，「*臺灣生物多樣性特性之探討*」，水保技術，2(3):8-16.

李錦育，2007，「*永續經營溪流生態資源—以臺東大竹溪為例*」，水保技術 2(1):13-17.

李錦育，2007，「*柯林湧泉圳生態工法之探討*」，2007 屏東科技大學暨北京科技大學第二屆學術交流研討會，B001~B005，2007 年 12 月 24 日，屏東科技大學。

李錦育、邱建輝、林芯潔、劉建德、蘇郁雯，2007，「*生態池滯洪效益評估—以建功親水公園為例*」，第十六屆水利工程研討會論文集，pp.1236~1242，2007 年 8 月 22~23 日，聯合大學。

李錦育，2008，「*臺灣長期生態研究網與鼎湖山森林生態系統研究站之比較分析*」，屏東科技大學農業推廣，2:7~18.

李錦育，2008，「*森林生態系統永續性指標之研發*」，第二屆海峽兩岸森林生態系統經營研討會論文集，pp.634~646，2008 年 7 月 14~19 日，屏東科技大學。

李錦育，2008，「*水土保持與生態工程之應用*」，福建省水土保持學會，福建省自然資源學會 2008 年學術年會論文集（專題演講），pp.1~5，2008 年 8 月 25 日，福建省屏南縣。

李錦育，2008，「*生態工程於坤仔溝溪之應用*」，第九屆兩岸三地環境資源與生態保育學術研討會，2008 年 9 月 27 日，臺北市立教育大學。

李錦育，2008，「*從生物多樣性談親水池的生態工程設計理念*」，2008 屏東科技大學暨北京科技大學第三屆學術交流研討會，2008 年 10 月 17~23 日，北京科技大學。

李錦育，2008，「*運用生態工程於台東縣的成橋之個案分析*」，第十二屆海峽兩岸水利科技交流研討會，pp.407~414，2008 年 10 月 18~20 日，大陸北京中國科技會堂。

何文雄、蔣嘉寧，2005，「*2005 年的春天：四個網際網路服務應用遠景*」，書苑季刊，42 期，pp.38-50.

汪靜明，2001，「*濁水溪流域上游栗栖溪河川生態研究及魚類保育計畫*」，臺電工程月刊，633：91-117.

吳輝龍，2004，「*水土保持創新研發與展望*」，2004 水土保持創新研發成果研討會論文集，pp.1~6.

林信輝、施政育，2002，「*自然生態工程之類型與應用*」，水土保持自然生態工程研討會論文集，pp.13~25.

吳正焜，2003，「*柯林湧泉圳路生態工法與水質保護*」，農田水利雜誌，49(7)：30-31。

林允斌、譚義績、莊光明，1999，「*都市河川整治及土地利用之研究*」，八十八年度農業工程研討會，pp.111~117。

林信輝，1998，「*臺灣地區邊坡暨河溪綠美化自然工法－個案調查與探討*」，中華民國環境綠化協會，pp.41~46。

林信輝，1999，「*溪流護岸生態植生工法之研究*」，坡地防災與溪流治理生態工法學術研討會，五-7~五-11。

林信輝，2000，「*治山防災工程運用生態工法之探討*」，生態工法講習班。臺北科技大學，pp.44-48.

林家輝，2002，「*一維定量流演算與 HEC-RAS 計算操作*」，水利工程研習會。

林裕彬、曾正輝、鄧東波，2001，「*應用景觀指標於集水區變遷之研究*」，九十年度農業工程研討會，pp.785-793。

林鎮洋，2000，「*生態工法之水理分析及德國經驗*」，生態工法講習班。臺北科技大學，pp.86.

林國峰、高士傑，2001，「*區域性設計雨型建立方法之研究*」，臺灣大學土木工程學系碩士論文，pp.27-28.

林鎮洋、邱逸文，2003，「*生態工法概論*」，pp.1-44；pp.246-261，明文書局。

林鎮洋，2003，「*生態工程技術參考手冊*」，493p.

林鎮洋，2000，「*生態工法之水力分析及德國經驗*」，生態工法講習班，pp.68-70.

易任、王如意，1992，「*應用水文學*」，國立編譯館，第 310-316 頁。

青境顧問公司，2002，「*九十年度池上鄉發展利用大坡池特殊自然資源及推動生態休閒產業計劃「生態田野調查」與「生態旅遊規劃」期末報告書*」，臺東縣池上鄉公所委託，pp.3-1~3-23.

姜祖華，2001，「*我國水資源管理資策執行之研究－高屏溪水污染個案分析*」，東海大學公共行政學研究所碩士論文，pp.97-106.

洪田浚，1994，「*高屏溪流域的人文與生態概觀*」，大自然雜誌，45:52-57.

高雄縣政府，1997，「*環保大樹*」，大河戀專刊。

連惠邦、曹文洪、胡春宏，2000，「*明渠水力學*」，高立圖書有限公司，pp.102-134.

陳有福，1996，「*高屏溪河口野鳥與自然資源的介紹*」，高雄縣政府編：母土的呼喚，pp.60-67.

陳振華，1996，「*河川綜合環境品質評估模式之建立與應用－以高屏溪為例*」，國立東華大學自然資源管理研究所碩士論文，pp.48-51.

陳章波、林志高、吳俊宗、楊平世、謝蕙蓮、龐元勳，1997，「*淡水河污染整治對生態影響之研究*」聯合期末報告書，行政院環境保護署，pp.11-22.

陳樹群、賴益成，1999，「*河川與集水區泥砂遞移率之推估研究*」，中華水土保持學報，30(1)：49-51.

陳樹群，2000，「*集水區土砂流失量與整治率之推估研究*」，集水區保育研討會，pp.255-269.

陳希煌，2000，「*加強農田水利建設兼顧生態環境保育*」，農田水利雜誌，47(2)：30-34。

陳信雄，1992，「*防砂工程學*」，臺北：明文書局，pp.542-561.

陳秋楊等，2000，「*集水區保育*」，文化大學景觀學系，pp483-507.

陳榮河，2000，「*水土保育之生態工法*」，生態工法講義，臺北科技大學，144-170.

陳獻、蔡逸文、呂天降、楊桂芬，2002，「*宜蘭柯林湧泉圳之生物多樣性初步調查及圳路規劃設計*」，2002 年農業工程研討會論文集，p604~610。

郭瓊瑩，1995，「*流域河川生態設計準則*」，行政院環境保護署，pp.31～42。

郭瓊瑩，1999，「*河川廊道之生態規劃與設計*」，生態工程與自然工法。經濟部水資局，pp103-111

湯宗達，1997，「*以生態系統完整性為中心之河川生態品質評估架構*」，中興大學資源管理所碩士論文，pp.3-28.

湯清二，1995，「*互動式多媒體教學的特色發展趨勢與師資培育*」，教育實習輔導，pp.111-118.

溫清光，1990，「*臺灣水質指數之建立*」，第三屆環境規劃與管理研討會論文集，pp.190-191.

溫清光，2003，「水資源論壇暨『水資源保育與管理』國土論壇－【*永續的水環境*】」，pp.127-148.

黃振昌、宋易倫，2002，「*從農業三生事業觀點探討農水路之機能角色*」，2002 年農業工程研討會論文集，p738~745。

黃雲和、陳莉、徐家盛，2002，「*農水路的生態與環境品質*」，2002 年農業工程研討會論文集，p569~576。

童慶斌、李志新，2000，「*集水區水土資源永續發展指標之探討*」，集水區保育研討會，pp.439-445.

許恩菁，1999，「*設計暴雨雨型序率模式之研究*」，臺灣大學農業工程學系碩士論文，pp.3-10.

彭國棟，2002，「*生態池之營造*」，水土保持自然生態工程研討會論文集，行政院農委會水土保持局，pp.27-33.

張楨驊，2002，「*河川棲息地分佈之推估與分析研究－以卑南溪新武呂溪河段為例*」，國立中央大學土木工程學系碩士論文，pp.14-72.

張承宗、毛振泰，2000，「*河川流域整體治理策略之探討*」，第十一屆水利工程研討會，C91-C93。

楊平世，1997，「*水圳中的生物世界*」，七星農田水利季刊創刊號，p604~610。

臺灣省宜蘭農田水利會，2002，「*水利工程建設專輯*」。

臺灣省宜蘭農田水利會，2003，「*圳路綠美化、水路生態化簡介*」。

歐陽嶠暉等，1990，「*河川水體分類及水質標準之評析*」，第三屆環境規劃與管理研討會論文集，

pp.200-202。

經濟部水資源局，2001，「*水文設計應用手冊*」，臺灣大學生物環境系統工程學系，320p.

蔡厚男，2001，「*生態水池 DIY 推廣手冊*」，財團法人七星農業發展基金會，pp.7-30.

鄭詩音，2002，「*我國水污染防治制度之比較研究－高屏溪流域之應用*」，國立中山大學經濟學研究所碩士論文，pp.21-24；pp.30-33。

謝政道，2000，「*集水區親水及生態工法規範手冊之研擬*」，生態工法－理論與實務研討會，pp.60～67。

謝瑜萱，2004，「*河川生態工法之網路化互動式多媒體教學*」，中華大學土木工程學系碩士論文，69p.

龐元勳，1996，「*依據生態永續觀點探討保育內涵及政策－水資源保育的生態觀*」，全方位水資源保育研討會論文集，pp.104-130.

劉豐壽、何信賢，2001，「*生態工法應用於河川設施規劃之探討*」，九十年度農業工程研討會，pp.283-291。

Ahnert, F. 1998 **Introduction to Geomorphology**. 352pp, ARNOLD.

Allan, J.D. 2004 **Stream Ecology** - Structure and fuction of running waters. 388pp. Kluwer Academic Pub.

Allison, R.J. 2002 **Applied Geomorphology - Theory and Practice**. 480pp, John Wiely & Sons.

Anderson, M.G., and Brooks, S.M. 1996 **Advances in Hillslope Processes** (Volume I & II). 1,306pp, John Wiely & Sons.

ASCE 1996 **River Hydraulics** - Technical Engineering and Design Guides as Adapted from the US Army Corps of Engineers, No.18.144pp.

Bailey, R.G. 1998 **Ecoregions - The Ecosystem Geography of the Oceans and Continents**. 176pp. Springer-Verlag

Bates, P.D., and Lane, S.N. 2000 **High Resolution Flow Modelling in Hydrology and Geomorphology**. 374pp, John Wiely & Sons.

Bedient, P.B., Huber, W.C., and Vieux, B.E. 2008 **Hydrology and Floodplain Analysis** (4th Ed.). 795pp. Prentice Hall

Bergen, S.D., S. M. Bolton and Fridley, J. L. 2001 "*Design Principles for Ecological Engineering*". Ecological Engineering, 18(1): 201-210.

Berry, J., and Sailor, J. 1987 "*Use of geographic information system for storm runoff prediction for small urban watershed*". Environmental Management. 11(1): 21-27.

Benton, S. E. 2002 "*Water level fluctuations in an urban pond: climatic or anthropogenic impact?*" Journal of the American Water Resource Association 38(1): 43-54.

Calow, P. and Petts, G.E.(Ed.) 1992 *The Rivers Handbook - Hydrological and Ecological Principles*. 526pp.Blackwell Scientific Pub.

Carling, P. A., and Dawson,M.R. 1996 *Advances in Fluvial Dynamics and Stratigraphy*. 530pp, John Wiely & Sons.

Carolin M.L , *et al*., 2001 "*Indicators for Transboundary River Management*", Environmental

Management, 28(1): 115-129.

Chang, M.T. 2006 **Forest Hydrology - An Introduction to Water and Forest** (2nd Ed.). 474pp. CRC Pub.

Chorley,R.J.,Schumm,S.A., and Sugden,D.E. 1984 **Geomorphology**. 605pp, Methuen & Co. Ltd.

Chow, V.T., 1959, **The Table of Manning's Roughness Coefficient**, Open-Channel Hydraulics, pp. 108-113.

Crabtree B, Bayfield N. 1998 *"Developing sustainability indicators for mountain ecosystems: a study of the Cairngorms, Scotland"*. Journal of Environmental Management, 52: 1-14.

Dzikiewicz M., 2000 *"Activities in nonpoint pollution control in rural areas of Poland"*. Ecological Engineering. 14: 429-434.

Eagleson, P.S. 2002 *Ecohydrology - Darwinian Expression of Vegetation Form and Function*. 443pp. Cambridge University Press.

Engel, B.A., R. Srinivasan, R. Arnold, J. Rewerts, and Brown, S.J., 1993 *"Non-point source pollution models to the spatial arrangement of the landscape"*. Hydrology Process. 11: 241-252.

Gi;pin, A. 1996 **Dictionary of Environment and Sustainable Development**. 247pp.John Wiley and Sons.

Gordon, N. D., McMahon, T. A., and Finlayson, B. L., and Gippel, C.J., and Nathan, R.J. 2005 **Stream Hydrology - An Introduction for Ecologists** (2nd Ed.). 429pp. John Wiley and Sons.

Gray,D.H., and Sotir,R.B., 1996 **Biotechnical and Soil Bioengineering SLOPE STABILIZATION - A Practical Guide for Erosion Control**, John Wiely & Sons.

Grunwald, S., and Norton, L.D., 2000 **"Calibration and validation of a non-point source pollution model"**. Agricultural Water Management. 45: 17-39.

Hall, P. J., 2001 **"Criteria and indicators of sustainable forest management"**. Environmental Monitoring and Assessment,, 67: 109-119.

Hauer, F.R., and Lamberti, G.A.(Ed.) 1996 **Methods in Stream Ecology**. 674pp. Academic Press.

Heathcote, I.W. 1998 **Integrated Watershed Management - Principles and Practice**. 414pp. John Wiely & Sons.

Herman, R., 1996. *"A perspective on the relationship between engineering and ecology"*. In: Schulze, P.C.(Ed.), Engineering within Ecological Constraints. National Academy Press, pp.66-80.

Hickin,E.J. 1995 **River Geomorphology** . 255pp, John Wiely & Sons.

Holling, C.S., 1996. *"Engineering resilience versus ecological resilience"*. In: Schulze, P.C.(Ed.), Engineering within Ecological Constraints. National Academy Press, pp.32-45.

Hauser,B. A. 1996 **Practical Hydraulics Handbook** (2nd Ed.) . 359pp.CRC Pub.

Imperial, T. M., 1999 *"Institutional analysis and ecosystem-based management: the institutional analysis and development framework"*. Environmental Management, 24(4): 449-453.

Jakob, M., and Huugr, O. 2005 **Debris-flow Hazards and Related Phenomena**. 739pp. Praxis Pub.

Jackson, E. L, Janis, C. K., and William, S. F., 2000 *"Evaluation guidelines for ecological indicators"*. EPA, 1-6.

Jongman, R.H.G., C.J.F. ter Braak, and O.F.R. van Tongeren 1995 **Data Analysis Community and Landscape Ecology**. 299pp. Cambridge University Press.

Jorgensen, S. E., Nielsen, N. S., 1996 *"Application of ecological engineering principles in agriculture"*. Ecological Engineering, 7: 373-381.

Kalvoda,J., and Rosenfeld,C.L. 1998 **Geomorphological Hazards in High Mountain Areas**. 314pp, Kluwer Academic Pub.

Kangas, P., and Adey, E., 1996. *"Mesocosms and ecological engineering"*, Ecological Engineering 6:1-5.

Kangas, P.C. 2004 **Ecological Engineering - Principles and Practice**. 452pp.CRC Pub.

Karr J R, and Dudley, D R. 1981 *"Ecological perspective on water quality goals"*. Environmental Management, 5: 55-88.

King,C.A.M. 1966 **Techniques in Geomorphology**. 342pp, St Martin's Press.

Kirkby,M.J. 1994 **Process Models and Theoretical Geomorphology**. 417pp, John Wiely & Sons.

Kite,G.W. 1995 **Time and the River**. 362pp, Water Resources Pub., LLC.

Knighton,D. 1984 **Fluvial Forms and Processes**. 218pp, ARNOLD.

Kondratyev, K.Y., Krapivin, V.F., and Varotsos, C.A.2006 **Natural Disasters as Interactive Components of Global Ecodynamics**. 579pp. Praxis Pub.

Lal, R. (Ed.) 2000 **Integrated Watershed Management in the Global Ecosystem**. 395pp. CRC Pub.

Lee, C.-Y. 2009 *"Applications of SABO Ecological engineering methods in Taiwan"*. Science of Soil and Water Conservation (In Press)

Lee, C.-Y. 2005 *"Overview on ecological engineering methods for stream ecosystem in Taiwan"*. Science of Soil and Water Conservation 3(3): 98-102.

Lee, C.-Y. 2005 *"Overview on soil and water conservation in Taiwan"*. Science of Soil and Water Conservation 3(1): 108-111.

Lee, C.-Y. 2005 *"Establishment of evaluation indicators of ecological engineering methods"*. Advances in Water Science 16(3): 361-367.

Lee, C.-Y. 2003 *"Integrating watershed ecoengineering techniques for river bank protection."* 2nd Bilateral Conf. Between KU and NPUST,December 7-11, Thailand.

Lee, C.-Y. 2003 *"Promote the soil and water conservation of forest by best management practices"*. Science of Soil and Water Conservation 1(1): 53-59.

Leitao, A. B., and Ahern, J. 2002 *"Applying landscape ecological concepts and metrics in sustainable landscape planning"*. Landscape and Urban Planning, 59: 65-93.

Leopold,L.B. 1994 **A View of the River**. 298pp, Harvard University Press.

Leopold,L.B., Wolman, M.G., and Miller, J.P. 1992 **Fluvial Processes in Geomorphology**. 522pp, DOVER Pub., Inc.

Liu, J.-G., and Taylor, W.W. 2002 **Integrating Landscape Ecology into Natural Resource Management**. 480pp. Cambridge University Press.

Longley, P.A., Brooks,S.M.,Mcdinnell,R., and Macmillan, B. 1998 **Geocomputation a Primer**. 278pp, John Wiely & Sons.

Lorenz C M, Alison J G, Cofino W P. 2001 *"Indicators for Tran boundary river management"*. Environmental Management, 128(1): 115-129.

Mendoza A G, Prabhu R. 2000 *"Development of a methodology for selecting criteria and indicators of sustainable forest management: A case study on participatory assessment"*. Environmental Management, 26(6): 660-673.

Miller, A.J. and Gupta A. 1999 **Varieties of Fluvial Form**. 516pp, John Wiely & Sons.

Mitsch J W, Jorgensen S E. 1989 **"Ecological Engineering - An Introduction to Ecotechnology"**. John Wiley & Sons, pp.13-19.

Mitsch, W.J., and Jorgensen, S.E., 1989. *"Introduction to ecological engineering"*. In: Mitsch, W.J., and Jorgensen, S.E.(Eds.), Ecological Engineering: An Introduction to Ecotechnology. John Wiley and Sons, pp.3-12.

Mitsch, W.J., 1996. *"Ecological engineering: a new paradigm for engineers and ecologists"*. In: Schulze, P.C.(Ed.), Engineering within Ecological Constraints. National Academy Press, pp.114-132.

Mitsch, W. J. 1998 *"Ecological Engineering - The 7-year itch"*. Ecological Engineering, 10：119-130.

Mitsch,W.J., and Jorgensen,S.E. 2004 **Ecological Engineering and Ecosystem Restoration**. 411pp. John Wiely & Sons.

Odum, H.T., *et al.*, 1963. **Experiments with engineering of marine ecosystems**, Publication of the Institute of Marine Science of the University of Texas, 9：374-403.

O'Keeffe J H, Danilewitz D B, Bradshaw J A. 1987 *"An 『Expert System』 approach to the assessment of the conservation status of rivers"*. Biological Conservation, 40: 69-84.

Petts, G., and Calow,P. 1996 **River Flows and Channel Forms**. pp.14-22, Blackwell Science.

Petts,G.E., and Amoros,C. 1996 **Fluvial Hydrosystems**. 322pp, Chapman & Hall.

Riley,A.L. 1998 **Restoring Streams in Cities - A Guide for Planners, Policy Makers, and Citizens**. 423pp, Island Press.

Ronald, L.B., and Theurer, F.D. 2001 *"AnnAGNPS Technical Processes"*. National Sedimentation Laboratory pp.22-92.

Rosgen D L. 1994 *"A classification of natural river"*. Catena, 22: 169-199.

Rosgen, D. 1996 **Applied River Morphology**. 390pp, Wildland Hydrology Books.

Rosgen, D. 2006 **Watershed Assessment of River Stability and Sediment Supply (WARSSS)**. Wildland Hydrology Books.

Rosgen,D. 2008 **River Stability Forms & Worksheets**. Wildland Hydrology Books.

Rosgen,D. 2008 **River Stability Field Guide**. Wildland Hydrology Books.

Schiechtl,G.J. 2001 **Introduction to Bed, bank and shore Protection**. 397pp, Delft University Press.

Schiechtl,H.M., and Stern,R. 1997 **Water Bioengineering Techniques for Watercourse Bank and Shoreline Protection**. 186pp, Blackwell Science.

Schiechtl,H.M., and Stern, R.., 2002 **Naturnaher Wasserbau - Anleitung für ingenieurbiologische Bauweisen**. 229pp, Ernst & Sohn.

Scott,D.B., Susan M.B., and J.L.Fridley 2001 *"Design principle for ecological engineering"*, Ecological Engineering, 18:201-210.

Slaymaker,O. 1995 **Steepland Geomorphology**. 283pp, John Wiely & Sons.

Thorne,C.R.,Hey,R.D., and Newson,M.D.1997 **Applied Fluvial Geomorphology for River Engineering and Management**. 376pp, John Wiely & Sons.

Thorne,C.R.1998 **Stream Reconnaissance Handbook - Geomorphological Investigation and Analysis of River Channels**. 133pp. John Wiely & Sons.

US Army Corps of Engineers, USACE 2001 "*HEC-HMS Hydrologic Modeling System User's Manual*", Hydrologic Engineering Center, 87p.

US Army Corps of Engineers, USACE 2000 "*HEC-HMS Hydrologic Modeling System Technical Reference Manual*", Hydrologic Engineering Center, pp.40-42.

Waring, R.H.and Running, S.W. 1998 **Forest Ecosystems - Analysis at Multiple Scales** (2nd Ed.) 370pp, Academic Press.

Water Quality Checker Model **WQC-22A Instruction Manual**, ,1999,TOA Electronic Ltd.

Watson,C.C., Biedenharn, D.S., and Scott, S.H. 1999 **Channel Rehabilitation: Processes, Design, and Implementation**. 296pp. U.S. Army Engineer, Engineer Research and Development Center, Vicksburg, Mississippi.

Weigend, A.S., and Gersbenfeld, N.A. 1994 **Time Series Prediction - Forecasting the Future and Understanding the Past**. 643pp. Addison-Wesley Pub. Co.

Wohl, E. E., Deborah, J. A., Susan, W. M., and Douglas, M.T. 1996 "*A comparison of surface sampling methods for coarse fluvial sediments*". Water Resources Research,32(10): 3219-3226..

Wyant, J.G., Meganck, R.A., and Ham,S.H. 1995 "*A planning and decision-making framework for ecological restoration*". Environmental Mgmt.,19：789-796.

Young, R.A., C.A. Onstad, D.D. Bosch, and Anderson, W.P. 1989 "*AGNPS: A nonpoint-source pollution model for evaluating agricultural watersheds*". Journal of Soil and Water Conservation. 44(2)：168-173.

Yuan,Y.P., and Bingner, R.L. 2001 "*Evaluation of AnnAGNPS on Mississippi delta MSEA watershed*". USDA Agricultural Research Service, National Sedimentation Labratory Oxford, Mississippi. pp.76-80.

Yuan,Y.P., R.L. Bingner, and Rebich, R.A., 2003 "*Evaluation of AnnAGNPS nitrogen loading in an agricultural watershed*". Journal of the American Water Resource Association 39(2)：457-466.

生態工程相關書籍（中文）

書　名	作　者	出版者	出版時間	頁數
社區林業與溪流保育	廖學誠	師範大學地理學系	2009.03	217
世界又熱、又平、又擠	丘羽先　等（譯）	天下遠見出版	2008.10	487
臺灣的生態系	李培芬	遠足文化	2008.10	175
河川景觀暨生態環境規劃	王永珍	明文書局	2008.04	205
土壤侵蝕與水土保持講義	鄭粉莉、李　銳、黃基華	陝西人民出版社	2008.04	100
環境教育課程規劃	周　儒、張子超、黃淑芬（譯）	五南圖書	2008.03	204
把雨水留下來—雨水利用百寶箱	廖朝軒、劉冠廷蔡耀隆（編譯）	詹氏書局	2008.03	167
水蝕過程與預報模型	鄭粉莉、汪忠善、高學田	科學出版社	2008.01	336
土壤侵蝕原理（第2版）	張洪江	中國林業出版社	2008.01	356
植被復育重建生態工程	賴明洲	明文書局	2007.12	567
環境科學概論	白子易、莊順興（譯）	高立圖書有限公司	2007.11	450
環境科學	Nakao Eki（譯）	華泰文化	2007.11	450
步道施工暨維護 1-2-3步道生態工法設計暨施工手冊之實例	歐風烈	詹氏書局	2007.09	162
水土保持學	陳信雄	明文書局	2007.09	516
山坡地排水與滯洪設計	余　濬	科技圖書公司	2007.09	
生態學—觀念與應用（第三版）	金恆鑣（譯）	滄海圖書	2007.08	638
臺灣、奧地利防砂技術交流誌	陳禮仁	成功大學防災研究中心	2007.07	280
流域侵蝕動力學	余新曉、秦富倉　等	科學出版社	2007.07	307
步道生態工法設計暨施工手冊	歐風烈	詹氏書局	2007.06	232
不願面對的真相	張瓊懿、欒　欣（譯）	商周出版	2007.04	325
生態水工學探索	董哲仁	中國水利水電出版社	2007.03	284
生態水利工程原理與技術	董哲仁、孫東亞	中國水利水電出版社	2007.03	553
災害管理學辭典	吳杰穎　等十人	五南圖書	2007.01	96
綜合防災對策—給市町村長參考的軟體對策	吳建宏、陳禮仁（譯）	中華防災學會出版委員會	2006.12	80
永續建築及景觀的實務生態學	賴明洲	明文書局	2006.12	490
生態規劃與工法	盧惠敏	建築情報季刊雜誌社	2006.07	269
生態監測概論	李美慧	明文書局	2006.06	282
森林、土壤和水	李昌華	中國林業出版社	2006.05	168
河川土壤生物工程工法設計暨施工手冊	歐風烈、郭瓊瑩	詹氏書局	2006.04	86
風景區泥石流研究與防治	崔　鵬、柳素清、唐邦興陳曉清、章小平	科學出版社	2006.01	144

書　名	作　者	出版者	出版時間	頁數
景觀生態與植生工程規劃設計	林信輝、張俊彥	明文書局	2005.12	324
水土流失測驗與調查	李智廣	中國水利水電出版社	2005.09	259
坡地生態工法 坡地植生工程理論與實務	陳彥璋、陳偉堯（譯）	明文書局	2005.09	371
水環境經營	許時雄	科技圖書公司	2005.09	239
河流動力學概論	邵學軍、王興奎	清華大學出版社	2005.08	248
水：瞭解人類最珍貴的資源	楊麗貞（譯）	閱讀地球文化	2005.06	395
水文小波分析	王文圣、丁　晶、李躍清	化學工業出版社	2005.05	207
濕地生態工程	陳有祺	滄海書局	2005.04	281
水土保持學（第二版）	王禮先、朱金兆	中國林業出版社	2005.03	488
生態構法	許海龍	詹氏書局	2005.03	237
森林保持水土機理及功能調控技術	陳云明、劉向東 吳欽孝、趙鴻雁	科學出版社	2005.03	274
生態工程與生態系統重建	陳淑珍（譯）	六合出版社	2005.01	372
森林生態水文	余新曉、張志強、陳麗華 謝寶元、王禮先	中國林業出版社	2004.11	241
山地森林生態系統水文循環 與數學仿真	程根偉、余新曉、趙玉濤	科學出版社	2004.11	298
水管理學概論	沈大軍	科學出版社	2004.10	252
河溪生態工法概論	林鎮洋、陳彥璋、吳明聖	明文書局	2004.10	376
濱水自然景觀設計理念與實踐	劉云俊（譯）	中國建筑工業出版社	2004.10	118
城市生態安全導論	曹　偉	中國建筑工業出版社	2004.09	255
水科學網絡信息資源導論	謝友宁、武曉峰	東南大學出版社	2004.09	318
草地生態與管理利用	王德利、楊利民	化學工業出版社	2004.09	407
水力學	李大美、楊小亭	武漢大學出版社	2004.08	306
護岸設計	劉云俊（譯）	中國建筑工業出版社	2004.08	110
森林植被防災學	吳增志、陳東來 許中旗、吳楊哲	科學出版社	2004.07	301
濕地生態系統保護與管理	呂憲國、劉紅玉	化學工業出版社	2004.07	359
江河防汛搶險實用技術圖解	劉松俠、劉　軍	中國水利水電出版社	2004.06	122
資源科學概論	劉成武、黃利民　等	科學出版社	2004.06	376
臺灣生態與變態	陳玉峰	前衛出版社	2004.05	272
現代水資源規劃—理論、方法與實踐	翁文斌、王忠靜、趙建世	清華大學出版社	2004.04	426
生態環境知識讀本— 生態的惡化與環境治理	王　豪	化學工業出版社	2004.04	211
生態系統管理與技術	楊京平、祁　真	化學工業出版社	2004.03	373
水：水資源的歷史、戰爭與未來	蕭政宗	商周出版	2004.02	213
建築節水技術與中水回用	付婉霞、吳俊奇	化學工業出版社	2004.02	275

書　名	作　者	出版者	出版時間	頁數
了解環境—環境現狀介紹	石中元	中國林業出版社	2004.01	253
治理環境—生態環境改善	石中元	中國林業出版社	2004.01	290
城市立體綠化	張寶鑫	中國林業出版社	2004.01	264
生態系統管理	康　樂、韓興國等（譯）	科學出版社	2004.01	186
生態工法	陽　明	文笙書局	2004.01	399
旱地農地節水技術	馬耀光、張保軍、羅志成	化學工業出版社	2004.01	338
自然生態工法實務應用（河溪工程篇）	農業委員會	農業委員會水土保持局	2003.12	264
自然生態工法實務應用（農村建設篇）	農業委員會	農業委員會水土保持局	2003.12	172
自然生態工法實務應用（坡地保育篇）	農業委員會	農業委員會水土保持局	2003.12	206
景觀生態學—理論與實務	趙羿、賴明洲、薛怡珍	地景企業	2003.12	372
實用河川工程（上）河川工程規劃	蕭慶章	科技圖書公司	2003.11	
實用河川工程（下）河川工程治理	蕭慶章	科技圖書公司	2003.11	
濕地生態與保護	陶思明	中國環境科學出版社	2003.11	311
地生態學	李秀珍（譯）	科學出版社	2003.10	163
多沙河流的河性	梁志勇、姚文廣 李文學、張翠萍	中國水利水電出版社	2003.08	144
VB.NET 調試技術手冊	申曉旻（譯）	清華大學出版社	2003.08	260
生態城市評估與指針體系	張坤民、溫宗國 杜　斌、宋國君	化學工業出版社	2003.08	467
熱濕氣候的綠色建築	林憲德	詹氏書局	2003.08	554
中國水土保持生態建設模式	劉震	科學出版社	2003.08	304
多自然型河流建設的施工方法及要點	周怀東、杜　霞 李怡庭、張祥傳（譯）	中國水利水電出版社	2003.08	222
熱濕氣候的綠色建築	林憲德	詹氏書局	2003.08	554
中國水土保持生態建設模式	劉　震	科學出版社	2003.08	304
環境微生態工程	李雪駝	化學工業出版社	2003.08	305
水力學	田偉平、王亞鈴	人民交通出版社	2003.07	167
建設項目環境影響技術評估指南	國家環境保護總局 環境工程評估中心	中國環境科學出版社	2003.07	258
植被護坡工程技術	周德培、張俊云	人民交通出版社	2003.07	322
環境生態學	程胜高、羅澤嬌、曾克峰	化學工業出版社	2003.07	271
環境生態學基礎	柳勁松、王麗華、宋秀娟	化學工業出版社	2003.07	308
生態工法概論	林鎮洋、邱逸文	明文書局	2003.07	352
河溪生態工法案例圖輯	謝瑞麟、林鎮洋	明文書局	2003.07	102

書　名	作　者	出版者	出版時間	頁數
城市生態、鄉村生態	陸亞東（譯）	商務印刷館	2003.07	163
德國生態水景設計	任　靜、趙黎明（譯）	遼寧科學技術出版社	2003.06	176
生態環境影響評價概論（修訂版）	毛文永	中國環境科學出版社	2003.06	409
宏觀生態學	閻傳海、張海榮	科學出版社	2003.05	247
河道生態治理工程	蔣　屏、董福平	中國水利水電出版社	2003.05	65
全國林業生態建設與治理模式	國家林業局	中國林業出版社	2003.05	803
自然生態工法之應用植物	林信輝	農委會環境綠化協會	2003.03	
臺灣地區自然生態工法個案圖說彙編	林信輝	農委會環境綠化協會	2003.03	
景觀生態學—格局、過程、尺度與等級	鄔建國	五南圖書	2003.03	364
氣候變化對農業生態的影響	王馥棠、趙宗慈王石立、劉文泉	氣象出版社	2003.03	180
氣候系統的演變及其預測	丁一匯、張　錦徐　影、宋亞芳	氣象出版社	2003.03	137
全球水循環與水資源	王守榮、朱川海程　磊、毛留喜	氣象出版社	2003.03	195
城市生態工程學	馬　光、胡仁祿	化學工業出版社	2003.02	297
河溪生態工法案例圖輯	謝瑞麟、林鎮洋	明文書局	2003.02	103
水域生態工程	郭一羽	滄海書店	2003.02	409
河川近自然與生態工法	黃金山	經濟部水利署	2003.02	72
水文信息技術	魏文秋、張利平	武漢大學出版社	2003.02	299
環境生態規劃與工法	盧惠敏	地景企業	2003.01	
濕地生態工程—濕地資源利用與保護的優化模式	安樹清	化學工業出版社	2003.01	528
工程水文地質學	白玉華	中國水利水電出版社	2002.12	166
水資源保護規劃—理論方法與實踐	高健磊、吳澤寧左其亭、趙學民	黃河水利出版社	2002.12	308
生態工法手札	蔡其昌	七星農田水利研究發展基金會	2002.10	80
水土保持監測技術規程	中國人民共和國水利部	中國水利水電出版社	2002.09	78
生態工程學（第二版）	欽佩、安樹清、顏京松	南京大學出版社	2002.08	266
生態經濟系統能值分析	藍盛芳、欽　佩、陸宏芳	化學工業出版社	2002.07	427
水環境保護與管理文集	汪　斌、輝炳卿、姜永生程師水、汪　達	黃河水利出版社	2002.06	449
生態學—概念與應用	金恆鑣　等（譯）	Mc-Graw Hill	2002.06	561
生態恢復工程技術	楊京平、盧劍波	化學工業出版社	2002.06	331
生態安全的系統分析	楊京平、盧劍波	化學工業出版社	2002.05	337
有機農業生態工程	席運官、欽　佩	化學工業出版社	2002.05	242

書　名	作　者	出版者	出版時間	頁數
乾旱農業生態工程學	李建龍	化學工業出版社	2002.05	243
水資源學	陳家琦、王　浩、楊小柳	科學出版社	2002.04	250
小流域可持續發展論	師守祥、張智全、李旺澤	科學出版社	2002.03	246
生態土地使用規劃	黃書禮	詹氏書局	2002.03	406
景觀生態學— 格局、過程、尺度與等級	鄔建國	高等教育出版社	2002.02	258
水環境恢復工程學原理與應用	張錫輝	化學工業出版社	2002.02	284
溪流生態工法 —內湖大溝溪整治—	郭勝豐	七星農田水利 研究發展基金會	2001.12	95
計算水力學基礎	劉沛清	黃河水利出版社	2001.12	223
水資源環境管理與規劃	陳　偉、朱党生 陳　獻、崔荃（譯）	黃河水利出版社	2001.11	449
流域生態環境可持續發展論	張道軍、朱麥云、張昭 章志峰、鄭文君	黃河水利出版社	2001.11	332
景觀建築及土地使用計畫之 景觀生態原則	張俊彥、洪佳君 曾心嫻（譯）	地景企業	2001.11	136
治河防洪與海岸防護	許時雄	科技圖書公司	2001.09	211
生態系統生態學	蔡曉明	科學出版社	2001.09	331
山坡地護坡工程設計	廖瑞堂	科技圖書股份有限公司	2001.08	218
雨水利用與水資源研究	劉昌明、李麗娟	氣象出版社	2001.08	119
脆弱生態環境可持續發展	劉燕華、李秀彬	商務印刷館	2001.08	471
生態工法技術參考手冊	林鎮洋	北科大水環中心	2001.07	
生態水池DIY推廣手冊	許榮輝	七星農田水利 研究發展基金會	2001.06	45
雨水集蓄利用技術與實踐	顧斌杰、張敦強、潘云生 楊广欣、黃冠華、左　強	中國水利水電出版社	2001.06	170
城鄉生態	林憲德	詹氏書局	2001.06	241
今日水世界	劉昌明、傅國斌	牛頓出版公司	2001.04	237
農業生態工程與技術	楊京平、盧劍波	化學工業出版社	2001.04	319
環境生態學鄉土教材	游以德	地景企業	2001.04	280
恢復生態學導論	任海、彭少麟	科學出版社	2001.04	144
恢復生態學 生態恢復的原理與方法	趙曉英、陳怀順、孫成權	科學出版社	2001.04	144
水—迫在眉睫的生存危機	嚴維明（譯）	上海譯文出版社	2001.01	421
生態公益林補償理論與實踐	周國逸、閻俊華	氣象出版社	2000.11	128
農業災害學	鄭大瑋、張　波	中國農業出版社	2000.10	292
後龍溪河川生態教育	汪靜明	經濟部水資源局	2000.10	157
水源保護林技術手冊	于志民、余新曉	中國林業出版社	2000.07	425

書　名	作　者	出版者	出版時間	頁數
運籌帷幄，決勝千里－從生態控制系統工程談起	關君蔚	清華大學出版社	2000.06	171
流域環境管理規劃方法與實踐	周年生、李彥東	中國水利水電出版社	2000.05	239
以人為本參與式流域綜合管理	劉孝盈	中國農業科技出版社	2000.05	155
節水新概念－真實節水的研究與應用	沈振榮、汪　林于福亮、劉　斌	中國水利水電出版社	2000.04	245
水文與水資源工程專業畢業設計指南	陳元芳	中國水利水電出版社	2000.03	173
生態保育	王麗娟、謝文豐	揚智文化事業	2000.03	198
林業生態工程學	王禮先、王斌瑞朱金兆、余新曉	中國林業出版社	2000.01	375
半乾旱半濕潤地區枯季水資源實時預測理論與實踐	謝新民、楊小柳	中國水利水電出版社	1999.12	239
土壤－作物－大氣界面水分過程與節水調控	劉昌明、王會肖　等	科學出版社	1999.10	194
森林地景分析及設計	劉一新（譯）	農委會林業試驗所	1999.07	
中國森林與生態環境	周曉峰	中國林業出版社	1999.05	540
數學模型講義	雷功炎	北京大學出版社	1999.04	304
灰預測模型方法與應用	鄧聚龍、郭　洪、溫坤禮張廷政、張偉哲	高立圖書有限公司	1999.04	182
地球水環境學	陳渝蓉	南京大學出版社	1999.03	447
河流動力地貌學	倪晉仁、馬藹乃	北京大學出版社	1998.10	396
環境生態學－污染及其它逆壓對生態系結構與功能之影響	金恆鑣（譯）	國立編譯館	1998.09	717
生態工程	云正明、劉金	氣象出版社	1998.08	267
生態工程學	欽佩、安樹清、顏京松	南京大學出版社	1998.07	216
水科學與水資源	郭遠珍	湖南科學技術出版社	1998.06	369
水土資源評價與節水灌溉規劃	中國人民共和國水利部農村水利司	中國水利水電出版社	1998.05	191
山地防護林水土保持水文生態效益及其信息系統	王禮先、解明曙	中國林業出版社	1998.03	361
水力水文學	張光齋、陶竹君	中國建筑工業出版社	1997.12	261
貢嘎山森林生態系統研究	鐘祥浩　等	成都科技大學出版社	1997.12	172
地理景觀	劉南成	臺灣珠海出版	1997.06	635
生態系統水熱原理及其應用	周國逸	氣象出版社	1997.05	216
熱帶森林生態系統研究與管理	曾慶波　等	中國林業出版社	1997.04	343
景觀中的視覺設計元素	張恆輔（譯）	臺灣珠海出版	1997.02	201
熱帶亞熱帶退化生態系統植被恢復生態學研究	余作岳、彭少麟	廣東科技出版社	1996.10	266
獻給臺灣的未來－環境臺灣	天下編輯	天下雜誌	1996.09	338

書　名	作　者	出版者	出版時間	頁數
景觀生態學	徐化成	中國林業出版社	1996.05	182
中國林業生態環境評價區劃與建設	張佩昌、袁嘉祖 等	中國經濟出版社	1996.04	450
生態參考設計手冊	林大元、沈克毅	七星農田水利研究發展基金會	1994.12	49
景觀生態學	張啓德（譯）	田園城市	1994.10	525
資源科學論網	封志明、王勤學	地震出版社	1994.06	229
生物多樣性的理論與實踐	王憲溥、劉玉凱	中國環境科學出版社	1994.04	257
貢嘎山高山生態環境研究	陳富斌、高生淮	成都科技大學出版社	1993.12	184
森林生態系統定位研究	劉宣章	中國林業出版社	1993.10	312
我們共同的未來	王之佳、柯金良 等（譯）	臺灣地球日出版社	1992.04	476
森林生態學	文劍平、梁　輝 劉曙光、彭德純（譯）	中國林業出版社	1992.03	536

生態工程相關書籍（日文）

書　名	作　者	出版者	出版時間	頁數
河川の生態學	沖野外輝夫	共立出版株式會社	2002	132
自然生態修復工學入門	養父志乃夫	農文協	2002	161
流域環境の保全	木平勇吉	朝倉書店	2002	133
親水工學試論	日本建築學會	信山社サイテック	2002	281
河川工學	鈦川登等六人	鹿島出版會	2002	249
近自然工法―新しい川・道・まちづくり	山協正俊	信山社サイテック	2002	209
「鋼製砂防構造物」ガィドブック	鋼製砂防構造物の全國設置事例	砂防鋼製構造物研究會	2001	195
多自然型水邊空間の創造	富野　章	信山社サイテック	2001	143
河川生態環境評估法潛在自然概念を軸として	玉井信行、奧田重俊中村俊六	東京大學出版會	2001	270
綠と砂防	大手桂二	全國治水砂防學會	2001	83
溪流生態砂防學	太田猛彥、高橋剛一郎	東京大學出版會	2001	246
環境修復のための生態工學	須藤隆一	講談社サインエティフィック	2001	229
ポーラスコンクリート河川護岸の手引き	財團法人先端建設ヤンター	山海堂	2001	138
鋼製砂防構造物設計便覽	鋼製砂防構造物委員會	砂防・地すべり技術ヤンター	2001	161

增補應用生態工學序說 ー生態學と土木工學の融合を目指して	廣瀨利雄	信山社サイテック	2000	341
河川工學	玉井信行	オ〜ム社	2000	194
まちと水邊に豐かな自然をIII多自然型川づくりの取組みとポイント	リバーフロント整備センター	山海堂	2000	230
都市河川の總合親水計畫	土屋十方	信山社サイテック	1999	235
まちと水邊に豐かな自然をII多自然型川づくりを考える	リバーフロント整備センター	山海堂	1997	185
近自然河川工法の研究	クリスチャン・ゲルディ福留脩文	信山社サイテック	1997	99
河川生態環境工學 魚類生態と河川計畫	玉井信行、水野信彦中村俊六	東京大學出版會	1997	312
改訂新版建設省河川砂防技術基準（案）同解說計畫編	財團法人日本河川協會	山海堂	1997	222
水文地形學 ー山地の水循環と地形變化の相互作用	恩田裕一、奧西一夫飯田智之、達村真貴	古今書院	1996	267
水邊の計畫と設計	吉村元男、芝原幸夫	鹿島出版會	1996	205
水邊空間の魅力と創造	松浦茂樹、島谷幸宏	鹿島出版會	1996	210
ジ〜ドルングとランシャフトにより多くの自然を〜1991國際水邊環境フォ〜ラムより	福留脩文	近自然河川工法研究會	1992	80
河川と小川	勝野武彦、福留脩文	（株）西日本科學技術研究所	1992	164
まちと水邊に豐かな自然をI多自然型建設工法の理念と實際	リバ-フロント整備センタ-	山海堂	1990	118
都市と川	三木和郎	農山魚村文化協會	1986	219

APPENDIX 1

永續公共工程─節能減碳政策白皮書（草案）

行政院公共工程委員會

2008 年 8 月 13 日

壹、緣起

一、前言

　　自工業革命開始，世界經濟驟然起飛，百年來的發展使得人類物質生活大幅提昇，但產生的溫室氣體所造成全球暖化及氣候變遷的效應已日益明顯，依據聯合國「跨國氣候變遷小組」（Intergovernmental Panel on Climate Change, IPCC）於2007 年 2 月 2 日發表之 IPCC 2007 報告指出，全球暖化趨勢對氣候的衝擊程度將比上個世紀來得嚴重，預計本世紀全球氣溫與海平面上升的升幅會比過去一千年還大，到世紀末，可能動輒出現極端的酷熱、乾旱、暴雨與大雪，颱風強度也會更加猛烈。

　　目前世界總人口數已達 60 億，其中亞洲佔約 53%，預計在 2050 年總人口數將成長至 90 億人，而以亞洲地區成長最快速，且大幅往大都市集中，人口密度大，致生活環境、生態、自然環境與文化遺產破壞嚴重；廢棄物處理不當，大氣、土壤與水環境汙染擴大。又因經濟快速成長，資能源需求加劇，工業化過程大量排放 CO_2，加速地球暖化。

　　臺灣人口僅佔全球的 0.4%，但排放之 CO_2 比例卻高達 0.96%，在溫室氣體排放總量佔全世界排序的第 22 位；另依洛桑管理學院 2007 年國際競爭力評比資料，臺灣整體競爭力為 55 個國家中的第 18 名，但在 CO_2 排放量這項指標中卻僅排名第 37 名，各項資料都顯示我國在減少 CO_2 方面還有相當需要努力的空間。

　　此外，近五年來原油價格由每桶約 30 美元漲至 2008 年之 140 美元，預計於2012 年將達 200 美元，同時也將帶動糧食與其他天然資源的價格大幅成長。臺灣屬島嶼型國家，對進口能源依存度達 98.24%（2006 年資料），如何節約資/能源使用、強化資源再生利用、開發新能源，維持國家社會之發展，為我國永續發展之重要挑戰。

　　在洛桑管理學院的評比資料另外也指出在 4 個主要面向中，我國在「基礎建設」僅排名第 21 名，因此為了提昇國際間的競爭力，政府規劃愛臺 12 項建設，

預定 8 年投資 3 兆 9,900 億元，平均每年投資金額將近 5,000 億元，相較於近 2 年每年政府的工程採購金額約 3,700 億元，可預見未來營建產業持續蓬勃發展。

聯合國「地球高峰會－里約環境與發展宣言」及「世界高峰會－約翰尼斯堡永續發展宣言」，皆明白揭示永續發展「全球考量，在地行動」的國際共識。因此，身為產業火車頭的營建產業，在面對國際能源與資材價格的大幅升漲、與節能減碳的全球共識下，更應以因應全球氣候變遷、減少溫室氣體著眼，積極投入相關研發與落實工作，持續促進社會經濟發展，並提升營建產業（營造廠、顧問機構等）之競爭力，亦帶動廣泛支撐營建產業之延伸企業節能減碳之努力與成效，為我們的地球共盡一份心力。

二、政策依據

㈠院長 2008 年 5 月 22 日第 3093 次會議指示：

愛臺 12 項建設計畫，在規劃時，經濟成長、環境保護和社會公義都要一起考量，不容偏廢。這樣才能做到全方位的施政，也才能夠走向永續。

㈡行政院 2008 年 6 月 5 日第 3095 次通過之「永續能源政策綱領」：

全國 CO_2 排放減量，於 2016 年至 2020 年間回歸到 2008 年的排放量，在 2025 年回到 2000 年排放量。

貳、現況分析

一、臺灣二氧化碳排放量逐年上升

太陽之輻射，經大氣吸收、地表及大氣反射後，剩餘約 49% 為地表所吸收，吸收後的能量以長波輻射方式釋出，由於人類大量使用石化燃料、濫砍森林等社經活動的頻繁，造成二氧化碳（CO_2）、甲烷、氫化亞氮、氟氯碳化物等易吸收長波輻射氣體（及溫室氣體）大幅增加，造成地球暖化。

　　依照行政院國家永續發展委員會 2008 年 6 月所出版之「2007 臺灣永續發展指標現況」，臺灣 CO_2 人均排放量自 1988 年的 5.00 公噸/人成長至 2007 年的 11.73 公噸/人，且與時間呈現完全的線性成長趨勢。另依國際能源總署（IEA）」2007 年 4 月 25 日的說明資料，2004 年臺灣平均 CO_2 排放量以 11.26 噸，排名全世界第 18，在亞洲地區則為第 1，顯示出國內對於燃料的使用與 CO_2 排放的管制與減量，還有相當值得努力的空間。

二、永續公共工程節能減碳評核體系尚未健全

　　目前政府公共工程之審議流程，並未包括「節能減碳」評估與檢核機制，致所規劃興建的規模及型式常以經濟發展為優先考量，或對經濟效益過於樂觀，而在資源再生利用或維護管理策略則常淪為次要配角，僅作原則性說明交由後續設計單位或營運單位自行負責，未真正評估各項方案對節能減碳之貢獻，使決策者難以獲得足夠的資訊，最終在時程及各界期盼的壓力下倉促定案，產生如蚊子館、超量規劃或資源浪費…等建設為人所詬病，因此確實要求節能減碳評估資料的納入，並發展永續公共工程之決策輔助系統，實為從源頭減少過度開發、緩和大量建設並促進產業界投入節能減碳之重要策略之一。

三、新技術、新工法推動不易

　　為鼓勵廠商引進新技術、新產品及新工法，以提升國內技術水準，採購法第 35 條規定廠商得提出替代方案之時機及條件，允許廠商提出並使用可縮減工期、減省經費或提高效率之替代方案機制，希望藉由允許廠商提出替代方案，創造較機關所提原規劃設計內容更具省工、安全、環保（如 CO_2 減量）、再生資源、可降低整體生命週期成本的效益。但常因主辦單位擔心會被冠上綁標或圖利廠商之罪，又或設計單位擔心需額外付出心力審查承包廠商提出之替代方案又或對替代方案無專業審查能力，產生設計監造與施工責任界定不清，而施工廠商對業主審查替代方案因專業能力不足，層層提報審查期程冗長，致可能影響完工期限，且相關獎勵及利潤誘因不足等因素，造成各單位大多未援引以第 35 條方式提出使用新技術、新產品及新工法之替代方案。

四、公共工程常「重新建，輕維護營運」

依公共工程生命周期，使用維護階段居末，分配經費不高，往往不受業主重視。另因檢測維護工作繁瑣且常涉施工品質糾紛，工程顧問公司介入意願不高，致新建工程完工後，常未善加維護，甚至發生相關維護資料遺失等情事。另設計單位未考量維修及營運之後續作法，致使用中之公共設施維護管理不良，嚴重影響使用工程壽命，造成資源浪費，或是營運不良造成閒置公共設施，效益不彰。

五、公共設施延壽或重建評估機制亟待建立

近年來我國新建工程似趨飽和，觀察我國既有公共設施的狀況，可發現許多公共設施已接近或超越設計年限。以我國現有水壩 44 座為例，壩齡超過 40 年者已達半數 22 座，整體平均壩齡為 43 年，依一般混凝土結構物 25~50 年之正常使用年壽而言，我國公共設施已逐漸屆臨設計年限，老化問題勢必逐漸浮現，若能採取適當的延壽對策，可延長設施服務年限，避免重建消耗資材，發揮節能減碳價值。

六、缺乏公共工程「節能減碳」誘因或觀摩對象

有好的概念但缺乏誘因或學習之對象，為公共工程節能減碳無法大力推展原因之一。為善盡地球一份子之責任，為子孫留下美好的未來，如何建立具體機制作法，提供誘因，並蒐集示範案例以利各界學習，促使公共工程落實節能減碳政策，以達永續之目標，已刻不容緩。

參、永續公共工程定義

永續公共工程係指：「符合環境保育、社會公義和經濟成長所規劃、建置、營運與管理之公共工程」。

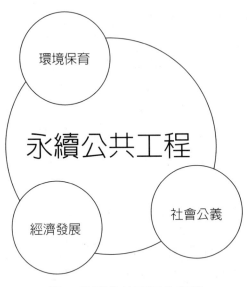

圖 1. 永續公共工程的定義

肆、願景

　　使大眾擁有更優質的生活空間，使產業界擁有更好的國際競爭環境，使國家重大建設成果成為我們子子孫孫的文化資產。

伍、政策目標

一、推動永續公共工程，落實節能減碳理念。
二、建立節能減碳評估與決策體系，有效利用資源。
三、發展以性能為導向之公共工程，鼓勵創新科技。
四、建構既有公共設施維護管理制度，掌握國家資產。
五、推動公共設施延壽計畫，提高效能與壽命。
六、加強永續公共工程獎勵與宣導體系，形成推動力量。

陸、推動策略

德國馮‧魏哲克在「四倍數－資源使用減半，人民福祉加倍」一書中提出「結合環境保護與產業發展」之新思維，永續公共工程即是將此概念予以延伸，希望透過對有限資源的有效利用，達到維持既有生活品質，又不會破壞生態環境的理想。

圖 2 所示為永續公共工程－節能減碳的整體推動策略：在技術面以工程全生命週期的落實為核心，將永續發展及節能減碳的考量納入可行性評估、規劃、設計、施工、維護管理等每一個環節；而在法制面則透過公共工程審議制度再造、政府採購及促進民間參與公共建設相關法規的全面檢討，塑造節能減碳的制度環境，鼓勵機關與民間積極參與與落實；而在外在的推動力量上，將加強對工程界節能減碳觀念的宣導，評選並獎勵績優的永續公共工程案件，提供各機關正確的思維與模仿的對象。

一、工程全生命週期考量節能減碳

公共工程從開始提出，均需歷經可行性評估、規劃設計、發包、施工及維護管理等各階段的工作，並經由良好的經營來達成其預期的經濟目標，成為國家重要且必要的資產。而公共工程永續經營的先決條件必須架構在自可行性評估開始各階段的工作成果，一個可行性評估不確實或設計不良的公共工程，當然無法有效發揮功能，達成預期效益；而施工品質不良或是缺乏維護管理，更加速縮短了公共工程的壽命，造成國家資能源的浪費。

(一)可行性階段

1. 考量既有公共設施之服務效能：新興工程計畫研擬時，應詳實掌握整體區域之公共設施的規模數量、分佈情形、使用壽命及效益，並分析各類設施間的競合關係，才能真正釐清工程計畫之必要性與預估未來效益，合理分配有限資源。因此，整合並加強目前各機關之設施管理系統，建立公共設施盤點機制，不但能有效掌握國家資產，作為新興計畫決策依據，對於維

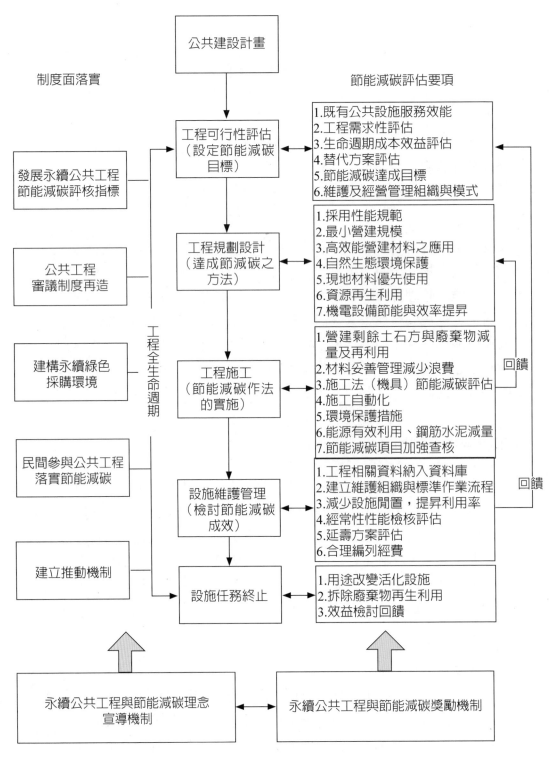

制度面落實　　　　　　　　　　　　　　　節能減碳評估要項

公共建設計畫

工程可行性評估（設定節能減碳目標）

1.既有公共設施服務效能
2.工程需求性評估
3.生命週期成本效益評估
4.替代方案評估
5.節能減碳達成目標
6.維護及經營管理組織與模式

發展永續公共工程節能減碳評核指標

工程規劃設計（達成節減碳之方法）

1.採用性能規範
2.最小營建規模
3.高效能營建材料之應用
4.自然生態環境保護
5.現地材料優先使用
6.資源再生利用
7.機電設備節能與效率提昇

公共工程審議制度再造

工程施工（節能減碳作法的實施）

1.營建剩餘土石方與廢棄物減量及再利用
2.材料妥善管理減少浪費
3.施工法（機具）節能減碳評估
4.施工自動化
5.環境保護措施
6.能源有效利用、鋼筋水泥減量
7.節能減碳項目加強查核

建構永續綠色採購環境

設施維護管理（檢討節能減碳成效）

1.工程相關資料納入資料庫
2.建立維護組織與標準作業流程
3.減少設施閒置，提昇利用率
4.經常性性能檢核評估
5.延壽方案評估
6.合理編列經費

民間參與公共工程落實節能減碳

設施任務終止

1.用途改變活化設施
2.拆除廢棄物再生利用
3.效益檢討回饋

建立推動機制

工程全生命週期

回饋

回饋

永續公共工程與節能減碳理念宣導機制

永續公共工程與節能減碳獎勵機制

圖 2. 永續公共工程－節能減碳整體推動策略

護管理與設施延壽體系之健全，亦有正面助益。

2. 確實評估工程之必要性及成本效益：在現今的工程科技不斷超越下，超高層大樓、大跨度橋樑、長隧道…等高難度之公共工程一件件都呈現在世人面前，工程技術的可行性已不再是決策的關鍵問題，但隨著地球天然資源的枯竭，工程的必要性與成本效益已逐漸成為可行性評估中最重要的一環。公共工程的興建若是缺乏詳實的必要性及成本效益分析，貿然執行，不但將排擠其他重要政策的落實，所投入的大量能源與營建材料，不但增加 CO_2 的排放量，對於國家的資源的浪費更是難以挽回。

3. 評估節能減碳目標，研擬替代方案：公共工程於可行性評估階段除需符合服務性能外，亦應評估其在節能減碳之量化指標，若無法對資能源有效利用，或管制 CO_2 之排放量，則必須研擬替代方案，詳細評估分析，做為決策之依據，以達成國家節能減碳之整體目標。

4. 強化維護與經營管理模式及組織，合理編列經費：相較於過去公共工程重點在於新建，經費編列偏重的是初置成本，缺乏維護管理的經費及落實，永續公共工程更強調完工後的維護管理，透過適當的組織與合理的經費，能有效運作公共設施，達到預期之服務功能與年限，而這些都必須在可行性評估時詳實提出，同時應將維護管理階段的盤點機制及延壽方案回饋至可行性評估，檢討國家整體財政情形，才能合理分配國家資源，兼顧新建與維護工作。

(二)規劃設計階段

1. 採用性能為導向之相關規範，提昇規設品質：蒐集並研析國際性能規範之相關資料，檢討其對國內現行技術規範之衝擊，據以建置符合本國之上位性能（成效）規範準則，規範公共工程對節能減碳之需求，並協調各部會就業管技術規範共同推動性能（成效）規範，由上而下垂直整合國內現行技術規範之相關事宜。依據國際標準組織（ISO）品質管理架構，與國內外相關全生命週期之品質管理之相關規定及實務資訊，訂定公共工程規劃、設計需依照之標準作業程序，規劃、設計手冊，擬定相關從業人員之基本資格，建置品質管理制度及辦理推廣說明會等，以提昇國內公共工程規劃、設計之品質。

2. 考量最小營建，應用高效能、自然或再生營建材料：鋼筋混凝土材料係臺灣公共工程最重要的營建材料之一，其在強度、耐久性、經濟性等各方面

都具有相當優勢，依目前科技來看仍是不可取代之材料。但依據經濟部能源委員會「能源查核管理輔導計畫」，生產 1 公噸水泥將排放 409.57 公斤的 CO_2，相較於爐石、飛灰…等水泥替代材料每生產 1 公噸僅排放 68.3 公斤（爐石研磨之耗能）與 0 公斤（飛灰無須研磨）的 CO_2，以 2007 年為例，我國使用 560 萬噸爐石與 200 萬噸飛灰替代水泥使用，產製優質耐久混凝土，同時減少 CO_2 排放量達 576 萬噸，實現「四倍數」的策略價值。因此在規劃階段，應檢討需求性採最小營建規模或輕量設計，並考量因地制宜、就地取材等原則，設計時採用高強度、高性能混凝土或鋼筋、預鑄構件、五螺箍…等其他高效能材料或作法，提高材料效率，減少結構尺寸，自然就能降低水泥、鋼材等營建材料使用量，或是在兼顧安全下使用石頭、木材等自然材料、再生混凝土與其他材料，或以工業副產品取代水泥與砂石，都能有效減少 CO_2 之排放量。

3. 妥善進行環境設計，保護自然生態環境：依據相關研究一顆樹 1 年能減少 12 公斤的 CO_2，以平均壽命 40 年計算，一棵數一生能吸收 480 公斤的 CO_2，目前很多企業都以植樹的方式落實節能減碳，在「綠建築」的九大指標亦包含「綠化指標」，考量包括生態綠化、牆面綠化、牆面綠化澆灌、人工地盤綠化技術、綠化防排水技術和綠化防風技術…等因子。因此在公共工程的規劃設計中，應加強對動植物棲地的維護，並進行優質基地環境設計，以「迴避、減輕、補償」等原則減少對原有生態環境的衝擊，必要時採用原生物種進行的植生綠化，落實 CO_2 排放量的減低。

4. 機電設備節能與效率提昇：公共設施的正常營運必須依賴龐大的機電設備順利運作，以公有建築物為例，至少必須具備電力系統、空調系統、照明系統…等以發揮其服務功能，因此若能在規劃設計階段即選擇高效率之機電設備，並針對性能需求規劃適當的規模與數量，將能在長久的營運階段節省相當可觀的能源支出。

(三)執行階段

1. 推動營建剩餘土石方及廢棄物減量及再利用：臺灣地區近年來由於社會經濟活動快速發展而邁向現代化國家，一般建築工程及交通經建等重大公共工程日益增加，從土石為資源的角度來看，如果能在工區內妥善處理再利用，不但能減少運輸所消耗的能源，減少 CO_2 排放，對於環境保育與公共安全亦有正面助益。為配合國家未來重大公共建設，以符合節能減碳、國

家資源利用、環境保育及永續發展之方向，政府將積極推動土石方多元再利用，如填海造陸、土石方再利用等作法，避免環境污染破壞，並解決清淤河道問題。另將結合中央、地方政府及業界力量，制定區域性可行之方案，以達到節能減碳功效。

2. 提昇工程施工品質，落實節能減碳規劃：施工品質良好之工程，能大幅減少維護管理所需投入之資能源，延長設施壽命，減少不必要浪費，因此未來應積極將將「公共工程施工品質管理作業要點」法制化，納為政府採購法之子法，使中央及地方政府均能落實三級品管。同時針對下列「節能減碳」事項納入查核重點，宣示政府對節能減碳之決心：

　　(1) 基地土方平衡：多餘土方與不足土方均有害於地球環保，慎重考慮地形地貌變化設計與開挖時取得最佳的挖方填方平衡。

　　(2) 使用節能減碳之工法及機具：採用自動化施工方式或是高效率的機具設備，不但能提高施工速率，節省經費，亦能減少施工過程中所排放之 CO_2。如採用預鑄樑柱、預鑄外牆、系統模板等自動化的工法，及結構體輕量化設計，對施工品質及節能減碳有莫大的助益。

　　(3) 維護自然環境：施工過程應維護工程附近生態環境，重視動植物棲地的維護，減少並妥善處理營建廢棄物。

　　(4) 能源有效利用：對於工地所使用的照明、運輸、用水、供電…等臨時設施應採用節能減碳之設備，將能源作最有效之利用。

　　(5) 維護機制之建立：如契約是否納入維護管理相關規定；竣工移交是否包含操作維護手冊等。

(四)維護管理階段

1. 建置維護及營運管理機制：目前少數機關已針對所轄重要公共設施建置有相關管理資訊系統，例如交通部之橋樑管理系統等，惟仍有許多設施欠缺相關資料、資料內容未盡完善或資訊未能公開透明，故首要工作應整合檢討現有各類工程維護管理資料庫，建立既有公共設施盤點制度，並透過三級品管之手段，定期或不定期查核各機關填報及維護情形，並將系統維護經費納入年度經常性支出，以達系統永續經營之目的。

2. 減少閒置公共設施及提昇利用率：對於現階段閒置或效益不彰之公共設施，續依「行政院活化閒置公共設施推動方案」積極推動設施再利用，並就相同性質之公共設施整體檢討，並評估未來人口及經濟發展規劃長期需

求。而在法制面部分,則積極落實採購法第 111 條之巨額採購使用情形及其效益分析規定,確實要求主辦機關於使用期間內逐年向主管機關提報使用情形及其效益分析,並利用資訊平臺公開相關資訊,達到政府施政之透明化,相關成果亦應回饋至計畫可行性評估階段,避免不必要的建設及資源浪費。

3. 建立公共設施延壽評估與推動機制:公共設施皆有其服務年限,若能有效執行維護工作並建立經常性之性能評估作業,定期檢討分析維護作法與成效,將能有效延長設施壽命。而當設施壽命將屆,或是面臨服務效能降低的情況時,究應投資經費延長服務年限並提高效能,亦或拆除重建,實需要完整且詳實的評估機制,並就設施的重要性及必要性排定優先順序,研擬延壽執行方案,並據以推動,方能將政府的投資作最有利的分配與利用。

二、制度面推動節能減碳

㈠發展永續公共工程節能減碳評核指標與標章

公共建設範圍廣泛,不同工程類別之特性差異頗大,因此有關節能減碳的評估及相關指標目前僅以內政部營建署推動之「綠建築」具有相當成果,其他如:道路工程、水利工程、水保工程、重大資能源工程…等,尚無明確的評核體系。因此為了建立國家重大建設計畫之決策體系,中央目的事業主管機關應考量國際間常用之節能減碳之評估方法與指標,積極發展本土化之作業模式,除納入公共工程可行性評估資料外,並利於向國際展現我國的積極作為。

㈡公共工程審議制度再造

檢討現行公工程計畫經費審議作業之標準作業程序,健全規劃、設計審查標準作業程序,技術面將以資能源消耗程度及 CO_2 產出量為基礎,採用節能減碳之材料及工法,並兼顧新建需求性與維護管理機制;而在程序面縮短審議期程,有效提昇審議效能,並對各機關規劃、設計的內容與品質建立查核機制。

㈢建構永續綠色採購環境

1. 檢討「採購法」相關條文:為配合永續的國際潮流,鼓勵國內之綠色生產及綠色消費,政府採購法第 96 條已明訂綠色採購條款,環保產品得有 10%

以下之價差優惠，另工程會與環保署已會銜發布「機關優先採購環境保護產品辦法」，作為執行綠色採購之依據。此外，現行採購法，尚無明文規定節能減碳之要求，機關辦理採購常未將節能減碳納入採購規劃作業考量，致採購功能及效益未能達到節能減碳目標，甚有浪費資源之情形，政府採購法之修法計畫擬增訂第 96 條之 1，明訂機關辦理採購，得於招標文件訂明節能減碳相關措施。

2. 修正「機關委託技術服務廠商評選及計費辦法」相關條文：現行機關委託技術服務廠商評選及計費辦法，對於技術服務廠商之規劃設計服務項目，尚無節能減碳之規定或要求，致工程規劃設計成果不易達到預期之節能減碳目標及效益。機關委託技術服務廠商評選及計費辦法修法計畫中擬明定機關徵選規劃設計廠商之評選項目、廠商提出服務建議書及設計成果，均須符合節省能源、節約資源、減少溫室氣體排放之目的。

3. 推動統包制度，引進節能減碳新技術、新工法：政府採購法（以下簡稱採購法）第 24 條賦予「統包」法源依據，亦即機關得基於效率及品質之要求，將工程或財物採購中之設計與施工、供應、安裝或一定期間之維修等併於同一採購契約辦理招標。統包方式執行上如事前準備作業不足，例如需求或規劃內容匱乏，或是主要材料設備規範、完工後應達到之功能、效益、標準、品質及特性未能詳列等，反而易使廠商藉機減省工料、採用最低設計標準、選用較劣質之材料及設備等情事；但若是機關運用得宜，審慎辦理箝制工作，統包制度可激發得標廠商最大的設計創意，貫徹設計理念負責，並將設計成果履行實現，提高廠商引進新技術誘因及發揮廠商履約能力等優點。因此在新政府大力推動節能減碳，加速相關科技發展下，如能妥善運用統包制度，就節能減碳或其他必要性能上嚴格要求，鬆綁技術性的規範，就能有效鼓勵廠商引進節能減碳新技術、新工法，提升採購效率及品質。

㈣確保民間投資案件落實節能減碳

　　鑑於依促參法辦理之案件亦屬於公共建設，另促參法第 2 條規定，本法未規定者，適用其他有關法律之規定，本會已配合設置公共藝術或技術士等之相關法令規定，於促參注意事項中明列促參案件亦須依前揭法令規定辦理；爰促參案件未來除應依政府「節能減碳」相關規定辦理外，並將配合在促參案件各階段辦理過程中融入節能減碳理念，以使民間參與公共建設能有效落實節能減碳政策目標

並與國際接軌。

㈤建立機關窗口，健全推動網路

雖「永續公共工程－節能減碳」有關課題事涉不同之部會署（例如交通部、經濟部、經建會、工程會…等），然相關科技研發活動的重點、相關法規之修正方向及推動成果的擴散與落實，須有整合的機制和（或）專責機構，有效連結各機關的推動小組，同時應借重產、官、學各界的專業知能，組成諮詢小組，協助該專責機構統整永續公共工程節能減碳政策的研擬及策略規劃，並進行相關工作計畫之落實督導，俾以有限的資源創造最大的成果。

三、節能減碳之宣導與鼓勵

㈠推廣永續公共工程節能減碳之相關理念

除了從工程生命週期各階段已法制化的作法積極從上而下落實節能減碳外，如何將理念深入到現在或未來第一線執行公共工程的相關從業人員，願意也樂意將節能減碳落實在工作當中，產生另一股從下而上推動的力量，亦是實際落實節能減碳工作的重要關鍵，因此未來將積極辦理各項研討會、博覽會、辦理工程專業人員訓練講習，並將永續公共工程與節能減碳相關之課程，納入各級學校教育當中。

㈡宣導及獎勵「永續及節能減碳」優良案例

有鑑於現今工程界對於永續及節能減碳尚在理念及政策的層次，相關落實作法及評估方式尚未具體，因此政府除積極進行法制化工作外，亦將研擬獎勵機制，於金質獎增列「永續及節能減碳」獎項，納入「節能減碳」、「維護管理」、「品質耐久性」、「防災與安全」、「環境保育」等評選指標，並每年定期頒發上開獎項，以鼓勵工程界採行。另將持續辦理金質獎「永續及節能減碳獎」之優良工程觀摩，透過優良示範，加強宣導節能減碳之作法，使各機關皆能落實永續及節能減碳的理念。

柒、工作計畫

項目	推動策略	工作計畫	相關機關	完成期限
一、工程全生命週期考量節能減碳	新興公共工程計畫落實節能減碳評估	(1)工程計畫落實節能減碳評估要項	各工程主辦機關	持續辦理
		(2)加強節能減碳評估要項之審議。	各計畫審議機關	持續辦理
		(3)建立公共工程計畫研擬標準作業流程與評估要項檢核機制。	各相關部會署	2009.12
	採用性能為導向之相關規範，提昇規設品質	(1)收集國內外性能相關規範。	工程會	2008.12
		(2)制定本土化性能規範準則。	工程會	2009.04
		(3)修訂相關技術規範。	各相關部會署	2010.12
	推動營建剩餘土石方及廢棄物減量及再利用	(1)加強查核土方計畫之研擬，促使優先採用「土方平衡」之設計。	各審議機關、各查核小組、工程會	持續辦理
		(2)積極推動土石方多元再利用，如填海造陸、土石方再利用等作法。另將結合中央、地方政府及業界力量，制定區域性可行之方案。	各工程主辦機關、營建署、工程會	2008.12
		(3)配合地方環保機關，加速落實營建廢棄物之清除及處理。	各工程主辦機關、地方環保機關	持續辦理
	提昇工程施工品質，落實節能減碳規劃	(1)將「公共工程施工品質管理作業要點」法制化，納為政府採購法之子法，使中央及地方政府均據以執行，俾落實三級品管。	工程會	2009.12
		(2)加強施工查核，提昇工程品質： a.強化查核機制，落實查核 b.強力要求按圖施工，保障工程品質，並將「節能減碳」事項納入查核重點。	工程會 各查核小組	持續辦理
	建置維護及營運管理機制	(1)訂定公共設施維護及管理相關規定： a.研擬作業要點，整合國內現有維護管理體制，並研訂維護及營運管理之契約範本。 b.各公共工程維護管理機關，應依現有法規及上開維護作業要點規定，訂定細部作業規定及檢測維修手冊。	工程會 各維護管理機關	2009.12
		(2)整合檢討現有維護管理資料庫，建置公共工程維護管理資訊系統	工程會、各相關部會署、各縣市政府	2009.12
		(3)辦理維護及營運管理教育訓練	工程會、各相關部會署、各直轄市、縣市政府	2009.12

項目	推動策略	工作計畫	相關機關	完成期限
		(4)落實維護及營運管理機制： 　a.定期清查維護及營運管理資訊系統之填報情形，定期或不定期查核各機關是否落實執行。 　b.機關應確立檢核作業規定，定期或不定期檢核所屬機關公共工程維護管理之執行情形。 　c.建立公共既有設施維護管理之管考及評鑑機制。	工程會 各維護管理機關	2009.12
	減少閒置公共設施及提昇利用率	(1)落實政府採購法第111條之巨額採購使用情形及其效益分析規定。	各工程主辦機關、工程會	持續辦理
		(2)推動公共設施活化閒置相關事宜。	各中央部會署 各縣市政府	持續辦理
	建立公共設施延壽評估與推動機制	(1)參與全國第8次科技會議，據以研擬延壽科技發展計畫。	工程會 各中央部會署	2009.06
		(2)建立延壽新技術新工法新設備及新材料認可機制（含建築及非建築）。	營建署 工程會	2009.12
		(3)建立公共設施延壽評估機制，要求各機關在拆除重建公共設施前，需先評估進行「投資經費延長其服務年限並提高效能」方案之評估。	工程會(各維護管理機關)	2010.12
二、制度面推動節能減碳	發展永續公共工程節能減碳評核指標	(1)建立永續公共工程全生命週期評核指標。	工程會	2009.06
		(2)評核指標納入公共工程全生命週期檢核機制	各相關部會署 各縣市政府	2009.12
		(3)建立永續公共工程標章與評核制度。	各相關部會署 工程會	2010.12
		(4)永續公共工程標章之執行與推動。	各相關部會署 各縣市政府	2011～
	公共工程審議制度再造	(1)檢討「政府公共工程計畫及經費審議作業要點」。	工程會	2008.12
		(2)研擬公共工程規劃、設計成果審查及查核標準作業流程	工程會	2009.06
	建構永續綠色採購環境	(1)完成「採購法」修正草案研擬工作。	工程會	2008.07
		(2)完成「機關委託技術服務廠商評選及計費辦法」修正草案研擬工作。	工程會	2008.12
		(3)檢討現行統包運作，建立推動機制，並視需要修訂相關法規。	工程會	2009.12
	確保民間投資案件落實節能減碳	(1)完成「促進民間參與公共建設案件注意事項」修正草案研擬工作。	工程會	2008.12
	建立推動機制	(1)成立各機關聯絡窗口。	各中央部會署 各縣市政府	2008.12
		(2)成立節能減碳推動小組。	工程會、各中央部會署、各縣市政府	2008.12

項目	推動策略	工作計畫	相關機關	完成期限
三、節能減碳之宣導與鼓勵	推廣永續公共工程節能減碳之相關理念	(1)辦理節能減碳技術研討會與國際交流。	工程會 各中央部會署	持續辦理
		(2)辦理專業工程人員講習班。	工程會	持續辦理
		(3)建置永續公共工程入口網。	工程會	2008.09
	宣導及獎勵「永續及節能減碳」優良案例	(1)修正金質獎要點,增列「永續及節能減碳」獎項。	工程會	2008.09
		(2)辦理「永續及節能減碳獎」之頒獎及優良工程案例觀摩。	工程會	持續辦理

APPENDIX 2

台灣地區降雨沖蝕指數（R）值

整理黃俊德（1979）、盧光輝（1999）及盧昭堯等（2005）之 R 值

作　者		黃俊德（1979）	盧光輝（1999）	盧昭堯等（2005）
資料年限		1957~1976	1977~1994	1975~2000
臺北市、臺北縣及基隆市	基隆	9,393	5,729	16,090
	五堵	11,674	6,782	15,980
	乾溝	8,842	5,164	7,360
	四堵	10,335	5,919	13,900
	竹子湖	14,035	8,062	20,800
	瑞芳	15,568	8,725	24,050
	火燒寮	17,030	9,409	23,610
	臺北	11,800	7,213	9,620
	淡水	10,898	6,562	8,200
	三峽	12,808	7,881	9,680
	孝義	24,219	13,574	18,620
	粗坑	13,907	8,689	12,270
	富貴角	10,226	6,927	9,020
	福山	16,918	10,382	16,860
	竹圍	-	5,042	4,630
桃園縣	大溪	12,176	7,965	9,750
	八德	8,821	5,428	6,840
	平鎮	11,208	6,720	8,110
	復興巴陵	17,861	8,178	9,800
	石門	15,737	9,802	12,280
	觀音	7,855	4,641	5,140
	嘎拉賀	11,017	7,064	10,880
新竹縣	關西	13,817	8,344	13,980
	新竹	8,352	5,043	8,920
	湖口	7,429	4,514	8,080
	太閣南	14,205	7,947	15,560
	白石	11,533	7,409	14,960
	鞍部	10,447	7,908	25,420
	竹東	10,985	6,657	11,860
苗栗縣	鎮西堡	10,120	6,193	12,010
	竹南	5,908	3,979	6,190
	後龍	6,449	3,756	-
	大湖	11,509	6,846	12,480
	三義	11,276	6,326	9,420
	苑裡	4,485	2,689	4,490

作　者	黃俊德（1979）	盧光輝（1999）	盧昭堯等（2005）
資料年限	1957~1976	1977~1994	1975~2000

		黃俊德（1979）	盧光輝（1999）	盧昭堯等（2005）
苗栗縣	土城	16,069	9,265	11,540
	新店	13,041	7,643	-
	卓蘭	16,593	9,496	12,860
	南庄	15,100	8,941	16,680
	橫龍山	16,777	9,618	16,700
	天狗	15,796	9,258	-
	馬達拉	21,115	12,342	16,540
臺中縣市	臺中港	7,521	-	-
	月眉	11,815	6,780	9,060
	番子寮	12,037	-	-
	臺中	13,145	7,528	9,570
	橫山	10,326	-	-
	雙崎	17,997	10,792	21,070
	雪嶺	29,465	19,713	-
	環山	13,459	7,631	11,200
	梨山	13,670	7,890	11,680
	達見	16,744	9,379	13,370
	八仙新山	16,028	10,977	16,910
	天倫	15,080	8,875	12,040
	大南	13,676	7,872	14,160
	鞍馬山	26,192	17,532	23,160
南投縣	玉山	24,830	14,538	17,780
	南投	14,201	-	-
	翠巒	14,879	9,525	15,820
	清流	13,250	7,719	11,130
	國姓	13,677	8,134	11,920
	埔里	13,305	7,616	10,840
	北山	1,198	7,126	-
	廬山	17,936	11,113	14,220
	武界	16,320	9,271	12,170
	奧萬大	14,504	9,238	14,250
	開化	9,262	5,649	-
	和社	10,095	4,893	6,260
	集集	15,135	8,836	11,710
	明潭	15,090	-	-
	溪頭	19,582	10,737	13,140
	竹山	14,658	8,460	11,810

作　者	黃俊德（1979）	盧光輝（1999）	盧昭堯等（2005）
資料年限	1957~1976	1977~1994	1975~2000
南投縣 龍神橋	11,240	6,976	10,870
望鄉	16,618	9,789	13,850
卡奈托灣	8,401	4,633	7,570
日月潭	-	8,938	13,070
蓮華池	-	-	10,170
彰化縣 大城	6,560	4,341	5,950
萬合	8,352	-	-
溪湖	8,171	4,928	6,560
永靖	10,105	5,752	7,050
員林	9,441	5,724	6,800
彰化	9,519	5,305	6,300
二水	17,165	9,841	12,060
鹿港	4,982	3,145	4,540
雲林縣 竹圍	9,133	5,042	-
後安寮	8,183	3,411	5,750
大義	5,737	4,487	6,610
林內	17,195	9,830	11,950
飛沙	8,042	4,533	6,360
褒忠	8,241	4,477	5,940
斗南	12,440	6,600	9,670
北港	9,398	5,324	8,450
草嶺	17,558	10,044	14,210
嘉義縣市 溪口	9,638	5,586	9,210
月眉	11,815	6,196	9,560
永和	9,084	5,180	8,580
馬稠後	9,276	5,259	8,780
義竹	10,600	6,619	9,550
阿里山	40,191	22,787	24,730
大湖山	26,880	15,692	19,390
達邦	18,637	11,759	-
大埔	17,175	10,771	-
水山	20,531	12,575	16,960
嘉義	16,407	9,074	13,680
南靖	13,020	7,256	10,390
新港	11,495	-	-
中埔	22,696	11,935	22,830
北港	-	5,324	-

作 者	黃俊德（1979）	盧光輝（1999）	盧昭堯等（2005）
資料年限	1957~1976	1977~1994	1975~2000
崁子頭	16,288	-	
西口	19,641	11,219	21,080
柳營	11,420	6,442	10,360
尖山埤	13,293	7,362	11,590
麻豆	13,310	7,432	10,470
漚汪	11,165	-	-
將軍	11,182	-	8,960
玉井	20,850	11,499	14,230
照興	18,082	10,277	22,190
二溪	16,067	9,330	17,530
左鎮	18,177	10,095	16,480
烏山頭	15,931	9,043	-
溪海	12,203	-	-
新化	14,229	8,158	15,160
崎頂	14,773	8,671	16,700
臺南	13,088	7,575	12,200
車路墘	13,361	7,769	13,480
天池	48,008	28,576	30,770
土壟	24,470	15,862	63,150
林園	12,135	7,007	14,370
甲仙	21,028	11,969	15,360
美濃	23,191	13,168	16,450
小林	21,294	-	-
馬里山	30,197	15,646	-
表湖	24,511	14,401	-
木柵	18,603	11,127	16,350
古亭坑	13,361	8,667	21,810
阿蓮	12,237	7,557	18,580
前峰子	13,037	7,585	15,910
本洲	13,208	-	-
楠梓	14,773	8,506	20,250
鳳山	13,650	7,801	-
高雄	12,918	7,592	17,430
旗山	20,305	11,680	11,930

臺南縣市

高雄市及高雄縣

作　者	黃俊德（1979）	盧光輝（1999）	盧昭堯等（2005）
資料年限	1957~1976	1977~1994	1975~2000
古夏	24,500	13,879	40,890
三地門	24,556	12,669	35,470
阿禮	39,890	21,526	54,760
龍泉	18,909	11,353	-
屏東	19,301	11,435	-
四林	18,501	-	
萬丹	15,318	8,820	20,800
東港	13,888	8,072	18,400
新豐	22,873	12,899	
泰武	44,712	31,990	79,770
來義	21,854	14,642	48,060
里港	19,539	11,016	
大響營	17,258	9,867	20,510
加祿堂	14,773	8,594	18,680
大漢山	53,259	-	-
牡丹	38,310	23,818	34,400
恆春	23,341	13,102	19,580
壽卡	46,819	-	-
向陽	35,551	17,265	36,800
紹家	32,661	16,584	19,800
大武	29,239	15,603	17,780
太麻里	13,378	6,855	13,120
忠勇	9,679	5,823	17,980
池上	11,659	5,904	-
霧鹿	10,331	5,332	11,940
瑞豐	12,493	6,215	-
鹿野	11,471	5,754	-
臺東	7,336	5,621	12,880
里壠20林班	16,254	-	
里壠40林班	20,662	10,249	-
大南	15,663	7,444	-
林班	16,595	-	
大武	16,560	-	-
新港	-	6390	-

屏東縣

臺東縣

作　者	黃俊德（1979）	盧光輝（1999）	盧昭堯等（2005）
資料年限	1957~1976	1977~1994	1975~2000
西林	8,343	5434	6700
溪畔	9,172	5120	12380
合歡啞口	13,100	9016	24680
托博閣	9,521	5842	11760
陶塞	11,654	6820	14850
花蓮	9,000	5280	13560
大觀	34,882	21059	50570
鳳林	11,284	6,591	-
清水第一	8,787	5,018	12,790
壽豐	7,365	4,726	11,610
高嶺	20,826	11,898	26,520
西林	11,189	7,687	18,450
玉里	9,906	5,934	-
富源	14,307	7,820	-
立山	10,011	5,675	12,890
三民	8,983	-	-
奇萊	17,360	10,934	26,790
富里	11,982	6,800	6,600
宜蘭	8,015	4,727	13,900
冬山	11,191	6,279	20,520
南山	9,410	6,127	9,250
太平山	19,884	11,970	10,270
土場	15,306	8,453	11,220
池端	30,110	16,851	27,520
天埤	21,158	12,931	20,520
南澳	21,144	-	-
山腳	52,250	29,795	34,530
大濁水	12,854	7,243	9,730
共計（站）	200	183	158

花蓮縣（西林～富里）

宜蘭縣（宜蘭～大濁水）

APPENDIX 3

台灣地區土壤沖蝕指數（K）值

站　名	K 值		站　名	K 值
石碇小格頭	0.0277		新店屈尺	0.0211
貢寮望遠坑	0.0514		新店雙溪	0.0395
瑞芳中坑	0.0263		鶯歌中湖社區	0.0369
深坑土庫	0.0474		林口下福	0.0461
萬里磺潭	0.0250		巴里觀音山麓	0.0369
石門白沙灣	0.0184		八堵	0.0435
淡水小坪頂	0.0079		貢寮三貂角	0.0448
林口（TP-22）	0.0224		瑞芳九份	0.0408
烏來孝義	0.0421		石碇永定	0.0408
樹林	0.0237		萬里大坪	0.0316
三峽插角	0.0237		石門草埔尾	0.0290
林口（TP-34）	0.0237		三芝北新莊	0.0224
土城清水	0.0540		五股成仔寮	0.0211
坪林石槽	0.0342		烏來	0.0184
雙溪牡丹	0.0132		泰山崎子腳	0.0356
平溪十分寮	0.0250		三峽忠義山莊	0.0382
汐止	0.0527		林口頂福	0.0198
金山三界	0.0250		淡水	0.0329
三芝八賢	0.0198		七堵東勢中股	0.0369
八里埤頭	0.0119			
南澳金岳	0.0290		大同松羅	0.0132
蘇澳後湖	0.0158		礁溪匏崙	0.0277
大同寒溪	0.0263		頭城大溪	0.0593
員山枕山	0.0250		蘇澳猴猴坑	0.0157
頭城金面（大）	0.0277		冬山得安	0.0119
蘇澳東澳	0.0250		員山頭圳	0.0263
冬山新寮	0.0171		礁溪大忠	0.0250
龍潭銅鑼臺地	0.0329		龜山	0.0079
復興水源地	0.0053		八德仁善	0.0158
龜山下湖	0.0356		龍潭二坪	0.0435
龜山兔坑國小	0.0184		楊梅	0.0237
大溪慈湖	0.0171		龜山大湖頂	0.0329
龍潭二角林	0.0211		大溪三層	0.0158
復興三民	0.0040			

臺北縣、臺北市、基隆市

宜蘭縣

桃園縣

站　名		K 值	站　名		K 值
	峨眉富興	0.0261		新竹市關東橋	0.0250
	五峰桃山	0.0195		新埔昭門	0.0289
	竹東托盤山麓	0.0270		新豐新莊子	0.0434
新竹縣市	寶山寶豐牧場	0.0237	新竹縣市	北埔獅尾	0.0268
	莒林	0.0277		橫山	0.0389
	關西馬武督	0.0039		香山元培醫專	0.0435
	峨眉西富	0.0268		新豐明新工專	0.0250
	竹東軟橋	0.0616		竹北義民廟旁	0.0276
	竹東二重	0.0210		新竹青草湖	0.0158
	三義	0.0191		後龍飯店仔	0.0154
	銅鑼老雞籠	0.0271		通霄南勢	0.0130
	公館	0.0140		卓蘭拖車尾	0.0340
	頭份坪頂	0.0049		獅潭竹木村	0.0250
	造橋北極宮旁	0.0040		三義彭厝	0.0081
	通霄	0.0160		西湖北坑	0.0110
苗栗縣	卓蘭坪頂	0.0070	苗栗縣	竹南崎頂	0.0101
	大湖	0.0257		造橋	0.0219
	南庄田美	0.0209		通霄福龍宮旁	0.0345
	三義勝興	0.0243		苑裡蕉埔	0.0216
	苗栗市西郊	0.0407		大湖中興村	0.0288
	頭屋明德水庫	0.0176		獅潭和興	0.0226
	頭屋東興水庫	0.0117			
	龍井東海大學	0.0356		豐原南嵩里	0.0382
	外茅埔	0.0448		后里月眉	0.0395
	新社水井村	0.0395		大里塗城	0.0421
臺中縣市	東勢中坑村	0.0553	臺中縣市	新社中興嶺	0.0421
	后里仁里村	0.0474		東勢新伯公	0.0395
	霧峰	0.0421		后里昆盧寺	0.0303
	北屯大坑	0.0487		清水海豐里	0.0342
	石岡德興村	0.0487			
	國姓大旗村	0.0474		鹿谷廣興	0.0277
	東光	0.0158		中寮社區	0.0632
	南投武東	0.0369		水里民和村	0.0211
	名間松柏坑	0.0329		魚池新城	0.0435
南投縣	延平照鏡山	0.0369	南投縣	埔里虎仔山	0.0329
	中寮包尾	0.0619		水頭山隧道口	0.0290
	集集北勢坑	0.0369		赤水	0.0342
	魚池魚池茶場	0.0132		竹山外田	0.0395

	站　名	K 值		站　名	K 值
南投縣	大坪頂	0.0132	南投縣	鹿谷永隆	0.0382
	過溪仙水農場	0.0461		中寮桃米坑	0.0579
	南投橫山	0.0395		魚池太平村	0.0316
	名間頂南仔	0.0303			
彰化縣	芬園下樟	0.0500	彰化縣	花壇橋頭	0.0461
	芬園八股	0.0603			
雲林縣	古坑外湖	0.0495	雲林縣	古坑圳頭坑	0.0236
	古坑內館	0.0377		林內坪頂	0.0274
	古坑尖山埔	0.0264		林內林茂	0.0170
	古坑枋寮埔	0.0274		古坑番尾坑	0.0547
	林內觸口	0.0281		古坑樟湖	0.0482
	斗六楓樹湖	0.0212		古坑大埔	0.0279
	古坑草嶺	0.0463		古坑湖山岩	0.0257
	古坑桂林	0.0326		林內湖山寮	0.0287
	古坑早寮	0.0281			
嘉義縣市	梅山安靖	0.0553	嘉義縣市	番路下路行	0.0566
	民雄三興	0.0356		中埔（CY-14）	0.0659
	嘉義蘭潭水庫	0.0290		大埔	0.0527
	中埔鹿腳	0.0421		竹崎（CY-3）	0.0500
	中埔泔水	0.0514		竹崎（CY-6）	0.0514
	民和	0.0356		番路半天岩	0.0408
	竹崎木履寮	0.0421		中埔（CY-12）	0.0257
	民雄寶林寺	0.0566		水上檳榔樹腳	0.0474
	嘉義番路江西	0.0487			
臺南縣市	白河內角	0.0395	臺南縣市	楠栖烏山嶺	0.0290
	東山仙公廟	0.0421		楠栖龜甲溫泉	0.0553
	東山牛山礦場	0.0435		南化（TN-20）	0.0487
	大內烏頭	0.0527		龍崎	0.0369
	六甲大丘園	0.0527		左鎮岡林	0.0540
	楠西	0.0421		東山六重溪	0.0593
	南化（TN-19）	0.0395		東山枋仔林	0.0685
	關廟八甲寮	0.0527		大內	0.0412
	新化新化農場	0.0474		柳營王爺宮旁	0.0435
	白河白河水庫	0.0514		楠栖曾文水庫	0.0408
	東山青山	0.0527		南化水寮	0.0711
	官田	0.0421		玉井九層林	0.0500
	官田鎮安宮旁	0.0369		關廟	0.0448

站　名	K 值		站　名	K 值
內門萊仔坑	0.0435		小港	0.0369
甲仙埔尾	0.0329		大寮內坑	0.0250
六龜（KH-7）	0.0448		嶺口	0.0250
田寮崇德	0.0390		仁武	0.0408
阿蓮	0.0474		杉林愛丁寮	0.0461
大寮義仁	0.0329		六龜（KH-6）	0.0408
旗山	0.0316		旗山花旗山莊	0.0447
大社觀音山麓	0.0487		阿蓮小岡山	0.0316
旗山觀亭	0.0514		大寮新莊	0.0158
甲仙	0.0421		大樹	0.0408
旗山	0.0303		燕巢深水	0.0250
燕巢	0.0134		鳳山	0.0421
車城射寮龜山	0.0158		滿州（PT-14）	0.0290
恆春鵝鑾鼻	0.0158		楓港	0.0303
墾丁公園（PT-7）	0.0132		新開	0.0198
恆春貓鼻頭	0.0092		來義丹林社區	0.0224
滿州（PT-13）	0.0277		三地門	0.0171
壽卡	0.0329		恆春水蛙掘	0.0147
春日	0.0277		恆春籠子埔	0.0211
餉潭	0.0250		恆春核電場旁	0.0171
內埔老埤農場	0.0290		滿州港乾橋旁	0.0079
高樹大鳥	0.0290		牡丹	0.0290
恆春社頂	0.0119		楓林	0.0316
墾丁畜牧分場	0.0079		新埤	0.0263
墾丁公園（PT-8）	0.0119		來義古樓國小	0.0303
恆春白沙	0.0132		高樹廣興	0.0303
富岡	0.0290		大武大竹	0.0198
成功	0.0171		太麻里南坑	0.0237
海端新武	0.0145		延平紅葉	0.0263
大武尚武	0.0157		關山月眉	0.0243
金鋒	0.0263		東河	0.0277
卑南初鹿	0.0250		池上	0.0237
鹿野新豐	0.0342		達仁	0.0211
東河興昌	0.0277		太麻里金崙	0.0263
長濱	0.0211		卑南初鹿	0.0237
關山	0.0369		鹿野	0.0250

左側縣市區分：高雄縣、高雄市；屏東縣；臺東縣
右側縣市區分：高雄縣、高雄市；屏東縣；臺東縣

	站　名	K 值		站　名	K 值
花蓮縣	新城	0.0303	花蓮縣	玉里樂合	0.0198
	壽豐	0.0263		光復海岸山脈	0.0237
	光復	0.0250		吉安	0.0277
	卓溪太平	0.0261		萬榮	0.0342
	富里石牌	0.0250		瑞穗舞鶴	0.0364
	秀林	0.0448		富里東里	0.0184
	鳳林	0.0342		豐濱	0.0158
	瑞穗富源	0.0215			
					共計 292 站

APPENDIX 4

生態工程相關網站

搜索引擎類

www.265.com

www.academicinfo.net

www.allsrarchengines.com

www.baidu.com

www.cent.com

www.education-world.com

www.eff.org/govt.html

www.findarticles.com

www.google.com

Home.inter.net/takakuwa/search/

www.mapblast.com\

www.mapquest.com

www.mamma.com

www.philb.com/webse.htm

www.portalmix.com/central.htm

www.profusion.com

www.searchengine.com

www.searchguide.com

www.yahoo.com

www.your.com

期刊文獻網

Academic Research Library 學術期刊文庫 www.academic-research-papers.com/index.html

ACM Digital Library 資料庫 portal.acm.org/portal.cfm

美國土木工程協會（ASCE）電子期刊 pubs.asce.org/journals/

ASME 電子期刊 www.asme.org/

EBSCOhost 電子期刊 search.ebscohost.com/

Elsevier 電子期刊 http://sdos.ejournal.ascc.net/ ; www.sciencedirect.com/

ProQuest Science Journals 資料庫 proquest.umi.com/

SpringerLink 全文電子期刊 www.springerlink.com/home/main.mpx

World Scientific Publishing 電子期刊 ejournals.worldscientific.com.sg/

中國知識網 www.cnki.net/index.htm

英國 Maney 出版公司網絡版期刊 corrabo.catchword.com

萬方數值化期刊 hk.wanfangdata.com/

美國IEL資料庫 ieeexplore.ieee.org/Xplore/guesthome.jsp

國內

政府組織

行政院永續發展委員會全球資訊網 http://sta.epa.gov.tw/nsdn/ch/PAPERS/INDEX.htm

再生綠建材資訊服務網 http://ivy3.epa.gov.tw/rgbm/

交通部

公路總局（生態工程資訊）http://www.thb.gov.tw/main_02.htm

國工局生態工程 http://gip.taneeb.gov.tw/lp.asp?CtNode=1104&CtUnit=219&BaseDSD=12

臺灣區國道新建工程局 http://www.taneeb.gov.tw/home.htm

高速鐵路工程局 http://www.hsr.gov.tw/icons/HSR/example.htm

公路總局第五區養護工程處所http://www.thbu6.gov.tw/

國道高速公路局 http://www.freeway.gov.tw/20.asp

經濟部

水利署 http://www.wra.gov.tw/

水利署生態工程專屬網站 http://eem.wra.gov.tw/

地陷資料庫 http://www.subsidence.org.tw/index2.aspx

綠色能源—自然保育 http://www.energypark.org.tw/activity/2002photo/photo3.files/frame.htm

水資源管理與研究中心 http://www.water.tku.edu.tw/link_data_screen_select.asp?class=406

水域生態環境研究中心 http://www.chu.edu.tw/%7Eweec/

環保署 http://www.epa.gov.tw/

中華民國全球環境變遷資訊系統 http://sd.erl.itri.org.tw/global/chhome.htm

內政部

土地重劃工程局 http://www.lceb.gov.tw/county/01-4e.html

營建署 http://www.cpami.gov.tw/

建築研究所 http://www.abri.gov.tw

臺灣國家公園 http://np.cpami.gov.tw/

陽明山國家公園 http://www.ymsnp.gov.tw/

雪霸國家公園 http://www.spnp.gov.tw/

玉山國家公園 http://www.ysnp.gov.tw/

墾丁國家公園 http://www.ktnp.gov.tw/

太魯閣國家公園 http://www.taroko.gov.tw/

金門國家公園 http://www.kmnp.gov.tw/

東沙環礁國家公園 http://dongsha.capmi.gov.tw/

北海岸與觀音山國家風景區 http://www.northguan-nsa.gov.tw/

東北角暨宜蘭海岸國家風景區 http://www.necoast-nsa.gov.tw/

東部海岸國家風景區 http://www.eastcoast-nsa.gov.tw/

花東縱谷國家風景區 http://www.tbrochtb.gov.tw/

雲嘉南濱海國家風景區 http://www.swcoast-nsa.gov.tw/

日月潭國家風景區 http://www.sunmoonlake.gov.tw/

參山國家風景區 http://www.trimt-nsa.gov.tw/index.asp

西拉雅國家風景區 http://www.siraya-nsa.gov.tw/welcome.aspx

阿里山國家風景區 http://www.ali.org.tw/

茂林國家風景區 http://www.maolin-nsa.gov.tw/

大鵬灣國家風景區 http://www.tbnsa.gov.tw/direct.htm

澎湖國家風景區 http://www.penghu-nsa.gov.tw/

馬祖國家風景區 http://www.matsu-nsa.gov.tw/index1.asp

教育部

綠色博覽會 http://igreen.e-land.gov.tw/main.htm

永續校園資訊網 http://www.esdtaiwan.edu.tw/

農委會

農田水利入口網（生態工程）http://doie.coa.gov.tw/

生態工程資訊網 http://www.green.org.tw/coa/ecology.htm

特有生物研究保護中心 http://www.tesri.gov.tw/

保育類野生動物名錄 http://www.tesri.gov.tw/content/search/wild.asp

特有生物研究保育中心（生態與工程網站）http://ecotech.org.tw/

自然保護網 http://wagner.zo.ntu.edu.tw/preserve/index1.htm

水土保持局 http://www.swcb.gov.tw/Newpage/main.asp

土石流防災資訊網 http://fema.swcb.gov.tw/

九二一重建會全球資訊網 http://portal.921erc.gov.tw/

林務局 http://www.forest.gov.tw/web/index.html

林業試驗所 http://www.tfri.gov.tw/

國有林自然保育區 http://140.127.11.112/nature/index.html

野生動植物網 http://www.wow.org.tw/

自然保育網 http://www.wow.org.tw/；http://wagner.zo.ntu.edu.tw/preserve/；http://conservation.
　　forest.gov.tw/

自然資源與生態資料庫 http://ngis.zo.ntu.edu.tw/

臺灣海岸濕地植物 http://wagner.zo.ntu.edu.tw/preserve/species/wetland/html/all.htm

國科會

蝴蝶生態面面觀 http://turing.csie.ntu.edu.tw/ncnudlm/

蘭嶼數位博物館 http://dlm.ncnu.edu.tw/lanyu/index.htm

新聞局

臺灣生態保育 http://www.gio.gov.tw/info/ecology/Chinese/index01.htm

地方單位

臺北市政府

臺北市政府工務局 http://pwb.taipei.gov.tw/

工務局-生態工程資訊 http://pwb.taipei.gov.tw/index.php?act=list&cid=60

建設局環境生態網 http://wwwbm.taipei.gov.tw/rdortp/index.htm

翡翠水庫管理局（水庫水質生態工程成果）http://www.feitsui.gov.tw/cgi-bin/
SM_theme?page=46e7a8d2

臺北植物園導覽說明 http://www.tfri.gov.tw/tbg/tbg-1.html

高雄市政府

工務局下水道工程處 http://pwse.kcg.gov.tw/

地方自然公園

臺灣山林博物館～山林資訊網 http://www.taiwan-mountain.com.tw/newsdata/information.asp

關渡自然公園 http://www.wbst.org.tw/gandau/home.htm

高雄縣鳥松濕地公園 http://203.64.75.10:8080/90rs/rs/RS39/PUBLIC_HTML/INDEX.HTM

壽山自然公園生態博物館 http://takao.kcg.gov.tw/kao/index.asp

鳥松濕地公園大搜查 http://www.zlu.ks.edu.tw/91_web/bird/INDEX3.htm

南投縣民對生態保育的態度 http://www.nthg.gov.tw/

黑珍珠的故鄉—林邊 http://linbian.tacocity.com.tw/

金門地區水獺族群之調查 http://www.kmnp.gov.tw/Research_P/Research/animal_otter/b.asp

中研院 http://www.sinica.edu.tw/

動物研究所 http://www.sinica.edu.tw/as/intro/zoo_c.html

植物大觀園 http://www.sinica.edu.tw/%7Ehastwww/

巡迴臺灣本土的淡水魚類 http://fishdb.sinica.edu.tw/%7Efhfresh/index.html

珊瑚礁的生態及保育 http://www.sinica.edu.tw/%7Etibe/1-natural/coral/index.html

尋回臺灣本土的淡水魚類 http://fishdb.sinica.edu.tw/%7Efhfresh/main.html

委員會

電子化政府入口生態環保主題導覽 http://www.gov.tw/ACTIVE/view_01.
php3?main=S_enviroment

國家永續發展委員會 http://ivy2.epa.gov.tw/NSDN/

行政院公共工程委員會 http://eem.pcc.gov.tw/natural/index.php

【其他】

中華電信股份有限公司 http://life.cht.com.tw/nature/knowledge3.htm

環境資訊中心 http://e-info.org.tw/column/ourisland/2004/ou04071601.htm

臺灣生態研究中心 http://www.alishan.net.tw/taiwan/alinet.htm

臺灣長期生態研究網 http://lter.npust.edu.tw/

臺灣環境資訊中心 http://e-info.org.tw/

臺灣及中國的生態工程論文期刊 http://www.ceps.com.tw CEPS

財團法人臺灣營建研究院 http://www.tcri.org.tw/CHTV2/

營建再生料源資料交換網 http://office.eclipse-tech.net/recycle/

綠建築專業網站 http://green.arch.hwh.edu.tw/

排灣比悠瑪數位網 http://163.24.94.10/piuma2/index-8.htm

永續發展研究室 http://csd.hss.nthu.edu.tw/

永續發展相關網站查詢 http://www.nhu.edu.tw/~continue/taultr3.html

國際水利環境學院 http://www.tiiwe.org.tw/

地層下陷防治服務團 http://www.lsprc.ncku.edu.tw/

日本「道路與自然 Back Number」 http://www.jhla.or.jp/

臺灣省水利技師公會 http://www.hydraulic.org.tw

教育團體
各級學校
【臺灣大學】

生物環境系統工程學系 http://www.ae.ntu.edu.tw/92/index.htm

環境工程學研究所 http://w3.ev.ntu.edu.tw/chinese/ch.htm

土木工程學系 http://www.ce.ntu.edu.tw/cht/index-c.htm

生物多樣性研究中心 http://bc.zo.ntu.edu.tw/

綜合災害防治中心 http://www.drc.ntu.edu.tw/

洪災與溪流生態研究室 http://flood.hy.ntu.edu.tw/index.php

【國立交通大學】

環境工程研究所 http://www.ev.nctu.edu.tw/main.php

【中華大學】

水域生態環境研究中心 http://www.chu.edu.tw/~weec/

【中國文化大學】

環境設計學系 http://www2.pccu.edu.tw/crt/introduction_page.asp

【臺北科技大學】

水環境研究中心 http://www.ntut.edu.tw/~wwwwec/eco/eco_index.htm

土木工程系 http://www.ntut.edu.tw/%7Ewwwce/new/index.php

建築系 http://www.arch.ntut.edu.tw/

【臺灣師範大學】

環境教育研究所 http://www.giee.ntnu.edu.tw/index.htm

環境保護中心 http://www.ecc.ntnu.edu.tw/~ecc/

環境教育中心 http://www.ntnu.edu.tw/eec/

生物地理資料庫 http://biogeo.geo.ntnu.edu.tw/service/biogeodb/

【臺北市立教育大學】

環境教育研究所 http://www.tmtc.edu.tw/~envir2/

【淡江大學】

土木工程學系 http://www.ce.tku.edu.tw/~tkuce/index.htm

水資源管理與政策研究中心 http://www.water.tku.edu.tw/

【海洋大學】

河海工程學系 http://www.hre.ntou.edu.tw/

【輔仁大學】

景觀設計學系所 http://140.136.71.208/

【中央大學】

土木工程學系 http://www.cv.ncu.edu.tw/

【中興大學】

水土保持學系 http://swcdis.nchu.edu.tw/swc/

土木工程學系 http://www.ce.nchu.edu.tw/

植生工程暨生態環境系統研究室 http://green.nchu.edu.tw/veeesl.htm

自然生態保育社 http://www.lib.nchu.edu.tw/group19/index.htm

【逢甲大學】

建設學院營建及防災研究中心 http://www.cdprc.fcu.edu.tw/professor.asp

【雲林科技大學】

環境安全衛生工程系 http://140.125.41.10/

營建工程系 http://www.ce.yuntech.edu.tw/chinese/faculty/faculty.htm

【成功大學】

水利暨海洋工程學系 http://www.hyd.ncku.edu.tw/

環境工程學系 http://www.ncku.edu.tw/~envir/chinese/index.html

建築學系 http://www.arch.ncku.edu.tw/

西拉雅研究室生態工法網站 http://www.siraya.com.tw/

【中山大學】

海洋環境工程學系 http://www.maev.nsysu.edu.tw/

【屏東科技大學】

水土保持系集水區科學研究室 http://wm.npust.edu.tw/

土木工程學系 http://140.127.8.1/index.htm

【其他】

臺灣生態體系簡介 http://life.nthu.edu.tw/%7Elabtcs/ls2143/main.htm

臺灣長期生態研究網 http://lter.npust.edu.tw/

臺灣本土植物資料庫 http://taiwanflora.sinica.edu.tw/

臺灣野生動物多媒體資料庫—兩棲類篇 http://taiwanflora.sinica.edu.tw/

臺灣地區野生動物資料庫查詢系統 http://wagner.zo.ntu.edu.tw/wildlife/

國家作物原種中心資料庫 http://www.npgrc.tari.gov.tw/npgrc/apec010c.htm

中國土木水利工程學會 http://www.ciche.org.tw/semimonth/vol5/5-12.asp

中華大學 楊朝平老師 http://www.chu.edu.tw/~ycp/

水域生態環境研究中心 http://www.chu.edu.tw/~weec/bookB.htm

生態學與演化生物學研究所 http://www.lifescience.ntu.edu.tw/~ecology/index1.htm

生態辭典 http://www.ecotour.org.tw/ecotour_01.asp?ec_kind=4

山水好茄鄉 http://www.cdps.hc.edu.tw/native/native0.htm#

香山濕地 http://www.nhctc.edu.tw/%7Eshuh/wetland.htm

香山濕地的春天 http://design.view.org.tw/stu302/view5.htm

塔塔加高山生態系長期研究站 http://www-ms.cc.ntu.edu.tw/%7Eexfo/tatachia/index.htm

瀕於滅絕的生物及保育 http://140.112.2.84/%7Eyingshao/course.htm

關渡四季 http://techart.tnua.edu.tw/www-4season/root/

飛在海尾那一塊濕地 http://www.anjh.tn.edu.tw/birdweb/flywater/index-chin.htm

招潮蟹資訊網 http://www.mbi.nsysu.edu.tw/%7Efiddler/uca/uca.htm

洄游生物的天堂～秀姑巒溪 http://www.life.nthu.edu.tw/%7Elabtcs/HKL2001

救救熱帶雨林 http://forest.24cc.com/

地景保育資訊網 http://lcit.gcc.ntu.edu.tw/

近海水文中心 http://www.comc.ncku.edu.tw/

自然保育 http://content.edu.tw/junior/scouting/tc_jr/324/01.htm

高雄縣自然科網路工作坊 http://www.wxp.ks.edu.tw/nature/

清蔚園自然生態館 http://vm.nthu.edu.tw/np/index.html

珊瑚生與死 http://vm.nthu.edu.tw/science/shows/nuclear/coral/index.html

濕落的天堂 http://w3.mlps.ttct.edu.tw/%7Ejkxu7/

黑面琵鷺 http://spoon.ss6es.tnc.edu.tw/

教師教育進修

環境教育資訊網 http://eeweb.gcc.ntu.edu.tw/eeweb_new/index.php

環境及持續發展教育網 http://www.ied.edu.hk/esdweb/linksfor.htm

國立臺灣師範大學環境教育中心 http://www.ntnu.edu.tw/eec/index.html

高雄市教師會生態教育中心 http://eec.kta.org.tw/

大河戀 http://contest.ks.edu.tw/%7Eriver/

環境工程

農藥‧健康‧生態環境 http://159.226.2.5:89/gate/big5/www.kepu.net.cn/gb/lives/pesticide/here/

地方教育

臺灣最珍貴的濕地之一～臺南七股潟湖 http://gaia.org.tw/main/life/e0050.htm

臺灣沿海濕地調查 http://udn.com/SPECIAL_ISSUE/domestic/wetland/index.htm

前往臺南－安南區 http://www.contest.edu.tw/87/endshow/4/annai/main.htm

濕地蟹類資訊網 http://www.mbi.nsysu.edu.tw/%7Efiddler/crab/wet-crab.htm

探索水鳥新驛站──漢寶濕地 http://www.tcjhs.chc.edu.tw/bird/wetland.htm

三義鄉－發現自然之旅自然生態教學區 http://www.olife.com.tw/discover.htm

宜蘭河生態工法博覽會 http://scenery.e-land.gov.tw/ecology/index1.htm

莎卡蘭溪 http://www.e-tribe.org.tw/sagaran/DesktopDefault.aspx?tabId=167

大山背休閒農業 http://www.hchst.gov.tw/

民間團體

基金會

臺灣綠色生產力基金會 http://www.tgpf.org.tw

臺灣生態工法發展基金會 http://www.eef.org.tw/

財團法人美化環境基金會 http://www.2593358.com/

財團法人臺北市七星農田水利研究發展基金會 http://www.chiseng.org.tw/

七星生態保育基金會 http://www.7stareco.org.tw/index.htm

學會（協會）

臺灣生態學會 http://ecology.org.tw/

中華民國建築學會 http://www.airoc.org.tw/km-portal/front/bin/home.phtml

社團法人臺灣混凝土學會 http://140.112.10.162/tci/index.aspx#

中國土木水利工程學會 http://ciche.caece.net/

臺北市野鳥學會 http://www.wbst.org.tw/%20

中華民國自然步道協會 http://naturet.ngo.org.tw/

中華民國荒野保護協會 http://www.sow.org.tw/

中華民國環境工程學會 http://www.cienve.org.tw/

中華民國溪流環境協會 http://wagner.zo.ntu.edu.tw/sos/

中華民國野鳥協會 http://bird.org.tw/

中華民國釣魚生態保育協會 http://www.fishing.org.tw/

中華民國溪流環境協會 http://wagner.zo.ntu.edu.tw/sos/seminar/seminar_2.htm

中華民國環境綠化協會 http://www.green.org.tw/green/green.htm

中華輕質骨材協會 http://www.laca.org.tw/

臺灣景觀造園協會 http://www.clasit.org.tw/

臺灣永續生態工法發展協會 http://www.aseed.org.tw/

臺灣綠建材發展協會 http://www.gbm.org.tw/

臺灣環境資源永續發展協會 http://www.tasder.org.tw/

臺灣土地倫理發展協會 http://tleda.ngo.org.tw/

企業永續發展協會 http://www.bcsd.org.tw/

淡水鎮生態保育協會 http://www.ts.org.tw/home.htm

高雄縣三民鄉自然生態保育協會 http://www.iprint.com.tw/old/

自然步道協會 http://naturet.ngo.org.tw/

荒野保護協會 http://www.sow.org.tw/defend/volunteer/votw.htm

自然與生態攝影協會 http://www.csnp.org.tw/

綠色公民行動聯盟協會：環保網站全球連線 http://www.gcaa.org.tw/grp_net.htm#head

臺灣生態旅遊推廣中心 http://www.ecotour.org.tw/

中華民國濕地保護聯盟 http://www.wetland.org.tw/index.html

臺灣綠色公民行動聯盟 http://blog.roodo.com/gcaa/

臺灣濕地保護聯盟 http://www.wetland.org.tw/

屏東環保聯盟 http://www.ptta.org.tw/aroad/news.asp

臺灣綠色建築之美 http://formosa.heart.net.tw/green/

臺灣自然原貌 http://www.wow.org.tw/show/index.htm

臺灣沿海濕地調查 http://udn.com/SPECIAL_ISSUE/domestic/wetland/index.htm

臺灣濕地保護聯盟 http://www.wetland.org.tw/newweb/

臺灣數鳥 http://tw.rd.yahoo.com/referurl/search/a/site/1/2/more/*http://taiwan.yam.org.tw/tbc/

臺灣環境資訊協會-環境資訊中心 http://e-info.org.tw/

臺灣區環境工程工業同業公會 http://www.teea.org.tw/teea-2-1.htm

臺灣生物多樣性資訊入口網 http://www.taibif.org.tw/

生態環境 http://www.ebio2.com/ebiotw/ix-env.htm

環境資訊中心 http://e-info.org.tw/special/wetland/index.htm

淡水河之歌 http://www.chinatimes.org.tw/tamsui/tamsui_4.htm

野生動植物網 http://www.wow.org.tw/

OURs 都市改革組織 http://www.ours.org.tw/

臺大營建知識網 http://www.c-km.org.tw/index.asp

CAILE 臺灣營建論壇 http://www.caile.tw/BBS/default.asp

財團法人臺灣營建院 營建物價資料庫查詢系統 http://www.tcri.org.tw/concost/pctd/pctd.asp

財團法人中華建築中心（含綠建築與綠建材）http://www.tabc.org.tw/

綠建築在臺灣 http://cv-it.iarchi.net/Greenbuilding2/

中技社 http://www.ctci.org.tw/mp.asp?mp=1

荒野濕地庇護中心 http://home.wetland.tw/refuge/center.htm

工業技術研究院—太陽能光電發電網 http://www.pvproject.com.tw/index.html

五股濕地樂園 http://share.tpc.edu.tw/wetland/

主婦聯盟自然步道推廣委員會 http://forum.yam.org.tw/women/backinfo/recreation/nature/traild.

htm

生態保育聯盟資訊網 http://ultra.iis.sinica.edu.tw/%7Engo/

兩棲爬蟲類動物收容中心 http://rescue.ngo.org.tw/

生態顧問公司

觀察家生態顧問公司 http://observer.eco.googlepages.com/home

中合企業生態科技 http://www.chunghos-eco.com.tw/

愛魚生態工程有限公司 http://www.vivarium.com.tw/front/bin/home.phtml

亞新工程顧問公司 http://www.maa.com.tw/en/index.asp

中鼎工程股份有限公司 http://www.ctci.com.tw/WWW

財團法人臺灣營建研究院 http://www.tcri.org.tw/CHTV2/

中興工程顧問股份有限公司 http://www.sinotech.com.tw

財團法人中華顧問工程公司 http://www.ceci.org.tw

個人

臺灣文化資訊站──自然生物討論區 http://debut.cis.nctu.edu.tw/%7Eyklee/NetZoo/NetZoo.htm

臺灣海洋生態保育－珊瑚礁的危機 http://home.kimo.com.tw/bbfishln/group/

大地之歌 http://home.pchome.com.tw/togo/in2lin/index.htm

生態保育 http://www.chinesephoto.com.tw/c/taiwan-player/tp2/tp2-2/index.htm

生態主張者 Ayo 清華站 http://mx.nthu.edu.tw/%7Ehycheng/

自然小徑 http://www.geocities.com/smewmao/

自然生態 http://www.gov.tw/personal/cat/dist_list.jsp?id=43654

自然保育站 http://home.kimo.com.tw/npustpbwc/page5.htm

暖暖生態觀察網 http://home.pchome.com.tw/art/ida/index.html

燃燒的地球 http://www.tacocity.com.tw/a590116/

楊懿如的青蛙小站 http://www.froghome.com.tw/

七股生態之旅 http://home.pchome.com.tw/travel/ericpo/index.htm

鄉村之家就是你家 http://www.uhome.org.tw/shiuartical.htm

旅遊

北觀生態農場螃蟹博物館 http://www.peikuan-resort.com.tw/

阿里山麓森林園區 http://www.greencom.com.tw/alishan2000/living/

生態旅遊網 http://www.ecotour.org.tw/home.asp

高屏溪口生態之旅 http://contest.ks.edu.tw/%7Eriver/travel/kapinci/index.htm

東部海岸 http://www.eastcoast-nsa.gov.tw/tc/

團體

臺北綠色家園 http://myweb.hinet.net/home4/dipper/ch11/11-1.htm

竹子湖苗榜海芋園 http://www.5657.com.tw/miau%2Dban/

新莊自然保育團隊 http://www.chc.gov.tw/nature/index.html

塔山自然實驗室 http://tnl.org.tw/

東側花圃 www.ccjh.tp.edu.tw/plant/nature.htm - 4k

自然農場—生態池區 http://www.nepf.org.tw/farm1-003.htm

仁愛國小生態池（阿祺） www.froghome.cc/info_photo/inform_p187.html

宜蘭社區大學蘭陽湖泊之美 http://ilan-wetland.blogspot.com/2005_01_01_ilan-wetland_archive.html

桃米生態村 http://myweb.hinet.net/home6/cote/view/view-3.htm

水塘蛙鳴紅瓦厝 http://www.homeland.org.tw/foundation/htm/eye/1212/htm/p1-1.htm

如何營造水生植物池 http://www.fieldimage.idv.tw/field/Method_02_01.htm

高雄市原生植物園 http://www.next.com.tw/IMAGE/IMAGE-INDEX01.htm

壽山自然公園生態博物館 http://borgis.kcg.gov.tw/kao/

高美濕地 http://www.cis.nctu.edu.tw/~is81044/scene3.htm

馬太鞍濕地生態區 http://myweb.hinet.net/home7/eee100i/mytien/mytien001.htm

香山濕地 http://www.bamboo.hc.edu.tw/workshop/session10/visit/wetland/pictorial.html

園區簡介 http://alley.lingotour.com.tw/

古坑原生生態園 http://055820670.travel-web.com.tw/

六家窯觀光陶藝、昆蟲公園 http://travelking.wingnet.com.tw/tme/sixhome/

關山親水公園 http://residence.educities.edu.tw/kslove/GuideMap.htm

奮起湖/達娜伊谷／自然生態之旅 http://twstudy.sinica.edu.tw/~ngo/forest/tour1.htm

戀戀風塵關子嶺 http://www.greencom.com.tw/alishan2000/index_guantzlin.html

國外
政府組織

中國

國務院三峽建設委員會 www.threegorges.gov.cn

國家環境保護總局 http://www.zhb.gov.cn/

中國農學會 http://www.caass.org.cn/

中國林學會 http://www.csf.org.cn

中國水利學會 http://www.ches.org.cn/

中國土壤學會 http://www.csss.org.cn

中國水土保持學會 http://www.sbxh.org/

中國地質學會 http://www.geosociety.org.cn/

中國地理學會 http://www.gsc.org.cn/

中國科學技術協會 http://www.cast.org.cn/

中華人民共和國國家林業局 http://www.forestry.gov.cn

中國林業科學研究院 http://www.lknet.forestry.ac.cn/

中國水利部水土保持司 http://www.swcc.org.cn/

中國水利水電科學研究院 http://www.iwhr.com

長江水文網 www.cjh.com.cn

長江上游水文水資源勘測局 www.cjsysw.com

華夏水網（中國水星）www.waterchina.com

嫩江右岸省界堤防工程建設管理局 www.nyj.cn

中國水勢 www.waterinfo.com.cn/

中國水網 www.h2o-china.com/

中國水資源 www.shuiziyuan.mwr.gov.cn/

中國土木工程網 www.civil.edu.cn/tchschool/

中國水利科技網 www.cws.net.cn/

中國節水灌溉網 www.jsgg.com.cn/

國家節水灌溉北京工程技術研究中心 www.nceib.iwhr.com

中國大壩委員會 www.icold-cigb.org.cn/

中國水利企業協會 cwe.lonwin.com.cn/

中國海洋資訊網 www.coi.gov.cn/

中國灌溉排水國家委員會 www.cncid.org/

中國水文資訊網（水利部水文局）www.hydroinfo.gov.cn/

中國水利水電科學研究院水環境研究所 www.waterenv.iwhr.com/

中國水土保持生態環境建設網 www.swcc.org.cn/

中國地質科學院水文地質環境地質研究所 www.iheg.org.cn/

中國水利部規劃計畫司 cnscm.mwr.gov.cn/index/index.asp

中國水利部水利水電規劃設計總院 www.giwp.org.cn/

國家電力資訊網 www.sp.com.cn/

國際泥沙研究培訓中心 www.irtces.org

上海市水務規劃設計研究院 www.shwaterplan.com/

電虎－電力時代的先驅 www.powerfoo.com/

中國農業大學水利與土木學院 www.cau.edu.cn/water/

水利部南京水利水文自動化研究所 www.nsy.com.cn/

黃河流域水資源保護局 www.yrwr.com.cn/

上海水利工程設計研究所 www.hydrology.net.cn/

浙江省河口海岸研究所 www.zihe.org/南京水利科學研究院 www.nhri.cn/

南昌水利水電高等專科學校 www.ncwrc.jx.cn/

清華大學土木水利學院 www.civil.tsinghua.edu.cn/

清華水利水電工程系 www.hydr.tsinghua.edu.cn/

山東水利專科學校 www.sdhei.edu.cn/

廣西水電學校 www.gxu.edu.cn/gxernet/gxsd

河海大學國家專業研究室 wr.hhu.edu.cn/

海河大學 www.hhu.edu.cn/

華北水利水電學院 www.ncwu.edu.cn/
武漢大學水利水電學院 www.whu.edu.cn/
大連理工大學 http://www.dlut.edu.cn/
新疆塔里木大學 www.taru.edu.cn/
南水北調工程 www.nsbd.mwr.gov.cn/
保護母親河 www.momriver.org/
燕趙環保網 www.hb65.net/
小浪底 www.xiaolangdi.com.cn/

中國水利部 http://www.mwr.gov.cn/

長江水利委員會 http://www.cjw.com.cn/
黃河水利委員會 http://www002Eyellowriver.gov.cn/
松遼水利委員會 http://www.slwr.gov.cn/
淮河水利委員會 http://www.hrc.gov.cn/
海河水利委員會 http://www.hwcc.com.cn/
珠江水利委員會 http://www.pearlwater.gov.cn/
太湖水利委員會 http://www.tba.gov.cn/

中國科學院

水利部水土保持研究所 http://www.iswc.ac.cn
水利部成都山地災害與環境研究所 http://www.imde.ac.cn
瀋陽應用生態研究所 http://www.iae.ac.cn
生態環境研究中心 http://www.rcees.ac.cn/index/index.php
東北地理與農業生態研究所 http://www.neigae.ac.cn/
地理科學與資源研究所http://www.igsnrr.ac.cn
新疆生態與地理研究所 http://www.egi.ac.cn
寒區旱區環境工程研究所 http://www.casnw.net/
南京土壤研究所 http://www.issas.ac.cn

美國

美國內政部再生署 http://www.usbr.gov/
美國內政部雷斯頓地質調查中心 http://www.usgs.gov/
美國內政部地質調查組 http://www.usgs.gov/
美國內政部土地管理局 http://www.blm.gov/wo/st/en.html
美國內政部表層採礦辦公室 http://www.osmre.gov/
美國農業工程協會 http://www.asabe.org/redirect.cfm
美國農業部農業研究所 http://www.ars.usda.gov/main/main.htm
草原水土研究實驗室 http://www.brc.tamus.edu/
森林保護與山脈研究工作站 http://www.fs.fed.us/em

美國農業部德州拉伯克市風力沖蝕與水資源保護中心 http://www.csrl.ars.usda.gov/wewc

美國農業部耕作系統研究實驗室－風力沖蝕及水土保持組 http://www.lbk.ars.usda.gov/wewc

美國環境保護署 http://www.epa.gov

美國地質社團 http://www.geosociety.org

美國國家海洋-大氣商業部 http://www.osei.noaa.gov/Events/Dust/

美國農業部自然資源保護所 http://www.nrcs.usda.gov/

http://usinfo.americancorner.org.tw/mgck/science/environ/index.html

貝茲維爾水文遙感實驗室http://www.ars.usda.gov/main/site_main.htm?modecode=12650600

莫斯科森林科學實驗室森林保護 http://forest.moscowfsl.wsu.edu

北部中心土壤保護研究實驗室 http://www.mrsars.usda.gov/

國間農業實驗室水質資訊中心 http://riley.nal.usda.gov/wqic/

太平洋西南森林保護研究部 http://www.fs.fed.us/psw/

圖森西南流域研究中心http://www.ars.usda.gov/main/site_main.htm?modecode=53424500

國家水資源與氣候中心http://www.wcc.nrcs.usda.gov/climate/gem.html

波特蘭國家水資源與氣候中心http://www.wsi.nrcs.usda.gov/products/W2Q/W2Q_home.html

曼哈頓風力沖蝕研究單位 http://www.weru.ksu.edu/nrcs/

美國水工作協會（AWWA）www.AWWA.org

美國水資源協會（AWRA）www.AWRA.org

美國海洋管理局（NCDC）www.NCDC.noaa.gov

美國地質局（USGS）www.USGS.gov

美國水基礎教育（WEF）www.watereducation.org/

美國國家地下水協會 www.ngwa.org/

美國墾務局 www.usbr.gov/

田納西諾克斯維爾大學農業與生態系統工程部 http://bioengr.ag.utk.edu/rusle2/

河流系統科技中心 http://www.stream.fs.fed.us/

水土保持科技資訊中心 http://www.ctic.purdue.edu/CTIC/CTIC.html

環境科學

世界環境組織 www.world.org/

全球環境戰略研究所 www.iges.or.jp/en/index.html

環境新聞網 www.enn.com

環境建築科學與技術網 www.energybuilder.com

環境科學與技術全球網 www.gnest.org/

關愛環境 www.wetland.org/

地球之友 www.foe.co.uk/

水環境聯盟 www.wef.org/

濕地科學家學會 www.sws.org/

水土保持學會 www.swcs.org/

中國環境資源網www.ce65.com/

加拿大環境組織 www.ec.gc.ca/

紐西蘭水與廢棄物協會 www.nzwwa.org.nz/

其他區域

全球水伙伴 www.gwpforum.org/servlet/PSP

全球變化與生態系統中心 http://www.mediamatters.com.hk/mm_edu_06_02.htm

全球變化研究資訊辦公室 http://www.lgt.lt/geoin/doc.php?did=cl_soil

世界水組織網站 www.worldwater.org

世界水聯盟 www.worldwatercouncil.org/

國際水力工程研究協會（IAHR）www.IAHR.org

國際水資源協會（IWRA）www.IWRA.siu.edu

國際沖蝕控制協會http://www.ieca.org；http://www.erosioncontrol.com

國際標準組織http://www.iso.ch

國際水力發電協會 www.hydropower.org/

國際永續發展協會 http://www.iisd.org/

國際照明組織 http://www.cie.com.mx/index.php?fuseaction=home.section&id=5

國家水資源學會（NARS）www.nwra.org/

水資源出版中心 www.wrpllc.com

大學水資訊網 www.uwin.siu.edu/

濕地保護組織網站 www.wetland.org

濕地保護政府網站 wetlands.fws.gov

維多利亞水資源數據庫 www.vicwaterdata.net/vicwaterdata/home.aspx

加拿大水資源協會（CWRA）www.CWRA.org

挪威水資源管理局 www.nve.no/

斯德哥爾摩國際水學會 www.siwi.org/

新墨西哥水資源研究所 wrri.nmsu.edu/

地理學家協會地貌學專業小組 http://www.aag-gsg.org/

土木工程師協會 http://www.asce.org/asce.cfm

美國兵工署 http://www.usace.army.mil/Pages/Default.aspx

流域管理委員會 http://www.watershed.org/wmc/

歐洲科技研究合作組織 http://www.cost.esf.org/

歐洲（蘇格蘭）砂壤風力沖蝕研究中心 http://www2.geog.ucl.ac.uk/weels/

英國地形研究組 http://boris.qub.ac.uk/

英國埃克塞特大學地理研究部 http://www.ex.ac.uk/~yszhang/caesium/welcome.htm

英國 Cranfield 大學水與環境研究中心 http://www.cranfield.ac.uk/sas/naturalresources/index.jsp

瑟菲爾德大學、英國國際乾旱地研究中心 http://www.shef.ac.uk/scidr/

北愛爾蘭貝爾法斯特女王大學地理學院 http://www.soilerosion.net/

瑞士Distromet有限責任公司 http://www.distromet.com

澳大利亞Joanneum研究公司 http://www.distrometer.at

比利時Leuven天主教大學地形學實驗室 http://www.kuleuven.ac.be/geography/frg/leg/

法國 Inter 大學大氣系統實驗室 http://www.lisa.univ-paris12.fr

紐西蘭農業部 http://www.maf.govt.nz/mafnet/

加拿大艾伯塔省農業局 http://www.agric.gov.ab.ca/app21/rtw/index.jsp

綠建築國際博覽會 http://www.greenbuildexpo.org/

環境及自然保育基金委員會 http://www.etwb.gov.hk/boards_and_committees/ecfc

永續居住機構 http://www.sustainabilityleaders.org/

社團法人日本道路協會 http://www.road.or.jp/index.html

環境設計研究協會 http://www.edra.org/

世界自然（香港）基金會 http://www.wwf.org.hk/chi/index.html

香港濕地公園 http://www.afcd.gov.hk/others/wetlandpark/html-tc/index-tc.htm

香港紅潮資訊網路 http://www.hkredtide.org/

香港觀鳥協會 http://www.hkbws.org.hk/

香港地球之友 http://www.foe.org.hk/welcome/gettc.asp

郊野公園之友會 http://www.focp.org.hk/

漁農自然護理署 http://www.afcd.gov.hk/

獅子會自然教育中心 http://parks.afcd.gov.hk/newparks/chi/education/lnec/index.htm

綠色力量 http://www.greenpower.org.hk/

環境保護署 http://www.epd.gov.hk/epd/cindex.html

中國森林和貿易網絡 http://www.forestandtradeasia.org/country/China_&_Hong_Kong/English/

環境保護運動委員會 http://www.ecc.org.hk/new/big-5/index2-big-5.asp

長春社 http://www.conservancy.org.hk/

大浪灣之友 http://tailongwan.org/index_c.htm

坪洲綠衡者 http://www.greenpengchau.org.hk/

嘉道理農場暨植物園 http://www.kfbg.org.hk/

綠田園基金會 http://www.producegreen.org.hk/

土壤沖蝕、地質工程開放協會 http://www.dmoz.org/Science/Earth_Sciences/Geology/
    Geomorphology/Soil_Erosion/

Convention on Biological Diversity http://www.biodiv.org/

Electronic Journals for Civil Engineering http://www.library.vanderbilt.edu/science/engincejour.html

EPA http://www.epa.gov/natlibra/core/water.htm

Ecological Stewardship Group http://www.uga.edu/srel/ESSite/Ecological_Stewardship_Research.
    html

International Institute for Infrastructural, Hydraulic & Environmental Engineering http://www.ihe.nl/

National Lib. for the Environ http://www.ncseonline.org/index.cfm?&CFID=6055572&CFTOKEN=
    22880044

Programs to Remove Fish Passage Barriers http://www.fhwa.dot.gov/environment/wildlifecrossings/fish.htm

Six Rivers Restoration http://www.sixriversrestoration.com/

The Enviro Link Network http://www.envirolink.org/

The Netherlands Institute of Ecology http://www.nioo.knaw.nl/indexENG.htm

The Water Page http://www.thewaterpage.com/

United Nations Environment Programme http://www.unep.org/

World Wide Water http://www.world-wide-water.com/

民間團體

樂行會 http://hkwalkers.net/

爐峰自然步道 http://www.peaktrail.net/

香港植物標本室 http://www.hkherbarium.net/Herbarium/

綠色教育先鋒 http://www.pepa.com.hk/mainpage/index_c.html

野外動向 http://www.hkdiscovery.com/Html/toplevel/main.htm

水文科學

世界氣象組織 www.wmo.ch/web/homs/

全球水文學資源中心 www.ghrc.msfc.nasa.gov/

全球水文與氣象中心 www.ghcc.msfc.nasa.gov/

國家氣象局水文發展部 www.nws.noaa.gov/oh/

國家暴風雨實驗室 www.nssl.noaa.gov/

水文網站 etd.pnl.gov:2080/hydroweb.html

水文與遙感實驗室 hydrolab.arsusda.gov/

半乾旱和河岸的區域持續性水文學中心 www.sahra.arizona.edu/

集水區水文合作研究中心 www.catchment.crc.org.au/

美國水文學會 www.aihydro.org/

英國水文協會 www.hydrology.org.uk/

紐西蘭水文學會 www.hydrologynz.org.nz/

防洪抗災

防洪諮詢網 www.buildingadvice.co.uk/flood-home.htm

城市排水與地方洪水控制網 www.udfcd.org/

河流與泥砂網

國際河網 www.irn.org/

河川網路 www.rivernetwork.org/

水力發電網站

威斯康辛流域發展公司 www.wvic.com/hydro-facts.htm

國際水力發電中心 www.ntnu.no/ich/

西北水力發電協會 www.nwhydro.org/

海洋科學

海洋保護網 www.oceanconservancy.org/

海洋綜合網 www.ocean.com/

海洋鏈接站 oceanlink.island.net/

美國國家海洋學數據中心 www.nodc.noaa.gov/

地球科學

全球變化指南 gcmd.gsfc.nasa.gov/

國際地球科學資訊網絡中心 www.ciesin.org/

數值地球 www.digitalglobe.com

虛擬圖書館—地球科學網站 www.vlib.org/EarthScience.html

澳大利亞地球科學 www.earthsci.org/

About 地質專欄 geology.about.com/

地質學與地球科學網 www.geology.com/

農業網站

國家乾旱減緩中心 www.drought.unl.edu/

農業聯網資訊中心 laurel.nal.usda.gov:8080/agnic/

Netafim 網站 www.netafim.com/

能源網站

國家能源再生實驗室 www.nrel.gov/

水能源教育基金會 www.fwee.org/

美國能源局 www.energy.gov/engine/content.do

美國風能協會 www.awea.org/

數學、物理、化學網站

工業和應用數學協會 www.siam.org/

物理萬維網站 physicsweb.org/

歐洲數學資訊會 www.emis.de/

美國數學會 www.ams.org/

美國數學研究所 www.aimath.org/

美國物理協會 www.iop.org/ ；www.aip.org/

美國化學學會 www.chemistry.org/

力學網站

電腦水力學國際組織 www.computationalhydraulics.com/

電腦力學實驗室 cml.berkeley.edu/

電腦力學研究室 cm.mech.kyushu-u.ac.jp/

電腦力學之家 www.thecomputermechanics.com/forums/

流體力學中心 www.cfm.brown.edu/

結構力學協會 www.sd.ruhr-uni-bochum.de/

研究所工程力學專業網 www.wfw.wtb.tue.nl/em/

石油工程與岩石力學研究小組 www3.imperial.ac.uk/earthscienceandengineering

海岸與水力學實驗室 chl.erdc.usace.army.mil/

Delft 水力學實驗室 www.wldelft.nl/

曼莉水力學實驗室 www.mhl.nsw.gov.au/www/welcome.html

瑞典呂勒奧理工大學流體力學部 www.luth.se/depts/mt/strl/

加拿大流體力學專題鏈接 www.engr.usask.ca/~drs694/fluidmechanics,htm

以色列技術學院材料力學實驗室 techunix.technion.ac.il/~zvikas/zmani/web/web/lab.htm

美國愛荷華大學 Colby C. Swan 教授網頁 www.engineering.uiowa.edu/~awan/
　　courses/53030/53030.html

希伯來大學地球科學院 Ze'ev Reches 教授網頁 earth.es.huji.ac.il/reches/

俄亥俄州立大學 Stephen E. Bechtel 教授網頁 rclsgi.eng.ohio~state.edu/~bechtel/

APPENDIX 5

名詞解釋

$$\boxed{\text{A}}$$

Agricultural pollution　農業污染

由所有農業類型之活動產生之固體及液體之廢物，包括：因施用農藥、肥料、飼料等後所流出的水；耕犁所導致之沖蝕及塵土；動物糞便及屍骸；作物之殘渣及碎屑等。

Allelopathy　毒他作用

(1)某種植物產生之化學物質經釋放於其周遭環境，致對其他植物產生直接或間接之危害作用。

(2)有些植物會歷經葉子或根系釋放毒素的程序，而造成抑制鄰近地區其他植物生長的效果；一些例子為黑胡桃、向日葵、塊莖向日葵及大麥。

Alluvial plain　沖積平原

在較寬的河谷或於淺海、湖泊，因洪水泛濫或水流緩慢致河水失去挾帶沈滓之能力，而產生沈積，其沈積之地面多屬平坦；如臺灣彰化至臺南的廣大平原。

Amenity embankment　親水護岸

河川、湖沼、海岸等之護岸不只著眼於治水、利水機能，同時具有親水性的休閒空間而設置階段狀緩坡。

Angle of repose　安息角

土壤在自然狀態所成之最大坡面與水平之夾角，因在地上或水底，堆積砂礫之坡面時，坡面傾斜角如超出某數值，砂礫則自然往下滑動；而不導引滑動之坡面最大傾斜角，稱為「安定角」；一般而言，粒徑愈大，稜角形狀凸出者，安息角愈大，又坡面斜角在乾燥之粒性土壤，可以忽略坡面高度之影響，但對於粒性土壤影響甚大，致使安息角變成無意義。

Angle of shear resistance　抗剪角

土壤中沿任何一面之剪力強度（τ）與該面上之垂直應力（σ）之關係可以 $\tau = C + \sigma \tan\varphi$ 之直線式表之；此直線與橫軸之交角 φ，此 φ 稱為「抗剪角」，其隨著試驗時之排水條件而異。

Area flooded　洪水區

在洪水平原上，某一溪流範圍、集水區或盆地，被淹沒之區域；或指某一次洪水發生之結果；但通常是以長時間內（例如 50～100 年間）各次發生洪水所淹沒之總面積，求取平均值來表示。

Average width　集水區平均寬度

集水區平均寬度 W =（集水區面積 A）／（主要河川長度 L_0）。

Azimuth　方位角

依參考子午線從北方向東或以順時針表示一方向的角度，舉例來說，東方的方位角是 90°，同義詞為「羅盤方向」（Compass Direction）。

Autocatalytic function　自催化作用

系統之自催化係由後端產出之能量回饋自前端投入於能量之生產，因而改變後端之能量之產出，進

而使回饋量不同於上次；此一自我循環反應可使生產量與流失量達穩態調控。如同人類消耗之能量與進食所補充能量間之關係。

Available energy　可用能量

具做功能力之能量。

B

Back levee　支流堤

在河川支流，河川主流高水位影響所及範圍，稱為「背水區域」，在此建造之堤防，稱為「支流堤」。

Backfill（Back fill）　回填；回填土

(1)常在某一構築物完工時，就其周圍空隙處再以土石等物質填滿。
(2)在回填過程中所用之土石材料。
(3)施工時挖的坑或槽，用土重新充填。

Backwater　回水

河槽中因壩、調節門或其他阻擋物，致使水流之壅塞、滯流或回流使水位升高之現象。

Badland　惡地

有許多的溝豁切割，致使地形崎嶇不平的地區；惡地的起因是嚴重的土壤沖蝕，為暴雨作用於植被稀少的坡地，而下層又為不透水岩石的結果。過度放牧會使表面植被損失，往往導致惡地的發展；而在降雨量很少的地區，惡地沒有農業價值，只能用於粗放的放牧。

Bank revetment　護岸

與堤防功能相同，在於保護河岸之另一種構造物，稱為「護岸」；惟護岸與堤防之差別，在於護岸係對原有河道已有高於河床之岸邊施加保護之構造物，而堤防則是對河道兩側尚無明顯高於河床之人工地物。通常護岸係直接構築在原有河岸之坡面上，以保護岸坡不受水流沖刷而崩塌，常以砌石或混凝土直接貼附在岸坡面上，或構築類似擋土牆構造物，然後在背面回填土料，使護岸與原來岸坡結合成一體，以達到保護河岸的目的。

Bar　沙洲

沉積物由沙礫等組成的狹長地形，近似與海岸線平行，有時或與海岸相接；既可始終在海面以下，也可為漲潮時淹沒。例如：在一河口或海港進口處，這些沙洲在低潮時露出。

Base flow　基流（量）

指由地下水延滯的地面水所排出之溪流水量，係前水文年之降水量儲存於集水區內者所形成的；中間逕流與地下水逕流並不立即影響河川中的流量，統稱為「基流」。

Basin　盆地；流域

(1)水流無地面出口或僅有一處出口之低窪地區。

(2)一河川或湖泊之排水面積（drainage area），河川中地面高程高於某已知點之區域，此範圍內漫地流可匯集至此點。

Bed load　河床載荷

指沿著河床以跳動、滾動及滑動等方式移動的沈積物；其移動主要為拖引力、或重力、或兩者，且流速的力量小於環流的力量；亦即，指在水流作用下，沿著河床表面附近以跳動、滾動及滑動等方式運動的沈積物（通常是泥沙顆粒）。

Best management practices（BMPs）　最佳管理措施

依照個別污染特性，所設計出最經濟且有效之去除、削減、防止或控制非點源污染之行動、技術、設備計畫或操作方法。

Biochemical oxygen demand（BOD）　生化需氧量

指在 20℃ 及特定的時間下，水中有機物由於生物的生化作用進行氧化分解，使之無機化或氣化時，所消耗水中氧的總量，以 mg/L 或 %、ppm 表示，為表示水中有機污染物質含量的一個綜合指標。

Biodiversity　生物歧異度

或可稱為「*生物多樣性*」；是指在一定空間範圍內，多種多樣的有機體和棲習地的豐富性和變異性，包括：遺傳（基因）歧異度、物種歧異度和生態系統歧異度三個層次。生物圈的多樣性，表示該系統的穩定程度，對生物圈的正常運作而言，多樣性是絕對有其必要的，而且多樣性也是生物資源及適應能力的基礎；人類長久以來便經常利用基因的變化來選擇人類自己所喜好的植物或動物，而基因多樣性則對農業具有相當大的衝擊。

Bioenerge　生物能量

係為能量在生物體內產生、轉換和利用之特性，有機體傳遞和消耗能量的過程，生物體內之能量收支在各組分間具定量之關係以及各種環境因子對這些關係的作用。

Biological control　生物防治

利用天敵、抑制荷爾蒙、不孕技術等或其他生物學上的方法，而非機械或化學的方法，以防治有害的生物；與化學防治不同的是，生物防治實施以後，即使不是非常成功地消滅掉其寄生，它也會自生自存。

Biological monitoring　生物監測

比較物種數量、再生的能力、以及一般由人類活動引起生物量隨環境的變化；理想的情況是：於環境變化前後對生物進行監測，以便使環境變化的全部數值可以確定，生物監測常用於環境影響評估（EIA）。

Biomass　生物量

(1)一個物種種群、活物質（包括貯存的食物）的乾重，一般以棲息地的已知面積或體積表示。

(2)在某一時間、地點，環境中現存生物的總量（蘊藏量），可顯現出生態系中各種族群內個體密度，據以判定該地區某種生物的擁擠度，及對生態系構成有利或有害影響。

(3)在一特定生育地或區域中，其地上部及地下部之所有生物組成分子的總量；通常以單位面積之乾重量或能量表示之；不過也可以根據碳或鮮綠重量，或以熱量來計算。生物量的數值表示生態系統內，聚集有機物質的總量；一般而言，較高的生物量與較合適的環境條件相聯繫，例如溫暖潮溼的環境較乾冷環境的生物量高。

Bog　沼澤地

大量土砂流入湖內，長年逐次填埋湖後，所形成之水生植物茂盛之淺湖地區；或指一般未受富含養分之地下水影響之泥炭地，土壤多為酸性，其間以灌木及苔蘚類優勢植群，於開闊地可能有低矮的樹木生長。

Boulder　巨石；大卵石

粒徑及硬度頗大之礫石，亦即直徑 >256mm 的礫石。

Boxes and baskets retaining wall　箱籠擋土牆

以鉛絲機編箱形網籠裝填塊石疊築而成，適用於多滲水坡面，因籠身係由工廠生產之模組化產品，品質與尺寸容易控制，又因方型籠體聯捆堆疊較蛇籠穩定，其表面多孔隙符合生態工法原則，故常採用。適用於低緩坡面之挖填方坡腳穩定構造物，其高度在 3 m 以下，亦可用於坑溝治理之固床工或小潛壩。

Brach packing　樹枝捆紮

利用活切枝與土壤交互層疊填補，用於修補具小凹洞或輕微滑動（落）之河岸，即時強化且穩定附近的土壤，並可融入當地的植生群落（社會）。

Broad-based terraces　寬壟階段

在坡面上沿等高方向，每隔適當距離所構築之寬壟淺溝；其目的為截短坡長，抑制土壤沖蝕、蓄積水分，促進作物生育。

Brush layering　樹枝疊層

將樹枝切枝後，按現地等高線舖設山坡或河岸邊坡，以防地表沖蝕並減少逕流，除可防止地表之剪力移動外，並有助於當地種子萌芽及自然再生之能力。

Brush mattress　樹枝材排

利用活切枝按現地等高線舖設於河岸邊坡，與護岸保護工程方法交互施工使用，可提昇植被之成長環境。

Buffer strip　緩衝帶

緊臨河溪之植生帶，其範圍之全部或大部份之林木被保留，有時被認為是成熟、未受干擾及經營管理之針、闊葉林植被。具有防止河岸地表沖蝕土壤流失、延緩洪峰減弱洪害、涵養水源淨化空氣、吸附污染改善水質、提供野生動物之食源與棲所及改善微氣候美化景觀。

Bush　未開墾地

未開墾或少有人居住的土地，特別是因自然條件變動的森林地帶，如在非洲、澳洲和紐西蘭等地所

發現；未開墾地包括開闊的灌木叢到密集的雨林。

C

Calibration　率定（檢定）

(1)比較一個儀器特定量測值與一個標準儀器所量測之值的處理過程。

(2)將某觀測值與符合試驗目的的標準值對照評估或所得到的評估標準。

Capillarity　毛細管作用

由於水的表面張力作用，在土壤微粒周圍和細孔中保持水膜的能力，土壤剖面中，毛細作用抵消水受重力的影響；在半乾燥地區的土壤中，毛細作用把水吸附上來，而溶解的化學物質在上層澱積成硬殼。

Carrying capacity　搬運力

(1)水流搬運泥沙的能力，以泥沙總量予以表示。

(2)在一遊樂區中，遊樂品質不因利用而劣化時，所能承受之最大利用量（遊樂）。

(3)在最適時期，一區域所能承受之最大動物量（野生動物）。

(4)在對植被或相關資源未造成危害前，可能之畜牧量；此將因牧草生產量之變化，而年年不同（放牧）。

(5)生態系內生物個體之數量不會無窮之增長，其總數會受環境條件之限制而改變，此生態系可忍受之最大生物量即為該生態系之負載能力。

Channel　河道；渠道

河川中水流的通路，在天然河流的河道經常出現漲水和退水的現象，與「波段」（Band）同義。

Channel density　河川密度

集水區內溪總長與面積之比率，單位為 m/ha。

Channel improvement　河道改造工程

整治河道是綜合治理河道的工作，為了控制河道洪水，改善防洪、灌溉以及農業用水條件，針對不同要求，對河道進行疏浚、治導、護岸及堤防等綜合治理。整治河道時，應使上下游及左右兩岸均顧，結合短、中、長期計劃，以達到安全防洪及合力利用水土資源的目的。

Channel regulation　整流工程

在野溪、溪流泥沙堆及亂流地區，為防止縱向及橫向沖蝕所構築之護岸、堤防與固床工、跌水工、丁壩及溪床保護工等組合而成之工程。其目的為：

(1)防止泥沙堆積區縱向及橫向沖蝕以穩定溪床。

(2)控制水流、保護兩岸土地房舍及公共設施。

(3)保護特殊地質地區（如泥岩、火山灰地區）溪岸坡腳，防止崩塌。

Channel width　河道寬度

接近滿岸水位時，從一岸至另一岸所測量的橫貫河流或水道的直線距離。

Check dam　節制壩（防砂壩）

1. 在溪谷或其他小溪流中修築小型水壩，用以減低流速，將河道之沖刷降至最低，且促進水流攜帶物之沈積的構造物。其目的為調整溝床降坡，減低水流之曳引力，防止溝床之縱向沖蝕，穩定溝身；固定水道，防止橫向沖蝕，保護溝岸；攔阻泥沙，減免下游災害及公共設施之維護費；促進植物被覆初期之溝身穩定。故亦可稱為「防砂壩」。其種類依構成材料分為土壩、木壩、蛇籠壩、堆石壩、混凝土壩、格籠壩、梳子壩等。

2. 為攔蓄或調節河道泥沙輸送、穩定河床及兩岸崩塌、防止侵蝕所構築 5 m 以上之橫向構造物，有常流水河段須配合設置魚道。防砂壩構築之目的有：攔阻或調節河床砂石、減緩河床坡度、防止縱橫向沖蝕等。多設於溪流出谷口上游，河床坡度大於 15% 且集水區有大量自然崩落土石下移之河段。

Check plot　對照區

在試驗田區中未經處理或經標準處理之小區，以供與其他不同處理之小區比較其試驗結果。

Check valve　制水閥

為一種控制閥，可以調整流量及控制水流方向。

Circularity ratio　集水區圓比值

M =（集水區面積 A）／（與該集水區周界長度 P 相等的圓，該圓的面積），因圓的周界長度 P = $2\pi\gamma$，即半徑 $\gamma = P/2\pi$ 故 $M = A/\pi\gamma^2 = A/\pi\ (P/2\pi)^2 = 4\pi A/P^2$。

Climate change　氣候變遷

氣候系統中之測得之變量（如降雨、氣溫、輻射、風及雲量等）發生的改變，其與以往之狀況有明顯的差異，此一差異看來似乎將持續下去，且將使生態系及社會經濟活動產生一致之變化者。

Climax　極盛相

在一區域內，生物群落演替至成熟期或穩定期，群落優勢種完全適應該環境條件，所形成之最後或永久社會。

Cobble　卵石；大礫石

粒徑 >76.2mm（3"）之稍具球狀之礫石。

Coconut fiber roll　椰纖維卷

由椰殼纖維組織與椰幹纖維編織而成之圓柱結構體，適用於河（水）岸，因其具有彈性，可依地形調整，方便施工，並可補強岸趾之穩定性，促進植生社會群落之發展。

Compaction　壓實；夯實；壓縮

(1)土壤體積之減少（常因重機具重覆輾壓所造成），將導致土壤透氣性不良，阻礙排水以及植物根部的變形。

(2)以人工或機械方法，施加能量於土壤上，促使土壤孔隙內空氣排出，而使得孔隙比減少，密度增加之作用，稱為「夯實」，夯實與壓密之不同點，在夯實係孔隙內空氣之排出，而壓密則為孔隙

水之排出。

(3)使用：

　(A)圓輪型、膠輪型、羊腳型輾壓機滾壓礫石、土壤；

　(B)震動機、擊緊機震動礫石、土壤；

　(C)浸實法等最適用方法，以求良好之填土或基礎地盤。

Composite coconut fiber reinforcement mat　加勁椰纖毯蝕溝

為防止自然形成之沖蝕溝擴大，舖設加勁椰纖毯固定後噴植生基材，以快速形成草溝，並配合地形配置跌水池，達到防止土壤沖刷、減緩水流速度及綠化坡面的目的。適用於集水區小、坡度平緩、逕流量不大之沖蝕溝治理，防止集中逕流沖刷土石擴大沖蝕溝災害，並可藉草溝之形成減緩流速及改善噴凝土蝕溝生硬之外觀。

Conglomerate　礫岩

由圓形或近圓形碎屑組成的一種礫屑岩，這些碎屑可以是任何岩石，其直徑可由幾毫米到數厘米。

Conservation　保育

(1)對自然資源合理的保護、改進與利用，以確保其對人類及環境永續的、最高的經濟或社會利益；目前認為整體保育政策必須將保育道德，落實到人類社會的日常生活中。

(2)一種天然資源的保護、保存和集約管理。

Consolidation　壓密

水在飽和過後之土中，因連續性之壓縮荷重，產生過剩孔隙水壓，形成水力坡降，而引起土內水分向鄰近地區流動，此種因為水分向外流出而導致土體體積減少之現象，稱為「壓密」（consolidation）。

Control of wild creeks　野溪治理

係指位於普通河川中上游或丘陵臺地邊緣之小溪流，因天然因素或人為開發之影響，致使溪床發生沖蝕、淘刷及崩塌，產生土石淤積河道及亂流之不穩定河道，所實施之治理工程；其目的在防止或減輕河道沖蝕、淘刷與崩塌，並有效控制土砂生產與移動，達成穩定流心，減少洪水與泥砂災害。

Constructed wetlands　人工濕地

為人工開挖或使用擋水設施造成的窪地，裡面經常保持濕潤或有淺層的積水，並種植水生植物。目的在去除顆粒性及溶解性污染物，並應用生態工程技術，以處理廢（污）水或彌補自然損失的人為設施。

Conventional retaining wall　傳統式擋土牆

為防止崩塌及單純以安全穩定為設計考量而構築之混凝土擋土構造物。傳統式擋土牆之型式有：三明治式擋土牆、重力式擋土牆、半重力式擋土牆、懸臂式擋土牆、扶壁式擋土牆等。應用於道路上、下邊坡坡腳、橋樑引道或整流護岸，以防止填土或開挖坡腳之崩塌，穩定邊坡，減少挖填土石方時設置。

Corridor　走廊（迴廊）地帶

在兩地點之間，寬度不定的區域，在公路工程，則指那些考慮要改善的區域，亦或延著一個線條圖徵的緩衝環域（Buffer）。

Creep　潛移

地表之土壤、岩屑，受到重力作用而沿坡面緩緩移動或變位之現象；任何環境都可以有潛移，但最重要是在海洋冰緣區，它是一種所謂「土石緩滑」（solifluction）。一般認為是所有無植物而坡度超過 5° 者發生，但在土石緩滑的情況，有時候坡度還要小得多；常見的潛移，譬如像坡地上有墓碑或電線桿，而使泥土或石礫很容易往下滑。

Creation　創造

重新「產生」一個全新的環境或資源，即使此環境所包含的特質從未出現在此區域中。

Crib retaining wall　框式擋土牆；格籠擋土牆

(1)使用鋼筋混凝土製框重疊後，框中填充卵石等所成之擋土牆，適合高度 4~6m；對鉛直線之傾斜角約 9~10° 底部寬度約高度之 1/2 以上。

(2)將鋼筋混凝土製成的條塊排成井字形，內部填滿塊礫石，利用格籠內部塊礫石之重量，抵抗土壓作用力量的一種重力式擋土牆。施工時工廠預製好的條塊（長柱式混凝土）在現場組合後，以人工填充塊礫石，施工期短。內部填充的塊礫石透水性良好，坡面滲水湧水或濱水地區使用效果顯著。依水土保持手冊之建議每層高度 3m 以下，總高度不得超過 6m。

Crop rotation　輪作

在一定年限內，在同一土地上，依照一定次序種植幾種不同種類的作物，其中輪作周期是一年中輪作時間的長短；此方法可合理調整土壤中的水分和養分，有效地消滅雜草和病蟲害，並能提高土壤的肥力，又引進間隔作物，生產高價值高成本作物以增加收入，擴展農場企業的經濟基礎並使全年的勞動需求較均勻。

Cumulative impact　累積衝擊

由過去、現在及預知未來內，人類活動對環境所產生之衝擊，將形成一總和性之效應。

Cut-off trench　截水溝

截斷基礎地盤中之滲透水為目的，在構造物周邊所造之溝渠。

Cut-off works　河道截彎工程

截去河道過分彎曲部分的工程措施，河道截彎取直，在防洪方面可降低洪水位或增大洩洪能力；在航運方面可以縮短航程，河道在彎道橫向環流的作用下，造成橫向輸河不平衡，加上水流對凹岸塌陷，凸岸淤積，致使彎道的曲率半徑變小，中心增大，河道加長，形成很大的河環。河環的起點與終點相距很近，稱為「狹頸」，由於狹頸兩側的直線距離短，水位差大，容易發生自然截彎的作用，而有強烈的淤積現象，帶給河流治理上的諸多不便；因此，當彎道演變到適當狀態時即可進行人工截彎，有計劃地改善河道的型式。

Cycle of erosion　沖蝕輪迴

隨地殼運動生成新土地後，由沖蝕作用經大起伏時期遷移無起伏狀態之循環過程，可分幼年期、壯年期及老年期，亦稱「*地形輪迴*」。此理論由 W.M.Davis（1850~1934）所創立，其三時期之特徵為：幼年期內，山高谷深，坡面陡削，河谷呈 V 形，河道中硬岩區有瀑布或急流發生；壯年期內，嶺圓谷廣，坡面後退，河谷呈 U 形，谷內出現氾濫平原，原有之瀑布急流，已趨消滅；老年期內，整個地面覆蓋厚層岩被，谷淺坡緩，河流蜿蜒於氾濫平原之上，流量大為減小；至老年末期，地面略似平原，稱之為「*準平原*」（peneplain）。

D

Dam　壩

以防洪灌溉、發電、自來水、工業用水等治水或利水之目的，與用以增加水之儲存或用以分水，藉可提高水壓，防止溝蝕，或阻留土壤、岩石及其他碎屑等；橫越河川建造之大水庫用構造物，由使用材料可分混凝土壩及土石壩兩種，壩頂中心線之垂直面，稱為「*壩軸*」。

Debris　碎屑

岩石崩解及植物殘質所形成之鬆散物質，可隨溪流、冰川或洪水而移動。

Debris basin　沈沙池

為防止高含沙水流和洪水夾雜泥沙的危害，使泥沙沈積其內，而在河道上設置的工程結構物。

Debris dam　攔砂壩

在溪流中築壩以攔阻岩石、砂粒、石礫、淤砂或其他物質。

Delta　三角洲

當河流進入海洋或湖泊時，因流速減低及搬運能力減小，而在河口造成的沈積物，約呈三角形，而類似希臘字母 delta「Δ」；當沈積到達一定量之後，河流自然會分歧，於是三角洲繼續生長，幾個小支流各別沉積，擴大了沉積面，後來小支流可能中斷，部分三角洲得不到沉積物因而被沖蝕。

Denuded land（Waste land）　荒廢地

因為山崩、地滑、土石流、飛沙及火山爆發等自然因素或過度放牧及農地廢耕等人為因素，所造成的植被破壞、土地裸露，加速土壤沖蝕的發生，而形成非生產用地的土地。

Deposit　沈積物

由於天然搬運作用，如水、風、冰、重力或人為活動之結果，於新位置堆積下來之物質，如風化作用所成之岩屑及土壤，或火山活動之火山灰等，在陸上、水底、海底、湖底堆積者。以堆積之主因可分為：崩積層（colluvial deposit）、沖積層（alluvial deposit）、風積層（aeolian deposit）、及冰積層（glacial deposit）四種。

Desertification　沙漠化

由於氣候的自然變化，或對半乾旱地區的經營管理不善，導致地區呈乾燥的、裸露的沙漠般的狀態。沙漠化的特徵包括植被貧瘠，土壤質地、結構、營養狀態和肥力的惡化，土壤沖蝕加速，水的

可獲量和品質降低、沙子侵入土地。

Detention dam　滯洪壩

用以暫時蓄存溪流水或地面逕流之水壩，可在控制速率下排放所蓄存之水。

Detention pond　滯洪池；調節池

山坡地開發作為非農業使用時，應地表植生覆蓋完全改觀，除增加土砂流失及增加降雨所產生之地表逕流量之外，更會使洪峰到達時間提早，而增加洪水發生之機會。

Detritus　碎屑

(1)堆積在池沼、泥濘地、或土壤中之碎屑物質；如崩解的碎岩或有機碎屑。

(2)覆蓋於土壤表層之鬆散物質，由破碎的大塊植物體分解後形成。

Digital terrain model（DTM）　數值地形模型；數值地型

(1)以數值方式來表現地形起伏的一種資料模型，一般而言，它的涵意比 DEM 廣泛，可以包含從 DEM 擷取各種不同的地形屬性，如坡度、坡向及坡長等。

(2)一群帶有 X、Y、Z 座標的地面點，可輸入並貯存於電腦中，並使用程式處理以提供應用所需的地形資料。

Dip　傾角；傾斜

原始沉積岩層具有接近水平之岩層特性，後經地殼變動之影響而成傾斜狀，傾斜層面與水平面所夾之銳角，稱為「*傾角*」或「*傾斜角*」。

Dip slope　順向坡

地形坡度與節理面傾斜相同者，如道路開挖遭遇順向坡時，易產生順向坡滑動，宜加予注意。

Disclimax community　變換群落

因天災或人禍（如森林火災）導致原有群落之消滅，並由另一群落取代。

Disposal area　棄土區

土木建築廢土之指定處理地域，挖泥船疏濬港灣航道後之泥沙，利用運泥船運搬至指定海域處理，亦稱「*卸泥區*」。

Distributary　分流

大河流向下分成的小分枝，皆從主河流中得到水的補充，如主河流到達三角洲上，就分為許多小支流入海。

Diversion ditch　截水溝

在坡面上沿近似等高之方向所構築之溝渠，主要以攔截沿坡面流下之地表逕流為目的，此等溝渠通稱為「*截水溝*」。由於沿坡面流動之地表逕流會因隨距離分水嶺愈遠，集水面積愈大，而使地表逕流量逐漸增多，隨之引起地表土壤沖蝕作用加劇，將造成嚴重之土壤流失；甚至因逕流集中，而使坡面沖蝕成紋溝或溝谷密布之破碎地形，影響土地之利用；嚴重者，甚至因地表水注入地下而引發

崩塌、地滑等大規模土砂災害之發生。

Divide　分水嶺

(1)分開兩個不同水系及流域盆地的山嶺或高地。

(2)集水區之界限以其四周圍最高者分之，此最高點之連線叫「*山脊*」。降雨在山脊上，分向兩方流動，此山脊線謂之「*界嶺*」。

Drainage basin　流域（排水盆地）

(1)將水供給某一水道網的區域，流域的邊緣為一分水線，通常是由一丘陵、山脈或高原，將相鄰的流域分開。流域是研究水系型、剝蝕率、降水與逕流間關係、以及其他各種地形因子的基礎；關於流域大小和形狀的控制因子，區域地質構造和板塊構造之相關性頗為密切。

(2)河流的集水區域，為地表水與地下水分水線所包圍的集水區域的總稱，其面積相當大，通常以 Km^2 來表示，如密西西比河流域、長江流域或黃河流域等。

Drainage ditch　排水溝

為渲洩地表逕流，而順著地形傾斜方向所構築之溝渠，通稱為「*排水溝*」；在自然地形所形成之坑溝，亦有渲洩地表逕流之功能，因此為區別起見，通常所謂之排水溝係人為開闢，並配合其他材料構築所成之構渠。排水溝主要目的固然是在渲洩大量地表逕流，以防止坡面土壤沖蝕、保護坡地安全，但最重要的是將水引導至安全地點予以排放。

Drainage tunnel　排水廊道

排水廊道亦屬地下水匯集排除之一種排水設施，其構築即為一小型隧道，而在隧道壁配合橫向鑽孔排水佈置，將地下水引入隧道中予以排除。排水廊道之設置主要係在排除深層地下水，通常當地下水相當深時，一般集水井或橫向鑽孔排水等工法無法有效加以排除，此時可用隧道鑽掘方式，在地下水層下方鑽設隧道；然後由隧道壁進行橫向鑽孔或垂直鑽孔等插入排水管至地下含水層，並將之導入隧道中，再由隧道之排水溝排出。

Dune　砂丘

於含有可移動砂及礫石的沖刷河川中，其底床的糙度隨著水流狀況而改變形狀；或在砂漠地區，藉由風力搬運而成之小丘，通常向風之一側傾斜平緩，背風之一側傾斜較大。

E

Earth anchor　地錨

將預壘樁及地下連續壁等之伸張應力傳達地盤或岩層，達成支撐效果者，稱為「*地錨*」或「*岩錨*」，由錨碇部、伸張部及預力頭部所成；預先掘挖之地層斜坑內，置放高拉力鋼線或鋼棒，灌鑄水泥漿，致使鋼筋下端與土壤或岩石緊密成一體，水泥漿達一定強度，鋼線或鋼棒施加預力後，在預力頭部鎖碇之，亦稱「*預力地錨*」。

Earth dumping sites　棄土場

利用天然地物構築適當之構造物，做為剩餘或廢棄土方堆積之場地；其目的為廢棄土石及礦碴之堆

置；維持堆積土石之穩定，防止沖蝕及下游之災害；保護生命財產及公共設施之安全；維護環境及景觀。

Earthworks　施工

包括開挖、取土、裝運、填土、棄土、整坡及防止災變等作業。

Ecology　生態學

包含科學（生物與環境間自然平衡之關係）、哲學（機能、組織、結構之平衡，改變任一環節，即將影響全體）以及藝術（大自然之美）之研究學門。

Ecosystem　生態系

係指環境之功能單位，具有一相對穩定之結構組成及環境功能，亦可視為有機體與無機環境共同作用之系統，或稱生物群落及其環境間交互作用而成之生態系統。

Ecotone　生態推移區

任兩種不同型態生態系之交界處；其所蘊藏的生物多樣性，深受復育及生態學者之重視。

Ecological base stream flow　生態基流量

維護河川生態系統穩定與平衡的最小流量。

Ecological energy principle　生態能量原理

以熱力學之物理能量為基礎，引介生物能量並加入最大功率原則及自我組織作用等，使系統能處於有利之狀況，並能永續地自系統外輸入更多有用之能量，有秩序性之組織，使系統與其外界能互利共生。

Ecological engineering methods　生態工程

指基於對生態系統之深切認知與落實生物多樣性保育及永續發展，而採取以生態為基礎、安全為導向的工程方法，以減少對自然環境造成傷害。

Ecological succession　生態演替

系統演替/生態系統演替：生態演替係指生物群落（系統組成份）隨環境及時間的變遷而發展出生物歷程之變化反應。系統演替或生態系統之演替，則強調演替之過程與系統組成份間之交互作用。

Effective size　有效粒徑

利用一組有各種孔徑之美國標準篩，對樣品進行篩分析後，量稱留在各個篩上之樣品重，以孔徑大小為橫座標（對數），縱座標以各種粒徑之累積重量百分率表示；當粒徑之累積重量百分率為 10% 時之粒徑，稱為「有效粒徑」（D_{10}）。

Effect of energy accumulation　能量積蓄效應

能量逐漸被儲存、累積，最後超出儲存體所能負荷，而產生瞬時之崩解，發生能流集中輸出之現象。

Embankment landscaping　環境護岸

在河川、湖沼、海岸等地設置多目標護岸，除治水外，為保育生態系，提升景觀、親水性而有各種不同形狀或形式之總稱。親水護岸有時歸類於此。以保育生態系為目的之護岸即設置魚礁作為保護魚類護岸，或考量為保育螢火蟲棲息地為目的之螢火蟲保育護岸等即是。為了提升護岸景觀而採用框工、、綠化塊並栽植矮樹藤蔓類植物、草皮的綠化護岸。

Energy flow 能量流動

(1)能量在食物鏈、食物網內轉變、轉移、消耗的過程。其中最重要的概念便是「能量金字塔」以及「食物量金字塔」。

(2)能量流動可帶動各種物質之循環作用，並具做功之能力，例如水的位能轉為動能後，可驅動水輪；太陽能加熱水溫可驅動水文循環。各種作用所完成之功，可以其所使用之能量加入衡量；儲存之能量多寡則可用來衡量其後續維持一系統運作之潛力。因此能量流動可作為衡量自然界各種作用之基準。

Energy hierarchy 能量階層

能量的階層性如同食物鏈之特性。能量在食物鏈之每一傳遞、轉換過程，均有能量流失情形，因此傳達至愈高位階之消費者，可用能量愈少，但其能量品質較高，即可做功之效力較大，可控制較低階層者之功能。

Energy metabolism　能量代謝作用

代謝作用係將多餘、無法利用之廢棄物質排出系統外部，可減少系統儲存廢棄物所花費之能量，進而有額外的能量自外界攝取養份。

Energy subsidy　能量津貼

獲得額外能量之補助投入生產，刺激生產力。

Enhancement　改善

棲地之任何功能、環境品質之進步，但無須考據是否為原有的環境特質，皆稱之為改善。

Entropy　熵／能趨疲

為一衡量亂度（disorder）之度量。熵或能趨疲在熱力學之解釋為熱流失；在生態能量方面則為能量在儲存、輸送或轉換過程產生之折舊。

Entropy law　熵／能趨疲定律

能量由一種形式轉換為另一種形式的過程中，所產生之熱流失，這些能量形成不具潛能之熱形式；呈現分散、無秩序性且不具做功之能力。

Erosion　沖蝕

(1)陸地表面因流水、風、冰、或其他地質因素，如重力滑動之作用，而發生磨損的現象。

(2)土壤或岩石碎片，因水、風、冰、或重力而發生剝離及移動之現象。

Erosion and torrent control works　防砂工程（SABO）

以防砂為目的的各項工程。

Escarpment slope　逆向坡

地形坡度與節理面傾斜相反者，如道路開挖遭遇逆向坡時，產生落石或傾倒，宜加予注意。

External pulsing dynamic　外部脈衝動力

來自系統外部之能量，迅速驅動系統內部之物質循環，出現能流激增、狂起及消耗之作用，系統生產量在脈衝動力中出現消退及成長之循環。

$$\boxed{F}$$

Factor of safety（Fs）　安全係數

材料之破壞應力（σf）與容許應力（σa）之比值，或地盤之極限支承力（qd）與容許支承力（qa）之比值，稱為「安全係數」。

Failure of slope　邊坡破壞

邊坡由土重之重力作用、外加載重之增加、剪力強度之減低等原因，可能產生由上下塌之塌方現象。邊坡破壞之情形因高度、邊坡之角度及土壤之種類而異，大致分成底部破壞（base failure）、坡趾破壞（toe failure）及邊坡內破壞（slope failure）三種。底部破壞通常發生於斜度較平之軟弱具有凝聚力之土壤，底部破壞發生時滑動趾之脹起部份較大，破壞面影響較大之深度；坡趾破壞通常發生於具有凝聚力之土壤或坡度較陡之砂質土壤；邊坡內破壞，因堅硬地層之存在，破壞面未能進展而成邊坡內之破壞。

Fan　沖積扇

山地河流出口處的扇形堆積地貌，河流流至山麓出口處，流速降低，分成多股水流，呈放射狀向外流動，攜帶大量碎屑物質堆積下來，河床也因堆積抬高而不斷變遷改道，形成沖積扇；其外形似扇，自扇頂向扇緣，地面逐漸降低，坡度逐漸變小，堆積物逐漸變細。

Fault　斷層

斷層是一種破壞性的變形，且其破裂面（斷層面）兩側的岩層沿著裂面發生相對的移動，或是上下移動，或是前後左右移動，斷層有時形成一清晰明顯的斷裂破碎面，稱為「*斷層面*」（Fault plane）；但通常都成為一個斷層帶（Fault zone）：具有相當的寬度。

Fill dam　土石壩

土壤、礫石、岩石為主材料建造之水壩之總稱，可分均勻型、分區型及表面防水壁型，依材料而分土壤（earth dam）及堆石壩（rock fill dam）。均勻型土壩如使用細粒較多之粉土質土壤時，施工中容易造成內部孔隙水壓力，土壤剪力強度較小，安全性較低，適合壩 30m 以內。分區型土壩使用透水性不同之數種土壤，且備有粘土或鋼筋混凝土之不透水壩心。壩中岩石材料，佔有體積一半以上者，稱為「*堆石壩*」，岩石本體承受水庫水壓力，以截水壁增加水密性。

Filter strip　過濾帶

位於上游源流區及導流防蝕階地的區域，有足夠的寬度和種植密度的永久性植物帶；可抑制逕流並使挾帶物質沉積，防止下游建築物及水庫的淤積。

Fish ladder　魚梯

為一傾斜之梯型構造物，連貫壩之上游及下游，型式繁多，有的設以減緩流速，有的為串聯之水箱，其目的為供魚逆游至上游（淡水）產卵地。

Fish way　魚道

(1)為使魚類能溯上水壩、急流或其他水流障礙物而設計之通道，亦稱「*魚梯*」（fish ladder）。

(2)連接水壩上下游之一種設施，通常為一連串之水池，依高程排列，水則自高池溢流而至下游水池；其目的為使魚可通過壩之上下游，對於需定期至上游源頭產卵及幼魚需至下游生活之魚類，魚梯、魚道之設置甚為必要。

(3)為彌補溪流橫向人工構造物對水生物之阻斷，於河川中設置一條連續水流路徑供水生物溯游之構造物。魚道設計主要考慮因素包括：流速、坡度、對象魚種特性、溪流地質特性與泥砂產量等。適用於有常流水河段興建高壩阻斷水生物溯游之場合，設置後可提供水生物迴游通道，設置後需配合清淤及定期觀察分析設置成效。

Flood mark method　洪水痕跡法

根據事先設計好的最高水位痕跡標或最高水位計的讀值及測得的水流斷面，求得洪水時的水力半徑（R）和水流斷面積（A），再用平均流速公式，求取洪水流量的方法。

Floodway　疏洪道

兩旁有堤防之天然或人工水渠，用以疏導洪水流量，以減少洪水災害；有時被視為洪水平原與河道之間的過渡區域。

Floor area ratio　建蔽率

或稱「建築面積比」，為一塊 $100m^2$ 基地上底層建築面積 $60m^2$，則建蔽率為 60%。

Fluvial deposition　河流沉積

當河流的搬運能力和容量降低時，河流負荷的沉積（參見 Fluvial transportation）；原因有：水流速度損失、水體容積減少、河流坡降減低、河流全面凍結、河床加寬、以及河流注入流得很慢的水體如湖泊等。河流沉積的碎屑，稱為「*沖積層*」。當沉積開始時，河流負荷的大顆粒首先沉下來，許多地形與河流沉積相關，包括沖積扇、泛濫平原、天然堤及三角洲等。

Fluvial morphology　河川地形學

研究關於形成沖蝕、搬運作用以及堆積情況下的河川型態的科學。

Fluvial process　河床演變

河床在自然情況下，或受人為干擾後發生的淤積變化，河床演變就其表現型式而言，有縱向變形和橫向變形，而河床演變就發展方向而言，則有單向變形和重複變形，各種型式的河床變形往往是錯

綜複雜地交織在一起。

Fluvial transportation　河流搬運

沿著河道搬運礦物材料。河流搬運物質有三種方式：

(1)溶解負荷，由溶解物質組成。這種方式視河流經過基岩和沖積層的溶解度而定。

(2)懸浮負荷，主要由輕物質組成，如沙、粉砂、黏土，並由河流的紊流運動所承載。

(3)河床負荷，由較大的碎石塊，如岩石碎屑和卵石組成；因河水帶動使石塊沿河道的底面滾動或滑動。局部的湍流也可造成推移質一連串短距離躍動，稱為「*跳動搬運*」。

河流搬運能力代表其可能搬運的負荷，而河流輸沙能力是指可搬運顆粒的最大尺寸，河流運載碎石的能力主要依據水的流速、水量、流量等；因此在洪水期間，河流輸沙能力和河流搬運能力明顯增大。

Framework for vegetation slope protection　型框植生護坡

以錨定筋、縱橫向鋼筋及立體菱形鍍鋅網結合格樑式噴凝土形成連續格框構造，保留格框內植生空間噴植生基材植生之工法，使崩塌裸露坡面恢復接近自然之綠化效果，設計時須配合設置縱橫向截流溝。適用於崎嶇不平之坡面，整坡後即可施作，其施工期短，且短時間即可達植生成效。近年於國內經常使用於有潛在崩坍危險的邊坡，以穩定邊坡及達到快速綠化效果。

Frost action　凍裂作用

岩石中結冰作用體積漲大所造成的機械風化作用，在未膠結沉積物中地下水結冰而使地面上升者，稱為「*舉裂*」；在岩石裂縫中水因結冰膨脹而使岩石碎裂者，稱為「*楔裂*」。

Gabion　蛇籠工法

以鉛絲或 PVC 編成，內裝 20~30cm 之塊石，具屈撓性，受沖刷時易與地面緊密貼合而形成護坡之效果。

Gabions retaining wall　蛇籠擋土牆

以鉛絲機編蛇籠裝填卵塊石疊築而成，因蛇籠具柔軟性，可容許一定程度之變形，故適用於多滲水坡面或基礎軟弱較不穩定之地區，且其表面多孔隙符合生態工法原則。在功能方面，則適用於低緩坡面之坡腳穩定構造物，其高度在 3m 以下，亦可用於坑溝治理之固床工或小潛壩，因籠身係由工廠生產機械編織運至工地，只要整平基礎即可舖網裝石，施工快速。

Geomorphic cycle　地形輪迴

地形之發育自幼年期（stage of youth）、經壯年期（stage of maturity），以至老年期（stage of old age），進而形成準平原（peneplain）後，由於該塊陸地再度發生隆起，或因沖蝕基準面下移（如海平面之下降），而再度回歸幼年期之地貌，使得地形演變進入次一個輪迴，又稱「*回春作用*」（rejuvenation）、「*沖蝕輪迴*」（erosion cycle）。

Geomorphology　地形學

一門研究地表形態演化情形的科學，包括基本面上地質構造和地形間關係的研究。狹義者，僅指小地形，諸如：大陸山脈和大洋盆地之類；廣義者，包括大地形學。地形學可分為兩大部分：大地形學主要討論以內營力所造成的地形，即對於已經存在的地形，作歸納性研究，由此可得出地形的演化過程；另一部分為演繹性研究，並實地勘測地形逐步演進情形一以預測地形營力（外營力）如何控制地表景觀的發展趨勢，也就是小地形學。這兩部分是從截然不同的觀點，探討地表形態與發展過程間的關係，能夠相輔相成，而達成研究目標，歸納法比科學化的演繹法發展得更早。

Geomorphometry　地形分析

利用地形圖以進行測定並分析地形各種要素之定量值，在現地調查範圍內之預備調查項目，如起伏量，谷密度、谷之形狀係數等之測析，為地形分析之對象。

Geotechnics　地工技術

為關於地層或地盤的土木工程技術，與地質學關係相當密切；其主要內容有地層之工程性質（載荷力、透水性、壓密度、沈陷量等）之分類評鑑、軟弱地盤處理、基礎工程、深開挖、土石填、隧道邊坡穩定及土壤之穩定化（soil stabilization）等。

Geotextile　地工織物

使用聚酯、聚丙烯及尼龍等合成纖維之聚合織造網，以作土壤構造物用者，稱為「*地工織物*」，地工織物之使用目的可分：

(1)分離作用：水填不同土層之分離，道路路基及底層之分離等；

(2)濾過作用：允許淺流，但阻止土壤之外移；

(3)排水作用：允許透水達成結構物排水；

(4)加勁作用：增加路堤、擋土牆之抗拉強度；

(5)截水作用：地工織物如塗佈防水材料，可阻止水份移動。

Graben　地塹

(1)夾在兩個正斷層之間的狹長下降斷塊，兩側斷層走向平行，斷面角相對傾斜，大致由張力作用所形成；簡單而言，就是兩條平行斷層間之低窪地塊。

(2)兩條平行斷層間之低窪地塊，稱為「*地塹*」。

Grading curve　粒徑級配曲線

土壤由各種大小不同粒徑之顆粒所組成，土壤顆粒大小分析試驗之結果，常以分佈曲線表示之，此曲線係以顆粒直徑為橫軸，通過百分之比為縱軸，點繪於半數紙上而成。土壤顆粒之粒徑分布情況，稱為「*級配*」（grading），依級配曲線之形狀，可將粗顆粒之土壤加以分類，該曲線之重點特徵，以有效粒徑 D_{10}（effective size），均勻係數 C_u（uniformity coefficient）與曲率係數 C_d（coefficient of curvature）等術語表示之。

(1)有效粒徑 D_{10}= 級配曲線上，通過百分比為 10% 相對之粒徑。

(2)均勻係數 $C_u=D_{60}/D_{10}$ 式中 D_{60}= 級配曲線上，通過百分比為 60% 相對之粒徑。

(3)曲率係數 $C_d=(D_{30})^2/(D_{10}\times/D_{60})$=判別土壤級配優良性，作為土壤分類依據；如均勻係數

C_u=1~4 者為均勻土壤，C_u=5~8 者為級配好之土壤，C_u>9 者為級配優良土壤，曲率係數 C_d=1~3 者為優良級配土壤。

Gravel　礫石

泛指直徑介於 2~2.56mm 之石粒，有時僅指直徑介於 2~4mm 之較小石粒者。

Gravity dam　重力式防砂壩

(1)混凝土壩之一種，以壩體本身之重量來抵擋水流或攔阻土砂之作用力，具有上游面成似鉛直之三角形斷面，可說是依靠自身重力維持其穩定的壩。因此為有效抵擋水之壓力，壩體本身必須構築得既厚且重，是以重力式壩之最大特色即是體積相當龐大，其斷面形狀通常呈梯形，且底部相當寬；又壩身及基礎產生之應力較小，可在不良地盤上建造，但斷面積至大、工程費龐大為缺點。

(2)目前絕大多數之防砂壩都以重力式來設計，而填體材料則以土石堆砌之土石壩，或以混凝土灌製之混凝土壩為多，其他亦有格籠式或鋼軌式之輔助設計形式。

(3)防砂壩依設計形式之不同，可分為重力式與拱形兩大類，一般常見之壩形大多屬重力式防砂壩為主。

Gravity retaining wall　重力式擋土牆

以混凝土重量抵抗土壓力之擋土牆，對傾倒、壓碎及滑動具備安全性之擋土設施。

Greenbelt　綠帶

保持自然或未開發或為農業使用之帶狀土地，用以隔離連續性的都市發展，通常是設在都市住宅區的外圍；綠帶的最初目的是為保證生活的人民，在這污染又不舒適的城市環境下，能有永久的休養區，同時亦可控制城市的擴張。

Green buildings　綠建築

在建築生命週期（生產、規劃設計、施工、使用管理及拆除過程）中，以最節約能源、最有效利用資源的方式，建造最低環境負荷之情況下提供最安全、健康、效率及舒適的居住空間；達到人及建築與環境共生共榮、永續發展。

Greenization technology　綠化技術

是利用草木，早期確實的實施面與立體的綠化，以達環境、土地以及景觀保育之工法；為了順利達成以上之目的，植生綠化時，宜採用以播種為主，栽植為輔的植生方法，早期全面的覆蓋效果，同時用混播的方法（草本與木本植物之混播，外來與鄉土植物混播）與利用肥料木，促其造成有機的立體化植物社會（即複層植被），增大自然保育之功效。

Grid-type dam　格子式防砂壩

傳統之防砂壩除了為施工及減低水壓力而設置排水孔之外，幾乎為不透水式之壩體，但由於不透水式防砂壩相對的亦會將大小土砂石礫等攔住，而使防砂壩之下游溪床因土砂供應減少而造成淘刷現象，甚至因而使得海岸後退；此外大型防砂因溢流口之落差太大，使得魚類無法迴游，造成生態之破壞。為避免此等情事發生，故防砂壩乃採透水式之設計，其中以鋼管或鐵材等構築成格子式之防砂壩乃應運而生，其通水斷面呈格子之形狀，乃稱之為「*格子式防砂壩*」。

Grit catcher　截砂池

通常為置於下水道低凹處之上游端，或匯流或雨水下水道的其他地點，以截留砂礫之水池；池的大小及形狀設計可使通過的水流速度減慢，以便礫石沉降，亦稱為「集砂池」。

Grit chamber　沉砂池

貯留池或下水道的擴大部分，用以減低流速，使砂礫與有機固體因不同的沉澱速度而分離；有些沉砂池的設計方式為增加流速，以利水流沖刷附著於砂粒表面之有機物。

Groin　丁壩

海岸之突出構造物，將弱化沿岸流、防止漂砂及沖蝕作用，以求海岸線之安定；丁壩可由木樁、混凝土或岩石建成，使其作用像暫時的沉積槽，直至海灘漂移速度減緩下來。

Ground stabilization techniques　地質穩定技術

其主要目的在於穩固或保護水岸、邊坡以及天然斜坡等，機制在於利用植生根系天然的著生力，及因伴隨著植生生長過程所提高的蒸散率。常用方法為線狀或點狀扦插枝條，至其萌發後形成灌木叢或林帶，而其鬱蔽的樹冠亦能有減少淋溶的功能。

Ground still　帶工（帶狀工法）

河川整流工程之一種橫向工程，沒有落差的固床工。穩定現有河床，維持河床坡降（斜率）為主要目的。

Groundsill works　固床工

為穩定溪床而設置之橫阻溪谷構造物，即固床工係指構造物之頂部與溪床之落差 <1m 者；而落差在 1~5m 者，稱為「潛壩」；落差 <30cm 者，則稱為「帶工」。

Grout（Grouting）　灌漿

灌漿費用較高，於深處土層才適用，其目的有止水與強化地盤二種，隔幕灌漿一般用於地下水截流物的永久性工程，亦有幫助排水工程的實施；其方法係將化學材料或水泥漿以高壓力注入透水土壤的孔隙中，當這些漿液凝固後，即形成一不透水的屏障，其成功與否，視所灌入的漿液分佈情況而定。

Groyne　丁壩

為由河岸向河心方向構築，以達到流淤、造灘、導流成護岸之構造物，可創造出多樣性之水邊環境，並減緩丁壩間水流速度，因此於高水位時期，亦可成為魚類之庇護所。

Gully control（Gully treatment）　蝕溝控制

蝕溝控制係運用植生、工程、或植生與工程方法配合使用，使活動的蝕溝穩定或恢復地力的處理。其方法可歸納為：
(1)農耕方法，填平小蝕溝，或防止人為土地利用不當。
(2)植生方法：分為自然再生及人工植生。
(3)分散逕流：構築分水工程如截流溝、分水階段、山邊溝等，減少逕流進入蝕溝。

(4)溝面整理成平緩坡面，穩定水流，防止草木石塊阻塞蝕溝。

(5)構築安全排水溝。

(6)構築節制壩。

又其目的為穩定蝕溝，防止沖蝕擴大、攔阻泥砂，減少下游災害及公共設施維護費、恢復沖蝕荒廢土地之生產力及促進植生被覆及環境美化。

H

Habitat （Wildlife）　生育地；棲息地

(1)動植物生存之自然環境或地點，生物生存的整個環境可以影響生物的生存；同時生物也可設法適應環境。

(2)族群或個體所生存之環境，不只包括該物種出現之地點，亦包括該處之特殊環境特性（如氣候或食物供應，以及適當的庇護所等），使其特別適合並滿足該物種在其生活史中的種種需求。

Hanging-net for vegetation slope protection　掛網植生護坡

先於整坡完成坡面覆上菱形網、加勁椰纖毯、纖維毯等，並以錨釘固定後噴植生基材約 5cm 厚，植生基材中拌有經選定之喬、灌木草花種子與草種、肥料、黏劑、保水劑、促生劑、植物纖維樹皮堆肥及泥炭土。適用於坡度較平緩之崩塌坡面處理，可快速植生復育以穩定坡面，防止沖蝕及防止淺層地滑的發生。

Hay bale breakwater　乾草包防波堤

利用乾草綑成圓柱形，平行放置於水（河）岸，可減緩水浪沖擊力，並促進現地植生的復育，可配合其他相關工程方法使用，將可形成更自然的景觀風貌。

Head ward erosion　溯源沖蝕

(1)河流在其源頭向後沖蝕，加長上游河谷的作用，溯源沖蝕在薄弱的底層基岩地或斷層影響的地區特別顯著；常見的起因包括瀑布向上游遷移、緊鄰噴泉地區的局部沖蝕（泉沖蝕）、還有溝蝕和片蝕，溯源沖蝕最終可能導致河流襲奪。

(2)在暴雨時，地表逕流由高處向低處流動，其沖蝕溝由低處向高處延伸（即指河谷從源地向上游延展），呈跌水狀前進，此種沖蝕坡地的現象，稱之。這種現象尤以較小河谷在正常發育時為重要，谷頂岩石的風化和土石的滑落，以及泉水的溶蝕作用，都能幫助向源沖蝕。

Hydraulic radius （R_H）　水力半徑

管道或明渠之水流斷面積（A），以管或明渠之濕潤周長（P）相除所得值為水力半徑（R_H）。滿水時管道之水力半徑（R_H）為：

$$R_H = \frac{A}{P} = \frac{\pi R^2}{2\pi R} = \frac{R}{2} \quad (R：水管半徑〔L〕)$$

即渠道之截水面積與濕周之比例，亦稱「水力平均深度」（hydraulic mean depth）。

Hydrologic observation station　水文觀測站

為瞭解自然溪流某定點雨量、水位、流量等水文現象之變化，以預估相關水文事件之規模，作為治理對策及管理措施執行參考及依據而設置之紀錄站。應用於天然災害防治、河川治理、壩工設計、水力發電、特有生物調查研究等領域，以提供基本水文資料。

Hydroseeding for frameworks　格框噴植法

採用立體鋼絲網，結合格框鋼筋與水泥砂漿，並於格框內噴植草種或植生基材，形成連貫性坡面，為一種現地坡面保護之工法。

Hypsgraphic features　地貌

地表之自然情況，以高低起伏為主，地表之房屋、橋樑及道路等人工構造物，稱為「*地貌*」。

Hypsometric curve　面積高程曲線

乃是以二維的面積高程曲線架構來描述地表三維的體積殘存率；由集水區的相對高程比（h/H） 為縱軸及相對面積比（a/A）為橫軸所構成之曲線，而面積高程曲線下方的面積，即為面積高程積分（Hypsometric integral, HI）。

$$\boxed{\text{I}}$$

Impoundment　蓄水池

(1)水工挖掘用以收集或貯存水分之水庫或池塘。

(2)塘、湖、槽、集水區或其他地方，由天然形成或全部或部份為人工建造物，用以收集、調節或貯存水分。

Infill site　回填場地

從前使用後報廢的場地，可作新用途；回填場地可位於兩種地點：

(1)在現有城市的建築物內，以前的住房、工廠、或運輸場地已經閒置，並適於更新取代做各種用途。

(2)在非建築區，早先的開採工業如採石業在地表景觀中留下很大的裂口；這些場地可以控制傾倒其他地區的填土回填，最後使此場地可以用於農業，或做為城市發展和娛樂事業之用。

Instream flow incremental methodology（IFIM）　河川流量漸增法

一種評估方法，為估算指標物種可利用棲地面積隨流量增減而變化的率定關係，再依河川生態維護標準評選合適的可利用棲地面積數量，其對應之流量即為河川生態基流量。

Internal pulsing dynamic　內部脈衝動力

由系統內部引發脈衝動力，源自於內部能流快速、狂起之消耗及物質循環等之作用，系統生產量在脈衝動力中出現消退及成長之循環。

J

Joint　節理

岩石中之少有規則之裂隙破壞面，稱為「*節理*」，將岩石分成巨塊或其他不規則形狀，與雙方相對變位之斷層不同；即連續岩體中的破碎面或裂隙。由形態節理可分柱狀節理（columnar joint）、板狀節理（platy joint）及方狀節理（cubic joint）。與構造運動無關之節理可分冷卻節理（cooling joint）、乾燥節理（desiccation joint）及風化節理（weathering joint）等。

Joint planting　聯結植生

利用活（萌芽）樁，深入土壤縫隙，可防止岸邊沖蝕並提供棲地環境。

K

Kaolinite　高嶺石

具有 1:1 結晶格子之鋁矽酸鹽粘土礦物，由一層矽四面體與一層鋁八面體相間排列而成；或指鋁矽酸礦物中具有 1:1 式構造之礦物之總稱。高嶺石與侵入花崗岩相聯繫，屬白色的細黏土，主要成分是高嶺石，用於製造陶器、陶瓷、油漆、紙張和橡膠。

Karst topography　喀斯特地形

在石灰岩等可溶解岩石區域，因雨水，滲水緩慢溶解石灰岩主要成份之 $CaCO_3$，而經一長久時間造成之特種地形，稱為「*喀斯特地形*」；地表面上之喀斯特地形有碗狀凹地之石灰穴（doline）、石灰穴聯合所成之大石灰穴（uvala）及圓錐狀凸地之圓錐喀斯特（cone karst）等。地下之喀斯特地形有滲水溶解所成之鐘乳洞（limestone cave，cavern），如石灰成份之水由頂部往下滴落時，在頂部所殘留之少量石灰成份，漸成柱狀下垂之鐘乳石（stalactite），如遺留在地上之石灰成份，則漸次形成柱狀之石筍（stalagmite）。

Kriging　克利金法

根據一般最小平方法演算之一種內插方法，使用變異圖（Variograms）為權重函數。

L

Lagoon　潟湖地質

海邊的淺水海灣、河道、池塘等，由砂嘴、砂洲、環礁等與海洋相隔離，以砂洲隔離外海之閉鎖性海域，亦稱為「*鹹水湖*」；此外，潟湖內的鹽度水準也可以隨時間而改變，沉積物以細粒為特徵，含相當比例的有機物質。

Lahars　火山泥流

一種泥流，以火山噴出物為主體，由水和未固結的火山灰、其他火山碎屑物混合所形成的；假定堆在火山邊緣的不穩定岩屑被大雨沖刷，就會受重力作用的控制流下來。火山泥流的成因有：降水、快速的融雪，以及火山噴發時，火山口湖猛烈的噴水所觸發，火山泥流可由其發源處流經很大距離，速度可能 >90km/hr。

Land capability　土地可利用限度

土地可用而無永久損害之虞的限度，一般是指包括氣候在內的物理性土地狀況，其對於生產作物所加之耕犁、放牧、造林及野生動物保護等行為，不致使其受害之合理限度；此外，亦考慮到土壤沖蝕和其他因子為害土地利用之程度。

Land information systems（LIS）　土地資訊系統

用以記載土地本身性質及相關法律的資料庫，有時也稱為「*土地記錄系統*」（Land records systems；簡稱 LRS），土地資訊系統中通常包括土地所有權、地價及土地界址等資料。

Land use（Land utilization）　土地利用

即人類為了生存而對土地（包括地面、地上的草木、土壤、水、岩石、礦物等）之使用；換言之，即為了人口、社會、經濟、文化的繁榮、發展、進步，人類對各區域、各地點所作的具體的經營方法及利用。土地利用的形式，主要有耕地（水田、旱田、果園、菜園）、牧地（草地、牧場）、森林、建地（工廠、商店、住宅、公共用地）及交通用地等；其適用的形式，依自然、社會、歷史條件而異，調查土地的性質、潛在價值及利用形式等，以作土地的分類或水土的保持；以達土地合理的利用、有效的開發等，為土地利用研究的主題。

Landforms（Topography）　地形

即土地的型態，其中包括陸地的起伏、高低、河川的分配狀態和位於地表所有固有物體（地物）的總稱。

Landscape　景觀

將地球表面的各種型態表達出來的自然地理特徵，如山區、丘陵、平原、森林及河川等，可以一瞥就能清楚分別出來的。

Landscape-brick retaining wall　坡景磚擋土牆

為使擋土牆同時提供安全、景觀及生態功能，設計採用工廠預鑄之混凝土坡景磚疊砌，其完成後之外觀具立體美感，牆身具透水性且階段設置植栽槽，可提供綠美化植穴空間。用於景觀道路及風景遊憩區周邊坡度較平緩坡腳之擋土構造物，高度以不超過 2m 為宜，否則須搭配加勁材。

Landslide　崩塌

(1)指坡面山石崩落之現象，指坡面之一部分因降雨之雨水滲透、地震之作用、坡面上方之荷重增加、坡腳之淘刷等外力作用，致使坡面失去平衡，而使土塊破碎急速崩解掉落之現象。

(2)包含堆積物、風化岩石及母岩等地塊，因重力作用而向下坡滑動的現象；通常發生於地塊為水所飽和的時候，或指土石迅速向下坡移動之現象。

(3)崩塌一詞以常識判斷係指坡面山石崩落之現象，但由於引起土石崩落之原因相當複雜，因此在學術界即有所謂山崩、崩坍、落石、地滑、土石流等名詞，而各名詞之定義至今尚未能完全統一，但若以廣義之崩塌當可涵蓋上述諸名詞；然而，由於地滑與土石流在運動速度及形態上，有極大之差異，因之目前大致概分土砂災害之形態為崩塌、地滑及土石流等三類。

Levee　堤防

為使水流能在固定溪床範圍內順利流下，及避免水流到處漫流泛濫，因此即在順溪流之方向上，沿溪流兩側構築高於溪床面之構造物，以防禦約束水流泛濫，此種構造物，即稱為「*堤防*」。溪流兩側構築堤防以保護岸邊及鄰近土地、村落與公共設施等安全為目的，故堤防靠溪床一側，即稱為「*堤外*」，而靠村落一側，則稱為「*堤內*」。由於堤防功用在防止洪水漫流，因此堤防不容有破洞或堤面破壞情形，否則水流即容易由破洞或堤面裂隙滲水，或是基腳保護不周而有潰堤之虞。

Limestone　石灰岩

(1)含 50% 以上 $CaCO_3$ 之水成岩。石灰岩可以是淡水或海水成因，其組成物質可以是化學沉澱的、有機質的或碎屑的；而其主要礦物為方解石，且內有許多雜質。

(2)含 $CaCO_3$ 之水成岩，主要礦物為方解石，其內有許多雜質。

Line-intercept method　線截法

為植被調查的取樣法，將測繩拉直置於地面，截取線上植物投影的覆蓋度以記錄之；在更新評定時，此方法被稱為「*直線更新取樣法*」。

Liquifiaction　液化

飽和之砂質土壤，在急速振動之情況下或由於水壓之作用下，土壤粒子間之有效應力變為零，其抗剪應力消失而呈液體狀之現象，稱為「*液化*」，相對密度較大之砂土較難呈現液化現象。

Live cribwall　框格牆植生

利用多層的切枝或萌芽樁固定置入框格內，向坡面延伸，待植物成長後，逐漸取代框格，對於維持邊坡景觀具有效功能。

Live stakes　活性插枝

利用活動（萌芽）樹枝，插入土中，為一經濟實用之護岸工程方法；可營造一自然植生群落社會，並提供棲地環境。

Lowland　低地

平地除去丘陵、臺地以外之部份，稱為「*低地*」，其地形有扇狀地等（fan）、三角洲（delta）及低濕地（back marsh）等。

M

Manhole　人孔

自來水管、污水管、污水溝、電纜等地下埋設物之檢查及清掃用工作人員出入口，具有圓形、橢圓形或長方形斷面，多為預鑄鋼筋混凝土造；人孔中之兩支管高低超出 60cm 時，孔中另設副管，以誘導晴天少污水量用。

Manning's formula　曼寧氏公式（水力）

用以預測在明渠或管道內水流速的公式：

$$V = 1.486 \times R^{\frac{2}{3}} \times S^{\frac{1}{2}}/n$$

式中：

V：平均流速（m/sec）；

R：水力半徑（m）；

S：比降，係能量梯度之斜率，或假設流速均勻時的渠道坡長（m/m）；

n：渠道內面的粗糙係數或阻滯因子。

Marsh　沼澤地

經常受淺水淹沒或週期性潮濕之區域，主要生長之植物有蘆葦、香蒲、燈心草、或其他水生植物；又可分為淡水沼澤及鹽水沼澤，屬雜類土地型。

Maximum power principle 最大功率原則

能與其他系統競爭而存活之系統，為能自外界輸入更多可利用能量，加以有效率地轉換利用，以應存活之需。

Minor bed　低水河槽

低水流量時，水流的那部分河道。

Modellinng-mold retaining wall　造型模板擋土牆

利用造型模板複製天然石材表面紋理重現於混凝土表面，形成模仿卵石、頁岩、板岩堆砌之效果，讓單調生硬的壁面呈現豐富的表情，更接近自然景觀。適用於傳統混凝土擋土牆、壩面、整流工、橋臺、橋墩等構造物之外表飾面，使拆模後呈現更貼近自然景觀。

Mudflow　泥流

一種含大量細顆粒的土質流體（水飽和之粉土及粘土），在運動時具很強的流動性；泥流常發生於植被稀疏的地區，當大雨把表面土壤轉變為流動的黏滯物質時，泥流行進速度可達 4m/sec，深度可達 2m。

Mudstone　泥岩

一種泥質沉積岩或淤泥的固結產物，呈塊狀或塊體狀的細粒，大約含等量的粉沙和粘土，其特徵為缺乏頁岩的明顯細紋理並極易碎裂，排水性差。以顏色不同，可分矽質泥岩、凝灰質泥岩、青灰色泥岩及黑色泥岩等；泥岩可作不透水層用，亦作屋瓦材料或硯石之用。

Mulch　敷蓋

為求保護土壤及植物根部免受雨滴、冰凍、蒸發等影響，及提供適合發芽與生長的微氣候條件，而散佈如桿、鋸屑、葉片、塑膠布及疏鬆之土壤等物質，於土壤表面。其目的為：

(1)減少逕流及土壤流失，增進土壤水分含量。

(2)抑制雜草，減少中耕除草工資。

(3)調節地溫。

(4)增加土壤有機質。

(5)減少土壤水分蒸發。

(6)PE 材料敷蓋之功用則限於 2.3.5 項。

Natural levee　自然堤

河道兩測由沖積層堆積而成的低而寬廣的小脊，可以把河水面提升，是洪水時期河水泛濫出河道時，其所含沉積物堆積在河道兩側所造成者。

Niche　生態位置

生態學上，與已知生物體總數有關的交互作用，包括棲息地、食物來源、寄生生物（parasites）和掠食者（predators）；還有地洞、巢穴及其他生存位置等必要條件和影響此生物生存的所有因子。

No tillage　非耕作性

不是以培養土栽培，而是藉著喬木作物，護根物及綠肥作物等的組合，以建立土壤內肥沃度的方式代替耕作；並藉著砍除、護根、放牧或灌溉等方式控制雜草。

Non-structural flood control measures　非工程防洪措施

通過法令、政策和經濟手段配合工程以外的其他技術手段，以減少洪災損失的措施；就其本內容，一般可分為：

(1)洪水區管理；(2)規定易淹區內建物及其他設備的放置地點；(3)洪水保險；(4)制定居民緊急撤離計劃和對策；(5)建立洪水預警報系統；(6)救災。

Oasis　綠洲

乾燥地區經常有水源的地方，能維持植物生長、作物生產和人類居住。綠洲多依賴泉水、井、地表或接近地表的水；其大小和重要性不一，小的只有一小簇棕櫚樹，也有大到整片寬闊谷底的大片肥沃土地，甚至接近大水道維持固定農業的一大片土地。倚靠綠洲的土地傾向於小而密集的種植，青草茂密的植被和荒蕪沙漠之間，有明顯過渡作為標記。

Opencast mining　露天開採

開採位於或接近地表礦床的方法，移去覆蓋層後就開採礦床，不需要礦井和坑道；露天開採常是大規模生產，最常用於採褐煤、煤和鐵礦。從經濟上考慮，露天開採比深井開採能開採更低級的礦物；一般說來，若覆蓋層與礦物之比不大於 15：1，則露天開採在經濟上是可行的。

Orogeny　造山運動

沉積層之隆起作用、地層之變形作用、地下深部之變質作用、大山脈之形成作用等之連串運動，稱為「*造山運動*」；產生造山運動之地域為造山帶，現在阿爾卑斯及喜馬拉雅大山脈，為中生代及其後年代之阿爾卑斯造山運動所成。

Outcrop　露頭

無表土及岩石碎屑之覆蓋物，即基岩或地層等露出於地面之部分；岩石地層單位可以是一個地層、一種火成侵入體或任何其他岩體。露頭不一定暴露在地面上。

Oxbow lake（cut off lake）　牛軛湖（切斷湖）

原先為曲流的一部分變成一個新月形的湖。牛軛湖為曲流的典型狀態，因為河流的側面沖蝕集中在曲流彎曲處的外緣才會有這種結果；一經形成牛軛湖，很快會被粉沙填沒。

$$\boxed{P}$$

Particle（Grain）size distribution　粒徑分布

　　組成土壤所有粒徑如何排列組合，由粒徑大小，可細分為砂粒、粘粒及沉泥等。

Pavement　路面；舖面

支承交通載重用道路或跑道之構造物，由表層（surface）、底層（base course）及次底層（subbase course）所成。

PE frame for vegetation slope protection　PE 格框植生護坡

格框植生護坡係利用 PE 材料加工製成立體網狀結構，經舖設、錨釘、填土循序組立完成後，再依設計師指定方式植生，以獲致一個防沖刷植生綠化坡面。適用於鬆散土體、岩塊之坡面保護，施設後 PE 網可防止坡面連鎖性沖蝕，配合框內植生基材混以草木種籽，達到綠化坡地、保育水土之功能。

Pediment　岩原

乾燥區域或半乾燥區域內山腳下緩慢傾斜之沖蝕岩面，或為裸露，亦可能覆有一薄之沖積層，此係因山崖受沖蝕作用而後退所造成的。

Pervious Pavement　透水性路面（舖面）

使雨水通過人工鋪築多孔性舖面，直接滲入路基，而具有使水還原於地下之性能。

Pier foundation　墩基

墩基是用來將結構物載重穿過不良土層，而傳至下方支承強度較大的土層上；墩基之斷面積比樁基大，必須先挖掘深坑至預定深度，再行灌注混凝土，墩基中空的大小，通常以足夠容許一個人進出以供檢查之用。

Pile foundation　樁基

樁基之使用目的，通常為傳達結構載重至結構物底面下某深度處之硬土層，樁普通係由木材、鋼鐵或混凝土造成。一般在下列之各種情形下，必須使用樁基：
(1)結構物下方之土壤，沒有足夠之強度，以支持淺基上面的結構載重之處。
(2)若使用淺基，因結構物下方土壤的壓縮性甚大，以致發生過大的沉陷量之處。

(3)土壤的壓縮性變化或結構載重不平均分佈，將導致淺基發生過大的差異沉陷之處。

(4)基礎需要抵抗側向力或上揚力之處。

(5)要開挖硬土層才能安置基礎，但證實為困難或高價之處。

Piracy　河流的襲奪

溯源沖蝕快速的河流可以向上切穿其分水嶺，將分水嶺另一側河流中的水導入本河流內。

Plain　平原

指位於海拔 610m（或 2,000ft）以下的平地或緩波地。

Plant community　植物社會

一群相同或不同的植物族群，生長在同一棲息地，彼此營運著不同功能，相互依存、影響及協調，以達到一有組織、規律而穩定的社會；然此社會並不會長久不變維持穩定狀況，常因棲息地環境因子變化而改變，造成不同植物群落取代之消長現象。

Plate hurdle works　板狀柵工

為防止崩坍土砂後坡面流失，利用木板柵工，通常設置在坡腳，耐久性良好的工法。

Plate tectonic　板塊構造

板塊構造為 1960 年代早期的一種理論，它認為地球表面係由若干較薄之板塊所覆蓋，板塊與板塊之間會相互產生運動；在海洋底部之海嶺部位湧出之板塊，向兩側逐漸擴展，以至於與大陸板塊或孤島起衝突。當板塊受到衝擊時，將會引起地震、火山活動等，板塊是被板塊邊緣（plate margin）包圍；板塊本身既可由海洋性地殼組成，也可由大陸性地殼組成或二者兼之。

Plateau　高原

平坦之高地，遠望像山，海拔通常在 610~1,830m（或 2,000~6,000ft）之間。

Playa　窪地

在一平原中央之淺平盆地，雨後積水，然後蒸發乾涸。

Point bar　突洲

曲流內部所發展的種沉積形態，曲流灣的外緣有償性的沖蝕；突洲自曲流灣的最大曲度點向下游延伸，它和河岸間形成一槽，最後由細粒的沉積物所填充。

Point source　點源

從單一的地點排放出大量污染物—的情況，如煙囪、火山或下水道排水口。

Pollutant　污染物

任何由外界引入而足以限制資源之某特定目的利用之物質。

Pollution　污染

在環境中存在之物質，由於其性質或數量，足以危及環境品質及不利人類健康之情形者；這些物質常是家庭、工業或化學廢棄物。生物圈的污染，使物理、化學和生物基礎結構發生不希望出現的變

化，並反映在性能受損、生長減緩、繁生能力降低和最後導致各個生物體死亡。

Pools and riffles　淵和淺灘

河流中深水和淺水範圍的變化，認為是形成曲流的先驅；在淺灘處，流動水的能量用於克服凹凸不平的河床所施加的大摩擦力；而在潭中或較深區域，這一能量轉向挖掘河岸下部，一旦開始後，曲流的形成好像是永續過程。

Primary production　初級生產

即由太陽能轉換成化學能，或簡單無機物複合成複雜有機物的步驟，最為人所知的，便是「光合作用」。

Primary succession　原生演替

在自然產生的無植被裸地（如岩石風化）產生後，所生最主要的三個演替活動階段。包括：先鋒期（pioneer stage）、過渡期（sera stage），以及顛峰期（climax）三個進程。

Protection works for streambed　河床保護工作

為使溪流之斷面穩定，除了在河道兩岸以護岸或堤防加以保護以外，溪床部分亦須加以保護，尤其在淘刷嚴重之部分，若溪床令其無限制淘刷，終究仍將造成兩岸保護工程構造物因基礎淘刷而破壞，故對淘刷河道之床面理應加以保護。溪床保護工亦屬整流工程之一部分，亦為河道沖蝕防治之必要處理設施。

Protection works for the toe of levee or bank revetment　堤防或護岸之基腳保護工

為防止溪流之縱向與橫向沖蝕，而採取一系列之保護工程，統稱為「*整流工程*」。主要目的係藉助堤防、護岸、固床工、丁壩、跌水工及各種溪床保護工等組合，以防止溪流之縱向與橫向沖蝕，確保溪床穩定，並且控制水流方向與流速，以保護兩岸土地、房舍及公共設施。

Protection zone　保護帶

係指特定水土保持區內，應行造林或維持自然林木或植生覆蓋而不宜農耕之土地，經管理機關依實際需要設置及保護者。

Pulsing dynamic　脈衝動力

為一存量與流量之激增、高漲現象，存量由消退至成長為一完整之脈衝循環。

Quarry　採石場

露天採掘岩石的場地。

Quaternary period　第四紀

地質年代之最後一紀，其年代約由 2×10^6 年前迄今；以距今約 10,000 年前為界，其以前者稱為「*更新世*」，其後者為「*完新世*」。第四紀形成之地層，稱為「*更新統*」或「*洪積層*」（diluvium）；完新世時形成者，即為「*完新統*」，亦稱為「*沖積層*」。一般認為距今 2×10^3 年前

之最終冰河期以後，一連串之海面上昇時之沈積物形成了沖積層，且為軟弱地盤。臺灣之西部平原及西部麓山帶之部份地層屬第四紀層。

Quick sand　沙湧

飽水的疏鬆沙土，在震動動力或水動壓力作用下，發生液化流動的現象，亦稱為「*流砂現象*」。

$$\boxed{\text{R}}$$

Raft foundation　筏式基礎

支持數根柱子或整個結構物之大混凝土板，稱為「*筏式基礎*」，其適用時機為：
(1)基礎承載力很低時，將各獨立基礎連成一體，可提高承載力。
(2)地下土層軟硬分佈不均或有岩石孔穴存在時，應用筏式基礎減低差異沉陷。
(3)為了控制沉陷量，藉開挖以平衡建築物載重，需要支持高靈敏度機械之基礎。
(4)地下水位面下之地下室，而要封閉之筏式基礎以防止水分滲入。
(5)柱載重大，致獨立基腳面積超出建築面積 50% 以上時，使用筏式基礎較為經濟。

Rapid　湍流

河流坡度突然增加，引起不連續、快速流動的部分，湍流因河底基岩受到不同的沖蝕所形成，若不築起水閘越過此地形，則會阻礙航行。

Reach　河段

河流或河谷之長度，為研究之方便而選擇者。

Reconnaissance　勘察

對一地域之森林、牧地、集水區或野生動物區之初步調查，通常以勘查、鑽探土壤及試驗三步驟進行調查，以獲得提供將來所需之一般性資料。

Regional analysis　區域分析

在一個相似地區或範圍內，對有測站流域之洪水頻率線，可用來發展另一個範圍內沒有測站之流域的洪水頻率線，亦可與其它的水文資料共用；此方法為迴歸分析的一個簡單型式，常被統計學家所使用。

Regulating pondage　調整池

水力發電廠每日負荷變動，水量調整所設之蓄水池；將低負荷時之剩餘水蓄存，於夜間之尖峰負荷時使用。水力發電廠之常時使用水量 Q_0（m^3/sec），尖峰負荷時使用水量 Q_r（m^3/sec），尖峰負荷繼續時間 T（hr）時，調整池之容量 V（m^3）為：

$$V = (Q_r - Q_0) \times T \times 60 \times 60$$

Rehabilitation　修復，復建

(1)將土地恢復至農地利用或是配合先前土地利用計劃中之生產性利用，包括維持一穩定性之生態狀

況，使其環境不劣化，且能與周遭的美感價值相協調。

(2)針對某特定區塊被干擾前應具有的部分重點特徵，進行施做，使其能重現這部分的功能、特質。

Reinforced retaining wall　加勁擋土牆

藉加勁材與分層夯實之緊密土體結合形成一道重力式柔性擋土構造，須配合周邊截水排除逕流及表面植生綠化加強景觀性。設計時依計算所得最大埋設長度及最大埋設間距，並另加安全因子設計。主要應用於崩塌坡面有大量餘土須處理且有足夠埋入深度之工址，並可應用於較軟弱之基礎及地層，抗震性較佳，其外觀變化多，表面易於植生，容易與周遭環境融為一體。

Rejuvenation　回春（作用）

由於基準面（base level）降低，河流沖蝕容量增加而河流恢復生機；由此使較低河灣發生過陡現象而沖蝕增加，切出條新縱斷在裂點處和原先的縱斷相交。支流河谷在裂點的向海一邊和主流相會，也已發生回春作用而向下切割。在裂點以下，當切下至一新面時，原先的谷底高懸在河川之，成為一河階。裂點向上游推進，它的快慢由河床的石質以及上面河流的性質來決定；如果遇到堅硬的岩帶，它可能會停下來，如此，回春作用不向上游影響，當河谷的較低部分太陡時，兩邊的坡地也會有回春作用，偶而產生一谷邊小面，與河流相接。

Relief　起伏量

(1)單位面積內，地表最高點與最低點的高程差。

(2)立地表面形之敘述。表示標高之高點與低點之地勢學差異。

Relief ratio　起伏量比

集水區內最高點與河床下游最低點的高程差，對河道總長度之比。

Reservoir　水庫

也叫「*攔水池*」，用壩、堤、水閘及堰等工程，於山谷、河道或低窪地區形成的人工水域；它用以調節逕流，以改變自然水資源分配過程的主要措施，對社會經濟發展具有重要的作用，一般又分為山谷水庫，平原水庫及地下水庫三大類型。

Reservoir sedimentation　水庫淤積

河流挾帶的泥沙，在水庫區的淤積，河流流入水庫回水區後，由於斷面增大，流速減小，水流挾沙能力降低，所挾帶的泥沙將在庫區落淤。泥沙在庫區的淤積數量、過程和分布，受水庫庫容大小、平面型態、底部地形、運行方式和挾沙量、大小、過程和泥沙組成等多種因素的影響。為減緩水庫淤積，通常持用以下幾種方法：(1)在流域範圍內進行水土保持，防止水土流失減少泥沙來源；(2)在水庫上游挾沙量較多的支流上修建小型水庫攔截部分泥沙；(3)對水庫進行合理調度和運用，將排除泥沙。

Restoration　復舊，復育

(1)將生育地條件回復至土地被破壞以前狀態之過程。

(2)使現有棲地型態經過人工施做，使其各種組成、條件、功能、景觀等都能回復至未受干擾前的狀態。

Retaining wall　擋土牆

係阻擋土石或地層塌滑而施設之一種工程構造物，主要在於維持相鄰兩高低不同地面之安定，以防止填土或開挖坡面之崩塌與滑動，係以擋土牆本身之重量用來抵擋坡面土壤或地層向下移動之力量，以確保擋土牆上方坡面之安定；或藉堅韌之材料構築在坡面上，以強韌之抵抗應力來擋住土層等所施加之應力。

Retarding basin　滯洪區

將洪水時的一部分流量導入其內貯存，以減少下游洪峰流量為目的。

Retention pond　蓄洪池；蓄水池

為貯蓄因土地開發而增加之水量，則以蓄水池或蓄洪池予以貯蓄之。

Revetments　護岸

為保護河岸而直接構築於岸坡之構造物，其目的為保護河岸及穩定坡腳。

Riparian　岸生的

(1)靠近水域（溪流、小湖、沼澤、泉湧）生長的植物，又稱「濱岸的」。
(2)有關於生存或位於自然淡水水體濱岸者。

Riparian buffer strip　周緣緩衝帶

是指河流或水庫的周緣有某一定寬度之森林、灌木、草等之植物帶，可確實截取或過濾由河流兩岸流入的營養鹽之功能，不致使水庫或河川發生優養化現象（Eutrophication）。

Riprap　拋石工法

(1)防止水流沖蝕作用，拋放在坡面、海岸或河岸之大量巨石。
(2)在河道中將塊石不規則堆置於河床以消減能量，是一種用大塊石阻止河岸沖蝕之防禦方法。

River　河流

由支流補給、沿著一定水道流動的天然淡水流，常流入海洋；河流起源於小水道的合併、湖泊或天然泉。在潮溼地區，河流是地形的長存景象；而在乾燥地區，只是間歇性流動。

River capture　河流襲奪（搶水）

一條河流的上游轉向，流入一條向源沖蝕更利害的鄰接河流內；它能向後切入河谷至較弱河流內，因而在另一河流的擴展處，增大它的流域。被襲奪的河流，因為河谷太大，不能被河流現在的容量所沖蝕，常常形成所謂「不配河」（misfit river）。襲奪灣（elbow of capture）是指襲奪上游轉向的河灣。

River density　河川密度

河川密度（river density）亦可稱為「河溪頻率」（stream frequency），為每單位面積中之河溪數，即 D=N/A；（N 是河川的數目，A 是流域的面積）。

River pollution index（RPI）   河川污染指數

由生化需氧量（BOD$_5$）、溶氧（DO）、懸浮固體（SS）、氨氮（NH$_3$-N）等四項理化水質參數組成，用以根據其數值來對污染程度加以分類。

River profile   河流縱剖面

又稱為「*深泓線*」（thalweg），即河道的縱剖面；通常為上凹曲線，坡度最大之處接近河流源，當河流接近基準面時是最平緩之地。河流沿水不斷沖蝕、輸運和沉積物質；若這些程序是平衡的，則此河流被認為已達到「*均衡剖面*」，或「*均夷河流*」，這種平衡是動態平衡，因為諸如增加負荷和回春等因素都會改變河流縱剖面。

River regulation （Stream regulation）   整流工程

在山地之野溪或溪流，由於坡度較陡，因此流速較快，尤其在豪雨期間因匯集大量雨水及地表、地下等逕流，而使水量大增，更增強流勢，致使溪流兩岸與溪床極容易受強勁水流之沖刷，造成溪岸與溪床因而拓寬或刷深，輕者使兩岸之農田或土地流失；重者造成大面積之崩塌、地滑發生，並引致溪床不平衡，而使上游土砂大量流下，釀成意外或災害。

River system   河系

河川的主流以及與之直接、間接相連的各支流共同形成的水系，其包括流域內河流的幹流和全部支流以及人工水道、水庫、湖泊、沼澤和暗流等；一般用於描述水系的特性有河長、落差、比降、彎曲係數、河網密度及分岔係數，而常見的型態有樹枝狀、扇狀、羽狀、平行狀及混合型水系。

Runoff detention dams   滯洪壩

為降低洪峰流量、控制流心及有效調節泥砂流出量，而在河床上所構築之橫向構造物；其目的為遲滯洪峰流量並兼有防砂壩之功能。

Runoff detention facilities   滯洪設施

具有減低洪峰流量，減少逕流係數之措施，皆可稱為「*滯洪設施*」。

SABO   防砂工程

同「*Erosion and torrent control*」。

Sabo dam （Soil saving dam）   防砂壩

為攔蓄河道泥砂、調節泥砂輸送、穩定河床及兩岸崩塌，防止沖蝕及抑止土石流所構築 5m 以上之橫向構造物。其目的為：
(1)攔阻或調節河床砂石。
(2)減緩河床坡度，防止橫向沖蝕。
(3)控制流心，抑止亂流，防止其沖蝕。
(4)固定兩岸山腳，防止崩塌。
(5)抑止土石流，減少災害。

Saltation　跳躍

在水流的作用下，河床的沙礫被沖起而跳躍的過程；或在風的作用下，沙粒邊跳躍邊前進的過程。

Sand bar　砂洲

(1)沿岸流或波浪作用，由他處漂流堆積，而露出海水面上者，可分與海岸線成平行之沿岸洲及突出所成之砂嘴等。

(2)河流在河身寬闊之處，流速驟減，土壤沉積所成者，亦稱「*砂洲*」。

Sausage dam　蛇籠

由疏鬆岩石外包纏以鐵線成圓柱形束狀，水平或垂直置放。

Scour and fill　沖淤作用

在沉積物中沖刷出一條溝，又再把它填充的過程。

Secondary production　次級生產

消費者或分解者經由同化作用，以建造自身、繁衍後代之過程。

Secondary succession　次生演替

有人類活動或干擾的區域最主要的演替活動，包括：人為環境（開墾、農耕）、過渡期，以及顛峰期（盛林期）三種型態。

Sediment　河流輸沙

河流泥沙由河水和風化作用而運移，所搬移的物質，主要是土、沙、岩屑及石礫，同時也含有木片及其他有機物；若根據其輸送型式的不同，可分為：接觸搬運、跳動搬運及浮流搬運等三種。

Sediment Delivery Ratio（SDR）　輸沙率（泥沙遞移率）

在一定時段內，通過渠道或河流某一水文觀測斷面的輸沙總量與該斷面以上集水區的總沖蝕量之比，可綜合反應從沖蝕源至任一觀測斷面及河道沿線的泥沙運移及沉積的特性；一般受集水區面積、地形、土壤質地和沉積的區域等因素的影響。

Sediment pool　沉澱池

為提供沉澱的水庫蓄水量，因此可以延長洪水或灌溉水池的使用。

Sedimentation basin　沉沙池

用以沉澱水流中大於規定粒徑泥沙的水池；其通水斷面遠大於引水渠道的通水斷面，因而水流通過沉沙池時流速很小，挾沙能力降低，使水流中大於規定粒徑的有害泥沙沉澱於池中。

Self-organization　自我組織

系統中各組成份相互連結、共同運作之過程，即為系統之自我組織行為。系統之自我組織現象為一個系統必須具自催化作用，在最大功率原則運作下，對系統的能量流動作最佳的調適。

Semi-grouted stone masonry for revetment   半漿砌石護岸

採用天然石材堆砌，背填混凝土膠結提高整體護岸強度，石縫外側及石面則無混凝土，外觀如同乾砌石，可增加孔隙提供生物棲息及植物生長空間，同時形成天然質感之坡面，增加自然景觀之協調性。主要應用於當地可採得硬質石料地區之邊坡穩定構造物，但水流強烈沖激處之河岸或崩塌地滑嚴重之坡腳，宜配合採用其他形式構造物。

Shaft drainage   豎井排水

配置井群，抽取地下水，以控制地下水位的工程技術措施；豎井排水可形成區域性大面積，地下水位下降，從而防治灌溉土地次生鹽化或排除高礦化度的地下水，也可用於改造洩層的地下水。

Shale retaining wall   烏石板擋土牆

為使擋土牆同時提供安全、景觀及生態功能，設計採用烏石板堆砌構築之擋土構造物，形成自然、美觀、生態之坡面。適用於景觀道路及遊憩區周邊坡度較平緩之擋土構造物，高度以不超過 2m 為宜。

Sheet pile foundation   板樁基礎

使用鋼管板樁或 H 型鋼皮樁，在工地組合成為圓形、橢圓形或矩形等閉合形狀，經頂部剛結及接縫處理，完工後具備充足之水平抵抗力及垂直支承力之構造物基礎施工法之一種。

Slope stabilization   邊坡穩定

邊坡常受到自然與人為因素之影響而遭受破壞，破壞發生之原因大致上可歸納為驅動力之增加及抵抗力之減少兩種原因。

Siltation   淤積

(1)河流挾帶之泥砂、沿岸流之漂砂在港內或在河口，沉澱堆積之作用，導致水深減低，對港灣功能有所影響；通常建造防砂堤或使用挖泥船疏濬以防淤積。

(2)鬆散的沈積物質，混合岩石碎屑。

Silting basins   沉砂池

為攔截或沉積土石之構造物，以減少土石下移、保護下游土地房舍及公共設施。

Sinuosity   蜿曲度

河道水流長度與河道波長距離之比值。

Slit dam   梳子式防砂壩

同樣具透水及容許部份土砂通過，但開口方式不同之另一種防砂壩型式，即通稱之「*梳子式防砂壩*」，簡稱「*梳子壩*」。

Slope concavity   凹坡

丘陵山坡的底部為典型的凹坡，唯有基本凹已被填積所掩蓋者屬例外；凹坡的剖面和一條河流的長剖面相比較，顯得很相似，凹坡主要為流水作用（尤其是雨谷和溝壑作用）的產物。

Slope convexity　凸坡

丘陵坡地的較高部分，以形狀上的凸起為其特徵；許多有關坡地進化的論文都著重在此種形狀的成因。包括 Gilbert 在內的早年學者認為：凸坡為潛移（creep）的後果。

Slope land　山坡地

在「山坡地保育利用條例」中對山坡地的界定，係指國有林事業區、試驗用林地及保安林以外，經省（市）主管機關參照自然形勢、行政區域或保育、利用之需要，而符合「標高在 >100m」、或「標高未滿 100m，而其平均坡度在 >5%」等兩條件之一者，予以劃定範圍。

Soil and water conservation　水土保持

指人類在利用土地之同時，為使土地能達到永續利用，須防止水土流失的一切措施和方法；可說是以人為方法或技術，將地面上的水資源或土壤資源予以有效保育的綜合技術，主要有農藝方法、植生方法和工程方法三種。

Soil and water conservation engineering　水土保持工程

應用工程原理，為了防治水土流失，保護、改良及合理利用坡地水土資源而修築的各項措施，按照修建的目的及應用條件可分為：坡地水土保持工程、河道治理工程、洪水疏導系統及蓄水供水工程。

Soil erosion　土壤沖蝕

土壤或土體在外營力（水力、風力、重力及凍融等）作用下，發生沖刷、剝蝕及吹失的現象。一般可分為水蝕（片蝕、紋蝕及溝蝕）、風蝕（滑動、跳躍及飛揚）和重力沖蝕（山崩、地滑及土石流）三種主要的類型。土壤沖蝕會造成土壤結構的破壞、土層變薄、降低土壤肥力並使地面破碎，形成大小不一的溝壑。

Soil gabion retaining wall　土石籠擋土牆

其設計理念以高鍍鋅機編全張網的內部放置開口袋組立成為土石籠，由機械就地取材，填放泥土、砂土、礫石或天然級配料，堆疊聯捆，快速形成巨積之擋水結構體或擋土結構體。主要之功能為：
1. 用於公路坍方及山坡地崩坍搶修構建擋土牆。
2. 就地取材，節省採石和遠運棄方經費。
3. 網袋自工廠購買運至施工現場組立，以機械填放土石料，施工快速。

Soil nailing　土釘工法

為歐美最近三十幾年來所發展之現場土壤加勁技術，用來支撐開挖面或不穩定邊坡。其方法係利用鋼棒貫入土壤，或先行鑽孔、放入鋼棒，再以水泥砂漿填充於孔中，與地層結合成一連貫之結構實體。

Soil loss　土壤流失

指在某一特定坡面或區域上被移去之土壤數量，專指特定範圍內，土壤損失之數量；因此，一般土地之土壤損失，應稱為「*土壤沖蝕*」。

Soil-Plant-Atmosphere continuum （SPAC）　土壤－植物－大氣連線

指連貫之水柱，從土壤起，流經根系，在根莖的導管內上升，穿過葉維管束的木質部，直達葉肉細胞的濕潤葉面，繼續蒸發到大氣為止，所有過程形成一個緊密配合的水蒸發與吸收連線，有如虹吸現象，簡稱為「SPAC」。

Species diversity　物種多樣性

在生物系統中存在不同或不相似特性，這些特性自基因、細胞、個體、種、族群至整個生態系。

Spoil　廢（棄）土

為興建各類工程或構造物，而清除的泥土或岩石渣土等物質。

Spur dikes　丁壩

係由河岸向河心方向構築，但並不橫斷河床之一種水工構造物，由於此構造物係向河心突出，而成一類似丁字型，故稱之為「丁壩」；另因這種構造物不似堤防將水流完全予以橫斷僅似堤堰之一端或兩端，故亦可稱之為「翼堤」（Wing Levees）。

Staking and wattling　打樁編柵

使用萌芽樁、雜木樁或其他樁，沿等高線依適當距離打入土中，並以竹片、PE、鐵絲網等材料編織成柵之方法。其目的為固定不安定之土石，防止沖刷，營造有利植物生長之環境。應用於一般土壤挖填方坡面、崩積土或淺層崩塌坡面，適用坡度以 45°以下為宜。

Steppe　草原

指在歐洲及亞洲中緯度半乾旱地區無樹木之草原。

Stilling basin　靜水池

跌水或護坦均有對水流發揮消能之功用，但當水流勢能極大時，或持續不斷之高勢能水流沖擊作用下，跌水之底部或護坦亦有可能遭受破壞，尤以高堰流下巨石撞擊護坦時，可能將護坦予以破壞，因此為避免跌水底部（亦可稱「護坦」）或防砂壩之護坦直接受水流力或土石之直接撞擊，則可在跌水或護坦之尾端構築一隆起之構造，一般稱之為「尾檻」。

Stilling pond（Sedimentation pond; Settling pond）　沉砂池

沉砂設施一般乃在溪谷之適當地點構築防砂壩，以攔阻流下土砂使之在防砂壩之上游處沉積，此乃利用地形之有利條件發揮攔砂與沉砂之功效；沉砂池係以混凝土、砌磚、砌石、土堤或木料等圍成之池塘，可依地形條件作各種形狀之構築，惟原則上以能充分減緩水流流速以達到沉砂功能之設計為佳，因此一般以長條形且較入水口之寬度為寬之設計為宜。

Stone-beam works　石樑工法

在河道中以大型天然石材構築，坡度較陡處可以連續設置，構成階梯式淺灘及淺瀨，使上游流速降低，沈降性增加，具有攔沙性質，在低流量可以保有一定水位，在高流量時可成保護魚類的避難所。

Stone masonry　砌塊石法

利用卵石、割切石、天然石、間知石等砌石工，以固定土或浮砂。亦有用乾砌石工法背後填充卵石者，漿砌石工法即背後填充混凝土。

Stone pitching　鋪塊石工法

45?以下之緩斜坡坡面上鋪塊石，多見於護岸工程。

Streambank erosion　溪岸沖蝕

在有常流水之溪流中，由於水流之經常不斷流動，對溪流之兩岸則有直接且長期之沖蝕作用，其沖蝕結果將造成河道之變動及兩岸之崩塌等現象，稱之。

Strike　走向

為層面與平面相交的磁針方向角，它與傾角的方向角成為一個90°角。

Submerged dam　潛壩

(1)為維持河床安定所構築高度在 5m 以下之橫向構造物，其目的在於安定河道，防止縱橫向侵蝕，以及保護護岸等構造物之基礎。

(2)係防砂壩分類之一種，通常以壩高>5m 者，稱為「*防砂壩*」，壩高<5m 者，稱為「*潛壩*」；事實上潛壩乃是指壩高較低，在常流水之情況下，整個壩體均浸沒在水面下之橫向構造物而言，但為分類方便起見，才以壩高 5m 作為區分標準。潛壩之功能與防砂壩相同，但因壩高較低，故所求之壩址條件不似防砂壩之嚴格；同時因壩高有限，其攔砂量不多，因此多以土砂生產量較少而有溪床淘刷之虞處構築之，以達安定溪床、保護溪岸之功效。為維持河床安定所構築高度在 <5m 之橫向構造物。

Succession　演替

生物群落隨環境、時間的變遷而發生變化，原有群落可能暫時或永久消失，而由另一群落取代。

Suspended load　懸移質

懸浮於水中之輕小泥沙，甚久不與底部接觸者。

Swales　窪地

進行長形、坑道式的挖掘以截取與貯存溢流水，水會緩慢地滲透至地面下，並有益於在降坡堤岸上栽植的喬木與灌木。

Systems ecology　系統生態學

結合生態學與物理學，將量化方法引介至生態學，強調整體性生態系統之重要性以探討複雜的環境問題，透過系統科學了解、詮釋其他科學之發現以及對生態學之意涵。

T

Talus　岩堆

因重力而崩積於懸崖或陡坡基部之岩塊或其他土壤物質。

Talus cone　崖錐

在懸崖及陡坡上，岩石由於機械風化作用，剝離連續崩落產生的岩屑，在山坡下堆積所成之呈圓錐體狀的堆積物。

Tensiometer　張力計

在較多水分之範圍測定土壤水吸力之設備，可通過溶液阻止空氣通過之多孔質素燒杯，使張力計內之水與土水之負壓平衡，而測定其水壓（負壓）之裝置。張力計實際可測定之負壓為左右，壓力之測定有用水銀壓力計或壓力轉換器；壓力轉換器是壓力以電壓出力之感應器使用於張力計，則比水銀壓力計反應快且可自動測定，測定範圍為 pF0~7（$1gf/cm^2$~$107gf/cm^2$）。

Terrace　階段；臺地

為控制沖蝕而能暫時貯存地面逕流所構築之橫越斜坡堤防，使地面逕流不致於順坡流下；或鄰接於河流、湖泊或海洋之平坦然較窄之平原，如河成階地（river terrace）、海岸階地（coastal terrace）。通常指海拔 100m 以上，1,000m 以下之地面坡度平緩而周圍較陡之地區。

Terrain　地貌

地表高低起伏的形態，總稱為「*地貌*」，如一般熟悉之平原、臺地、高地、丘陵、山地等；其間並無絕對數值之劃分標準，也沒有嚴格的定義，通常僅以海拔高度與起的大小來決定。

Test pitting　試坑

是一種最簡單的方法，用以目視鑑別土壤的情況，亦可用來鑑別不同深度的土壤種類、土壤性質及土層厚度；必要時，亦可在試坑壁或底面採取土樣以供試驗。

Texture　岩理

岩石中組成顆粒的大小、形狀、和排列及結合方式。

Tillage　整地

把土壤變成具有有作物生長有利條件的苗床準備過程，初耕是使深度 15~90cm 間的土壤疏鬆，多用犁耕，把土壤和覆蓋作物的殘留物翻過來，並深耕改善排水情況；次耕是苗床更細緻的準備，把雜草和作物殘留物用圓盤犁切碎，其耕作深度淺於初耕農具，用輾壓機粉碎土壤，以打碎團粒和消除氣穴，確保種子和潮溼土壤的接觸。

Tombolo　連島沙洲

連結陸地和島嶼或島嶼和島嶼的沙洲。

Topographic divide　地形分水嶺

(1)是連接山脊與山峰所形成的分水嶺，地表水以此為分界。
(2)地表水在界嶺由高而低分向二集水區流動，此界嶺，謂之「*地形界嶺*」。

Topographic map　地形圖

一種呈現地表地貌的水平與垂直位置的大縮尺實測地圖，通常由一定間距的等高線表示地貌外，尚包含各種人文景觀因素，最常用比例尺為 1/50,000 或 1/25,000；目前因應社會各界需要，由內政部

測製,稱為「*經建版地形圖*」,工程設計及都市計畫常使用比例尺 1/1,000 的地形圖。

Topography 地形

地球表面或一地區中之自然或人為地物(features)之相對位置與高度或形狀,亦即地表的結構,包括人造和自然地物的位置和地勢的高低起伏。

Torrent 湍溪

長度短、坡度陡,平常水流少;但降雨時流量激增,石礫的輸送相當劇烈的河川上游部分;一般面積在 2,000~5,000ha 以上的集水區內,具有季節性的山洪溝道,由集水區、輸送區及沉積區所組成,如大雨下降後之河川奔流。

Torrent control 坑溝整治

坑溝整治係運用工程方法,使活動的坑溝恢復穩定、不再繼續惡化的處理。坑溝係因天然因素,或因不當之土地利用,造成沖蝕加速,使蝕溝擴大加深而成坑溝。活動的坑溝,若不及早加以整治,勢將繼續擴大惡化,不但使坑溝所通過的地區受害,該區域內生命財產、公共設施之安全及其經濟效益,亦同時受到慘重的損失。

Torrent control works 野溪控制工程

為防止溪流荒廢或治理野溪所採用的防砂工程,主要工程種類有:防砂壩、護岸工程及整流工程等。

Traction 推移

土砂在河床或其附近某厚度範圍內,由水流的作用力而被搬運的過程,可分為推移、滑移及滾動三種。

Tractional load 底移載

在河道中沿河底滾動、移動及跳躍的砂礫,此資料對於河道整治、水庫淤砂計算及閘壩設計等,具有重要的作用。

Tractive force 挾沙能力

在一定水力條件下,水流所能挾帶泥沙的能力,常以 kg/m^3 為單位。

Transport 輸送

沖蝕區與堆積區間地形系統的連繫,流水、風及海流等媒介,以潛動、滾動和懸浮等方式作不同比例的材料搬運。河流內的溶解也很重要。在捲浪區內,礫石和沙由波浪搬運,使海灣偏移,並且造成沿岸流(longshore current)。冰的搬運是一種固體媒介,將物質推到前方,加入底部的物質,頂部還挾帶坡地沖蝕物質;大部分搬運都靠重力,在斜坡上,直接由它負擔沿坡滾,落流水也由它來供應能量。

Tsunami 海嘯

因海底地震或海底火山爆發等,急激變動產生之波長長波,稱為「*海嘯*」,與高潮不同,延續時間數分至數十分,波長約為 50~500km。大洋中發生之海嘯,雖有反射減衰變形,但在 V 字形海岸

處，浪高有顯著增高現象。

Tundra　寒原

在極地及高山地區無林木生長之土地，由裸露之土地到各種類型植被所覆蓋者均屬之；其植被以禾草、莎草、闊葉草、矮灌木、蘚苔及地衣為主。

Turnover time　替換時間

係以表達能量耗散之折舊時間，可用以描述某物體之生命週期。

Urban forest　都市森林

指在人工環境為主的都市區中，對於市民生活環境之保全具特定效能之樹林，廣義而言，甚至包括都會區周邊能提供遊憩、改善環境品質、水源涵養、防風林，以及市區內極小面積的數目群、行道樹、造園樹，甚至孤立樹等。

Vegetated systems　植物性污染控制設施

利用原生植物、樹木或草來控制雨水逕流為一種自然而經濟之方法。而且可將各種植物控制設施之規劃融合於整個規劃之中，以增進景觀方面之價值。植物性之控制方法，通常包括植物緩衝帶（vegetative buffer strip 或 VBS），草帶（grass strip），草溝（swales）及人造濕地（constructed wetlands）等。

Vertical drainage channel　縱洩溝

邊坡治理工程配置於坡面明顯凹槽之縱向截洩溝，以安全排除橫截溝導引之逕流，設計時須搭配適當之跌水池消能。搭配邊坡治理工程時適當配置，用以排除坡面橫截溝匯集之逕流。

Vetiver　植培地茅

沿等高線栽植培地茅形成地上部草籬與地下部根籬，可有效攔截地表逕流與泥沙、樹枝、石塊等物體，同時延遲地表逕流快速流入河川，增加入滲機會，有利於涵養水資源。適用於崩積坡地穩固鬆散土體或避免表土沖蝕之坡面植生工法，其根系可深入地底達 5 m。

Wadi　乾谷

在半乾燥和沙漠地區出現間斷水流的陡坡乾谷，多在早先較潤溼的氣候下經河流沖蝕而形成；在當今氣候情況下，乾谷只偶爾有水，但在大雨時會引起山洪暴發，將大量沉積物帶到鄰接的平原上，形成沖積扇，洪水暴發的威脅，讓乾谷不適合當作居住地和道路。

Wash load　沖洗載

在挾沙水流中部分較細的泥沙，它幾乎不能在河床上停留，不能塑造河床的作用；除了在洪水氾濫期間，部分沉積於沖積扇外，大部分被水流輸移入海。

Watershed analysis system　集水區分析系統

通常用於表示一個流域、排水渠、盆地或排水區域，其基本的功能通常包括流域邊界的輪廓描繪、水流網的吸取和流量分析，集水區分析系統經常是地理資訊系統的一部份。

Weathering　風化

岩石及其他地面物質暴露於大氣中，發生崩解及分解之現象，為成土作用之一主要因子；風化可分物理作用、化學作用及有機作用三種，物理作用包括冰結作用、溫度之差異作用、水之作用、風之作用等，化學作用乃包括氧化作用、水化作用、碳化作用及溶解作用等。

Wicker works　柳枝條工法

將萌芽力強的柳樹類枝條，切成 30~100cm 埋入土中，由其萌芽恢復植生的工法。此方法為國外帶用之植生方法名詞，類似臺灣應用之打木樁理枝法。

Wild creek control　野溪治理

野溪治理係指位於普通河川中上游或丘陵臺地邊緣之小溪流，因天然因素或人為開發之影響，致使溪岸溪床發生沖蝕、淘刷、崩塌、產生土石淤積河道及亂流之不穩定河道，所實施之治理工程。其目的在於：防止或減輕河道沖蝕、淘刷與崩塌；並有效控制土砂生產與移動，達成穩定流心，減少洪水與泥砂災害。治理之基本對象，是以泥砂來源及災害發生地區為主，實施經濟有效之治理措施，防範災害。

Wild stream　野溪

概指溪流狂野不馴，水流流路不定，平時水量極少，暴雨時則水量激增且流勢湍急之溪流。此等溪流之分布，大多以山地上游地區為主，由於此等地區地形較陡，溪流承接由山體所流出之地下水量有限，因此平時水量極小，甚至有乾枯情形；但暴雨時，則因地形陡峻，水流不易停留在地面，而快速匯入溪流中，致使溪流水量暴增，而形成洪水。

Wild creek control　野溪治理

係指位於普通河川中上游或丘陵臺地邊緣之小溪流，因天然因素或人為開發之影響，致使溪岸溪床發生沖蝕、淘刷、崩塌、產生土石淤積河道及亂流之不穩定河道，所實施之治理工程；其目的在防止或減輕河道沖蝕、淘刷與崩塌，並有效控制土砂生產與移動，達成穩定流心，減少洪水與泥砂災害。治理之基本對象，是以泥砂來源及災害發生地區為主，實施經濟有效之治理措施，防範災害。

Wind strip cropping　防風條栽

指在乾旱平原而強風地區，與風向垂直，將密生作物或抗風作物帶與中耕作物實行橫帶間栽，以防風蝕，各帶為平行等寬，此係水土保持方法的一種。臺灣沿海風蝕地區宜採取此種耕作方法，故沿海地區多種植木麻黃，以利水土之保持。

Windbreak　防風林

鄰近農莊、農田、家畜飼養場或其他地區，為保護土壤資源而以樹木或樹木與灌木組合成之活的屏障，以減少風蝕，保存能量及水分，控制積雪，並為野生動物或家畜供蔽蔭，且可增加一地區之自然美者。

Wire cylinder 蛇籠工

以鉛絲編織成籠形，內裝塊石等，作為邊坡湧水處理或基礎較軟弱不穩定地區，其高度通常在 4m 以下。

Woods framework retaining wall 木格框擋土牆

由木樑堆疊而成之架構，內部充填土壤或石塊構成重力式擋土構造，力量由接點之卡榫或螺栓傳遞。木格框較為柔性，對差異沉陷及單一格樑之破壞或弱化較不敏感，混凝土格框則具有較高之剛性、力學性質及耐久性。主要應用於崩塌坡腳擋土構造，固使用天然素材且多孔隙，有利生態與景觀，但耐久性較差。木料一般先經過高壓防腐處理，填縫料應選擇排水性良好之材料，以保持牆體之乾燥。

Xeric 乾生的

與地中海氣候相同的壤水分情況，即冬季濕潤寒冷，夏季溫暖乾燥，雖有少量水分之存在，但是適於植物生長之季節則缺水，如欲生產作物，則須採用灌溉或是夏季休耕之方式。

Xerophyte 乾生植物

適於在長期缺少水分下生存之植物。

Yardang 風蝕嶺

由風蝕作用所造成的長山脊，狀如覆舟的龍骨，和風平行，兩側都是平底的河谷。

Zone of saturation 飽和帶

由地下透水性岩石或砂礫等堆積物所構成，其孔隙完全被水充滿。

APPENDIX 6

台灣有關生態工程之
碩(博)士論文一覽表

臺灣各大專院校歷年有關生態工程之碩博士論文一欄表

年度	題　目	研究生	指導教授	學　校	備註
1991	都會區生態經濟系統與環境品質之研究—以台北都會區污水處理為例	陳維斌	黃書禮	國立中興大學 都市計畫研究所	碩士
1991	都會區生態經濟系統與環境品質之研究—以台北市都會區固態廢棄物為例	吳修綺	黃書禮	國立中興大學 都市計畫研究所	碩士
1996	以生態系統完整性為中心之河川生態品質評估架構	湯宗達	龐元勳	國立中興大學 資源管理研究所	碩士
1997	能值分析於水資源管理決策之應用—以翡翠水庫為例	賴建成	童翔新	國立中興大學 資源管理研究所	碩士
2000	象神颱風事件能值分析	高文彥	黃書禮	國立台北大學 都市計劃研究所	碩士
2000	生態工程應用於校園水域設施之研究—以台北市國民小學為例	李怡慧	黃世孟	國立臺灣大學 土木工程學系	碩士
2000	偶氮染料褪色程序之開發與生態工程之探討	陳姍玗	張嘉修	逢甲大學 化學工程學系	碩士
2001	生態工法應用於淺層崩塌型土石流之實務與成效	孫德昌	陳俶季	國立海洋大學 河海工程學系	在職專班碩士
2001	河川生態工法評估程序建立—溪流狀況指數為例	周正明	黃世孟	國立臺灣大學 土木工程學系	碩士
2001	國道建設應用生態工法準則之研究	邱銘源	蔡厚男	國立臺灣大學 園藝學系	碩士
2001	朝高調控酪農場氮流之適應控制模式	林文澤	廖中明	國立臺灣大學 生物環境系統工程學系	博士
2001	台灣南部風化沉積岩邊坡破壞機制與防治工法探討	陳曉明	廖洪鈞	國立台灣科技大學 營建工程系	碩士
2001	以生態系統觀點探討都市小學水資源使用現況-以台北市小學為例	伍婷莉	王文安	淡江大學 建築學系	碩士
2001	多媒體教學環境設計—以野溪生態工法為例	黃士華	呂志宗	中華大學 土木工程學系	碩士
2001	台灣河川之生態復育及應用概要	林聖傑	江篤信	逢甲大學 土木及水利工程所	碩士
2001	生態工法於河床穩定及河岸保護之技術	林武淮	李漢鏗	逢甲大學 土木及水利工程所	碩士
2001	校園生態工法對於熱島效應影響之研究	張鳳翔	文一智	國立雲林科技大學 營建工程系	碩士
2001	土地處理系統植物相的演替與水質改善之研究	李宏才	袁又罡	國立雲林科技大學 環境與安全工程系	碩士
2001	網路生態工程資訊系統之建置研究	陳緯蒼	呂珍謀 賴泉基	國立成功大學 水利及海洋工程學系	碩士
2001	以人工濕地處理煉油及煉鋼廢水之研究	羅瑋琪	楊磊	國立中山大學 海洋環境及工程學系	碩士
2001	以生態工法整治污染湖泊之規劃研究—以美濃中正湖為例	李明達	楊磊	國立中山大學 海洋環境及工程學系	碩士

年度	題　目	研究生	指導教授	學　校	備註
2001	萬安溪生態工法規劃方法之研究	余博瀅	李錦育	國立屏東科技大學 水土保持系	碩士
2002	河川生態工法規劃及資料庫建立之探討	黃連茂	陳俶季	國立海洋大學 河海工程學系	在職專班碩士
2002	台北地區掩埋場區位適宜性及環境問題之檢討	呂登隆	黃書禮	國立台北大學 資源管理研究所	在職專班碩士
2002	淡水螺類在不同流速之機械反應作為生態工程之設計	林秉石	張文亮	國立臺灣大學 生物環境系統工程學系	碩士
2002	丁壩工對魚類棲地面積之影響 —以蘭陽溪為應用案例	陳正昌	李鴻源	國立臺灣大學 土木工程學系	碩士
2002	生態工法於坡趾穩定之初步分析及應用	林又青	陳榮河	國立臺灣大學 土木工程學系	碩士
2002	台北郊區農水路復育螢火蟲之可行性與其生態工法研究	陳以容	吳銘塘 侯文祥	國立臺灣大學 生物環境系統工程學系	碩士
2002	溪溝之魚類棲地水理分析 —以大溝溪為例	李信孝	林鎮洋	國立台北科技大學 環境規劃與管理研究所	碩士
2002	河川水域生態工程生命週期管理重點之研究	李浩榕	鄭紹材	中華大學 營建管理研究所	碩士
2002	河川生態工法互動式多媒體教學方法之建構	黃淑芸	呂志宗	中華大學 土木工程學系	碩士
2002	生態工法應用於國道東部公路之探討	陳素芬	呂志宗	中華大學 土木工程學系	碩士
2002	生態工法中預鑄混凝土護坡最佳植被之調查	蔡宗霖	江篤信	逢甲大學 土木及水利工程所	碩士
2002	朴子溪整治後對生態保育之評估研究	呂毅殷	文一智	國立雲林科技大學 營建工程系	碩士
2002	以生態工程解析方法進行偶氮染料褪色菌相評估	林孟毅	張嘉修	國立成功大學 化學工程學系	碩士
2002	以實場人工溼地系統直接處理社區污水效能之研究	吳堅瑜	荊樹人	嘉南藥理科技大學 環境工程衛生系	碩士
2002	生態工法考量因子之研究	楊天護	羅　維	國立高雄第一科技大學營建工程所	碩士
2002	野溪運用生態工法之探討 —以屏東縣高樹鄉濁口溪為例	卓秉毅	李錦育	國立屏東科技大學 水土保持系	碩士
2002	高屏溪生態工法之設計與應用	陳世榮	王裕民	國立屏東科技大學 土木工程系	碩士
2003	滲透側溝滲透能力之現地試驗	黃俊仁	廖朝軒	國立臺灣海洋大學 河海工程學系	碩士
2003	行動裝置用於溪流生態工程評鑑系統之研究與實作	陳台譯	陳偉堯	國立台北科技大學 土木與防災技術研究所	碩士
2003	溪流生態工法之研選 —以大屯溪凹為例	林才鑒	王隆昌 林鎮洋	國立台北科技大學 土木與防災技術研究所	碩士
2003	溪溝整治實施生態工法導引系統之研究	吳明聖	林鎮洋	國立台北科技大學 環境規劃與管理研究所	碩士

年度	題　目	研究生	指導教授	學　校	備註
2003	各種流況對魚類棲地可用面積之影響—以枋腳溪為例	翁智鴻	林鎮洋	國立台北科技大學環境規劃與管理研究所	碩士
2003	生態工法之邊坡植生穩定性分析-以台灣西南泥岩地區為例	李俊祥	鄭光炎	國立台北科技大學土木與防災技術研究所	碩士
2003	行動裝置用於溪流生態工程評鑑系統之研究與實作	陳台譯	陳偉堯	國立台北科技大學土木與防災技術研究所	碩士
2003	水生昆蟲在不同流速與底床之分佈與行為作為生態工程設計之依據	周心儀	張文亮	國立臺灣大學生物環境系統工程學系	碩士
2003	利用WUA法評估流量對魚類棲地之影響	孫凱政	駱尚廉	國立臺灣大學環境工程學研究所	碩士
2003	生態工法評估指標之研究—以掩埋場為例	袁美華	駱尚廉	國立臺灣大學環境工程學研究所	碩士
2003	簡易綠化屋頂暴雨管理效能之評估—以台北市區為例	石婉瑜	凌德麟	國立臺灣大學園藝學研究所	碩士
2003	數位攝影技術融入臺灣地區國民中學環境教育教材創作歷程及其教學策略之研究	林連鎧	汪靜明	國立臺灣師範大學環境教育研究所	碩士
2003	河溪生態工法概念融入台北縣雙溪鄉小學課程環境教育議題推動對策之研究	魏子仁	汪靜明	國立臺灣師範大學環境教育研究所	碩士
2003	自然資源保育施作規範之探討	蔡慧萍	張尊國	國立臺灣大學生物環境系統工程學系	碩士
2003	植生對邊坡穩定效益之評估	楊仲豪	洪勇善	淡江大學土木工程學系	碩士
2003	都市綠營建評估體系與綜合指標之研究—以臺北都會區捷運系統工程為例	趙葆華	陳錦賜	中國文化大學建築及都市計劃研究所	在職專班碩士
2003	公共建設後續管理維護參與機制之研究（以水域生態工法為例）	蔡泰清	楊明璧	國立台北大學企業管理學系	在職專班碩士
2003	建立以棲地評估方法於野溪治理生態工法之架構與準則	何宗翰	陳宜清	大葉大學環境工程學系	碩士
2003	以生物回覆率建立河溪生態工程可操作監測準則之研究	李明賢	唐先柏	中華大學土木工程學系	碩士
2003	濱溪植物在推移帶分布狀態及其耐受性適生之研究	黃婷璟	唐先柏	中華大學土木工程學系	碩士
2003	泥質河段土質改良及其在生態工法構造物應用上之探討	洪國森	楊朝平	中華大學土木工程學系	碩士
2003	河川生態工法之網路化互動式多媒體教學	謝瑜萱	呂志宗	中華大學土木工程學系	碩士
2003	卵石及其構造物之物理性質探討	陳國棠	楊朝平	中華大學土木工程學系	碩士
2003	宜蘭得子口溪護岸之生態工法研究	陳忠誠	陳莉	中華大學土木工程學系	碩士
2003	案例式推理應用於河川生態工法成本估算之研究	劉建華	鄭紹材	中華大學營建管理研究所	碩士

年度	題　目	研究生	指導教授	學　校	備註
2003	國家公園設施工程應用生態工法之初步研究	紀慧禎	吳卓夫	中華大學 營建管理研究所	碩士
2003	應用碎形分析河川棲地分佈之時空特性	林伯航	吳瑞賢	國立中央大學 土木工程學系	碩士
2003	以明渠淨化生態工法處理二級污水處理廠放流水效率評估之研究	蔡曜聲	白子易	朝陽科技大學 環境工程與管理系	碩士
2003	節能與廢棄物再生利用於控制性低強度材料之初步研究	陳彥暉	李明君	朝陽科技大學 營建工程系	碩士
2003	生態工法應用於國道工程建設之分析研究	黃振嘉	徐耀賜	逢甲大學 交通工程與管理所	碩士
2003	河溪生態工法物理棲地評估模式之研究	陳冠瑋	連惠邦	逢甲大學 土木及水利工程所	碩士
2003	橫向構造物對河川自淨能力影響之研究	歐嘉維	李漢鏗	逢甲大學 土木及水利工程所	碩士
2003	集水區環境評估模式及其應用於生態工法之研究	劉哲旻	葉昭憲	逢甲大學 土木及水利工程所	碩士
2003	淤泥壓密固結處理之研究	彭元俊	李秉乾	逢甲大學 土木及水利工程所	碩士
2003	水土保持工程構造物之美質評估	林烈輝	鄭皆達	國立中興大學 水土保持學系	碩士
2003	營建廢棄物之混凝土塊再利用於自然生態工法之研究	劉文良	朱明信	國立中興大學 土木工程學系	碩士
2003	自然生態工法應用護岸與植栽類型景觀偏好之研究	黃秋萍	林信輝	國立中興大學 水土保持學系	碩士
2003	生態安全護岸栽植孔之水理現象研究	林明威	段錦浩	國立中興大學 水土保持學系	碩士
2003	農地重劃地區土地利用與景觀變遷之研究	陳意昌	林信輝	國立中興大學 水土保持學系	碩士
2003	水土保持工程構造物之美質評估	林烈輝	鄭皆達	國立中興大學 水土保持學系	碩士
2003	土地處理系統水質淨化與植物多樣性之相關性研究	鄭榮翰	袁又罡	國立雲林科技大學 環境與安全工程系	碩士
2003	道路施工生態維護管理對策之研究	廖伊婷	文一智	國立雲林科技大學 營建工程系	碩士
2003	生態工法規劃原則應用於溪流整治之初步研究	洪偉翰	謝評諸	國立嘉義大學 園藝學系	碩士
2003	農村社區公共建設應用生態工法可行性之研究	劉錦隆	文一智	國立雲林科技大學 營建工程系	碩士
2003	台灣生態工法評核機制建構之初探	龔清志	曾俊達	國立成功大學 建築學系	碩士
2003	生態工法在河溪岸坡穩定之應用與分析	陳俊州	常正之	國立成功大學 土木工程學系	碩士
2003	古今類自然河川工法之探討與水理資訊充足度指標研擬	林群皓	呂珍謀 賴泉基	國立成功大學水利及海洋工程學系	碩士

年度	題　目	研究生	指導教授	學　校	備註
2003	都會型濕地公園營造之規劃與管理一以高雄左營洲仔濕地公園為例	陳珍瑩	楊　磊 邱文彥	國立中山大學 海洋環境及工程學系	碩士
2003	生態工法之綜合評估一以道路邊坡工程為例	蔡再傳	晁立中	國立高雄第一科技大學營建工程所	碩士
2003	從生態設計原則探討生態工法之發包與驗收制度	林明江	詹明勇 林鐵雄	義守大學 材料科學與工程學系	碩士
2003	生態工法應用於永續校園水域棲境構築之規劃探討 一以屏東科技大學為例	蔡雅慧	丁澈士	國立屏東科技大學 土木工程系	碩士
2003	以河濱溼地特性探討生態治河一東港溪為例	張良平	丁澈士	國立屏東科技大學 土木工程系	碩士
2003	曾文水庫草蘭溪集水區防災構造物生態環境之調查研究	蘇鼎貴	謝杉舟	國立屏東科技大學 水土保持系	碩士
2003	預鑄組合式單元應用在野溪整治工程效果之探討	莊裕斌	陳慶雄	國立屏東科技大學 水土保持系	碩士
2003	田寮泥岩地區桉樹之生長試驗及其在生態工法上之應用	楊明燕	李錦育	國立屏東科技大學 森林系	碩士
2003	毛足圓盤蟹（Discoplax hirtipes）生活史特性並應用於生態工法	鍾奕霆	戴永禔	國立屏東科技大學 野生動物保育研究所	碩士
2004	生態防災工程運用於軌道運輸之策略研究	趙家棟	張寬勇	國立臺北科技大學 土木與防災研究所	碩士
2004	魚類週遭流場可視性之研究	蔡明憲	林鎮洋 陳彥璋	國立臺北科技大學 環境規劃與管理研究所	碩士
2004	台北市磺溪整治民眾參與之研究一以推動生態工法理念為訴求	紀進雄	王世燁	國立台北大學 都市計劃研究所	碩士
2004	植生及降雨對邊坡穩定影響之模式分析	李奕達	譚義績	國立臺灣大學 生物環境系統工程學系	碩士
2004	野溪生態工法護岸與護岸草本植栽密度對視覺景觀偏好之影響	曾緯民	陳燕靜	輔仁大學 景觀設計學系	碩士
2004	以生態工法來探討農田水利之永續經營一雲林水利會崁頭厝圳再生為例	蔡衛忠	何德仁	淡江大學建築學系	碩士
2004	野溪整治工法之生態棲地評估研究	施心翊	陳紫娥	國立東華大學 自然資源管理研究所	碩士
2004	參與治理與永續社區營造一以「大學社區瑠公圳支流生態環境再造」個案研究	呂汶珠	陳欽春 丘昌泰 林青蓉	銘傳大學 公共事務學系	在職專班碩士
2004	蜂巢格網加勁土壤之力學特性	沈哲緯	陳榮河	國立臺灣大學 土木工程學系	碩士
2004	灌溉渠道生態工法水理研究	陳麒升	蔡西銘 陳　獻	中原大學 土木工程學系	碩士
2004	回應曲面法應用於農業水路生態孔洞之設計	王繼緯	張德鑫 蔡西銘 陳　獻	中原大學 土木工程學系	碩士
2004	石門水庫集水區『生態資訊系統』開發之研究。	趙振成	蕭炎泉	中華大學 營建管理研究所	碩士

年度	題　目	研究生	指導教授	學　校	備註
2004	安平港『海岸環境資訊管理系統』建置之研究	謝侑璋	蕭炎泉	中華大學 營建管理研究所	碩士
2004	模糊化複合式溪流評估模式之建構與評估—以后番仔坑溪生態工程為例	李宗儒	朱達仁	中華大學 營建管理研究所	碩士
2004	網路互動式多媒體教學於公路邊坡生態工法之應用	張君平	呂志宗	中華大學 土木工程學系	碩士
2004	石門水庫集水區『生態資訊系統』開發之研究	趙振成	蕭炎泉	中華大學 營建管理研究所	碩士
2004	乾砌石牆單石抗拉拔力之估算	張育嘉	楊朝平	中華大學 土木工程學系	碩士
2004	適用於河口段區排生態行整治工法之性質探討—射流溝	葉志航	林文欽	中華大學 土木工程學系	碩士
2004	雪霸國家公園雪見地區景觀道路遊客美質偏好與生態工法應用之研究	脩文琴	李麗雪	中華大學 營建管理研究所	碩士
2004	坡地聚落環境敏感區位防災生態工程配置效益評估之研究	張范鈞	林昭遠	國立中興大學 水土保持學系	碩士
2004	台中縣新社鄉暗影坑溪集水區以永續發展為導向的土地利用規劃	卓富虹	鄭皆達	國立中興大學 水土保持學系	碩士
2004	安通溪集水區生態環境之調查分析及應用	鄧宗穎	林昭遠	國立中興大學 水土保持學系	碩士
2004	變動操作參數對明渠淨化生態工法處理二級污水處理廠放流水效率評估之研究	徐文瑞	白子易	朝陽科技大學 環境工程與管理系	碩士
2004	都市河川生態工法選擇之專家決策支援系統	蕭智文	衛萬明	朝陽科技大學 建築及都市設計研究所	碩士
2004	農業灌溉水路生態工程之應用與評估研究	陳明儀	張子修	朝陽科技大學 營建工程系	碩士
2004	生態工法應用於軍事訓練場地工程之研究	林俊雄	張子修	朝陽科技大學 營建工程系	碩士
2004	固床工改善對河道底床環境影響之試驗研究	梁惟喬	葉昭憲	逢甲大學 水利工程所	碩士
2004	倒浮木丁壩特性之試驗研究	吳化祥	葉昭憲	逢甲大學 土木及水利工程所	碩士
2004	山區道路景觀改善運用生態工法準則之研究—以台十四甲線霧社至合歡山莊段為例	黃秋煌	徐耀賜	逢甲大學 交通工程與管理所	碩士
2004	礫間接觸氧化法對小型河川水質改善之應用	潘志如	李漢鏗	逢甲大學 土木及水利工程所	碩士
2004	溪流生態棲地之簡易視覺評估—以北坑溪為例	蘇郁文	李漢鏗	逢甲大學 水利工程所	碩士
2004	倒伏木構造物對局部河床影響之試驗研究	周佳賢	葉昭憲	逢甲大學 水利工程所	碩士
2004	道路邊坡生態工法評估模式之研究	洪嘉均	葉昭憲 連惠邦	逢甲大學 水利工程所	碩士

年度	題　目	研究生	指導教授	學　校	備註
2004	台灣農地轉變為人工濕地之復育成效評估架構研究	高榮彬	陳宜清	大葉大學 環境工程學系	碩士
2004	鳥類棲地改善與經營管理之研究—以彰化縣福寶生態園區為例	楊瓄華	賴明洲	東海大學 景觀學系	碩士
2004	萬大溪濱溪植群生態研究	鍾國基	呂福原	國立嘉義大學林業暨自然資源研究所	碩士
2004	去除地下水硝酸鹽之人工溼地的動態變化研究	黃壹煌	荊樹人	嘉南藥理科技大學 環境工程與科學系	碩士
2004	人工浮島對污染物去除及水庫優養化影響之研究	許嘉芬	吳春生	立德管理學院 資源環境研究所	碩士
2004	以生態園區概念來看生技醫藥育成研究園區空間規劃原則之研究—以宜蘭生醫園區為例	張佩華	蔡元良 吳綱立	國立成功大學 都市計劃學系	碩士
2004	河川生態之影響因子研究	劉欣樺	詹明勇	義守大學 土木與生態工程學系	碩士
2004	泥岩邊坡綠色擋土牆及其護坡工法之現地試驗	劉慶輝	許琦	國立高雄應用科技大學土木工程與防災科技研究所	碩士
2004	GPS/GIS應用於阿公店水庫集水區治理工程空間分佈特性之調查分析	彭彩菁	林金炳 蔡光榮	國立屏東科技大學 土木工程系	碩士
2004	以淨水污泥做為綠美化用地之土壤改良劑	廖明聰	許正一	國立屏東科技大學 環境工程與科學系	碩士
2004	建構人工濕地實場研究　以台東縣為例	林聖雄	黃益助	國立屏東科技大學 環境工程與科學系	碩士
2004	休閒農業區生態資源與體驗活動綜合規劃之研究—以須美基溪溪流生態園區為例	王國洲	段兆麟	國立屏東科技大學 農企業管理系	碩士
2005	兩種滲透管保水性之試驗研究	簡吉甫	廖朝軒	國立臺灣海洋大學 河海工程學系	碩士
2005	丁壩三維流場數值模擬	翁岳毅	陳彥璋	國立臺北科技大學 土木與防災研究所	碩士
2005	河溪生態工法安全評估之研究	梁浩華	林鎮洋	國立臺北科技大學 環境規劃與管理研究所	碩士
2005	公路邊坡整治採用生態工法之探討	顏豐政	王隆昌	國立臺北科技大學 土木與防災研究所	碩士
2005	從參與的觀察者角度初探后番子坑生態工法教學園區教育推動歷程及其環境教育參與者角色功能	陳儀玲	汪靜明	國立臺灣師範大學 環境教育研究所	碩士
2005	以混合高斯理論影像計數浮萍與魚類族群之研究	蕭友晉	張文亮	國立臺灣大學 生物環境系統工程學系	碩士
2005	台灣阿里山山椒魚棲地狀況與生物活動力關係研究	陳君翔	侯文祥	國立臺灣大學 生物環境系統工程學系	碩士
2005	藻床淨水技術應用於水中磷之去除研究	王之佑	張文亮	國立臺灣大學 生物環境系統工程學系	碩士

年度	題　目	研究生	指導教授	學　校	備註
2005	河川生態廊道與魚類物理棲地之水理模式研究	楊津豪	李鴻源	國立臺灣大學 土木工程學系	碩士
2005	石田螺、川蜷與瘤蜷的生物力學分析應用於渠道生態工法設計	楊松岳	張文亮	國立臺灣大學 生物環境系統工程學系	碩士
2005	溪流塊石堆砌工法對魚類棲地面積影響之研究	莊詔傑	李鴻源	國立臺灣大學 土木工程學系	碩士
2005	大台北地區山坡地道路應用生態工法之調查評估與指標建立之研究	柳君奇	趙振平	華梵大學環境與 防災設計學系	碩士
2005	溪頭地區北勢溪水棲昆蟲群聚結構及功能組成	田佩玲	楊平世	國立臺灣大學 昆蟲學系	碩士
2005	河川生態工程評鑑因子擬定之研究	何曉萍	陳秋楊 郭瓊瑩	中國文化大學 景觀學系	碩士
2005	國家步道應用生態工法之研究－以能高越嶺道為例	黃瓊慧	王秀娟	中國文化大學 景觀學系	碩士
2005	植生渠道水理性質之研究	洪偉哲	邱金火	中原大學 土木工程研究所	碩士
2005	生態工法應用於河川堤防規劃設計之研究－以卑南溪新興堤段為例	周岠峰	陳　獻 鄧志浩	中原大學 土木工程學系	碩士
2005	自然生態工法對環境影響評估－以桃園縣南崁溪為例	吳邦華	蘇　艾	元智大學 機械工程學系	碩士
2005	垃圾掩埋場復育工法與環境規劃模式之研究－以彰化縣垃圾掩埋場為例	許佳娟	王秀琴	明道管理學院 環境規劃暨設計研究所	碩士
2005	河溪生態護岸工程規劃評估架構之研究	林政儒	李麗雪	中華大學 土木與工程資訊學系	碩士
2005	河溪整治工程之成本分析－以國內四條生態工程示範河川為案	陸仕傑	戴伯芬	中華大學 營建管理研究所	碩士
2005	生態型擋土構造物應用於陡坡案例之探討－桃竹20號道路拓寬－	江仕添	林文欽	中華大學 土木工程學系	碩士
2005	河溪生態工法融入小學環境教育議題之研究－以舊濁水溪為例	陳瑞燦	盧重興	國立中興大學 環境工程學系	碩士
2005	生態工法應用結構物之綜合評估研究	洪昭雄	林信輝	國立中興大學 水土保持學系	碩士
2005	台灣原生種類爬藤灌木越橘葉蔓榕生長在邊坡上之耐浸試驗	林真彥	梁　昇	國立中興大學 水土保持學系	碩士
2005	以灰色線性規劃應用在多目標水庫水污染防治策略之研究	林雅芳	孔祥琍	逢甲大學 環境工程與科學所	碩士
2005	山區道路設計運用生態工法與傳統工法比較之研究	黃堂展	徐耀賜	逢甲大學 交通工程與管理所	碩士
2005	生態工法應用在山區公路及景觀之研究	黃文治	徐耀賜	逢甲大學 交通工程與管理所	碩士
2005	東埔蚋溪重建與地方社區互動之研究	蔡君碩	廖俊松	國立暨南國際大學 公共行政與政策學系	碩士

年度	題 目	研究生	指導教授	學 校	備註
2005	道路工程生命週期各階段應用生態工法考量之操作執行模式研究	張公僕	鄭道明	朝陽科技大學 營建工程系	碩士
2005	以層級分析法探討生態工法之蓆式蛇籠護岸考量因子—以曾文溪為例	林君憲	胡子陵	立德管理學院 資源環境研究所	碩士
2005	河川狀況生態指數之研究	黎文筠	詹明勇	義守大學 土木與生態工程學系	碩士
2005	交流道生態土地多元使用之研究	林晉輝	林鐵雄	義守大學 土木與生態工程學系	碩士
2005	以人工濕地處理生活污水之研究	陳佳宜	高志明	國立中山大學 環境工程研究所	碩士
2005	生態工法對野溪棲地環境影響分析—以六重溪集水區為例	萬丹忱	陳慶雄	國立屏東科技大學 森林系	碩士
2005	高屏溪右岸舊鐵橋人工濕地淨化水質之評估	朱博文	廖秋榮	國立屏東科技大學 環境工程與科學系	碩士
2006	國外經驗公式評估國內生態工法護岸安全之研究	施紹平	林鎮洋	國立台北科技大學 環境規劃與管理研究所	碩士
2006	區域性建築之構築—以淡水地區材料探討填充式工法	鄒永廉	陳珍誠	淡江大學 建築學系	碩士
2006	澎湖吉貝嶼乾砌石營造經驗之研究	黃聖閔	王惠君	國立臺灣科技大學 建築系	碩士
2006	問題解決教學之行動研究—以生態工法出版品製作為例	蘇正富	盧玉玲	國立臺北教育大學 自然科學教育學系	碩士
2006	灌溉圳路生態化改善之研究—以卓蘭圳幹線為例	李俊儒	邱金火	中原大學 土木工程研究所	碩士
2006	應用空間統計與水文距離於大屯溪魚類與棲地之時空間變異研究	卓大翔	林裕彬	國立臺灣大學 生物環境系統工程學系	碩士
2006	關渡平原土壤砷、鉛污染之空間分佈及成因探討	施孟璁	張尊國	國立臺灣大學 生物環境系統工程學系	碩士
2006	北投溫泉地區磺港溪底泥中重金屬砷鉛濃度分佈之探討	陳威智	張尊國	國立臺灣大學 生物環境系統工程學系	碩士
2006	台灣初級淡水魚分布與棲地環境因子之關聯性	莊聖儀	李培芬	國立臺灣大學 漁業科學研究所	碩士
2006	水庫生物相調查與生物鏈方法處理水庫優養化現象之研究—以新山水庫為例	葉益良	陳弘成	國立臺灣大學 漁業科學研究所	碩士
2006	結合水質與生態模式—以新山水庫為例	林柏余	郭振泰	國立臺灣大學 土木工程學系	碩士
2006	生態工法的迷思與省思	郭育良	鐘丁茂	靜宜大學 生態學研究所	碩士
2006	以生態美學觀點探討都市河川視覺偏好之研究	張 慈	王小璘	東海大學 景觀學系	碩士
2006	屏東武洛溪人工溼地水質淨化整體效益之研究	陳世偉	張有義	東海大學 化學工程學系	碩士

年度	題　目	研究生	指導教授	學　校	備註
2006	集水區土砂脈衝動力行為之研究	蔡真珍	林昭遠	國立中興大學 水土保持學系	博士
2006	台灣地區林道利用與管理維護之研究	謝宏松	林信輝	國立中興大學 水土保持學系	碩士
2006	多孔隙混凝土配比試驗之研究	王威海	連惠邦	逢甲大學 水利工程所	碩士
2006	生態工法於河川基礎保護工之應用—以木梢沉床護坦工為例	黃滄隆	王傳益	逢甲大學 水利工程所	碩士
2006	灰色多目標規劃應用在多目標水庫水污染防治策略之研究	張仕慧	孔祥琜	逢甲大學 環境工程與科學所	碩士
2006	軌道建設與生態工程之整合研究	江宜炫	徐耀賜	逢甲大學 交通工程與管理所	碩士
2006	邊坡防護結構及其穩定性—降雨與排水效益之探討	張崇哲	林信州	環球技術學院 環境資源管理所	碩士
2006	景觀工程對溼地生態影響之研究—嘉義縣朴子溪圍潭溼地為例	黃耀祿	陳本源 辜率品	南華大學 環境與藝術研究所	碩士
2006	生態旅遊規劃設計與發展策略之研究—以新瀛休閒農場為例	陳美靖	張清標	南華大學 旅遊事業管理研究所	碩士
2006	生態工法淨化水體水質之研究—以鏡面水庫為例	沈文宗	呂珍謀 賴泉基	國立成功大學 水利及海洋工程學系	碩士
2006	生態工法農田渠道之調查與分析—以嘉南地區為例	邱神錫	詹錢登	國立成功大學 水利及海洋工程學系	碩士
2006	山區崩塌道路使用加勁路堤工法修復之適用性研究	黃國維	范嘉程	國立高雄第一科技大學營建工程所	碩士
2006	武洛溪人工溼地設置對週遭生態環境影響之研究	章佳騏	周志儒	國立高雄第一科技大學環境與安全衛生工程所	碩士
2006	加勁擋土牆生態工程應用在山區道路災害路段效益評估之探討	湯順雄	王和源 郭文田	國立高雄第一科技大學土木工程與防災科技研究所	碩士
2006	加勁擋土牆生態工程應用在山區道路災害路段效益評估之探討	湯順雄	王和源 郭文田	國立高雄應用科技大學土木工程與防災科技研究所	碩士
2006	東港溪流域河川棲地之調查研究	劉　心	丁澈士	國立屏東科技大學 土木工程系	碩士
2007	農水路生態工程效益評估及規劃設計之研究	楊博宇	林裕彬	國立臺灣大學 生物環境系統工程學系	碩士
2007	由魚類棲地需求探討生態水池規劃研究	劉格瑋	侯文祥	國立臺灣大學 生物環境系統工程學系	碩士
2007	土壤水分移動與植生根系對邊坡穩定之研究	馬國宸	譚義績	國立臺灣大學 生物環境系統工程學系	碩士
2007	中小型河川整治案例分析—苗栗縣南湖溪	林朝陽	楊朝平	中華大學 土木與工程資訊學系	碩士
2007	利用河川棲地二維模式評估水工結構物對河川棲地之影響-筏子溪為例	陳柏諺	周文杰 莊明德	中華大學 土木與工程資訊學系	碩士

年度	題　目	研究生	指導教授	學　校	備註
2007	海岸工程施作影響資訊管理系統開發—以新竹市客雅水資源回收中心為例	程曉君	蕭炎泉	中華大學 營建管理研究所	碩士
2007	景美溪水岸空間共生環境營造之研究—以台北市文山區河段為例	程祖強	陳錦賜	中國文化大學 建築及都市計畫研究所	碩士
2007	營區坡地現況分析及生態工法適用性之研究	鄭建輝	陳國賢 趙振宇	國防大學中正理工學院軍事工程研究所	碩士
2007	植生護岸梯形渠道粗糙係數模式之建立	謝家倫	楊紹洋	萬能科技大學 工程科技研究所	碩士
2007	運用生態工程改善河川水質並提昇河川自淨能力—以南崁溪為例	古沼格	吳瑞賢	國立中央大學 土木工程學系	在職專班碩士
2007	植生箱籠擋土結構力學行為之研究	鄭振廷	游新旺 陳主惠	中國科技大學土木與防災應用科技研究所	碩士
2007	底棲生物整合指標（B-IBI）之棲地評價模式（HEP）研究	孫伯賢	郭一羽	國立交通大學 土木工程學系	碩士
2007	環境教育網路學習成效之實證分析	康淑惠	陳鶴文	朝陽科技大學 環境工程與管理系	碩士
2007	有機水田區生態廊道改善及苦茶粕危害之初步研究	吳嘉盈	陳榮松	國立中興大學 土木工程學系	碩士
2007	改善農田灌排水路生態工程之效益評估-以葫蘆墩圳幹線改善工程為例	賴炎志	陳榮松	國立中興大學 土木工程學系	碩士
2007	台灣地區應用植生木樁材料之適用性研究	余婉如	林信輝	國立中興大學 水土保持學系	碩士
2007	苗栗私礐圳暨穿龍圳生態工程效益評估之研究	涂乃仁	陳榮松	國立中興大學 土木工程學系	碩士
2007	灰色多目標規劃應用在河川水污染防治策略之研究	黃信慈	孔祥琛	逢甲大學 環境工程與科學所	碩士
2007	生態工程應用於山區道路災害修復—以力行產業道路為例	張玄政	徐耀賜	逢甲大學 交通工程與管理所	碩士
2007	隨機規劃應用在河川水污染防治策略之研究	李欣珍	孔祥琛	逢甲大學 環境工程與科學所	碩士
2007	以環境資源融入萬來國小生態及鄉土教學之研究	李秀蕙	陳宜清	大葉大學 環境工程學系	在職專班碩士
2007	彰化縣生態社區治理策略	鍾育倫	莊翰華 王素芬	國立彰化師範大學 地理學系	碩士
2007	彰化農田水利會之研究	陳雅青	盧胡彬	國立彰化師範大學 歷史學研究所	碩士
2007	複雜度觀點下之最佳化空間佈置：人工棲地設計與應用	許澤宇	藍俊雄	南華大學 企業管理系	碩士
2007	海岸公路生態衝擊及改善策略之研究—以綠島鄉環島公路對陸蟹影響為例	周立偉	楊　磊	國立中山大學 海洋環境及工程學系	碩士
2008	生態混凝土結構體多孔隙工法之應用—以充氣式模組為例	賴雅雯	徐輝明	國立宜蘭大學 建築與永續規劃研究所	碩士

國家圖書館出版品預行編目資料

生態工程＝ Ecological engineering methods
／李錦育編著. －－初版.－－臺北市：五南，
2010.03
　面； 公分
參考書目：面
ISBN 978-957-11-5921-8（平裝）
1.生態工法
441.52　　　　　　　　　99002554

5T11

生態工程

編　　著 — 李錦育(99.3)

發 行 人 — 楊榮川

總 編 輯 — 龐君豪

主　　編 — 黃秋萍

文字編輯 — 程亭瑜

封面設計 — 莫美龍

出 版 者 — 五南圖書出版股份有限公司

地　　址：106台北市大安區和平東路二段339號4樓

電　　話：(02)2705-5066　傳　真：(02)2706-6100

網　　址：http://www.wunan.com.tw

電子郵件：wunan@wunan.com.tw

劃撥帳號：01068953

戶　　名：五南圖書出版股份有限公司

台中市駐區辦公室/台中市中區中山路6號

電　　話：(04)2223-0891　傳　真：(04)2223-3549

高雄市駐區辦公室/高雄市新興區中山一路290號

電　　話：(07)2358-702　傳　真：(07)2350-236

法律顧問　元貞聯合法律事務所　張澤平律師

出版日期　2010年3月初版一刷

定　　價　新臺幣560元